多介质流体界面问题的数值模拟

赵　宁　王东红　著

U0786668

科学出版社
北　京

内 容 简 介

本书详细介绍作者以及课题组成员多年来在流体力学多介质流动界面问题的数值模拟方法的研究成果。对于多介质流动界面问题的数值模拟，给出一系列高精度、有效实用的方法，包括 Lagrange 方法及 ALE 方法、界面捕捉方法和界面追踪方法，并进行大量的数值试验；重点介绍交错网格下的 Lagrange 高精度有限体积格式、格心型 Lagrange 高精度有限体积格式、守恒重映方法与 ALE 方法数值模拟、自适应 ALE 方法、Level-Set 重新初始化新方法、多介质流动的高分辨γ-model 和体积分数方法、强间断问题的 Level-Set 方法、大密度比水气流动的 Level-Set 方法和 Phase Field 方法、水气多介质问题的界面处理方法、界面追踪方法中的激波限制器研究、二维可压缩多介质问题的界面追踪方法、守恒界面追踪方法。

本书可作为计算数学、计算流体力学以及工程计算等专业的研究生、高年级本科生及相关的教师、研究工作者的参考用书。

图书在版编目(CIP)数据

多介质流体界面问题的数值模拟/赵宁，王东红著. —北京：科学出版社，2016. 9

ISBN 978-7-03-049840-3

Ⅰ. ①多…　Ⅱ. ①赵…　②王…　Ⅲ. ①计算流体力学－数值模拟

Ⅳ. ①O35

中国版本图书馆 CIP 数据核字 (2016) 第 213789 号

责任编辑：惠　雪　焦慧从／责任校对：贾娜娜

责任印制：赵　博／封面设计：许　瑞

科学出版社出版

北京东黄城根北街 16 号

邮政编码：100717

http://www.sciencep.com

北京科印技术咨询服务有限公司数码印刷分部印刷

科学出版社发行　各地新华书店经销

*

2016 年 10 月第　一　版　开本：720 × 1000 1/16

2025 年　3　月第六次印刷　印张：20 1/4

字数：408 000

定价：89.00 元

(如有印装质量问题，我社负责调换)

前　言

计算流体力学的重要研究课题之一是对多介质流体界面的研究。在现实生活中，会遇到很多界面问题：固体中的热传导，如结晶增长、固化和熔化界面问题；自由面问题，如水波和波浪的发展；介质内部的速度、压强、密度等的间断或各种不稳定现象，如流体力学界面不稳定性中的 Richtmyer-Meshkov 和 Richtmyer-Taylor 不稳定性，它是惯性约束热核聚变研究中的重要物理现象。因为涉及科学工程、化学工程、生物工程、水利水电、电子技术等领域的发展，所以多介质流体界面问题的研究具有极为重要的工程应用背景，同时又有重大的理论意义。

对于流体力学多介质流动界面问题，本书提出了一系列实用且有效的数值求解方法，并进行了大量的数值模拟。本书主要内容分为 4 部分，分别为基础知识、Lagrange 方法及任意 Lagrange -Euler 方法、界面捕捉方法、界面追踪方法。本书的主要内容是作者以及课题组成员多年来对流体力学多介质流动界面问题研究成果的总结。课题组成员王永健、张学莹、徐爽、卢海天等为本书撰写做出了重要贡献。

本书的宗旨是为那些已经具有数值模拟和工程计算基础，特别是具有初步数值模拟实践的读者，提供解决复杂多介质流动界面问题的数值方法方面的帮助。期望能为同行的教学、科研工作提供一点助益。本书适合从事内爆动力学、惯性约束聚变、界面不稳定、高速冲击等领域数值模拟研究与应用的科技工作者阅读使用，也可作为高等院校计算数学和计算流体力学专业研究生的参考书。

本书的出版得到了国家自然科学基金项目（10576015，91130030）的资助，同时还要感谢科学出版社的同志，是他们的支持和辛苦劳动，本书才以较高的出版质量奉献给读者。

由于本书涉及内容比较广泛，各种计算方法都在不断发展中，且作者的学术水平有限，书中不足和疏漏之处在所难免，热诚地欢迎各位同行专家和读者批评指正。

赵　宁

2015 年 12 月于南京

目　　录

第三部分 界面捕捉方法

第四部分 界面追踪方法

第一部分

基础知识

第 1 章　计算流体力学基础

1.1　流体力学方程

1.1.1　基本的 Navier-Stokes 方程

流体力学的基本方程是计算流体力学的基础。流体的运动是用一组表达质量、动量、能量守恒关系的方程来描述的，在 CFD(计算流体力学) 中常把连续方程、动量方法和能量方程通称为纳维–斯托克斯 (Navier-Stokes) 方程[1]。

在流场内无热源时，积分型 Navier-Stokes 方程为

$$\frac{\partial}{\partial t}\int_{\Omega}\rho \mathrm{d}V+\int_{\partial\Omega}\rho\boldsymbol{u}\cdot\boldsymbol{n}\mathrm{d}S=0 \tag{1.1}$$

$$\frac{\partial}{\partial t}\int_{\Omega}\rho\boldsymbol{u}\mathrm{d}V+\int_{\partial\Omega}\rho\boldsymbol{u}\boldsymbol{u}\cdot\boldsymbol{n}\mathrm{d}S=\int_{\Omega}\rho\boldsymbol{F}\mathrm{d}V+\int_{\partial\Omega}\boldsymbol{\tau}^{*}\cdot\boldsymbol{n}\mathrm{d}S \tag{1.2}$$

$$\frac{\partial}{\partial t}\int_{\Omega}\rho E\mathrm{d}V+\int_{\partial\Omega}\rho E\boldsymbol{u}\cdot\boldsymbol{n}\mathrm{d}S=\int_{\Omega}\rho\boldsymbol{F}\cdot\boldsymbol{u}\mathrm{d}V+\int_{\partial\Omega}(\boldsymbol{\tau}^{*}\cdot\boldsymbol{u}-q)\cdot\boldsymbol{n}\mathrm{d}S \tag{1.3}$$

式中，Ω 为积分方程的控制体，$\partial\Omega$ 为控制体表面，ρ 为密度，$\boldsymbol{u}$ 为流体运动的速度矢量，$\boldsymbol{F}$ 代表外力，E 是总能，$\rho E=\rho e+\frac{\rho}{2}\boldsymbol{u}^2$。对于牛顿（Newton）流体，$\boldsymbol{\tau}^{*}=-p\boldsymbol{I}+\boldsymbol{\tau}$，其中 $\boldsymbol{I}$ 为单位张量，p 为压力，$\boldsymbol{\tau}$ 为黏性应力张量。

在直角坐标系中，$\boldsymbol{\tau}$ 的分量形式为

$$\tau_{xx}=2\mu u_x+\lambda(u_x+v_y+w_z),\quad \tau_{yy}=2\mu v_y+\lambda(u_x+v_y+w_z)$$

$$\tau_{zz}=2\mu w_z+\lambda(u_x+v_y+w_z),\quad \tau_{xy}=\tau_{yx}=\mu(u_y+v_x)$$

$$\tau_{yz}=\tau_{zy}=\mu(v_z+w_y),\quad \tau_{xz}=\tau_{zx}=\mu(u_z+w_x)$$

其中，u,v,w 为速度矢量在直角坐标系 x,y 和 z 方向的分量，μ 是黏性系数，$\lambda=-\frac{2}{3}\mu$。方程（1.3）中的 q 为热通量，根据傅里叶（Fourier）导热定律，有 $q=-k\nabla T$，k 为热传导系数。

利用广义牛顿定律，动量方程（1.2）和能量方程（1.3）也可以分别表示为

$$\frac{\partial}{\partial t}\int_{\Omega}\rho\boldsymbol{u}\mathrm{d}V+\int_{\partial\Omega}(\rho\boldsymbol{u}\boldsymbol{u}+p\boldsymbol{I})\cdot\boldsymbol{n}\mathrm{d}S=\int_{\Omega}\rho\boldsymbol{F}\mathrm{d}V+\int_{\partial\Omega}\boldsymbol{\tau}\cdot\boldsymbol{n}\mathrm{d}S \tag{1.4}$$

$$\frac{\partial}{\partial t}\int_{\Omega}\rho E\mathrm{d}V+\int_{\partial\Omega}(\rho E+p)\boldsymbol{u}\cdot\boldsymbol{n}\mathrm{d}S=\int_{\Omega}\rho\boldsymbol{F}\cdot\boldsymbol{u}\mathrm{d}V+\int_{\partial\Omega}(\boldsymbol{\tau}\cdot\boldsymbol{u}+k\nabla T)\cdot\boldsymbol{n}\mathrm{d}S \tag{1.5}$$

方程（1.1）~ 方程（1.3）对应的微分型方程为

$$\frac{\partial\rho}{\partial t}+\nabla\cdot(\rho\boldsymbol{u})=0 \tag{1.6}$$

$$\frac{\partial(\rho\boldsymbol{u})}{\partial t}+\nabla\cdot(\rho\boldsymbol{u}\boldsymbol{u})=\rho\boldsymbol{F}+\nabla\cdot\boldsymbol{\tau}^* \tag{1.7}$$

$$\frac{\partial(\rho E)}{\partial t}+\nabla\cdot(\rho E\boldsymbol{u})=\rho\boldsymbol{F}\cdot\boldsymbol{u}-\nabla\cdot q+\nabla\cdot(\boldsymbol{\tau}^*\cdot\boldsymbol{u}) \tag{1.8}$$

上面给出了描述牛顿流体运动的积分型和微分型方程，这些方程都是守恒的，都可以称为守恒定律。

1.1.2 状态方程的一般形式

为了使上述方程封闭，还应当补充流体的状态方程，对于完全气体，有

$$p=(\gamma-1)\rho e \tag{1.9}$$

真实流体一般采用 Mie-Grüneisen状态方程[2,3]

$$p(\rho,e)=\Gamma(\rho)[\rho e-\rho e_{\mathrm{ref}}(\rho)]+p_{\mathrm{ref}}(\rho) \tag{1.10}$$

其中，$\Gamma(\rho)=\dfrac{1}{\rho}\left(\dfrac{\partial p}{\partial e}\right)_{\rho}$ 是介质的Grüneisen系数，$e_{\mathrm{ref}}(\rho)$ 和 $p_{\mathrm{ref}}(\rho)$ 均是密度的函数，分别表示压强和比内能在某参考曲线上的状态值。

通常情况下，压强和比内能可以表示为

$$\begin{aligned}p(V,T)&=p_{\mathrm{ref}}(V)+\frac{\Gamma(V)}{V}e_T(V,T)\\ e(V,T)&=e_{\mathrm{ref}}(V)+e_T(V,T)\end{aligned} \tag{1.11}$$

其中，T 是热力学温度，$V=1/\rho$ 是质量体积。

假设 $\Gamma(V)$ 仅是变量 V 的函数，具体可表示为

$$\Gamma(V)=\Gamma_0\left(\frac{V}{V_0}\right)^{\alpha} \tag{1.12}$$

在这里，$\Gamma_0=\gamma_0-1$ 是 $V=V_0$ 时的Grüneisen系数。当 $\gamma_0>1$ 时，γ_0 便是通常定义下的比热比；α 是无量纲参数且 $\alpha\in[0,1]$。$e_{\mathrm{ref}}(\rho)$ 和 $p_{\mathrm{ref}}(\rho)$ 的解析式依赖于具体的参考曲线。

声速平方的表达式为

$$
\begin{aligned}
c^2 &= \left(\frac{\partial p}{\partial \rho}\right)_e + \frac{p}{\rho^2}\left(\frac{\partial p}{\partial e}\right)_\rho \\
&= \left(\Gamma + 1 + \rho\frac{\Gamma'}{\Gamma}\right)\left(\frac{p - p_{\mathrm{ref}}}{\rho}\right) + \Gamma\frac{p_{\mathrm{ref}}}{\rho} + p'_{\mathrm{ref}} - \Gamma\rho e'_{\mathrm{ref}} \\
&= \varphi + \psi\frac{p}{\rho}
\end{aligned}
\tag{1.13}
$$

其中，$\Gamma', p'_{\mathrm{ref}}, e'_{\mathrm{ref}}$ 分别表示 $\Gamma, p_{\mathrm{ref}}, e_{\mathrm{ref}}$ 对变量 ρ 的偏导数。

可压缩气体和水的 Stiffen 状态方程可以看成是 Mie-Grüneisen状态方程的一种特殊形式，且 $\Gamma(\rho) = \gamma - 1$，$e_{\mathrm{ref}}(\rho) = B/\rho$，$p_{\mathrm{ref}}(\rho) = -B$。当 γ=1.4，B=0 时，其为理想气体状态方程；当 γ=7.15，B=3309 时，其为水的状态方程。

1.1.3　直角坐标系下的 Navier-Stokes 方程和 Euler 方程

不计质量力的情况下，在直角坐标系中，守恒型 Navier-Stokes 方程可以写为下列向量形式

$$
\frac{\partial \boldsymbol{U}}{\partial t} + \frac{\partial(\boldsymbol{F} - \boldsymbol{F}_{\mathrm{v}})}{\partial x} + \frac{\partial(\boldsymbol{G} - \boldsymbol{G}_{\mathrm{v}})}{\partial y} \frac{\partial(\boldsymbol{H} - \boldsymbol{H}_{\mathrm{v}})}{\partial z} = 0 \tag{1.14}
$$

其中

$$
\boldsymbol{U} = \begin{bmatrix} \rho \\ \rho u \\ \rho v \\ \rho w \\ \rho E \end{bmatrix},\quad
\boldsymbol{F} = \begin{bmatrix} \rho u \\ \rho u^2 + p \\ \rho u v \\ \rho u w \\ u(\rho E + p) \end{bmatrix},\quad
\boldsymbol{G} = \begin{bmatrix} \rho v \\ \rho u v \\ \rho v^2 + p \\ \rho v w \\ v(\rho E + p) \end{bmatrix},\quad
\boldsymbol{H} = \begin{bmatrix} \rho w \\ \rho u w \\ \rho v w \\ \rho w^2 + p \\ w(\rho E + p) \end{bmatrix}
$$

$$
\boldsymbol{F}_{\mathrm{v}} = \begin{bmatrix} 0 \\ \tau_{xx} \\ \tau_{xy} \\ \tau_{xz} \\ u\tau_{xx} + v\tau_{xy} + w\tau_{xz} + k\dfrac{\partial T}{\partial x} \end{bmatrix},\quad
\boldsymbol{G}_{\mathrm{v}} = \begin{bmatrix} 0 \\ \tau_{xy} \\ \tau_{yy} \\ \tau_{yz} \\ u\tau_{xy} + v\tau_{yy} + w\tau_{yz} + k\dfrac{\partial T}{\partial y} \end{bmatrix}
$$

$$
\boldsymbol{H}_{\mathrm{v}} = \begin{bmatrix} 0 \\ \tau_{xz} \\ \tau_{zy} \\ \tau_{zz} \\ u\tau_{xz} + v\tau_{zy} + w\tau_{zz} + k\dfrac{\partial T}{\partial z} \end{bmatrix}
$$

若忽略 Navier-Stokes 方程中的黏性和热传导，便得到 Euler 方程

$$\frac{\partial \boldsymbol{U}}{\partial t}+\frac{\partial \boldsymbol{F}}{\partial x}+\frac{\partial \boldsymbol{G}}{\partial y}+\frac{\partial \boldsymbol{H}}{\partial z}=0 \tag{1.15}$$

方程（1.14）和方程（1.15）称为向量守恒型方程。

1.1.4　任意 Lagrange-Euler 守恒方程

任意 Lagrange-Euler（ALE）方法是在一个以任意速度 $\boldsymbol{D}(\boldsymbol{x},t)$ 运动的参考坐标系中观察流体运动。当参考坐标系的运动速度 $\boldsymbol{D}(\boldsymbol{x},t)=0$ 时，该方法是 Euler 方法；当运动速度 $\boldsymbol{D}(\boldsymbol{x},t)$ 和流场的速度相等时，该方法就是 Lagrange 方法[4]。

在没有热传导和外源，并且忽略质量力的情况下，设 $\Omega(t)$ 为流场中的任意一个活动区域，其边界 $\partial\Omega(t)$ 的速度为 $\boldsymbol{D}=(D_1,D_2,D_3)^{\mathrm{T}}$。$\boldsymbol{D}$ 为 $x\in\partial\Omega(t)$ 和 t 的函数。$\rho(\boldsymbol{x},t)$，$\boldsymbol{u}(\boldsymbol{x},t)$ 和 $E(\boldsymbol{x},t)$ 分别表示在 x 点处 t 时刻的密度、速度向量和单位质量的总能量。$\boldsymbol{n}$ 表示 $\partial\Omega(t)$ 上的单位外法向量。ALE 观点下的质量、动量和能量守恒方程分别为

$$\frac{\mathrm{d}}{\mathrm{d}t}\int_{\Omega(t)}\rho\mathrm{d}V=-\int_{\partial\Omega(t)}\rho(\boldsymbol{u}-\boldsymbol{D})\cdot\boldsymbol{n}\mathrm{d}S \tag{1.16}$$

$$\frac{\mathrm{d}}{\mathrm{d}t}\int_{\Omega(t)}\rho\boldsymbol{u}\mathrm{d}V=-\int_{\partial\Omega(t)}\rho\boldsymbol{u}(\boldsymbol{u}-\boldsymbol{D})\cdot\boldsymbol{n}\mathrm{d}S-\int_{\partial\Omega(t)}p\boldsymbol{n}\mathrm{d}S \tag{1.17}$$

$$\frac{\mathrm{d}}{\mathrm{d}t}\int_{\Omega(t)}\rho E\mathrm{d}V=-\int_{\partial\Omega(t)}\rho E(\boldsymbol{u}-\boldsymbol{D})\cdot\boldsymbol{n}\mathrm{d}S-\int_{\partial\Omega(t)}p\boldsymbol{u}\cdot\boldsymbol{n}\mathrm{d}S \tag{1.18}$$

如果所取的控制体 $\Omega(t)$ 是静止的，守恒方程（1.16）～方程（1.18）中 $\boldsymbol{D}=0$，便得到 Euler 观点下的守恒流体力学方程组

$$\frac{\mathrm{d}}{\mathrm{d}t}\int_{\Omega(t)}\rho\mathrm{d}V=-\int_{\partial\Omega(t)}\rho\boldsymbol{u}\cdot\boldsymbol{n}\mathrm{d}S \tag{1.19}$$

$$\frac{\mathrm{d}}{\mathrm{d}t}\int_{\Omega(t)}\rho\boldsymbol{u}\mathrm{d}V=-\int_{\partial\Omega(t)}\rho\boldsymbol{u}\boldsymbol{u}\cdot\boldsymbol{n}\mathrm{d}S-\int_{\partial\Omega(t)}p\boldsymbol{n}\mathrm{d}S \tag{1.20}$$

$$\frac{\mathrm{d}}{\mathrm{d}t}\int_{\Omega(t)}\rho E\mathrm{d}V=-\int_{\partial\Omega(t)}\rho E\boldsymbol{u}\cdot\boldsymbol{n}\mathrm{d}S-\int_{\partial\Omega(t)}p\boldsymbol{u}\cdot\boldsymbol{n}\mathrm{d}S \tag{1.21}$$

对守恒方程（1.19）～方程（1.21），在直角坐标系中利用高斯公式可得方程（1.15）。

如果所取的控制体 $\Omega(t)$ 的边界速度等于流体的速度，在守恒方程（1.16）～方程（1.18）中取 $\boldsymbol{D}=\boldsymbol{u}$，便得到 Lagrange 观点下的守恒流体力学方程组

$$\frac{\mathrm{d}}{\mathrm{d}t}\int_{\Omega(t)}\rho\mathrm{d}V=0 \tag{1.22}$$

$$\frac{\mathrm{d}}{\mathrm{d}t}\int_{\Omega(t)}\rho\boldsymbol{u}\mathrm{d}V=-\int_{\partial\Omega(t)}p\boldsymbol{n}\mathrm{d}S \tag{1.23}$$

$$\frac{\mathrm{d}}{\mathrm{d}t}\int_{\Omega(t)}\rho E\mathrm{d}V=-\int_{\partial\Omega(t)}p\boldsymbol{u}\cdot\boldsymbol{n}\mathrm{d}S \tag{1.24}$$

对于二维轴对称坐标系 (x,r)，设流场中任意运动的控制体为 $\Omega(t)$，其边界 $\partial\Omega(t)$ 的速度为 $\boldsymbol{w}(x,r,t)$。$\boldsymbol{n}$ 表示曲线 $\partial\Omega(t)$ 上的单位外法向量，$\boldsymbol{u}=(u_x,u_r)$ 是流体速度。则在二维轴对称坐标系下，ALE 观点下的质量、动量和能量守恒方程分别为

$$\frac{\mathrm{d}}{\mathrm{d}t}\int_{\Omega(t)}\rho r\mathrm{d}x\mathrm{d}r=-\int_{\partial\Omega(t)}\rho(\boldsymbol{u}-\boldsymbol{w})\cdot\boldsymbol{n}\mathrm{d}S \tag{1.25}$$

$$\frac{\mathrm{d}}{\mathrm{d}t}\int_{\Omega(t)}\rho u_x r\mathrm{d}x\mathrm{d}r=-\int_{\partial\Omega(t)}\rho u_x(\boldsymbol{u}-\boldsymbol{w})\cdot\boldsymbol{n}r\mathrm{d}l-\int_{\partial\Omega(t)}\frac{\partial p}{\partial x}r\mathrm{d}x\mathrm{d}r \tag{1.26}$$

$$\frac{\mathrm{d}}{\mathrm{d}t}\int_{\Omega(t)}\rho u_r r\mathrm{d}x\mathrm{d}r=-\int_{\partial\Omega(t)}\rho u_{\mathrm{r}}(\boldsymbol{u}-\boldsymbol{w})\cdot\boldsymbol{n}r\mathrm{d}l-\int_{\partial\Omega(t)}\frac{\partial p}{\partial r}r\mathrm{d}x\mathrm{d}r \tag{1.27}$$

$$\frac{\mathrm{d}}{\mathrm{d}t}\int_{\Omega(t)}\rho E r\mathrm{d}x\mathrm{d}r=-\int_{\partial\Omega(t)}\rho E(\boldsymbol{u}-\boldsymbol{w})\cdot\boldsymbol{n}r\mathrm{d}l-\int_{\partial\Omega(t)}p\boldsymbol{u}\cdot\boldsymbol{n}r\mathrm{d}l \tag{1.28}$$

其中，$\mathrm{d}l$ 是曲线 $\partial\Omega(t)$ 上的长度元。在方程（1.25）～方程（1.28）中取 $\boldsymbol{w}=\boldsymbol{0}$ 和 $\boldsymbol{w}=\boldsymbol{u}$，就分别得到二维轴对称坐标系下的 Euler 观点和 Lagrange 观点下的流体力学方程。

1.2　间断条件、弱解以及熵条件

1.2.1　间断条件

双曲型方程的一个重要特点是无论初始值是否光滑，其解都可能产生间断[4]。间断可以分为两大类：一类间断是力学量连续，但其导数不连续，这类间断称为弱间断，如稀疏波的波头；另一类是力学量本身不连续，这类间断称为强间断，如激波和接触间断。

对于微分方程，由于在间断面处间断的存在，微分方程失去意义，所以间断面两侧的各物理量应该满足一定的间断条件。设 $\boldsymbol{n}$ 为间断面的单位法向量，S 为间断面运动的法向速度，则流体通过间断面的质量、动量和能量的守恒关系式可以写为

$$\rho_{\mathrm{L}}(\boldsymbol{u}_{\mathrm{L}}\cdot\boldsymbol{n}-S)=\rho_{\mathrm{R}}(\boldsymbol{u}_{\mathrm{R}}\cdot\boldsymbol{n}-S) \tag{1.29}$$

$$\rho_{\mathrm{L}}\boldsymbol{u}_{\mathrm{L}}(\boldsymbol{u}_{\mathrm{L}}\cdot\boldsymbol{n}-S)+p_{\mathrm{L}}\boldsymbol{n}=\rho_{\mathrm{R}}\boldsymbol{u}_{\mathrm{R}}(\boldsymbol{u}_{\mathrm{R}}\cdot\boldsymbol{n}-S)+p_{\mathrm{R}}\boldsymbol{n} \tag{1.30}$$

$$\rho_{\rm L}E_{\rm L}(\boldsymbol{u}_{\rm L}\cdot\boldsymbol{n}-S)+p_{\rm L}\boldsymbol{u}_{\rm L}\cdot\boldsymbol{n}=\rho_{\rm R}E_{\rm R}(\boldsymbol{u}_{\rm R}\cdot\boldsymbol{n}-S)+p_{\rm R}\boldsymbol{u}_{\rm R}\cdot\boldsymbol{n} \tag{1.31}$$

其中，ρ 为密度，p 为压力，$\boldsymbol{u}$ 为速度矢量，E 为单位体积流体的总能量；下标 L, R 分别表示间断面左右两侧。间断条件（1.29）～（1.31）也称为 Hugoniot 条件。

式（1.29）中，设 $\rho_{\rm L}(\boldsymbol{u}_{\rm L}\cdot\boldsymbol{n}-S)=\rho_{\rm R}(\boldsymbol{u}_{\rm R}\cdot\boldsymbol{n}-S)=M$，$M$ 表示单位时间流过间断面上单位面积的流体的质量。由式（1.30）得

$$M(\boldsymbol{u}_{\rm L}-\boldsymbol{u}_{\rm R})=(p_{\rm R}-p_{\rm L})\boldsymbol{n} \tag{1.32}$$

对式（1.32）两端点乘 $\boldsymbol{n}$ 得

$$M(\boldsymbol{u}_{\rm L}\cdot\boldsymbol{n}-\boldsymbol{u}_{\rm R}\cdot\boldsymbol{n})=p_{\rm R}-p_{\rm L} \tag{1.33}$$

对式（1.32）两端叉乘 $\boldsymbol{n}$ 得

$$M(\boldsymbol{u}_{\rm L}\times\boldsymbol{n}-\boldsymbol{u}_{\rm R}\times\boldsymbol{n})=0 \tag{1.34}$$

式（1.31）也可以化为

$$M(E_{\rm L}-E_{\rm R})=p_{\rm R}\boldsymbol{u}_{\rm R}\cdot\boldsymbol{n}-p_{\rm L}\boldsymbol{u}_{\rm L}\cdot\boldsymbol{n} \tag{1.35}$$

对于接触间断面，流体不穿过间断面，所以有 $M=0$。因为密度不为零，所以由式（1.29）得

$$\boldsymbol{u}_{\rm L}\cdot\boldsymbol{n}=\boldsymbol{u}_{\rm R}\cdot\boldsymbol{n} \tag{1.36}$$

由式（1.33）和式（1.36）可得

$$p_{\rm L}=p_{\rm R} \tag{1.37}$$

从关系式（1.34）～式（1.37）可以看出，在接触间断上，法向速度和压力是连续的，而密度、切向速度和总能量可以是间断的。

对于激波，$M\neq 0$，由关系式（1.34）可知，切向速度是连续的。

1.2.2 弱解以及熵条件

一维标量守恒方程的柯西（Cauchy）问题

$$\frac{\partial u}{\partial t}+\frac{\partial f(u)}{\partial x}=0 \tag{1.38}$$

初始条件为

$$u(x,0)=\varphi(x) \tag{1.39}$$

在定解域 $I=\{(x,t)|x\in\mathbf{R},t\geqslant 0\}$ 内，如果满足方程（1.38）和方程（1.39）的函数 $u(x,t)$ 除了在有限条光滑曲线上有间断外连续可微，且在间断线 $x=\xi(t)$ 上，满足间断条件

$$\frac{\mathrm{d}\xi}{\mathrm{d}t}=\frac{f(u^+)-f(u^-)}{u^+-u^-}=S \tag{1.40}$$

其中，$u^+=u(\xi(t)^+,t)$，$u^-=u(\xi(t)^-,t)$，则称 $u(x,t)$ 为方程（1.38）的 Cauchy 问题的弱解。

根据弱解理论，数学上的间断解问题，其解是不唯一的。为了在弱解中找出唯一的物理解，Lax 提出采用人工黏性项消失法，方程（1.38）的 Cauchy 问题的物理解，应当是下述问题的极限

$$\frac{\partial u_\varepsilon}{\partial t}+\frac{\partial f(u_\varepsilon)}{\partial x}=\varepsilon\frac{\partial^2 u_\varepsilon}{\partial x^2},\quad \varepsilon>0 \tag{1.41}$$

$$u_\varepsilon(x,0)=\varphi(x) \tag{1.42}$$

也就是说

$$\lim_{\varepsilon\to 0}u_\varepsilon(x,t)=u(x,t) \tag{1.43}$$

根据热力学第二定律，一个不可逆的热力学问题必须是熵增的。对于 Cauchy 问题（1.38）和问题（1.39），前苏联数学家 Oleinik 提出了如下的熵条件

$$\frac{f(u^+)-f(w)}{u^+-w}\leqslant\frac{f(u^+)-f(u^-)}{u^+-u^-}\leqslant\frac{f(u^-)-f(w)}{u^--w} \tag{1.44}$$

其中，$w\in(\min(u^-,u^+),\max(u^-,u^+))$。可以证明 $u(x,t)$ 是唯一的物理解。式（1.44）称为弱解 $u(x,t)$ 的熵条件，或称为熵不等式。式（1.44）实际上是物理的熵增条件 $f'(u^+)\leqslant S\leqslant f'(u^-)$ 的一种差商表示，也称为几何熵条件。

1971 年，Lax 给出了另外一种形式的熵条件：如果存在 u 的一个凸函数 $U(u)$ 和 u 的一个连续可微函数 $F(u)$，满足相容条件

$$\frac{\partial U(u)}{\partial t}+\frac{\partial F(u)}{\partial x}=0,\quad U'(u)f'(u)=F'(u) \tag{1.45}$$

$U(u)$ 为熵函数，$F(u)$ 为熵通量函数，(U,F) 为熵对。则对于任意的非负实验函数 $\psi\in C_0^\infty(R\times R^+)$，熵条件为

$$-\iint_{t\geqslant 0}[\psi_t U(u)+\psi_x F(u)]\mathrm{d}x\mathrm{d}t\leqslant 0 \tag{1.46}$$

或者在弱意义下有

$$\frac{\partial U(u)}{\partial t}+\frac{\partial F(u)}{\partial x}\leqslant 0 \tag{1.47}$$

对于一维守恒型双曲型方程组，在一般情况下，解的唯一性还没有得到严格证明。对于多维方程组，熵条件是确定唯一物理解的必要条件。对于方程的数值求解，引入一定而合理的耗散是得到真正物理解的根本保证。关于熵条件的更多讨论，详见文献 [5]。

1.3 Riemann 问题

如果在一条均匀的直管内，中间一薄片将初始流场分割为左右两个不同的常数态，物理量在初始时刻的间断一般不满足间断关系，是不稳定的。在突然撤去薄片后，这种间断立刻分解为满足间断关系的波系，这种问题通常称为初始间断的分解问题。黎曼（Riemann）问题就是指这类初值问题的求解问题[6−8]。

根据初始值的不同，Riemann 问题的解可以分为以下几种情况：① 接触间断两侧各有一激波，在接触间断和激波之间为常数状态区域，它是激波到达前未受扰动的区域；②接触间断的左侧为一向左中心稀疏波，右侧为一向右激波，中心稀疏波区域内物理量是 x/t 的函数，从波前未受扰动的区域连续地过渡到波尾与接触间断之间的常数状态；③接触间断左边为一向左激波，右边为一向右中心稀疏波；④接触间断的左右两边各有一中心稀疏波；⑤向左和向右稀疏波之间为真空区域。

如图 1.1 所示，设初始条件为 $\boldsymbol{U}_{\mathrm{L}}=(\rho_{\mathrm{L}},u_{\mathrm{L}},p_{\mathrm{L}})$ 和 $\boldsymbol{U}_{\mathrm{R}}=(\rho_{\mathrm{R}},u_{\mathrm{R}},p_{\mathrm{R}})$。求解 Riemann 问题的关键是求接触间断的左右状态，即 $\boldsymbol{U}_{\mathrm{L}}^*=(\rho_{\mathrm{L}}^*,u_{\mathrm{L}}^*,p_{\mathrm{L}}^*)$ 和 $\boldsymbol{U}_{\mathrm{R}}^*=(\rho_{\mathrm{R}}^*,u_{\mathrm{R}}^*,p_{\mathrm{R}}^*)$。由于法向速度和压强通过接触间断是连续的，而密度一般是不连续的，所以接触间断处的流动状态满足 $u_{\mathrm{I}}=u_{\mathrm{L}}^*=u_{\mathrm{R}}^*$，$p_{\mathrm{I}}=p_{\mathrm{L}}^*=p_{\mathrm{R}}^*$，并记 $\rho_{\mathrm{IL}}=\rho_{\mathrm{L}}^*$，$\rho_{\mathrm{IR}}=\rho_{\mathrm{R}}^*$。

1. **接触间断两侧都为激波的情况**

由间断关系式可得

$$m=-\frac{[u]}{[1/\rho]}=\frac{[p]}{[u]}$$

所以

$$m^2=-\frac{[p]}{[1/\rho]}=-\frac{p_{\mathrm{R}}-p_{\mathrm{L}}}{1/\rho_{\mathrm{R}}-1/\rho_{\mathrm{L}}} \tag{1.48}$$

根据一般形式的状态方程

$$\rho e=f(\rho)p+g(\rho) \tag{1.49}$$

和能量守恒的 Rankine-Hugoniot 关系式 $e_{\mathrm{R}}-e_{\mathrm{L}}+0.5(p_{\mathrm{R}}+p_{\mathrm{L}})(1/\rho_{\mathrm{R}}-1/\rho_{\mathrm{L}})=0$，可得

$$\frac{\rho_{\mathrm{L}}}{\rho_{\mathrm{R}}}=\frac{f(\rho_{\mathrm{L}})p_{\mathrm{L}}+g(\rho_{\mathrm{L}})+0.5(p_{\mathrm{L}}+p_{\mathrm{R}})}{f(\rho_{\mathrm{R}})p_{\mathrm{R}}+g(\rho_{\mathrm{R}})+0.5(p_{\mathrm{L}}+p_{\mathrm{R}})} \tag{1.50}$$

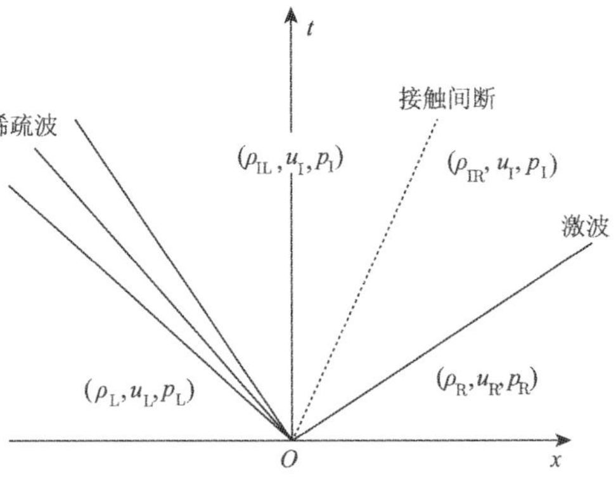

图 1.1　典型的 Riemann 解

对于向左激波，即 $m<0$ 时，有

$$[p] = -|m|[u] \tag{1.51}$$

对于向右激波，即 $m>0$ 时，有

$$[p] = |m|[u] \tag{1.52}$$

由式（1.48）和式（1.50）得

$$\begin{aligned} m^2 &= -\frac{[p]}{[1/\rho]} = -\frac{p_R - p_L}{1/\rho_R - 1/\rho_L} \\ &= \frac{(p_R - p_L)\left[f(\rho_L)p_L + g(\rho_L) + 0.5(p_L + p_R)\right]}{f(\rho_R)p_R + g(\rho_R) - f(\rho_L)p_L - g(\rho_L)}\rho_R \\ &= \frac{(p_R - p_L)\left[f(\rho_R)p_R + g(\rho_R) + 0.5(p_L + p_R)\right]}{f(\rho_R)p_R + g(\rho_R) - f(\rho_L)p_L - g(\rho_L)}\rho_L \end{aligned} \tag{1.53}$$

设界面处的流动状态为 ρ_{IL}，ρ_{IR}，u_I，p_I。对于向左激波，由式（1.51）可得

$$u_I - u_L + \frac{p_I - p_L}{a_L} = 0 \tag{1.54}$$

对于向右激波，由式（1.52）可得

$$u_I - u_R - \frac{p_I - p_R}{a_R} = 0 \tag{1.55}$$

由式（1.54）和式（1.55）形式上可以解出 u_I 和 p_I

$$\begin{cases} u_I = \dfrac{a_L u_L + a_R u_R + (p_L - p_R)}{a_L + a_R} \\ p_I = \dfrac{a_L p_R + a_R p_L + a_L a_R (u_L - u_R)}{a_L + a_R} \end{cases} \tag{1.56}$$

在式（1.56）中，对于一般形式的状态方程（1.49）有

$$a_{\mathrm{L}}=\sqrt{\frac{(p_{\mathrm{I}}-p_{\mathrm{L}})\left[f\left(\rho_{\mathrm{IL}}\right)p_{\mathrm{I}}+g\left(\rho_{\mathrm{IL}}\right)+0.5\left(p_{\mathrm{L}}+p_{\mathrm{I}}\right)\right]}{f\left(\rho_{\mathrm{IL}}\right)p_{\mathrm{I}}+g(\rho_{\mathrm{IL}})-f\left(\rho_{\mathrm{L}}\right)p_{\mathrm{L}}-g\left(\rho_{\mathrm{L}}\right)}\rho_{\mathrm{L}}} \tag{1.57}$$

$$a_{\mathrm{R}}=\sqrt{\frac{(p_{\mathrm{I}}-p_{\mathrm{R}})\left[f\left(\rho_{\mathrm{IR}}\right)p_{\mathrm{I}}+g\left(\rho_{\mathrm{IR}}\right)+0.5\left(p_{\mathrm{R}}+p_{\mathrm{I}}\right)\right]}{f\left(\rho_{\mathrm{IR}}\right)p_{\mathrm{I}}+g(\rho_{\mathrm{IR}})-f\left(\rho_{\mathrm{R}}\right)p_{\mathrm{R}}-g\left(\rho_{\mathrm{R}}\right)}\rho_{\mathrm{R}}} \tag{1.58}$$

对于理想气体状态方程$\rho e=p/(\gamma-1)$，有

$$a_{\mathrm{L}}=\sqrt{0.5\left[(\gamma_{\mathrm{L}}-1)\,p_{\mathrm{L}}+(\gamma_{\mathrm{L}}+1)\,p_{\mathrm{I}}\right]\rho_{\mathrm{L}}} \tag{1.59}$$

$$a_{\mathrm{R}}=\sqrt{0.5\left[(\gamma_{\mathrm{R}}-1)\,p_{\mathrm{R}}+(\gamma_{\mathrm{R}}+1)\,p_{\mathrm{I}}\right]\rho_{\mathrm{R}}} \tag{1.60}$$

利用等熵关系式，式（1.59）和式（1.60）还可以写成如下的形式

$$a_{\mathrm{L}}=\rho_{\mathrm{L}}c_{\mathrm{L}}\sqrt{\frac{\gamma_{\mathrm{L}}+1}{2\gamma_{\mathrm{L}}}\left(\frac{p_{\mathrm{I}}}{p_{\mathrm{L}}}\right)+\frac{\gamma_{\mathrm{L}}-1}{2\gamma_{\mathrm{L}}}} \tag{1.61}$$

$$a_{\mathrm{R}}=\rho_{\mathrm{R}}c_{\mathrm{R}}\sqrt{\frac{\gamma_{\mathrm{R}}+1}{2\gamma_{\mathrm{R}}}\left(\frac{p_{\mathrm{I}}}{p_{\mathrm{R}}}\right)+\frac{\gamma_{\mathrm{R}}-1}{2\gamma_{\mathrm{R}}}} \tag{1.62}$$

对于 Stiffen 状态方程$\rho e=(p+\gamma B)/(\gamma-1)$，有

$$a_{\mathrm{L}}=\sqrt{\left[\frac{p_{\mathrm{I}}+\gamma_{\mathrm{L}}B_{\mathrm{L}}}{\gamma_{\mathrm{L}}-1}+0.5\left(p_{\mathrm{L}}+p_{\mathrm{I}}\right)\right]\rho_{\mathrm{L}}} \tag{1.63}$$

$$a_{\mathrm{R}}=\sqrt{\left[\frac{p_{\mathrm{I}}+\gamma_{\mathrm{R}}B_{\mathrm{R}}}{\gamma_{\mathrm{R}}-1}+0.5\left(p_{\mathrm{R}}+p_{\mathrm{I}}\right)\right]\rho_{\mathrm{R}}} \tag{1.64}$$

在方程（1.56）中，a_{L} 和 a_{R} 仅是 p_{I} 的函数，所以对于方程（1.56）用简单迭代法求解。首先根据方程（1.56）的第二个方程迭代求解 p_{I}，a_{L} 和 a_{R}，即

$$p_{\mathrm{I}}^{(n+1)}=\frac{a_{\mathrm{L}}^{(n)}p_{\mathrm{R}}+a_{\mathrm{R}}^{(n)}p_{\mathrm{L}}+a_{\mathrm{L}}^{(n)}a_{\mathrm{R}}^{(n)}\left(u_{\mathrm{L}}-u_{\mathrm{R}}\right)}{a_{\mathrm{L}}^{(n)}+a_{\mathrm{R}}^{(n)}} \tag{1.65}$$

$a_{\mathrm{L}}^{(n)}\left(p_{\mathrm{I}}^{(n)},\rho_{\mathrm{L}},p_{\mathrm{L}}\right)$ 和 $a_{\mathrm{R}}^{(n)}\left(p_{\mathrm{I}}^{(n)},\rho_{\mathrm{R}},p_{\mathrm{R}}\right)$ 由式（1.57）～式（1.64）进行计算。选择初始迭代值为 $a_{\mathrm{L}}^{(0)}=\rho_{\mathrm{L}}c_{\mathrm{L}}$，$a_{\mathrm{R}}^{(0)}=\rho_{\mathrm{R}}c_{\mathrm{R}}$。$c_{\mathrm{L}}$ 和 c_{R} 表示声速。迭代一定的时间步后可以得到收敛解 p_{I}，a_{L} 和 a_{R} 。值得注意的是在强稀疏波和左右稀疏波出现真空的情况下，在迭代求解的过程中可能出现 $p^{(n)}<0$ 的情况，因此需要对其进行限制，即 $p^{(n)}=\max(p^{(n)},\varepsilon)$，$\varepsilon$ 为任意小的正常数。

2. 接触间断处的密度 ρ_{IL} 和 ρ_{IR} 的求法

Riemann 问题解的求法有多种，在这里介绍双激波近似 Riemann 问题求解方法[9]。非线性特征形式的方程组写成如下形式

$$\begin{cases} \dfrac{\partial S}{\partial t}+u\dfrac{\partial S}{\partial x}=0 \\ \left(\dfrac{\partial u}{\partial t}+\dfrac{1}{\rho c}\dfrac{\partial p}{\partial t}\right)+(u+c)\left(\dfrac{\partial u}{\partial x}+\dfrac{1}{\rho c}\dfrac{\partial p}{\partial x}\right)=0 \\ \left(\dfrac{\partial u}{\partial t}-\dfrac{1}{\rho c}\dfrac{\partial p}{\partial t}\right)+(u-c)\left(\dfrac{\partial u}{\partial x}-\dfrac{1}{\rho c}\dfrac{\partial p}{\partial x}\right)=0 \end{cases} \tag{1.66}$$

其中，S 表示熵，c 表示声速。满足上述特征形式方程组的第一个方程的解是下面一对常微分方程的解，$\mathrm{d}x/\mathrm{d}t=u$，$\mathrm{d}S/\mathrm{d}t=0$，即沿着这个积分曲线确定的流线热力学熵为常数。同样对于方程组的第二和第三个方程，沿着 $\dfrac{\mathrm{d}x}{\mathrm{d}t}=u+c$ 确定的积分曲线有

$$\frac{\mathrm{d}p}{\mathrm{d}t}+\rho c\frac{\mathrm{d}u}{\mathrm{d}t}=0 \tag{1.67}$$

沿着 $\dfrac{\mathrm{d}x}{\mathrm{d}t}=u-c$ 确定的积分曲线有

$$\frac{\mathrm{d}p}{\mathrm{d}t}-\rho c\frac{\mathrm{d}u}{\mathrm{d}t}=0 \tag{1.68}$$

如果界面位于网格点 i 和 $(i+1)$ 之间，对方程（1.67）和方程（1.68）进行如下形式的离散

$$\frac{p_{\mathrm{I}}-p_{i-1}^n}{w_{\mathrm{L}}^n}+(u_{\mathrm{I}}-u_{i-1}^n)=0 \tag{1.69}$$

$$\frac{p_{\mathrm{I}}-p_{i+2}^n}{w_{\mathrm{R}}^n}-(u_{\mathrm{I}}-u_{i+2}^n)=0 \tag{1.70}$$

其中，$(w_{\mathrm{L}}^n)^2=\rho_{\mathrm{IL}}\rho_{i-1}\dfrac{p_{\mathrm{I}}-p_{i-1}^n}{\rho_{\mathrm{IL}}-\rho_{i-1}^n}$，$(w_{\mathrm{R}}^n)^2=\rho_{\mathrm{IR}}\rho_{i+2}\dfrac{p_{\mathrm{I}}-p_{i+2}^n}{\rho_{\mathrm{IR}}-\rho_{i+2}^n}$。为求式（1.69）和式（1.70）中 ρ_{IL} 和 ρ_{IR}，根据能量守恒的 Rankine-Hugoniot 关系式

$$e_{\mathrm{R}}-e_{\mathrm{L}}+0.5(p_{\mathrm{R}}+p_{\mathrm{L}})\left(\frac{1}{\rho_{\mathrm{R}}}-\frac{1}{\rho_{\mathrm{L}}}\right)=0 \tag{1.71}$$

再利用状态方程（1.49）有

$$\rho_{\mathrm{IL}}=\frac{f(\rho_{\mathrm{IL}})p_{\mathrm{I}}+g(\rho_{\mathrm{IL}})+0.5\left(p_{\mathrm{I}}+p_{i-1}^n\right)}{f\left(\rho_{i-1}^n\right)p_{i-1}^n+g\left(\rho_{i-1}^n\right)+0.5\left(p_{\mathrm{I}}+p_{i-1}^n\right)}\rho_{i-1}^n \tag{1.72}$$

同样对于 ρ_{IR} 有

$$\rho_{\mathrm{IR}}=\frac{f\left(\rho_{\mathrm{IR}}\right)p_{\mathrm{I}}+g\left(\rho_{\mathrm{IR}}\right)+0.5\left(p_{\mathrm{I}}+p_{i+2}^{n}\right)}{f\left(\rho_{i+2}^{n}\right)p_{i+2}^{n}+g\left(\rho_{i+2}^{n}\right)+0.5\left(p_{\mathrm{I}}+p_{i+2}^{n}\right)}\rho_{i+2}^{n} \tag{1.73}$$

特别地，对于理想气体状态方程 $\rho e=p/(\gamma-1)$，式（1.72）和式（1.73）有如下更为简单的形式

$$\rho_{\mathrm{IL}}=\frac{(\gamma_{\mathrm{L}}+1)p_{\mathrm{I}}+(\gamma_{\mathrm{L}}-1)p_{i-1}^{n}}{(\gamma_{\mathrm{L}}-1)p_{\mathrm{I}}+(\gamma_{\mathrm{L}}+1)p_{i-1}^{n}}\rho_{i-1}^{n} \tag{1.74}$$

$$\rho_{\mathrm{IR}}=\frac{(\gamma_{\mathrm{R}}+1)p_{\mathrm{I}}+(\gamma_{\mathrm{R}}-1)p_{i+2}^{n}}{(\gamma_{\mathrm{R}}-1)p_{\mathrm{I}}+(\gamma_{\mathrm{R}}+1)p_{i+2}^{n}}\rho_{i+2}^{n} \tag{1.75}$$

对于一般形式的状态方程（1.49），根据式（1.72）和式（1.73）并利用上面的收敛解 p_{I}，可迭代求解接触间断处的密度 ρ_{IL} 和 ρ_{IR}。

3. 对于稀疏波的情况

在理想状态条件下，首先对于向左稀疏波的情况，根据 Riemann 不变量，接触间断处的物理量和激波的波头之间应满足如下的关系式

$$u_{\mathrm{I}}+\frac{2}{\gamma_{\mathrm{L}}-1}c_{\mathrm{I}}=u_{\mathrm{L}}+\frac{2}{\gamma_{\mathrm{L}}-1}c_{\mathrm{L}} \tag{1.76}$$

利用等熵关系式有

$$c_{\mathrm{I}}=c_{\mathrm{L}}\left(\frac{p_{\mathrm{I}}}{p_{\mathrm{L}}}\right)^{\frac{\gamma_{\mathrm{L}}-1}{2\gamma_{\mathrm{L}}}} \tag{1.77}$$

所以

$$u_{\mathrm{I}}+\frac{2}{\gamma_{\mathrm{L}}-1}c_{\mathrm{L}}\left(\frac{p_{\mathrm{I}}}{p_{\mathrm{L}}}\right)^{\frac{\gamma_{\mathrm{L}}-1}{2\gamma_{\mathrm{L}}}}=u_{\mathrm{L}}+\frac{2}{\gamma_{\mathrm{L}}-1}c_{\mathrm{L}} \tag{1.78}$$

对于向右稀疏波的情况，类似地有

$$u_{\mathrm{I}}-\frac{2}{\gamma_{\mathrm{R}}-1}c_{\mathrm{R}}\left(\frac{p_{\mathrm{I}}}{p_{\mathrm{R}}}\right)^{\frac{\gamma_{\mathrm{R}}-1}{2\gamma_{\mathrm{R}}}}=u_{\mathrm{R}}-\frac{2}{\gamma_{\mathrm{R}}-1}c_{\mathrm{R}} \tag{1.79}$$

4. Riemann 问题解类型的判断

接触间断处的压强记为 p_{I}，由式（1.54）和式（1.55）消去 u_{I} 得到关于 p_{I} 的函数，即 $u_{\mathrm{L}}-u_{\mathrm{R}}=f(p_{\mathrm{I}},\rho_{\mathrm{L}},p_{\mathrm{L}},\rho_{\mathrm{R}},p_{\mathrm{R}})$，简单记为 $f\left(p_{\mathrm{I}}\right)$。容易证明此函数为单调上升的有连续导数的凸函数。不妨假设 $p_{\mathrm{L}}>p_{\mathrm{R}}$，若 $u_{\mathrm{L}}-u_{\mathrm{R}}>f\left(p_{\mathrm{L}}\right)$，有 $p>p_{\mathrm{L}}>p_{\mathrm{R}}$，则两边都为激波；若 $f\left(p_{\mathrm{L}}\right)>u_{\mathrm{L}}-u_{\mathrm{R}}>f\left(p_{\mathrm{R}}\right)$，有 $p_{\mathrm{L}}>p_{\mathrm{I}}>p_{\mathrm{R}}$，则右边为激波，

左边为中心稀疏波；若 $f(p_{\mathrm{L}}) > f(p_{\mathrm{R}}) > u_{\mathrm{L}} - u_{\mathrm{R}} > f(0)$，有 $p_{\mathrm{L}} > p_{\mathrm{R}} > p_{\mathrm{I}} > 0$，则两边都为中心稀疏波；若 $u_{\mathrm{L}} - u_{\mathrm{R}} < f(0)$，则左右稀疏波中间会出现真空区域。

参考文献

[1] 任玉新，陈海昕. 计算流体力学基础. 北京：清华大学大学出版社，2006.

[2] Shyue K M. A fluid-mixture type algorithm for compressible multicomponent flow with Van der Waals equation of state. Journal of Computational Physics，1999，156（1）：43–88.

[3] Shyue K M. A fluid-mixture type algorithm for compressible multi-component flow with Mie-Grüneisen equation of state. Journal of Computational Physics，2001，171（2）：678–707.

[4] 贾祖朋，张树道，蔚喜军. 多介质流体动力学计算方法. 北京：科学出版社，2014.

[5] 李德元，徐国荣，水鸿寿，等. 二维非定常流体力学数值方法. 北京：科学出版社，1998.

[6] 水鸿寿. 一维流体力学差分方法. 北京：国防工业出版社，1998.

[7] 朱自强，等. 应用计算流体力学. 北京：北京航空航天大学出版社，1998.

[8] 吴子牛. 计算流体力学基本原理. 北京：科学出版社，2001.

[9] Toro E F. Riemann Solvers and Numerical Methods for Fluid Dynamics：A Practical Introduction. Berlin，New York：Springer，1997.

第二部分

Lagrange方法及任意Lagrange-Euler方法

第 2 章　Lagrange 方法及任意 Lagrange-Euler 方法介绍

2.1　问题的背景

计算流体力学是以计算数学和理论流体力学为基础，是这两个学科的交叉学科，是一种用于分析流体流动性质的计算技术，包括对各种类型的流体在各种速度范围内的复杂流动进行数值模拟。20 世纪 60 年代以来，随着计算机的飞速发展和各种稳定、精确、快速算法的出现，计算流体力学作为一个独立的学科，显示出其解决科学理论和工程实际问题的巨大潜力。目前计算流体力学在航空、航天、造船、气象、海洋、水利、液压及石化等工程领域都有广泛应用。在计算流体力学中，数值方法的研究是十分重要的内容。目前常用的数值计算方法按采用 Euler 坐标还是 Lagrange 坐标可分为 Euler 方法和 Lagrange 方法两类。

Euler 方法中网格固定在空间中，即计算网格在物体的变形过程中保持不变，因此很容易处理物质的扭曲。但对运动界面需要引入非常复杂的数学映射，将可能导致较大的误差。另外当使用普通的伽辽金 (Galerkin) 离散时，由于迁移项的影响，有限元方程中的系数矩阵是非对称的，而且还可能得到振荡解。对大变形问题比较理想，但是不能对界面和自由面有十分清晰的分辨能力。

Lagrange 方法中，计算网格固定在物体上随物体一起运动，即网格点与物质点在物体的变形过程中始终保持重合，因此物质点与网格点之间不存在相对运动（即迁移运动，也称对流运动）。这大大地简化了控制方程的求解过程，而且能准确描述物体的移动界面，并可跟踪质点的运动轨迹，容易建立精确度较高而又稳定的格式。由于 Lagrange 方法跟踪固定的质团，所以可以用来计算包含多种物质的系统，而且不同物质间的界面也能清晰地表示出来，自由面的处理也很方便。此外，Lagrange 方法容许在局部区域加密网格，便得到一些比较精细的物理力学图像。但是由于二维流体运动中可能出现严重的扭曲现象，因而会造成 Lagrange 方法的计算网格相交，以致于计算过程不能持续下去。

克服 Lagrange 方法中计算网格相交的一个有效措施是重新构造一套新的网格。这就是每一步（对时间步长而言）或相隔若干步，将 Lagrange 网格重新划分，用尽可能规整的新网格代替因扭曲而显得畸形的网格。新网格的力学量根据旧网格上的力学量按照质量、动量、能量守恒的原则加以重新计算。当然，这样的 Lagrange 方法，严格地说来，已经不再是跟踪流体质团的 Lagrange 方法，而是一种 Euler 方法和 Lagrange 方法相结合的新方法 —— 任意 Lagrange-Euler 方法（简称 ALE 方法）。1974 年 Hirt 等提出 ALE 方法[1]，它可以像普通的 Lagrange 方法一样，让网格嵌在流体内和流体一起运动，或者像 Euler 方法一样，让网格固定，也可以让网格以任意方式运动。特别地，网格在界面处随流体运动（或至少在界面或自由面的法向上），这样就保证了界面处的高分辨率。而远离界面处，可以使网格运动比较规整，甚至可以做自适应，对解的某些特性可做高质量的模拟。人们将 ALE 方法描述引入到计算流体动力学的实际问题计算中，从而在解决大范围自由移动边界问题，特别是液体大幅晃动、流固耦合、加工成型、接触、大变形、界面不稳定性，磁流体动力学等问题时获得极大成功[2−29]。由于 ALE 方法在计算流体力学中的重要性，1997 年美国《计算物理》杂志专门重新刊登文献 [1]，并对 ALE 方法进行了综述[30]，回顾了发展史的同时指出了 ALE 方法的发展前景，但面临的挑战亦很艰巨；分析并指出了有待解决的与 ALE 方法发展密切相关的三个关键技术难题，也是三个重要的研究方向：方法的理论研究、计算格式的构造、新旧网格上物理量重映计算问题。

2.2 ALE 方法国内外研究现状

数值计算可以看作是一种数值模拟或数值实验。在大型数字电子计算机上可以计算气体与流体运动过程、化学反应过程、中子光子输运过程、炸药起爆与爆震过程、电磁流体运动过程以及各种非线性波的相互作用等问题。ALE 方法作为数值计算方法之一，综合了 Lagrange 方法和 Euler 方法的优点，克服了各自的缺点。自 ALE 方法提出以来一直是流体计算界的研究热点。

经典的 ALE 方法的求解分为三步：①Lagrange 计算步；②网格重构步；③物理量重映步，即物理量的守恒插值计算。这三部分内容是 ALE 方法研究的关键内容。

2.2.1 Lagrange 方法高精度格式发展与现状

Lagrange 方法网格是随流体运动，由于在一维流体力学运动中质团是 “有序” 的，故采用 Lagrange 方法是十分有效的。著名的 von Neumann-Richtmyer 方法 [2] 就是 Lagrange 方法。Lagrange 方法在一维中显现出来的优越性使得人们很自然地设想把它直接推广到二维计算中去。1955 年 Kolsky 提出第一个二维流体力学方程的计算格式就是 Lagrange 格式 [3]。以后又相继出现了多种 Lagrange 格式 [31−36]。随着电子计算机的发展，在国外出现了一系列常用的计算程序，如 MAGEE、WAT、TOODY、HEMP、TENSOR、LASNEX 等。这些格式和程序不仅可用来计算流体力学问题，而且在弹塑性力学、爆炸力学、辐射流体力学和磁流体力学问题的数值计算中都有广泛的应用并取得了相当的成功。Amsden 和 Benson 等研制了二维、三维简化 ALE 格式的有限差分程序 SALE 和 SALE-3D[37−40]。对于 Lagrange 方法网格随流体一起运动，网格角点的速度必须确定，所以最常见的格式都是建立在交错网格上，即密度和能量定义在网格中心，而速度定义在网格角点上。有限体积格式离散时，密度、能量的离散控制体与速度的离散控制体不同[41,42]，该类格式离散后形式简单，已经成功运用于流体力学中许多问题的求解。但是，交错网格下的 Lagrange 格式运用到 ALE 方法计算高速流动问题时，重映计算后可能出现负压强[43]。近年来，关于格心型的 Lagrange 有限体积格式的研究逐渐兴起，主要是由于该类格式不仅能够避免出现导致计算失败的负压强，而且可以进一步提高 ALE 方法的计算效率。该类格式的关键困难在于如何精确地计算网格角点处的速度值。最早的格心格式是由 Richtmyer 等构造的有限差分格式[44]。Dukowicz 等做了该格式的多维的扩展[45,46]。1992 年 Benson 通过一个最小二乘方法的过程给出了角点的速度值计算方法，该方法被证明导致一个人工网格运动[13]。2005 年 Després 等设计了一个通过面通量计算角点速度的方法[47]。Maire 等通过引入熵条件，给出了一类新的计算网格角点处速度值的方法[48]，该方法为格心型 Lagrange 有限体积格式提供了新的发展契机。对于 Lagrange 方法高精度格式构造的研究，我国在 20 世纪 80 年代初就开始了。李文绚等构造了二维非定常气体力学问题的一个 Lagrange 差分格式[49]。20 世纪 90 年代初期，开始出现这方面较多的研究成果，北京应用物理与计算数学研究所（以下简称九所）李德元教授和中国科学院计算数学研究所的邬华谟教授在这方面做了有效的工作[50−52]，给出了 Lagrange 观点下流体力学方程组求解的二阶精度有限体积格式和非守恒流体力学方程组下的高分辨格式。中国科学院计算中心的李荫藩和梁珍璇教授在轴对称高速碰撞问题的 Lagrange 求解方面给出非结构网格下的计算格式[53−55]。2005 年以前的工作都是集中在交错网格上构造有限体积格式。九所的成娟研究员通过使用高斯型回路数值积分方法给出了一类新的格心型的高精度 ENO 型有限体积格式[56]，为格心型 Lagrange 有限体积格式的发展提供了一条新的思路。

Lagrange 计算步后，扭曲的网格需要适当地调整，即重构网格步。

2.2.2　网格重构方法的发展与现状

在流体力学计算中，Lagrange 方法的计算网格是跟随流体质团运动的，质团的流动和变形必然会引起网格扭曲、畸变，以致相互扭结，甚至可能出现网格相交，这就使得计算不能进行下去。网格的扭曲又会引起误差迅速增长，使得 Lagrange 方法失去精确性。人们曾经设想过各种各样的方法来克服网格相交。这些办法归纳起来，大致有两类：一类是设想用某种人为黏性来阻止网格的扭曲和变形，以达到推迟或防止网格相交的目的。例如，Wilkins 提出的“角度黏性”[57]、Browne 和 Wallick 设计的所谓“黏性三角形”和“临时性三角形子网格”[36]。Grandey 直接选用三角形网格代替四边形网格[58]，这样，当三角形的一个顶点接近或即将穿过对边时，网格体积趋近于零，密度无限增大，使得压力和人为黏性也同时无限增大，从而阻止网格相交。这些方法尽管对于防止网格相交有一定效果，但是对于物理上真实的扰动和变形，这些办法所加入流场的“人为黏性”可能改变流场的性质，歪曲了物理图像。另一类方法就是重构网格。最初的重构网格仅限于简单地校正个别角点，使网格不致过分扭曲以维持计算，这叫做局部重构网格。后来提出增加或删除整行整列网格，或者按照某种给定的方式重新生成全部网格，这叫做整体重构网格。

国内外对网格生成方法研究的文献很多，网格生成主要有代数方法、求解偏微分方程和变分方法等。对于一般的二维计算区域，采用偏微分方程的方法构造网格更具有普适性。偏微分方程可以是双曲型的或抛物型的，更多的是光滑性好的椭圆型方程。由于双曲型方程会传播奇异性，故边界不光滑时，生成的网格品质会很差。用抛物型方程构造网格，可以把初始边界上奇异性网格光滑化。当计算区域为封闭区域时，这两种方法要考虑如何与另一边界吻合。网格重构方法中比较常用的方法是 Winslow 提出的等势重构方法[59,60]，该方法通过求解一个拉普拉斯（Laplace）方程来重构网格，后来扩展成求解泊松（Possion）方程的形式。Budge 发展了一种八点的重构网格的格式[61]。美国 Los Alamos 国家实验室的 Shashkov 等对这一问题进行了研究，他们认为，Lagrange 网格在重分前包含了关于流体运动的信息，这些信息限制了对网格进行几何优化的程度，确切地说，Lagrange 网格既反映流体的物理运动，也反映一定的非物理的扭曲。假定计算网格的非物理扭曲具有小扰动的特性，则可以通过在单元附近一个小邻域上作平均从物理运动中分离出来。据此，他们提出了一种基于参考雅可比（Jacobi）矩阵的网格优化方法[62−65]，采用该方法优化构造出的网格既保持了与 Lagrange 网格靠近的特性，同时又具有较好的“光滑性”。但是因为该方法整体和局部都要优化，计算量很大，实际计算难以承受。在此基础上，勇珩给出了一个九点的自适应流场的网格重构方法[66]，姚彦忠等给出了一个推进方式的参考雅可比网格优化方法[67]。这些方法都为 ALE 方法的网格重构算法的发展提供了有益的借鉴。

网格重构步后，需要将旧网格上的物理量转移到新网格上，这就需要进行重映计算，即物理量重映步。

2.2.3　物理量重映方法的发展与现状

新网格生成后，根据新旧网格上的控制体 Ω_L 和 Ω_K^*，首先计算出网格的运动

速度 $\boldsymbol{b}$，然后计算由于网格的运动所引起的守恒量的输运，即下面的重映步。

$$\frac{\mathrm{d}}{\mathrm{d}t}\int_{\Omega_K}\rho\mathrm{d}\Omega+\int_{\partial\Omega_K}\rho(\boldsymbol{V}-\boldsymbol{b})\cdot\boldsymbol{N}\mathrm{d}l=0 \tag{2.1a}$$

$$\frac{\mathrm{d}}{\mathrm{d}t}\int_{\Omega_K}\rho\boldsymbol{V}\mathrm{d}\Omega+\int_{\partial\Omega_K}\rho\boldsymbol{V}(\boldsymbol{V}-\boldsymbol{b})\cdot\boldsymbol{N}\mathrm{d}l=0 \tag{2.1b}$$

$$\frac{\mathrm{d}}{\mathrm{d}t}\int_{\Omega_K}\rho E\mathrm{d}\Omega+\int_{\partial\Omega_K}\rho E(\boldsymbol{V}-\boldsymbol{b})\cdot\boldsymbol{N}\mathrm{d}l=0 \tag{2.1c}$$

这里的 Ω_K 也是随时间变动的控制体，它以速度 $\boldsymbol{b}$ 运动，$\partial\Omega_K$ 是它的边界表面，$\mathrm{d}l$ 是 $\partial\Omega_K$ 的长度单元，$\boldsymbol{N}$ 是表面的单位外法向量。在此步中，Ω_K 由它的初值 Ω_L 变化到 Ω_K^*。方程组（2.1）称为重映方程组。

该方程组与通常的对流或连续方程等价，其数值求解就是一个连续重映过程。此方法中守恒量在新网格上的重新分配是通过计算对流量来实现的，该方法隐含了一个基本的假定，这就是说，交换只能在相邻网格或者相邻节点之间进行，否则，会出现数值不稳定。

另外一种重映方法是由 Dukowicz 提出的积分重映方法[68]。把连续方程转化为一简单的积分形式。例如，对于密度的重映过程，此积分形式为

$$m_k=\int_{\Omega_k}\rho^{\mathrm{old}}(\boldsymbol{r})\mathrm{d}\Omega \tag{2.2}$$

其中，m_k 是新网格单元 Ω_k 内的总质量，$\rho^{\mathrm{old}}(\boldsymbol{r})$ 是旧网格上已知的密度分布，它是由网格平均值重构而来的。新网格上的密度分布 $\rho^{\mathrm{new}}(\boldsymbol{r})$ 可以基于所有的网格单元平均密度 $\bar{\rho}_k=m_k/A_k$ 来重构，A_k 为网格单元的面积。此方法显然是守恒的。如果构造密度分布 $\rho^{\mathrm{new}}(\boldsymbol{r})$ 时不产生新的极值，它也是单调的。此过程称为积分重映，它不包含一系列的小步骤，没有时间步长的限制，灵活性大，便于实现高精度计算。这种方法的主要困难是式（2.2）中积分的计算，最简单的情况是每个网格单元内的密度是常数，且每个网格单元都是四边形。这种重映方法的单调性是显然的，它对应于连续重映中的贡献网格法，数值耗散大，但因不受时间步长的限制，可以通过较少的重映次数来降低数值耗散。在这种最简单的情况下，问题转化为计算任意两个相交网格单元重叠部分的面积，这在逻辑上还是很复杂的，克服这种逻辑复杂性的一种方法是蒙特卡罗（Monte Carlo）积分[69]，但如果想提高精度，计算量很大，更精确的密度分布可以提高精度，减少耗散，但直接积分是几乎不可能的。

式（2.2）的计算通过适当地使用散度定理得到极大简化，采用散度定理可以把三维体积分化成曲面积分，针对二维问题，可以把面积分转化为回路线积分。Dukowicz[68] 描述的方法仅限于四边形网格，并且采用了一个到方形网格的

坐标变换，在变换坐标系中进行重映积分，其不良后果是对每个网格单元引入了几个辅助变量。Ramshaw[70] 改进了此方法，避免了变换，直接在物理坐标系作重映积分，原则上取消了四边形网格这一限制。在此基础上，通过采用网格单元内线性形式的密度分布，得到了二阶精度的重映方法[71,72]。这些方法在计算回路线积分时，采用沿网格线追踪的方法，分段计算每个小线段对积分的贡献。这些算法和程序设计的研究使得积分重映方法基本上达到了能够使用的程度，并且给出了一些很好的数值实验结果。但是，重映积分的问题并没有完全解决，在算法上，对于速度建立在节点上的 Lagrange 方法，在计算重映速度时，如何保持动量守恒和能量守恒之间的协调尚存在分歧[73,74]；在程序设计上，网格线追踪时，进入和离开边界的计算，与节点和线段相交和重合的判断等，都存在问题，而且程序逻辑复杂，特别容易出错。

通常使用的连续重映方法是一阶精度的。一阶方法（如贡献网格方法）的优点是其单调性，缺点是这类方法的数值耗散严重，对某些比较敏感的问题会使计算结果受到影响。另外，高精度的算法往往导致色散误差，在大梯度区数值解出现抖动（不具备单调性和正性）。2003 年 Margolin、Shashkov 等在 Dukowicz 和 Ramshaw 研究的基础上，重新对连续重映方法进行了深入的分析，提出了一类运用近似积分计算的二阶保号守恒重映（插值）方法[75−78]，该方法使用误差补偿的方法将原来一阶重映方法推广到了二阶，避免了重叠区域的计算，大大提高了重映效率，该方法虽不能保证单调性，但是具有良好的正性，是一类非常值得推广和深入研究的重映方法。

为了解决守恒重映这个热点问题，张宝琳在 1994 年提出一种计算任意两个凸多边形的相交多边形的技术[79]，蔡庆东在此基础上，又提出了一类通用的守恒重映算法[80]，并编制了可计算任意两个凸多边形的相交多边形的程序。此程序通用性较强，虽然此方法比网格线追踪法的计算量略大，但逻辑简单，程序也不是非常复杂。2001 年王瑞利等提出了任意网格重映的样条逼近算法[81,82]，利用散乱数据的样条插值的方法构造了一类单调重映方法，但可惜该方法不能保证守恒性。2003 年俞虹给出了质点积分守恒重映方法[83]，2004 年成娟等给出交错网格上的高精度守恒重映方法[84]。2005 年符尚武等通过辅助网格的方法给出 Lagrange 网格上的积分守恒重映方法[85]。温万治等给出的多边形交错网格的守恒重映方法[86]，提出基于细分和数值积分思想的一种离散的守恒重映方法。密度分布采用一阶精度的分片常数分布，或二阶精度的分片线性分布，分片线性密度分布函数采用面平均方法构造。重映过程中，借助四边形辅助网格，实现了交错网格节点量的重映。该方法既适用于结构网格，也适用于非结构网格，且不要求新旧网格之间一一对应。

进一步开展重映方法的研究，提高重映算法的精度，对于精确地模拟各种物理现象具有重要的意义。只有高精度 Lagrange 计算格式和高精度的重映方法两者紧密结合才能保证数值解的高精度，也只有这样才能从根本上推动 ALE 方法的不断发展与完善。

2.3　第 3 ～ 7 章的主要内容

在第 3 章，介绍交错网格 ENO 型高精度 Lagrange 有限体积格式。考虑到 Lagrange 方法下计算网格随流体一起运动的特性，通常采用在交错网格上对非守恒型的方程组进行格式离散。这样的格式离散性较简单，但是无法保证总能量的完全守恒。本章介绍一类交错网格下对守恒形式方程组离散的 ENO 型高精度 Lagrange 有限体积格式。

在第 4 章，介绍格心型高精度 Lagrange 有限体积格式。本章结合国外学者 Maire 等的研究成果，通过最小二乘法和特征分解的 ENO 思想构造物理量的线性分布代替原有格式中的网格平均量的处理手段，实现了角点速度的高精度计算，这种方法提高了计算精度，同时也避免了重映时物理量的不协调情况。

在第 5 章，介绍高精度守恒重映方法。重映方法主要可以分成两类：一类是基于新旧网格的重叠面积计算的重映方法；另外一类是对流型方法。本章首先分析几种应用较广泛的重映方法，重点描述一类基于多边形相交技术的 ENO 型高精度守恒单调重映方法，并分别结合 ENO 重构思想和最小二乘重构思想构造插值多项式，实现了两个“对流型”的近似积分守恒重映方法。

在第 6 章，实现完整的高精度 ALE 方法。在 ALE 方法中，由于网格随流体一起运动，随着流体运动的计算网格就会产生扭曲畸变，格式的计算精度也会因此大大降低，甚至不能计算下去。为了解决这个问题就需要适时地调整网格使之变得比较规整，这就需要有一种重构网格的方法。网格重构方法对于 ALE 方法的计算至关重要。一般来说，正交性和均匀性是重构网格的两个基本要求。对较简单的计算问题，通过选择合适的系数和源项，椭圆型方法可重构出符合要求的网格。本章将几种重映方法引入到高精度 Lagrange 方法中，实现完整的高精度 ALE 方法计算，大量的算例验证了算法的精度和可行性。

在第 7 章，介绍高分辨自适应 ALE 方法。在高精密物理问题的实际计算中，网格重构应该与物理问题解的空间分布相适应，即网格的粗细能随物理量变化的梯度大小而自动调整。本章将 Euler 体系下的自适应运动网格的思想引入到 ALE 方法中，通过定义控制函数在总体上调整网格的疏密度实现网格的自适应，在此过程中网格点的总数没有变化，只是网格线在不断的调整，以达到提高数值解的分辨率的目的。

参 考 文 献

[1] Hirt C W, Amsden A A, Cook J L. An arbitrary Lagrangian-Eulerian computing method for all flow speeds. J. Comput. Phys., 1974, 14: 76–85.

[2] von Neumann J, Richtmyer R D. A method for the numerical calculations of hydrodynamics shocks. J. Appl. Phys., 1950, 21: 232.

[3] Kolsky H G. A method for the numerical solution of transient hydrodynamics shock problem in two space dimensions. Report LA-1867, Los Alamos Sci. Lab. 1955.

[4] Browne P L. Rezone, A proposal for accomplishing rezoning in two-dimensional Lagrangian hydrodynamics problems. Report LA-3455-MS, Los Alamos Sci. Lab., 1966.

[5] Liu W K, Chang H, Belytscko T. Arbitrary Lagrangian-Eulerian Petrov-Galerkin finite elements for nonlinear continue. Comput. Meth. Appl. Mech. Eng., 1988, 68 (3): 259–310.

[6] Nomura T. ALE finite element computations of fluid-structure interaction problems. Comput. Meth. Appl. Mech. Eng., 1994, 112 (1/4): 291–308.

[7] Brooks A N, Hughes T R. Streamline upwind Petrov-Galerkin formulations for convection dominated flows withparticular emphasis on the incompressible Navier-Stokes equations. Comput. Meth. Appl. Mech. Eng., 1982, 32 (1 ～ 3): 199–259.

[8] Babu S S, Bhattacharyya S K. Finite element analysis of fiuid-structure interaction effect on liquid retaining structures due to sloshing. Computers & Structure, 1996, 59 (6): 1105–1171.

[9] Liu W K, Chen J S. Adaptive ALE finite element with particular reference to external work rate on frictionalinterface. Comput. Meth. Appl. Mech. Eng., 1991, 93: 189–216.

[10] Huerta A, Liu W K. Viscous flow with large free surface motion. Comput. Meth. Appl. Mech. Eng., 1988, 69 (3): 277–324.

[11] Chorin A J. Numerical solution of the Navier-Stokes equation. Math. Comput., 1968, 22 (104): 745–762.

[12] Ushijima S. Three dimensional arbitrary Lagrangian-Eulerian numerical prediction methods for nonlinear freesurface oscillation. Int. J. Numer. Meth. in Fluids, 1998, 26: 605–623.

[13] Benson D J. Computational methods in Lagrangian and Eulerian hydrocodes. Comput. Meth. Appl. Mech. Eng., 1992, 99: 235–394.

[14] Darlington R M, Mcabee T L, Rodrigue G. A study of ALE simulations of Rayleigh-Taylor instability. Computer Phys.ics Communications. 2002, 135 (1): 58–73.

[15] Peterkin R E, Frese M H, Sovinec C R. Transport of magnetic flux in an arbitrary coordinate ALE code. J. Comput. Phys., 1998, 140 (1): 148–171.

[16] Shestakov A L, Prasad M K, Milovich J L, et al. The radiation-hydrodynamic ICF3D code. Comp. Meth. Appl. Mech. Eng., 2000, 187: 181–201.

[17] Smith R W. AUSM (ALE): a geometrically conservative arbitrary Langrangian-Eulerian

flux splitting scheme. J. Comput. Phys., 1999, 150 (1): 268–286.

[18] Arber T D, White D A, Wallin B K, et al. A staggered grid, Lagrangian-Eulerian remap code for 3-D MHD simulations. J. Comput. Phys., 2001, 171 (1): 151–181.

[19] Rieben R N, White D A, Wallin B K, et al. An arbitrary Lagrangian-Eulerian discretization of MHD on 3D unstructured grids. J. Comput. Phys., 2007, 226 (1): 534–570.

[20] Pierce T, Rodrigue G. A parallel two-sided contact algorithm in ALE3D. Comput. Methods Appl. Mech. Eng., 2005, 194 (27): 3127–3146.

[21] Nichols A, Couch K, Maltby J D, et al. Coupled thermal/chemcial/mechanical modeling of energetic materials in ALE3D. UCRL-JC- 124706. Lawrence Livermore National Laboratory, 1996.

[22] Couch R, Sharp R, Otero I, et al. Application of ALE techniques to metal forming simulations. UCRL-JC-114851. Lawrence Livermore National Laboratory, 1993.

[23] Mcclell R, Wardell A, Atwood P, et al. ALE3D model predictions and materials charcterization for the cook of response of pbxn-109. UCRL-JC-145756. Lawrence Livermore National Laboratory. 2002.

[24] Couch R, Faux D. Simulation of underwater benchmark experiments with ALE3D. UCRL-JC-123819. Lawrence Livermore National Laboratory, 1997.

[25] Stevens D. Compressible multiphase flows in an ALE framework. UCRL-JC-201373. Lawrence Livermore National Laboratory, 2003.

[26] Aro C, Dube E, Futral W. Coupled mechanical/heat transfer simulation on MPP platforms using a finite element linear solver interface. UCRL-JC-131746. Lawrence Livermore National Laboratory, 1999.

[27] Tipton R. A 2D lagrange MHD code. UCRL-JC-94277. Lawrence Livermore National Laboratory.

[28] Tipton R. Modeling flux compression generators with a 2D ALE code. UCRL-JC-99900. Lawrence Livermore National Laboratory, 1988.

[29] 阚明先，蒋吉昊, 王刚华, 等. 衬套内爆 ALE 方法二维 MHD 数值模拟. 四川大学学报，2007，44 (1)：91–96.

[30] Margolin L G. Introduction to “An arbitrary Lagrangian-Eulerian computing method for all flow speeds”. J. Comput. Phys., 1997, 135: 198–202.

[31] Goad W B. WAT: A numerical method for two-dimensional unsteady fluid flow. LAMS-2365. Los Alamos Sci. Lab., 1960.

[32] Herrmann W. Comparison of finite difference expressions used in Lagrangian fluid flow calculations. AFWL-TR-64-104. Air Force Weapon Lab., 1964.

[33] Wilkins M L. Calculation of elastic-plastic flow. Methods in Computational Physics, 1964, 3: 211.

[34] Schulz W D. Two-dimensional Lagrangian hydrodynamic difference equations. Methods in Computational Physics, 1964, 3: 1.

[35] Maenchen G，Sack S. The tensor code. Methods in Computational Physics，1964，3：181.

[36] Browne P L，Wallick K B. The reduction of mesh tangling in two-dimensional Lagrangian hydrodynamics codes by the use of viscosity，artificial viscosity and TTS，for long，thin zones. LA-4740-MS. Los Alamos Sci. Lab., 1971.

[37] Amsden A A，Ruppel H M，Hirt C W. SALE-3D：A simplified ALE computer program for fluid flow at all flow speed. Los Alamos Scientic Laboratory，1980.

[38] Amsden A A，Ruppl H M. SALE-3D：A simplified ALE computer program for calculating three-dimensional fluid flow. Los Alamos Scientic Laboratory, 1981.

[39] Benson D J. An efficient，accurate，simple ALE method for nonlinear finite element programs. Comput. Meth. Appl. Mech. Eng., 1989，72：305–350.

[40] Benson D J. Vectorization techniques for explicit arbitrary Lagrangian-Eulerian calculations. Comput. Meth. Appl. Mech. Eng.，1992，96：303–328.

[41] Pember R，Anderson R W. A comparison of staggered-mesh Lagrange plus remap and cell-centered direct Eulerian Godunov schemes for Eulerian shock hydrodynamics. UCRL-JC-139820, 2000.

[42] Peery J S，Carroll D E. Multi-material ALE methods in unstructured grids. Comput. Meth. Appl. Mech. Eng.，2000，187：591–619.

[43] Margolin L G，Shashkov M. Remapping，recovery and repair on staggered grid. Comput. Meth. Appl. Mech. Eng.，2004，193：4139–4155.

[44] Richtmyer R D，Morton K W. Difference Methods for Initial Value Problems. John Wiley，1967.

[45] Dukowicz J K，Cline M C, Addessio F L. A general topology method. J. Comput. Phys.，1989，82：29–63.

[46] Dukowicz J K，Metlz B. Vorticity errors in multidimensional Lagrangian codes. J. Comput. Phys.，1992，99：115–134.

[47] Després B，Mazeran C. Lagrangian gas dynamics in two dimensions and Lagrangian systems. Arch. Rational Mech. Anal.，2005，178：327–372.

[48] Maire P H，Abgrall R, Breil J, et al. A cell-centered Lagrangian scheme for two dimensional compressible flow problems. SIAM Journal on Scientific Computing，2007，29(4)：1781–1824.

[49] 李文绚，王家浚，钱为义. 用于二维非定常气体力学问题的一个 Lagrange 差分格式及网格的重新划分. 第一届计算流体力学会议论文选集，1982，237–245.

[50] 李德元，等. 关于拉氏坐标系中二维流体力学有限体积法的精确度. 计算物理实验室年报. 1993，160–165.

[51] Hui W H，Li P Y，Li Z W. A unified coordinate system for solving the two-dimensional Euler equations. J. Comput. Phys.，1999，153：596–637.

[52] 汤华中，邬华谟. 高分辨 KFVS 有限体积方法及其 CFD 应用. 计算数学，1999，21 (3)：375–384.

[53] 吴坚，梁珍璇，李荫藩. Lagrange 坐标下的三角形网格重分技术. 数值计算与计算机应用，1994，4：261–272.

[54] 李荫藩，梁珍璇，谈庆明. 数值模拟二维高速碰撞问题的 Lagrange 任意三角形网格有限体积法. 计算物理，1995，12（4）：433–441.

[55] 梁珍璇，李荫藩. 轴对称高速碰撞问题的 Lagrange 无结构网格有限体积法的并行计算. 爆炸与冲击，1997，17（3）：221–227.

[56] Cheng J，Shu C W. A high order ENO conservative Lagrangian type scheme for the compressible Euler equations. J. Comput. Phys.，2008，227：1567–1596.

[57] Wilkins M L. Calculation of elastic-plastic flow. UCRL-7322，Rev.1. Lawrence Livermore Laboratory, 1969.

[58] Grandey R. Application of finite difference methods to problems in two-dimensional hydrodynamics. Aeronutronic Publication No. U-1118. California, 1961.

[59] Winslow A M. Equipotential zoning of two dimensional meshes. UCRL-7312. Lawrence Livermore National Laboratory, 1963.

[60] Winslow A M. Equipotential zoning of the interior of a three-dimensional mesh. Report to LSTC, 1990.

[61] Budge K G. ALE shock calculations using stabilized serendipity rezoning scheme. 1991. http：//citeseer.ist. psu.edu/cache/papers/cs/20527/http：zSzzSzsherpa.sandia. gov-zSz9231homezSzpdfpaperszSzAPS9106.pdf/budge91ale. pdf.

[62] Knupp P，Margolin L G，Shashkov M J. Reference Jacobian optimization-based rezone strategies for arbitrary Lagrangian-Eulerian methods. J. Comput. Phys.，2002，176: 93–128.

[63] Shashkov M，Knupp P. Optimization-based reference-matrix rezone strategies for arbitrary Lagrangian Eulerian methods on unstructured meshes. Selcuk J. Appl. Math.，2002，3（1）：81–99.

[64] Vachal P，Rao V G, Shashkov M J. Untangling of 2D meshes in ALE simulations. J. Comput. Phys.，2004，196：627–644.

[65] Rao V G，Shashkov M J. Optimization of surface mesh quality using local parameterization//Proceedings of the Eleventh International Meshing Roundtable，Ithaca，NY，September 2002，Sandia National Laboratories.

[66] 勇珩，袁国兴，成娟，等. 自适应于流场变化的网格重构方法. 计算物理. 2007，24（5）：506–511.

[67] 姚彦忠，袁光伟，倪国喜. 推进方式的参考 Jacobian 网格优化方法. 计算物理. 2007，24（3）：253–260.

[68] Dukowicz J K. Conservative rezoning（remapping）for general quadrilateral meshes. J. Comput. Phys.，1984，54：411–423.

[69] Horak H G，et al. An algorithm for the discrete rezoning of Lagrangian meshes. J. Comput. Phys.，1978，26：277–284.

[70] Ramshaw J D. Conservative rezoning algorithm for generalized two-dimensional meshes. J. Comput. Phys., 1985, 59: 193–199.

[71] Ramshaw J D. Simplified second-order rezoning algorithm for generalized two-dimensional meshes. J. Comput. Phys., 1986, 67: 214–222.

[72] Dukowicz J K, Kodis J W. Accurate conservative remapping (rezoning) for arbitrary Lagrangian-Eulerian computations. SIAM J Sci. Stat. Comput., 1987, 8 (3): 305–321.

[73] van Leer B. Towards the ultimate conservative difference scheme IV. A new approach to numerical convection. J. Comput. Phys., 1977, 23: 276–299.

[74] Benson D J. Momentum advection on a staggered mesh. J. Comput. Phys., 1992, 100: 143–162.

[75] Margolin L G, Shashkov M. Second-order sign-preserving conservative interpolation (remapping) on general grids. J. Comput. Phys., 2003, 184: 266–298.

[76] Kucharik M, Shashkov M, Wendroff B. An efficient linearity and bound preserving remapping methods. J. Comput. Phys., 2003, 188: 462–471.

[77] Loubere R, Shashkov M J. A subcell remapping method on staggered polygonal grids for arbitrary Lagrangian-Eulerian methods. J. Comput. Phys., 2005, 209: 105–138.

[78] Kucharik M, Shashkov M J. Extension of efficient, swept-intergration-based conservative remapping method for meshes with changing connectivity. Int. J. Numer. Meth. in Fluids, 2008, 56 (8): 1359–1365.

[79] Zhang B L, Chen J, Liu X P. A new algorithm used in rezone techniques. 计算物理实验室年报，1994，227–341.

[80] 蔡庆东. 非结构网格和结构网格生成及自适应软件的研制（博士后报告）. 北京：北京应用物理与计算数学研究所计算物理实验室，1999.

[81] 王瑞利，毛志明. 任意网格重映的样条逼近算法. 计算物理，2001，18 (5)：429–434.

[82] 王瑞利. 散乱物理量逼近的插值重映算法. 计算物理，2005，22 (4)：299–305.

[83] 喻虹. 质点积分守恒重映方法. 爆炸与冲击，2003，23 (6)：493–500.

[84] Cheng J, Shu C W. A high order accurate conservative remapping method on staggered meshes. Applied Numerical Mathematics, 2008, 58 (7): 1042–1060.

[85] 符尚武，戴自换，郭吉明. 二维 Lagrange 网格的积分守恒重映方法. 计算物理. 2005，22 (2)：184–188.

[86] 温万治，林忠，王瑞利，等. 多边形交错网格的守恒重映算法. 计算物理. 2006，23 (5)：511–517.

第 3 章　交错网格的高精度有限体积格式

ALE 方法的有限元格式和有限差分格式较多，特别是有限元格式在研究流固耦合等问题时效果较好，部分算法已经在商业软件中得到了应用。关于有限体积方面的格式一直较少，但是随着网格技术的发展，该类格式的应用越来越广泛。关于高精度的 Lagrange 有限体积格式的构造问题一直是国内外关注的热点问题。由于 Lagrange 方法下的计算网格随流体一起运动，所以一般格式都将速度离散在网格角点上，构造交错网格的计算格式。

一般说来，在建立流体力学方程组的差分格式时，对能量方程有着两种不同的选择：一种是采用关于总能量（即内能和动能之和）的守恒形式的方程，容易建立能量守恒的差分格式，得到的解是总能量，因而必须从中减去动能才能得到内能；另一种是采用关于内能的非守恒形式的方程，对非守恒形式的方程建立的差分格式，则往往不能保证总能量的守恒。可是采用守恒形式的差分格式，在实际计算中，由于格式的精确度，有时会产生在局部网格上总能量小于动能，因而导致内能出现负的现象。本章介绍一类交错网格下进行守恒形式方程组离散的 ENO 型高精度 Lagrange 有限体积格式。

3.1　高精度有限体积格式

3.1.1　变量控制体

由于 Lagrange 坐标系是建立在流体质团上跟随质团一起运动，这样用 Lagrange 时间导数 d/dt 表达的流体力学方程组中便不出现输运项，使方程变成较为简单的形式。

从二维 Lagrange 观点下的积分形式守恒方程组出发，计算网格可以选择四边形结构网格。用 $\{i\}$ 和 $\{j\}$ 两族折线将计算区域划分为 $I\times J$ 个四边形网格，$x_i=i\Delta x$，$y_j=j\Delta y$。为了书写方便，用 R_{ij} 表示网格角点，$R_{i+\frac{1}{2},j+\frac{1}{2}}$ 表示网格单元 $\Omega_{i+\frac{1}{2},j+\frac{1}{2}}$ 的中心。质量、密度、能量、压强选在网格单元中心，控制体取为四边形网格单元本身，速度取在网格角点上，对于 $R_{ij}(i=1,2,\cdots,I-1;j=1,2,\cdots,J-1)$ 上的速度，它的控制体取为 $R_{i-1,j}$，$R_{i,j-1}$，$R_{i+1,j}$，$R_{i,j+1}$ 4 个点为顶点的四边形区域。对于边界点，采用的是构造虚拟网格的方法，外推网格点进行处理，这样边界点也就成为了“内部点”。

在具体介绍格式构造之前，先介绍 ENO 多项式重构技术。ENO 插值多项式具有自适应选取模版（插值点）的特点，已被成功地应用于 Euler 方法下的高精度有限体积格式中。

3.1.2 ENO 多项式重构技术

重构插值多项式关键在于模板的选择。模板中的插值点的确定是构造插值多项式的一个重要组成部分，插值点的选取方法应尽量少，以减少计算时间，在光滑区域应减少插值的依赖区域，而且插值区域应不包含间断。

以一元函数为例，给定函数 $v(x)$ 在 $(k+1)$ 个点 $x_i, x_{i+1}, \cdots, x_{i+k}$ 上的值，则

（1）如果函数 $v(x)$ 在区间 (x_i, x_{i+k}) 上是光滑的，则 $v(x)$ 满足

$$v[x_i, \cdots, x_{i+k}] = \frac{v^{(k)}\xi}{k!}, \quad \text{其中}\xi \in (x_i, x_{i+k}) \tag{3.1}$$

（2）如果函数 $v(x)$ 在区间 (x_i, x_{i+k}) 上出现间断，则有

$$v[x_i, \cdots, x_{i+k}] = O\left(\frac{1}{\Delta x^k}\right) \tag{3.2}$$

可见，在光滑区域，差商是有界的，而在含有间断的区域，差商随网格步长 $\Delta x \to 0$ 而趋于无穷大，所以可以使用差商来测试函数的光滑性。

现在构造控制体 Ω_1 上的 ENO 插值多项式[1]，记 $\Omega_i(i=1,2,3)$ 上的网格单元平均值为 $\overline{U_i}$。设在网格单元 Ω_i 上，函数 $f(x,y)$ 的平均值记为

$$\langle f(x,y)\rangle_{\Omega_i} = \frac{1}{|\Omega_i|}\int_{\Omega_i} f(x,y)\mathrm{d}x\mathrm{d}y \tag{3.3}$$

其中，$|\Omega_i|$ 为 Ω_i 的面积。设线性插值多项式

$$p_1(x,y) = q_0 + q_x x + q_y y \tag{3.4}$$

其中，q_0，q_x，q_y 是待定系数，则此时有

$$\begin{cases} \langle p_1(x,y)\rangle_{\Omega_1} = \overline{U_1} \\ \langle p_1(x,y)\rangle_{\Omega_2} = \overline{U_2} \\ \langle p_1(x,y)\rangle_{\Omega_3} = \overline{U_3} \end{cases} \tag{3.5}$$

式（3.5）实际上是一个方程组，未知量为 q_0, q_x, q_y，系数矩阵为

$$\boldsymbol{A} = \begin{bmatrix} 1 & \langle x\rangle_{\Omega_1} & \langle y\rangle_{\Omega_1} \\ 1 & \langle x\rangle_{\Omega_2} & \langle y\rangle_{\Omega_2} \\ 1 & \langle x\rangle_{\Omega_3} & \langle y\rangle_{\Omega_3} \end{bmatrix} \tag{3.6}$$

当系数矩阵行列式值 $\det(\boldsymbol{A}) \neq 0$ 时，线性方程组 (3.5) 有唯一解，即可唯一确定一组系数 q_0, q_x, q_y。

下面，以构造压强的线性 ENO 插值多项式为例，介绍插值点 (控制体) 的选取和 ENO 插值多项式重构方法。

对于四边形结构网格，假设要在网格单元 $\Omega_{i+\frac{1}{2},j+\frac{1}{2}}$ 上构造一次多项式 $p(x,y)$，除 $\Omega_{i+\frac{1}{2},j+\frac{1}{2}}$ 外，还需要至少两个控制体。因为 $\Omega_{i+\frac{1}{2},j+\frac{1}{2}}$ 必有四条边 $R_{ij}R_{i+1,j}$，$R_{i+1,j}R_{i+1,j+1}$，$R_{i+1,j+1}R_{i,j+1}$，$R_{i,j+1}R_{i,j}$，这四条边分别属于网格单元 $\Omega_{i+\frac{1}{2},j-\frac{1}{2}}$，$\Omega_{i+\frac{3}{2},j+\frac{1}{2}}$，$\Omega_{i+\frac{1}{2},j+\frac{3}{2}}$，$\Omega_{i-\frac{1}{2},j+\frac{1}{2}}$，任意选取其中两个作为插值点 (控制体)，但不包括$\{\Omega_{i+\frac{1}{2},j-\frac{1}{2}}$，$\Omega_{i+\frac{1}{2},j+\frac{3}{2}}\}$和$\{\Omega_{i+\frac{3}{2},j+\frac{1}{2}}$，$\Omega_{i-\frac{1}{2},j+\frac{1}{2}}\}$这两种情况。使用式 (3.5)，只要系数矩阵不为零，就可以得到 4 个多项式，记为 $p^k(x,y)$，$k=1,2,3,4$；然后选择一个 $|q_x+q_y|$ 值最小的多项式，作为最后计算得到的 ENO 插值多项式。特别地，对于边界上的网格单元，通过构造虚拟网格的技术，外推后再类似内部网格单元进行多项式的重构。在系数矩阵非病态的情况下，总能得到所要求的 ENO 插值多项式。如果对于某个网格单元，出现无法求得一个多项式，即几种情况下系数矩阵皆为病态的，那么直接取 $p(x,y)=\bar{p}_{i+\frac{1}{2},j+\frac{1}{2}}$，$\bar{p}_{i+\frac{1}{2},j+\frac{1}{2}}$ 为网格单元 $\Omega_{i+\frac{1}{2},j+\frac{1}{2}}$ 的压强平均值。

同理，对于构造控制体 Ω_1 的二次 ENO 插值多项式

$$p_1(x,y) = q_0 + q_x x + q_y y + q_{xy}xy + q_{xx}x^2 + q_{yy}y^2 \tag{3.7}$$

有 6 个未知量 $q_0, q_x, q_y, q_{xy}, q_{xx}, q_{yy}$，需要有 6 个方程，所以无论是结构网格还是非结构网格，都需要选取除自身以外的 5 个控制体。具体的选择方法使用文献 [2] 中的方法。只要系数矩阵非病态就能得到唯一确定的一组系数 $q_0, q_x, q_y, q_{xx}, q_{xy}, q_{yy}$。如果出现无法求解出一组系数，那么所求多项式选择常数 $\bar{p}_{i+\frac{1}{2},j+\frac{1}{2}}$。

3.1.3 交错网格的 ENO 型高精度有限体积格式

二维 Lagrange 观点下的积分形式守恒方程组，结合前面所介绍的物理量控制体选取方式，进行结构网格下的高精度格式构造。由于网格随流体运动，所以单个网格内质量始终不变，质量方程不需要离散化。由于能量与速度所取控制体不同，所以将能量方程和动量方程分开来讨论各自的离散方法。

首先考虑能量方程的离散。对于一个特定的网格单元 Ω_l，角点 R_k，$k=1,\cdots,4$，以逆时针为序，记 $\boldsymbol{F}=(pu,pv)$ 有

$$\frac{\partial}{\partial t}\int_{\Omega_l} \rho E \mathrm{d}x\mathrm{d}y = -\sum_{k=1}^{4}\int_{\Gamma_k} \boldsymbol{F}\cdot\boldsymbol{n}_k \mathrm{d}l \tag{3.8}$$

其中，Γ_k 表示第 k 条边 R_kR_{k+1}，当 $k=4$ 时，取 $R_{k+1}=R_1$，$\boldsymbol{n}_k$ 为 Γ_k 的单位外法向量，$\mathrm{d}l$ 是长度单位，u,v 为 x,y 方向的速度。

记

$$\langle U\rangle_{\Omega_l}=\overline{U}_l=\frac{1}{|\Omega_l|}\int_{\Omega_l}U\mathrm{d}x\mathrm{d}y \tag{3.9}$$

其中，$|\Omega_l|$ 为多边形 Ω_l 的面积，类似文献 [3] 中的离散方法，取

$$Q^k_{\Omega_l}=\int_{\Gamma_k}\boldsymbol{F}\cdot\boldsymbol{n}_k\mathrm{d}l\approx p_{k,k+1}u_{\mathrm{n},k,k+1}l_{k,k+1} \tag{3.10}$$

其中，$p_{k,k+1}$ 为网格边界 R_kR_{k+1} 上的压强值，$u_{\mathrm{n},k,k+1}$ 表示边界 R_kR_{k+1} 的法向速度，$l_{k,k+1}$ 表示网格侧面积。由于有限体积方法得到的是网格压强平均值为 $\bar{p}_l$，由 $\bar{p}_l$ 可以构造高阶插值多项式 $p_l(x,y)$ 来近似 $\bar{p}_l$。由于不能保证 $p_l(x,y)$ 在网格边界上是连续的，因此 $p_{k,k+1}$ 不能直接从构造的插值多项式 $p_l(x,y)$ 求得，这里需要解一个 Riemann 问题，本书通过求解精确 Riemann 解，可以得到 $p_{k,k+1}$ 的值。而法向速度 u_n 和网格侧面积的乘积取为

$$u_{\mathrm{n},k,k+1}l_{k,k+1}=\frac{1}{2}[(u_k+u_{k+1})(y_{k+1}-y_k)-(v_k+v_{k+1})(x_{k+1}-x_k)] \tag{3.11}$$

其中，u_k 和 v_k 分别表示角点 R_k 的 x 方向和 y 方向的速度，(x_k,y_k) 表示 R_k 的坐标值。则有

$$\begin{aligned}&\frac{\partial}{\partial t}\langle\rho E\rangle_{\Omega_l}\\&=-\frac{1}{|\Omega_l|}\sum_{k=1}^{4}Q^k_{\Omega_l}\\&=-\frac{1}{2}\frac{1}{|\Omega_l|}\sum_{k=1}^{4}p_{k,k+1}[(u_k+u_{k+1})(y_{k+1}-y_k)-(v_k+v_{k+1})(x_{k+1}-x_k)]\end{aligned} \tag{3.12}$$

再讨论动量方程的离散。对速度的控制体 Ω'_l 进行积分，得到

$$\frac{\partial}{\partial t}\langle\rho u\rangle_{\Omega'_l}=\frac{1}{|\Omega'_l|}\frac{\partial}{\partial t}\int_{\Omega'_l}\rho u\mathrm{d}x\mathrm{d}y=-\frac{1}{|\Omega'_l|}\int_{\Omega'_l}\frac{\partial p}{\partial x}\mathrm{d}x\mathrm{d}y=-\frac{1}{|\Omega'_l|}\sum_{k=1}^{4}\int_{\Gamma_k}p\mathrm{d}y \tag{3.13}$$

$$\frac{\partial}{\partial t}\langle\rho v\rangle_{\Omega'_l}=\frac{1}{|\Omega'_l|}\frac{\partial}{\partial t}\int_{\Omega'_l}\rho v\mathrm{d}x\mathrm{d}y=\frac{1}{|\Omega'_l|}\int_{\Omega'_l}\frac{\partial p}{\partial y}\mathrm{d}x\mathrm{d}y=\frac{1}{|\Omega'_l|}\sum_{k=1}^{4}\int_{\Gamma_k}p\mathrm{d}x \tag{3.14}$$

其中，Γ'_k 是构成控制体 Ω'_l 的边，每条边都一定属于某个网格单元中。如果已经在整个网格系统构造了针对网格平均压强 $\bar{p}_l$ 的插值多项式 $p_l(x,y)$，则有如下结论：

假设边 Γ_k 所在网格内的插值多项式为 $p(x,y)=q_0+q_xx+q_yy$，那么把线段用参数方程 $x=x_1+(x_2-x_1)t$，$y=y_1+(y_2-y_1)t$ 表示，可得

$$\int_{\Gamma_k}p\mathrm{d}y=\int_{\Gamma_k}p(x,y)\mathrm{d}y=\int_{\Gamma_k}(q_0+q_xx+q_yy)\mathrm{d}y$$

$$= (y_2 - y_1)\left\{(q_x x_1 + q_y y_1 + q_0) + \frac{1}{2}[q_x(x_2 - x_1) + q_y(y_2 - y_1)]\right\} \tag{3.15}$$

同理得

$$\int_{\Gamma_k} p\mathrm{d}x = \int_{\Gamma_k} p(x,y)\mathrm{d}x = \int_{\Gamma_k} (q_0 + q_x x + q_y y)\mathrm{d}x$$
$$= (x_2 - x_1)\left\{(q_x x_1 + q_y y_1 + q_0) + \frac{1}{2}[q_x(x_2 - x_1) + q_y(y_2 - y_1)]\right\} \tag{3.16}$$

其中，点 (x_1, y_1)，(x_2, y_2) 分别为边 Γ'_k 的起点和终点。这里的起点和终点是针对区域 Ω'_l 而言的，从线段的起点走向终点时，区域总是位于线段的左侧。

联立方程（3.12），方程（3.15），方程（3.16），结构网格下的 ENO 型高精度有限体积格式的表达式可以写成如下形式

$$\frac{\partial}{\partial t}\overline{\boldsymbol{U}}_l = L(\overline{\boldsymbol{U}}_l) \tag{3.17}$$

其中，$\overline{\boldsymbol{U}}_l = (\rho u, \rho v, \rho E)^{\mathrm{T}}$，$L$ 表示式（3.12）～式（3.14）的等式右端项。

这样二维 Lagrange 观点下的积分形式守恒方程组的求解问题已经转化为一个常微分方程组的求解问题，常微分方程组的数值求解采用二阶 TVD 龙格–库塔（Runge-Kutta）方法[4]，计算公式如下

$$\overline{\boldsymbol{U}}_l^{(0)} = \overline{\boldsymbol{U}}_l \tag{3.18}$$

$$\overline{\boldsymbol{U}}_l^{(1)} = \overline{\boldsymbol{U}}_l^{(0)} + \Delta t L(\overline{\boldsymbol{U}}_l^{(0)}) \tag{3.19}$$

$$\overline{\boldsymbol{U}}_l^{(2)} = \frac{1}{2}\overline{\boldsymbol{U}}_l^{(0)} + \frac{1}{2}\overline{\boldsymbol{U}}_l^{(1)} + \frac{1}{2}\Delta t L(\overline{\boldsymbol{U}}_l^{(1)}) \tag{3.20}$$

经过式（3.18）～式（3.20）的计算，可以求得时间步长 Δt 后，新的能量 $\tilde{E}$，网格角点的新速度 $\tilde{u}$ 和 $\tilde{v}$，最后，求出网格角点运动的位置

$$\tilde{x}_{ij} = x_{ij} + \Delta t \tilde{u}_{ij} \tag{3.21}$$

$$\tilde{y}_{ij} = y_{ij} + \Delta t \tilde{v}_{ij} \tag{3.22}$$

从每个网格角点的新位置 $(\tilde{x}_{ij}, \tilde{y}_{ij})$，可以求得每个网格单元的新的体积量 $A_{i+\frac{1}{2},j+\frac{1}{2}}$，从而可以求出新的密度

$$\tilde{\rho}_{i+\frac{1}{2},j+\frac{1}{2}} = M_{i+\frac{1}{2},j+\frac{1}{2}} / A_{i+\frac{1}{2},j+\frac{1}{2}} \tag{3.23}$$

其中，$M_{i+\frac{1}{2},j+\frac{1}{2}}$ 为网格单元的质量，保持不变。

这样就完成了一步 Lagrange 计算。如果采用三阶的 ENO 插值多项式就能构造出空间三阶、时间三阶的高精度 ENO 型 Lagrange 有限体积格式。

3.1.4　边界条件

由于 Lagrange 网格跟踪流体质团，不同流体之间的界面和系统的边界都是用网格线描述的。网格线随时间的变化描述了流体界面和系统边界的运动。如果不考虑物质界面处的滑移现象，那么界面两侧的网格量只需分别用各自的状态方程计算，不必进行特殊处理。然而对于系统的边界，其一侧是流体，另一侧是固壁、真空、活塞或对称轴等，因此，边界网格线的速度必须单独进行计算。

固壁边界条件描述的是充分光滑的刚性壁（没有摩擦），流体在固壁面上可以反射和滑移，即流体的法向速度为零 $u_{\mathrm{n}}=0$。在用动量方程计算边界上流体的切向速度时，通常假设沿边界 $\dfrac{\partial p}{\partial n}=0$，即压强梯度在边界外面设一排对称的虚网格，即实网格作镜面反射所形成的像。设虚网格的所有物理量同对应真实网格完全相同，这样就可以用内点速度公式进行计算。

如果系统的边界是真空，记边界为自由面的情况，边界条件为 $p=0$。等压面边界同自由面类似，所不同之处在于边界压力为某个常压 $\bar{p}$。至于活塞边界条件，因为活塞面速度是给定的，边界处速度保持和活塞面速度相同。

3.2　数值模拟与验证

3.2.1　一维算例

算例 1　一维 Sod 激波管问题[5]。

初始条件如下

$$\begin{cases} (\rho_{\mathrm{L}},u_{\mathrm{L}},p_{\mathrm{L}},\gamma_{\mathrm{L}})=(1,0,1,1.4), & x<0.5 \\ (\rho_{\mathrm{R}},u_{\mathrm{R}},p_{\mathrm{R}},\gamma_{\mathrm{R}})=(0.125,0,0.1,1.4), & x>0.5 \end{cases}$$

计算区域 $[0,1]$，边界条件：左右边界都是固壁边界条件。CFL 条件数取 0.2，初始网格 nx=200 等份。时间 $t=0.2$ 时的计算结果见图 3.1。

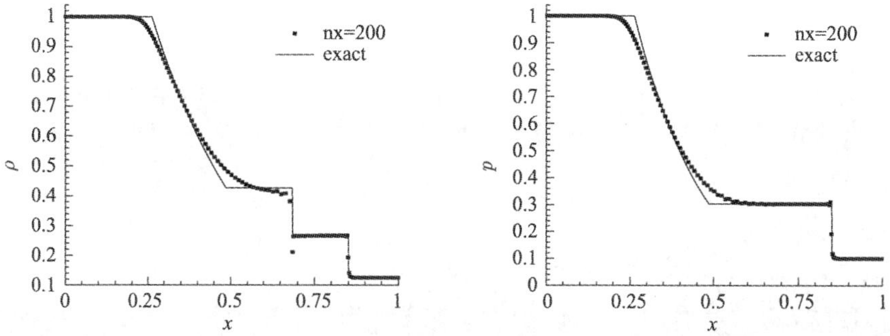

(a) 密度　　(b) 压强

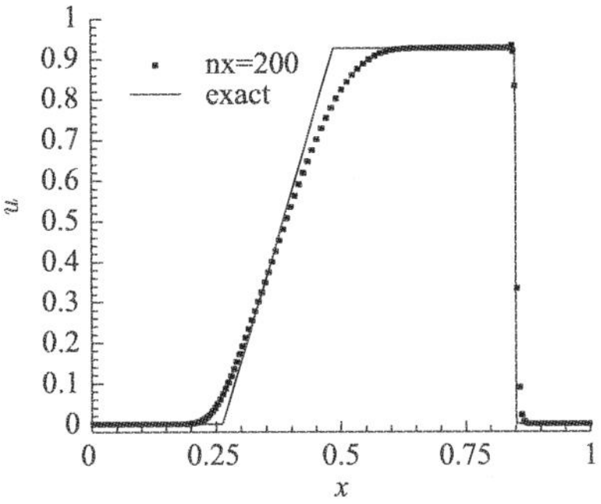

(c) 速度

图 3.1　一维 Sod 激波管问题

算例 2　一维 Lax 激波管问题[6]。

初始条件如下

$$\begin{cases}(\rho_{\rm L},u_{\rm L},p_{\rm L},\gamma_{\rm L})=(0.445,0.698,3.528,1.4), & x<10\\ (\rho_{\rm R},u_{\rm R},p_{\rm R},\gamma_{\rm R})=(0.5,0,0.571,1.4), & x>10\end{cases}$$

计算区域 $[0,20]$，边界条件：左右边界都是固壁边界条件。CFL 条件数取 0.2，初始网格 nx=200 等份。时间 $t=1$ 时的计算结果见图 3.2。

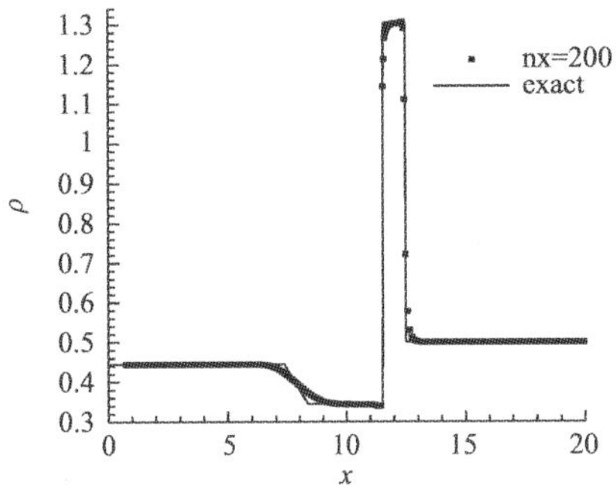

(a) 密度

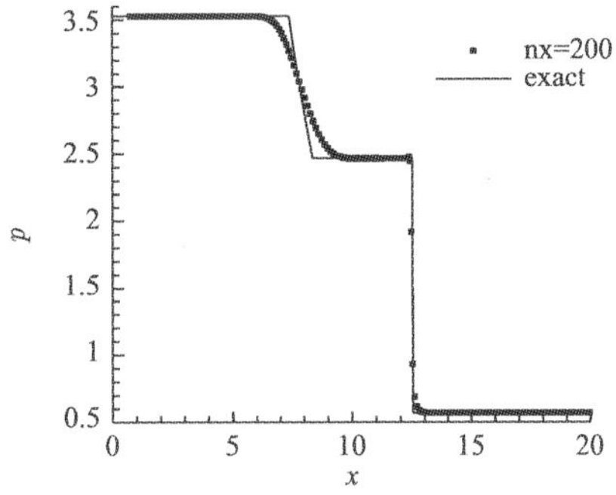

(b) 压强

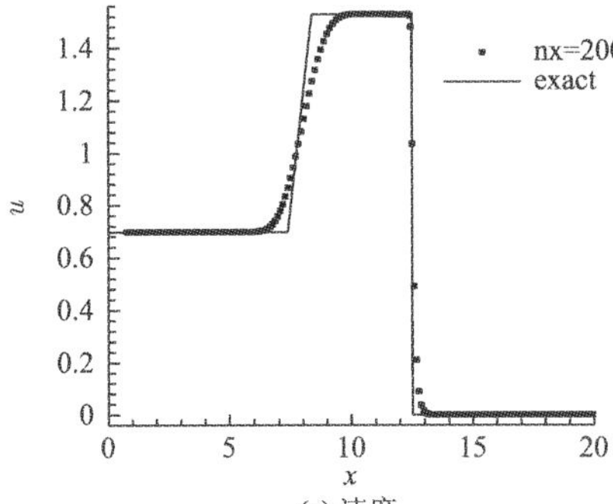

(c) 速度

图 3.2　一维 Lax 激波管问题

3.2.2 精度测试

通常采用二维涡演化问题[7] 来测试计算格式的精度。初始条件 $\rho=1$，$p=1$，$(u,v)=(1,1)$。熵 $S=p/\rho^\gamma$ 无扰动，速度和温度 $T=p/\rho$ 有一个小的扰动

$$(\delta u,\delta v)=\frac{\varepsilon}{2\pi}\mathrm{e}^{0.5(1-r^2)}(-\bar{y},\bar{x}),\quad \delta T=-\frac{(\gamma-1)\varepsilon^2}{8\gamma\pi^2}\mathrm{e}^{(1-r^2)},\quad \delta S=0$$

这里，$(-\bar{y},\bar{x})=(y-5,x-5)$，$r^2=\bar{x}^2+\bar{y}^2$，涡强度 $\varepsilon=5$，$\gamma=1.4$。计算区域 $[0,10]\times[0,10]$。边界条件取周期边界条件。CFL 条件数取 0.2。初始网格划分为 $N_x\times N_y$。一阶 Lagrange 格式[3] 和二阶 ENO 型 Lagrange 格式在时间 $t=1$ 时不同网格划分下的计算结果见表 3.1 和表 3.2。

表 3.1 一阶交错网格 Lagrange 格式的精度测试

$N_x=N_y$	范数	密度		能量	
		误差	阶数	误差	阶数
20	L_1	5.78×10^{-3}		2.17×10^{-2}	
	L_∞	0.13		0.26	
40	L_1	2.82×10^{-3}	1.04	1.01×10^{-2}	1.10
	L_∞	6.14×10^{-2}	1.08	0.11	1.24
80	L_1	1.42×10^{-3}	0.99	4.82×10^{-3}	1.07
	L_∞	3.03×10^{-2}	1.02	5.24×10^{-2}	1.07
160	L_1	7.06×10^{-4}	1.01	2.36×10^{-3}	1.03
	L_∞	1.46×10^{-2}	1.05	2.56×10^{-2}	1.03

表 3.2 二阶交错网络 ENO 型 Lagrange 格式的精度测试

$N_x=N_y$	范数	密度		能量	
		误差	阶数	误差	阶数
20	L_1	5.24×10^{-3}		1.71×10^{-2}	
	L_∞	0.19		0.33	
40	L_1	2.07×10^{-3}	1.34	7.02×10^{-3}	1.28
	L_∞	7.45×10^{-2}	1.35	0.18	0.87
80	L_1	7.48×10^{-4}	1.47	2.93×10^{-3}	1.26
	L_∞	2.47×10^{-2}	1.59	7.51×10^{-2}	1.26
160	L_1	3.25×10^{-4}	1.20	1.4×10^{-3}	1.07
	L_∞	1.16×10^{-2}	1.09	4.18×10^{-2}	0.85

表 3.1 给出了密度和能量分别在网格数为 20×20，40×40，80×80，160×160 下一阶 Lagrange 格式的计算结果与精确解的误差，从表可以看出，原交错网格的 Lagrange 格式为一阶精度。从表 3.2 可以看出，本章的格式较原有格式在精度上有

所提高，虽然不能完全达到二阶精度。主要原因是动量方程离散格式当网格不规则时存在降阶现象。

3.3 小　结

本章介绍了 ENO 插值多项式的重构方法，给出了模板的自适应选取方式，通过对积分型 Lagrange 观点下守恒型流体力学方程组的能量方程和动量方程的离散，推导了一类交错网格下的四边形结构网格的 ENO 型高精度 Lagrange 有限体积格式，从精度测试的数值实验的结果可以看出，改进后格式精度有所提高。

参考文献

[1] Harten A. Preliminary results on the extension of ENO schemes to two-dimensional problems//Proceedings，International Conference on Nonlinear Hyperbolic Problems，Saint-Etienne，1986. Lecture Notes in Mathematics，Carasso C. Berlin：Springer-Verlag，1987.

[2] Hu C Q，Shu C W. Weighted essentially non-oscillatory schemes on triangular meshes. J. Comput. Phys.，1999，150：97–127.

[3] 李德元，徐国荣，水鸿寿. 二维非定常流体力学数值方法. 北京：科学出版社，1987.

[4] 王春武. 高精度 ENO 格式的构造及并行计算研究. 博士学位论文. 南京：南京航空航天大学，2000.

[5] Sod G A. A survey of several finite difference methods for systems of nonlinear hyperbolic conservation laws. J. Comput. Phys.，1978，27：1–31.

[6] Cheng J，Shu C W. A high order ENO conservative Lagrangian type scheme for the compressible Euler equations. J. Comput. Phys.，2008，227：1567–1596.

[7] Shu C W，Zang T A, Erlebacher G, et al. High-order ENO schemes applied to two-and three-dimensional compressible flow. Applied Numerical Mathematics, 1992，9：45–71.

第 4 章　格心型高精度有限体积格式

交错网格下 ALE 有限体积格式计算中会出现两个问题: ①重映步计算时，网格角点处守恒量（动量）不能和中心量（质量和能量）协调一致，特别是在计算高速流问题时，重映结束后可能会出现负压强; ②角点处速度重映不能与其他量一起进行，必须引入新的控制体，造成计算量的增加，降低 ALE 方法的计算效率。解决上述问题的一种可行的方案是将速度这一物理量放到网格中心，构造格心型格式。采用该方法带来的困难就是计算网格移动的速度值需要通过特殊的方法来确定。不考虑大误差的情况，最简单的思路就是通过网格中心速度值进行平均插值到网格的角点上。但在高精度格式构造的前提下，必须研究高精度的角点速度计算方法。本章介绍一类格心型高精度有限体积格式，该方法结合国外学者 Maire 等的研究成果[1]，通过最小二乘法和特征分解的 ENO 思想[2] 构造物理量的线性分布代替原有格式中的网格平均量的处理手段，实现角点速度的高精度计算，从而提高了方法的计算精度，同时也避免了重映时物理量的不协调情况。

4.1　格心型 LSM 型高精度 Lagrange 格式

4.1.1　变量控制体

所有量（密度 ρ，质量 m，速度 $\boldsymbol{u}$，内能 e，压强 p，单位总能量 E）都定义在网格单元的中心。所有变量控制体取网格单元本身，设为 Ω，它的面积记为 $A_\Omega=\displaystyle\int_\Omega \mathrm{d}\Omega$，质量为 m_Ω，密度 $\rho_\Omega=m_\Omega/A_\Omega$，定义质量平均速度和总能量为

$$\boldsymbol{V}_\Omega=\frac{1}{m_\Omega}\int_\Omega \rho\boldsymbol{u}\mathrm{d}\Omega,\quad E_\Omega=\frac{1}{m_\Omega}\int_\Omega \rho E\mathrm{d}\Omega \tag{4.1}$$

考虑控制体 Ω，积分形式的 Lagrange 观点下的流体力学方程组等价于

$$\frac{\mathrm{d}}{\mathrm{d}t}\int_\Omega \mathrm{d}\Omega-\int_{\partial\Omega}\boldsymbol{u}\cdot\boldsymbol{n}\mathrm{d}l=0 \tag{4.2a}$$

$$\frac{\mathrm{d}}{\mathrm{d}t}\int_\Omega \rho\mathrm{d}\Omega=0 \tag{4.2b}$$

$$\frac{\mathrm{d}}{\mathrm{d}t}\int_\Omega \rho\boldsymbol{u}\mathrm{d}\Omega+\int_{\partial\Omega}p\boldsymbol{n}\mathrm{d}l=0 \tag{4.2c}$$

$$\frac{\mathrm{d}}{\mathrm{d}t}\int_{\Omega}\rho E\mathrm{d}\Omega+\int_{\partial\Omega}p\boldsymbol{u}\cdot\boldsymbol{n}\mathrm{d}l=0 \tag{4.2d}$$

其中，$\boldsymbol{n}$ 为控制体边界的外法向量，$\mathrm{d}l$ 是控制体边界的长度单元。

4.1.2　空间离散

为了能够清楚地解释该方法，先简要介绍一下 Maire 在文献 [1] 中的格式构造思想和相关的变量定义。

对于一个特定的网格单元 Ω_j，单元节点设为 R_r，$r=1,\cdots,4$，坐标为 (x_r,y_r)，网格单元的边记为 $L_{r,r+1}=R_rR_{r+1}$。当 $r=4$ 时，$R_{r+1}=R_1$，外法向量记为 $\boldsymbol{n}_{r,r+1}$。基于面的格式离散如下

$$m_j\frac{\mathrm{d}\boldsymbol{u}_j}{\mathrm{d}t}=-\sum_{r=1}^{4}L_{r,r+1}\boldsymbol{n}_{r,r+1}p^j_{r,r+1} \tag{4.3}$$

$$m_j\frac{\mathrm{d}E_j}{\mathrm{d}t}=-\sum_{r=1}^{4}L_{r,r+1}\boldsymbol{n}_{r,r+1}\cdot(p^j_{r,r+1}\boldsymbol{u}_{r,r+1}) \tag{4.4}$$

其中，$p^j_{r,r+1}$，$\boldsymbol{u}_{r,r+1}$ 分别是边 R_rR_{r+1} 上的压强和速度；$\boldsymbol{u}_j$，E_j 分别表示在 Ω_j 内的速度和总能量。质量方程根据体积的变化确定，网格体积变化通过节点的运动确定。

令

$$\begin{cases}\boldsymbol{u}_{r,r+1}=\dfrac{1}{2}(\boldsymbol{u}_r+\boldsymbol{u}_{r+1})\\[2mm] p^j_{r,r+1}=\dfrac{1}{2}(p^{j,r+1}_r+p^{j,r}_{r+1})\\[2mm] p^j_{r,r+1}\boldsymbol{u}_{r,r+1}=\dfrac{1}{2}(p^{j,r+1}_r\boldsymbol{u}_r+p^{j,r}_{r+1}\boldsymbol{u}_{r+1})\end{cases} \tag{4.5}$$

其中，$p^{j,r+1}_r$ 代表在单元 Ω_j 中以节点 R_r 为研究对象在边 $L_{r,r+1}$ 上的压强。$\boldsymbol{u}_r$ 表示单元 Ω_j 上网格节点 R_r 处的速度。

将式 (4.5) 代入式 (4.4)，可以将格式转化成关于点的离散格式

$$m_j\frac{\mathrm{d}\boldsymbol{u}_j}{\mathrm{d}t}=-\sum_{r=1}^{4}\frac{1}{2}(L_{r-1,r}\boldsymbol{n}_{r-1,r}p^{j,r-1}_r+L_{r,r+1}\boldsymbol{n}_{r,r+1}p^{j,r+1}_r) \tag{4.6}$$

$$m_j\frac{\mathrm{d}E_j}{\mathrm{d}t}=-\sum_{r=1}^{4}\frac{1}{2}(L_{r-1,r}\boldsymbol{n}_{r-1,r}p^{j,r-1}_r+L_{r,r+1}\boldsymbol{n}_{r,r+1}p^{j,r+1}_r)\cdot\boldsymbol{u}_r \tag{4.7}$$

计算需要求解得到 $\boldsymbol{u}_r$，$p^{j,r-1}_r$，$p^{j,r+1}_r$ 的值。

首先由压力在节点 R_r 处的平衡，即全局动量守恒，可以得到

$$\sum_{j=1}^{\Omega(r)}(L^j_{r-1,r}\boldsymbol{n}^j_{r-1,r}p^{j,r-1}_r+L^j_{r,r+1}\boldsymbol{n}^j_{r,r+1}p^{j,r+1}_r)=0 \tag{4.8}$$

其中，$\Omega(r)$ 为包含节点 R_r 的所有网格单元集合。

其次，由局部熵不等条件可以得到

$$T\mathrm{d}\sigma = \mathrm{d}e + p\mathrm{d}\tau \geqslant 0 \tag{4.9}$$

其中，T 为温度，σ 为熵，$\tau = 1/\rho$。离散后则有

$$m_j T_j \frac{\mathrm{d}\sigma_j}{\mathrm{d}t} = \sum_{r=1}^{4} \frac{1}{2}[L_{r-1,r}(p_j - p_r^{j,r-1})\boldsymbol{n}_{r-1,r} + L_{r,r+1}(p_j - p_r^{j,r+1})\boldsymbol{n}_{r,r+1}] \cdot (\boldsymbol{u}_r - \boldsymbol{u}_j) \tag{4.10}$$

上述等式要求非负，根据右手准则取

$$\begin{cases} p_j - p_r^{j,r-1} = \rho_j c_j (\boldsymbol{u}_r - \boldsymbol{u}_j) \cdot \boldsymbol{n}_{r-1,r}, \\ p_j - p_r^{j,r+1} = \rho_j c_j (\boldsymbol{u}_r - \boldsymbol{u}_j) \cdot \boldsymbol{n}_{r,r+1}, \end{cases} \quad r = 1, \cdots, 4 \tag{4.11}$$

能够满足要求。其中，c_j 为网格单元 Ω_j 的声速; 当 $r=4$ 时, $r+1$ 取 1; 当 $r=1$ 时, $r-1$ 取 4。

对于某个固定的节点 R_r，根据上述两个条件可以得到一个二元二次线性方程组，未知量为 $\boldsymbol{u}_r = (u_r, v_r)$，

$$\begin{cases} Au_r + Bv_r = C \\ Bu_r + Dv_r = E \end{cases} \tag{4.12}$$

其中

$$\begin{aligned}
A &= \sum_{l=1}^{4} L_{l,r} \cos^2 \alpha_{l,r} (\rho_l c_l + \rho_{l-1} c_{l-1}) \\
B &= \sum_{l=1}^{4} L_{l,r} \cos \alpha_{l,r} \sin \alpha_{l,r} (\rho_l c_l + \rho_{l-1} c_{l-1}) \\
C &= \sum_{l=1}^{4} L_{l,r} \cos \alpha_{l,r} (p_{l-1} - p_l + (\rho_l c_l u_l + \rho_{l-1} c_{l-1} u_{l-1}) \cos \alpha_{l,r} + (\rho_l c_l v_l \\
&\quad + \rho_{l-1} c_{l-1} v_{l-1}) \sin \alpha_{l,r}) \\
D &= \sum_{l=1}^{4} L_{l,r} \sin^2 \alpha_{l,r} (\rho_l c_l + \rho_{l-1} c_{l-1}) \\
E &= \sum_{l=1}^{4} L_{l,r} \sin \alpha_{l,r} (p_{l-1} - p_l + (\rho_l c_l u_l + \rho_{l-1} c_{l-1} u_{l-1}) \cos \alpha_{l,r} + (\rho_l c_l v_l \\
&\quad + \rho_{l-1} c_{l-1} v_{l-1}) \sin \alpha_{l,r})
\end{aligned}$$

与节点 R_r 相邻的网格节点设为 $R_l^r(l=1,\cdots,4)$，坐标为 (x_l^r,y_l^r)，其中

$$\cos\alpha_{l,r}=\frac{y_r-y_l^r}{L_{l,r}},\quad \sin\alpha_{l,r}=-\frac{x_r-x_l^r}{L_{l,r}},\quad L_{l,r}=\sqrt{(x_l^r-x_r)^2+(y_l^r-y_r)^2}$$

通过求解方程组获得网格节点 R_r 的速度 $\boldsymbol{u}_r$，再将其代入式（4.11），可以求得网格交界面上的压强值 $p_r^{j,r-1}$ 和 $p_r^{j,r+1}$，将这些量代入式（4.6）、式（4.7）进行格式的计算。由于使用了网格平均量进行格式的构造，所以这个格式是一个一阶精度的格式。考虑格式的时空二阶精度的扩展，空间离散应采用构造高阶插值多项式的方法来代替直接使用单元平均量，时间离散采用二阶 Runge-Kutta 格式。这里作者分别采用最小二乘和 ENO 重构多项式的方法得到压强和速度的分片线性插值多项式，从而构造得到两个二阶精度的格心型 Lagrange 有限体积格式。

4.1.3　最小二乘法重构多项式技术

考虑平面上有一个点 (x_0,y_0)（网格单元 Ω_0 的中心），它周围有 N 个点（相邻网格的中心），$(x_i,y_i)(i=1,2,\cdots,N)$，点上的函数值为 u_i，需要求的是第 0 点上的导数 u_x 和 u_y。首先把 u_i 对 0 点作泰勒（Taylor）展开，仅考虑一阶项，有

$$u_i=u_0+\frac{\partial u}{\partial x}\Delta x_i+\frac{\partial u}{\partial y}\Delta y_i \tag{4.13}$$

其中，$\Delta x_i=x_i-x_0$，$\Delta y_i=y_i-y_0(i=1,2,\cdots,N)$，总共有 N 个方程，下面用最小二乘法（LSM）从这 N 个方程中把偏导数解出来，记

$$\varepsilon_i=u_i-u_0-\left(\frac{\partial u}{\partial x}\Delta x_i+\frac{\partial u}{\partial y}\Delta y_i\right) \tag{4.14}$$

使得

$$Q=\sum_{i=1}^{N}\left(\frac{\varepsilon_i}{\Delta x_i^2+\Delta y_i^2}\right)^2 \tag{4.15}$$

取最小值，$\Delta x_i^2+\Delta y_i^2$ 实质上是一个权系数，使用它的意思是使得距离第 0 点较近的点的贡献较大。记 $p_1=\dfrac{\partial u}{\partial x},p_2=\dfrac{\partial u}{\partial y}$，则 Q 取最小值的条件是 $\dfrac{\partial Q}{\partial p_1}=0,\dfrac{\partial Q}{\partial p_2}=0$，也就是

$$\sum_{i=1}^{N}\frac{\varepsilon_i}{(\Delta x_i^2+\Delta y_i^2)^2}\frac{\partial\varepsilon_i}{\partial p_k}=0,\quad (k=1,2) \tag{4.16}$$

这两个方程具体写出来就是

$$\sum_{i=1}^{N}\frac{\Delta x_i}{(\Delta x_i^2+\Delta y_i^2)^2}\left[\left(\frac{\partial u}{\partial x}\Delta x_i+\frac{\partial u}{\partial y}\Delta y_i\right)-(u_i-u_0)\right]=0 \tag{4.17}$$

$$\sum_{i=1}^{N}\frac{\Delta y_i}{(\Delta x_i^2+\Delta y_i^2)^2}\left[\left(\frac{\partial u}{\partial x}\Delta x_i+\frac{\partial u}{\partial y}\Delta y_i\right)-(u_i-u_0)\right]=0 \tag{4.18}$$

记

$$a_{11}=\sum_{i=1}^{N}\frac{\Delta x_i^2}{(\Delta x_i^2+\Delta y_i^2)^2},\quad a_{12}=\sum_{i=1}^{N}\frac{\Delta x_i\Delta y_i}{(\Delta x_i^2+\Delta y_i^2)^2},\quad a_{22}=\sum_{i=1}^{N}\frac{\Delta y_i^2}{(\Delta x_i^2+\Delta y_i^2)^2}$$

$$b_1=\sum_{i=1}^{N}\frac{\Delta x_i(u_i-u_0)}{(\Delta x_i^2+\Delta y_i^2)^2},\quad b_2=\sum_{i=1}^{N}\frac{\Delta y_i(u_i-u_0)}{(\Delta x_i^2+\Delta y_i^2)^2}$$

则有

$$a_{11}p_1+a_{12}p_2=b_1,\quad a_{12}p_1+a_{22}p_2=b_2 \tag{4.19}$$

据此很容易解出 p_1 和 p_2，

$$p_1=\frac{\begin{vmatrix} b_1 & a_{12}\\ b_2 & a_{22}\end{vmatrix}}{\begin{vmatrix} a_{11} & a_{12}\\ a_{12} & a_{22}\end{vmatrix}},\quad p_2=\frac{\begin{vmatrix} a_{11} & b_1\\ a_{12} & b_2\end{vmatrix}}{\begin{vmatrix} a_{11} & a_{12}\\ a_{12} & a_{22}\end{vmatrix}} \tag{4.20}$$

为保证单调性，推广 van Leer 限制器到多维情况。对每个网格单元 Ω_k，引入限制系数 $\alpha_k(0\leqslant\alpha_k\leqslant 1)$，使用如下公式根据已得梯度值计算新的梯度值

$$(u_{k,x}^{\text{new}},u_{k,y}^{\text{new}})=\alpha_k(u_{k,x},u_{k,y}) \tag{4.21}$$

根据单调性要求，取

$$\alpha_k=\min(1,\alpha_{\max},\alpha_{\min}) \tag{4.22}$$

其中，$\alpha_{\max}=\max\{0,(\bar{u}_{\max}-\bar{u}_k)/(\bar{u}_{k\max}-\bar{u}_k)\}$，$\alpha_{\min}=\min\{1,(\bar{u}_{\min}-\bar{u}_k)/(\bar{u}_{k\min}-\bar{u}_k)\}$，这里 $\bar{u}_{\max}$ 和 $\bar{u}_{\min}$ 是相邻网格单元内 u 值的最大值和最小值，$\bar{u}_{k\max}$ 和 $\bar{u}_{k\min}$ 是未加限制前网格单元 k 内 u 值的最大值和最小值。

第一步，针对网格单元 Ω_i 中的压强和速度进行最小二乘法重构多项式，得到每个网格中的压强和速度的分布函数

$$\bar{p}_i(x,y)=a_i^p+b_i^p x+c_i^p y$$

$$\boldsymbol{u}_i(x,y)=a_i^{\boldsymbol{u}}+b_i^{\boldsymbol{u}}x+c_i^{\boldsymbol{u}}y$$

其中，a_i^q，b_i^q，c_i^q 是通过最小二乘法过程重构多项式确定的参数，q 可以取为 p 或 $\boldsymbol{u}$。

第二步，使用如下关系替代式（4.11）

$$\begin{cases} \bar{p}_j(x_r,y_r)-p_r^{j,r-1}=\rho_j c_j(\boldsymbol{u}_r-\bar{\boldsymbol{u}}_j(x_r,y_r))\cdot\boldsymbol{n}_{r-1,r} \\ \bar{p}_j(x_r,y_r)-p_r^{j,r+1}=\rho_j c_j(\boldsymbol{u}_r-\bar{\boldsymbol{u}}_j(x_r,y_r))\cdot\boldsymbol{n}_{r,r+1} \end{cases} \tag{4.23}$$

节点速度 $\boldsymbol{u}_r$ 的求解通过一个二元二次方程组获得

$$\begin{cases} Au_r+Bv_r=C_1 \\ Bu_r+Dv_r=E_1 \end{cases} \tag{4.24}$$

其中 A,B,D 同式（4.12），

$$\begin{aligned} C_1=&\sum_{l=1}^{4}L_{l,r}\cos\alpha_{l,r}(\bar{p}_{l-1}(x_r,y_r)-\bar{p}_l(x_r,y_r)+(\rho_l c_l\bar{u}_l(x_r,y_r) \\ &+\rho_{l-1}c_{l-1}\bar{u}_{l-1}(x_r,y_r))\cos\alpha_{l,r}+(\rho_l c_l\bar{v}_l(x_r,y_r)+\rho_{l-1}c_{l-1}\bar{v}_{l-1}(x_r,y_r))\sin\alpha_{l,r}) \\ E_1=&\sum_{l=1}^{4}L_{l,r}\sin\alpha_{l,r}(\bar{p}_{l-1}(x_r,y_r)-\bar{p}_l(x_r,y_r)+(\rho_l c_l\bar{u}_l(x_r,y_r) \\ &+\rho_{l-1}c_{l-1}\bar{u}_{l-1}(x_r,y_r))\cos\alpha_{l,r}+(\rho_l c_l\bar{v}_l(x_r,y_r)+\rho_{l-1}c_{l-1}\bar{v}_{l-1}(x_r,y_r))\sin\alpha_{l,r}) \end{aligned}$$

其中，$\bar{p}_l(x_r,y_r)$，$\bar{\boldsymbol{u}}_l(x_r,y_r)=(\bar{u}_l(x_r,y_r),\bar{v}_l(x_r,y_r))^{\mathrm{T}}$ 分别表示在网格 Ω_l 内压强、速度的重构多项式在点 $R_r=(x_r,y_r)$ 处的函数值。压强值 $p_r^{j,r-1}$ 和 $p_r^{j,r+1}$ 由式（4.23）计算得到。时间离散采用二阶 Runge-Kutta 格式，得到了一个时空高阶的格心型 Lagrange 有限体积格式。采用最小二乘的思想来重构单元内的压强和速度，得到分片线性的多项式函数，从而进行格式计算，构造得到一个格心型 LSM 型高精度 Lagrange 有限体积方法。

4.2　精度测试和验证

4.2.1　精度测试

使用二维涡演化问题[2,3] 进行精度测试。CFL 条件数取 0.5，初始网格划分为 $N_x\times N_y$。计算结果见表 4.1，表格数据说明 LSM 型 Lagrange 方法精度接近二阶精度。

4.2.2　收敛性测试

算例　Sod 激波管问题[4]。

CFL 条件数取 0.5，初始网格划分成 200 等份，时间 $t=0.2$ 时的计算结果见图 4.1。从结果可知，格式随着网格数 nx 的增大，误差在减小，故格式是收敛的。

表 4.1　二阶格心型 LSM 型 Lagrange 格式的精度测试计算结果

$N_x=N_y$	范数	密度		动量		能量	
		误差	阶数	误差	阶数	误差	阶数
20	L_1	6.41×10^{-3}		1.01×10^{-2}		2.89×10^{-2}	
	L_∞	9.32×10^{-2}		0.15		0.47	
40	L_1	1.57×10^{-3}	2.03	2.25×10^{-3}	2.17	6.89×10^{-3}	2.07
	L_∞	1.95×10^{-2}	2.26	3.36×10^{-2}	2.16	9.09×10^{-2}	2.37
80	L_1	3.15×10^{-4}	2.32	4.14×10^{-4}	2.44	1.37×10^{-3}	2.33
	L_∞	5.64×10^{-3}	1.79	8.22×10^{-3}	2.03	2.05×10^{-2}	2.15
160	L_1	6.80×10^{-5}	2.21	8.53×10^{-5}	2.28	2.95×10^{-4}	2.22
	L_∞	1.51×10^{-3}	1.90	2.44×10^{-3}	1.75	6.14×10^{-3}	1.74

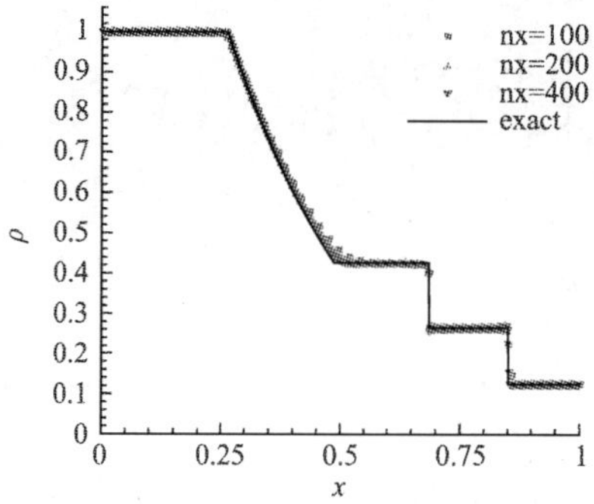

(a) 密度

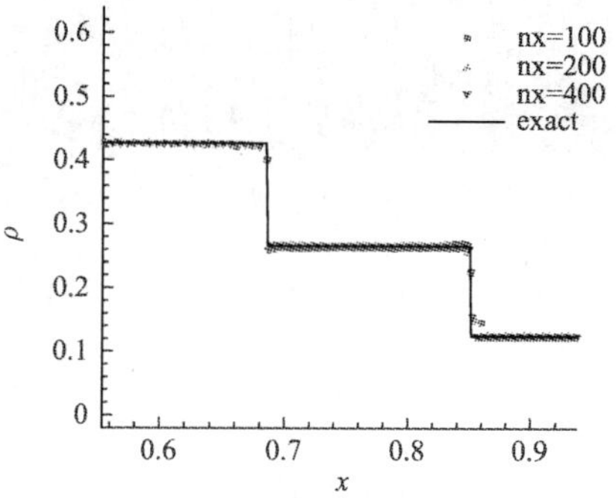

(b) 密度局部放大

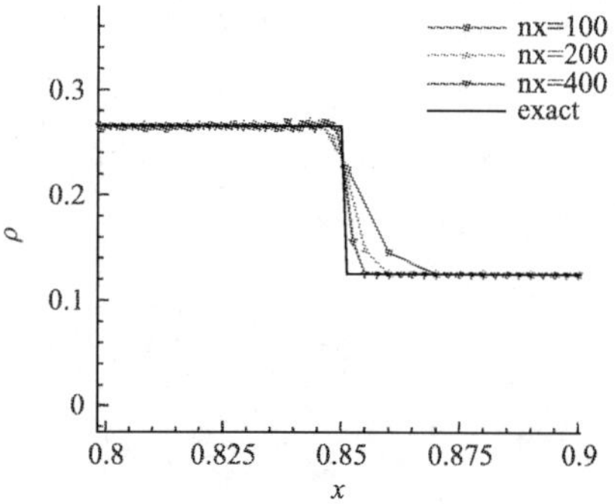

(c) 激波处放大

图 4.1　Sod 激波管问题

4.2.3　非振荡测试

算例 1　Lax 激波管问题。

$$\begin{cases}(\rho_{\rm L},u_{\rm L},p_{\rm L},\gamma_{\rm L})=(0.445,0.698,3.528,1.4), & x<10\\(\rho_{\rm R},u_{\rm R},p_{\rm R},\gamma_{\rm R})=(0.5,0,0.571,1.4), & x>10\end{cases}$$

计算区域 $[0,20]$，边界条件：左右边界都是固壁边界。CFL 条件数取 0.5，初始网格划分成 200 等份，时间 $t=1$ 时的计算结果见图 4.2，结果出现了微小的振荡。

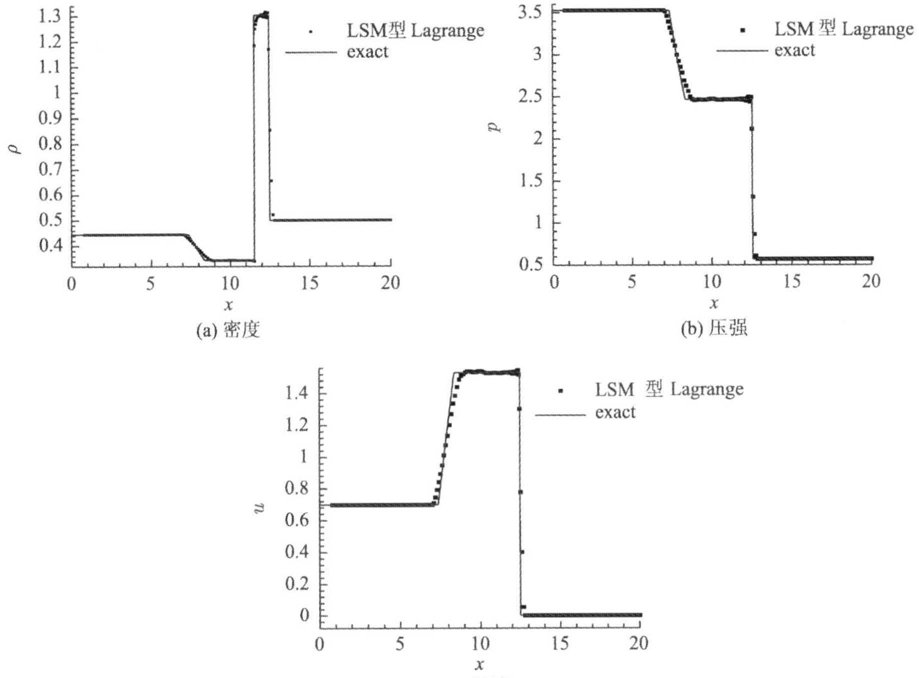

(a) 密度　(b) 压强　(c) 速度

图 4.2　Lax 激波管问题

算例 2　Sedov 爆炸波问题[5]。

一个在理想气体中的强烈爆炸引起的膨胀波问题。计算区域 $[0,1.1]\times[0,1.1]$，模拟采用 30×30 的均匀网格，初始密度为 1，初始速度为 0，初始内能集中在区域原点为 182.09，其余都为 0，$\gamma=5/3$。该问题的解析解是在 $t=1$ 的时刻，爆炸到达距离原点弧长为 1 的位置，且密度为 6。CFL 条件数取 0.5，时间 $t=1$ 时刻的计算结果见图 4.3。

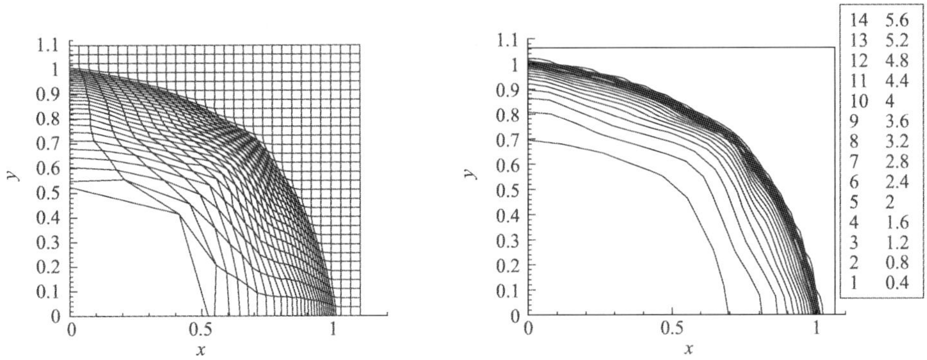

(a) 网格　(b) 密度等值线

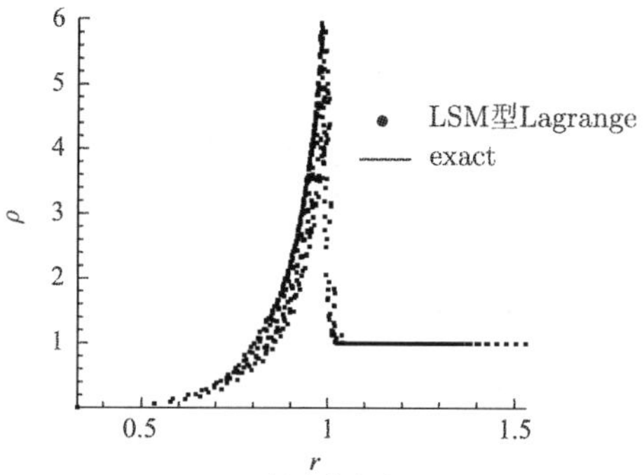

(c) 径向的密度

图 4.3 Sedov 爆炸波问题

4.3 格心型 ENO 型高精度 Lagrange 格式

首先，针对网格单元 Ω_i 中的压强和速度进行 ENO 重构，得到每个网格中的压强和速度的分布函数

$$\bar{p}_i(x,y) = a_i^p + b_i^p x + c_i^p y$$

$$\bar{\boldsymbol{u}}_i(x,y) = a_i^{\boldsymbol{u}} + b_i^{\boldsymbol{u}} x + c_i^{\boldsymbol{u}} y$$

其中,a_i^q，b_i^q，c_i^q 是通过 ENO 过程重构求得的多项式参数，q 可以取为 p 或 $\boldsymbol{u}$。

其次，使用如下关系替代式（4.11）

$$\begin{cases} \bar{p}_j(x_r,y_r) - p_r^{j,r-1} = \rho_j c_j(\boldsymbol{u}_r - \bar{\boldsymbol{u}}_j(x_r,y_r)) \cdot \boldsymbol{n}_{r-1,r} \\ \bar{p}_j(x_r,y_r) - p_r^{j,r+1} = \rho_j c_j(\boldsymbol{u}_r - \bar{\boldsymbol{u}}_j(x_r,y_r)) \cdot \boldsymbol{n}_{r,r+1} \end{cases} \tag{4.25}$$

节点速度 $\boldsymbol{u}_r$ 的求解通过一个二元二次方程组获得

$$\begin{cases} Au_r + Bv_r = C_2 \\ Bu_r + Dv_r = E_2 \end{cases} \tag{4.26}$$

其中 A, B, D 同式（4.12），

$$C_2 = \sum_{l=1}^{4} L_{l,r}\cos\alpha_{l,r}(\bar{p}_{l-1}(x_r,y_r) - \bar{p}_l(x_r,y_r) + (\rho_l c_l \bar{u}_l(x_r,y_r)$$
$$+ \rho_{l-1}c_{l-1}\bar{u}_{l-1}(x_r,y_r))\cos\alpha_{l,r} + (\rho_l c_l \bar{v}_l(x_r,y_r) + \rho_{l-1}c_{l-1}\bar{v}_{l-1}(x_r,y_r))\sin\alpha_{l,r})$$

$$E_2 = \sum_{l=1}^{4} L_{l,r}\sin\alpha_{l,r}(\bar{p}_{l-1}(x_r,y_r) - \bar{p}_l(x_r,y_r) + (\rho_l c_l \bar{u}_l(x_r,y_r)$$
$$+ \rho_{l-1}c_{l-1}\bar{u}_{l-1}(x_r,y_r))\cos\alpha_{l,r} + (\rho_l c_l \bar{v}_l(x_r,y_r) + \rho_{l-1}c_{l-1}\bar{v}_{l-1}(x_r,y_r))\sin\alpha_{l,r})$$

其中，$\bar{p}_l(x_r, y_r)$，$\bar{\boldsymbol{u}}_l(x_r, y_r) = (\bar{u}_l(x_r, y_r), \bar{v}_l(x_r, y_r))^{\mathrm{T}}$ 分别表示在网格 Ω_l 内压强、速度的重构多项式在点 $R_r = (x_r, y_r)$ 处的函数值。压强值 $p_r^{j,r-1}$ 和 $p_r^{j,r+1}$ 由式（4.25）计算得到，时间离散同样采用二阶 Runge-Kutta 格式，这样得到一个格心型二阶 Lagrange 有限体积格式。实际构造时，可以分别采用传统的 ENO 重构方法，当然也可以采用含 Roe 特征分解的 ENO 重构方式[2]，通过针对每条边上的 Roe 特征分解，得出计算所需要的 $\bar{p}_j(x_r, y_r)$，$\bar{\boldsymbol{u}}_j(x_r, y_r)$ 的值代入式（4.25），然后同样求解类似方程组（4.26），得出网格节点的速度。使用这个方法得到的 Lagrange 有限体积格式称为含特征分解的格心型 ENO 型 Lagrange 格式。

4.4　数值模拟与验证

4.4.1　精度测试

同样使用二维涡演化问题进行精度测试，ENO 型 Lagrange 格式和特征分解 ENO 型 Lagrange 格式的计算结果见表 4.2 和表 4.3。从表中数据可以看出，两个格式精度都接近二阶精度。特征分解 ENO 型 Lagrange 格式误差小于 ENO 型 Lagrange 格式的计算误差。为此，实际计算时，均采用特征分解 ENO 型 Lagrange 格式。

表 4.2　二阶格心型 ENO 型 Lagrange 格式的精度测试

$N_x = N_y$	范数	密度		动量		能量	
		误差	阶数	误差	阶数	误差	阶数
20	L_1	7.24×10^{-3}		1.32×10^{-2}		3.40×10^{-2}	
	L_∞	1.07×10^{-1}		1.93×10^{-1}		5.77×10^{-1}	
40	L_1	2.71×10^{-3}	1.42	4.61×10^{-3}	1.52	1.26×10^{-2}	1.43
	L_∞	5.05×10^{-2}	1.08	8.05×10^{-2}	1.26	2.28×10^{-1}	1.34
80	L_1	8.04×10^{-4}	1.75	1.62×10^{-3}	1.51	3.94×10^{-3}	1.68
	L_∞	1.89×10^{-2}	1.42	3.30×10^{-2}	1.29	9.66×10^{-2}	1.24
160	L_1	2.14×10^{-4}	1.91	4.99×10^{-4}	1.70	1.11×10^{-3}	1.83
	L_∞	6.81×10^{-3}	1.47	1.30×10^{-2}	1.34	3.96×10^{-2}	1.29

表 4.3　二阶特征分解的格心型 ENO 型 Lagrange 格式的精度测试

$N_x = N_y$	范数	密度		动量		能量	
		误差	阶数	误差	阶数	误差	阶数
20	L_1	7.39×10^{-3}		1.30×10^{-2}		3.43×10^{-2}	
	L_∞	8.20×10^{-2}		1.91×10^{-1}		4.40×10^{-1}	
40	L_1	2.65×10^{-3}	1.48	4.09×10^{-3}	1.67	1.19×10^{-2}	1.53
	L_∞	3.76×10^{-2}	1.12	6.78×10^{-2}	1.49	1.73×10^{-1}	1.35
80	L_1	6.96×10^{-4}	1.93	1.23×10^{-3}	1.73	3.24×10^{-3}	1.88
	L_∞	1.04×10^{-2}	1.85	2.18×10^{-2}	1.64	5.29×10^{-2}	1.71
160	L_1	1.76×10^{-4}	1.98	3.70×10^{-4}	1.73	8.67×10^{-4}	1.90
	L_∞	2.82×10^{-3}	1.88	9.75×10^{-3}	1.16	2.32×10^{-2}	1.19

4.4.2 收敛性测试

算例 1　Sod 激波管问题。

初始条件如下

$$\begin{cases} (\rho_{\rm L}, u_{\rm L}, p_{\rm L}, \gamma_{\rm L}) = (1, 0, 1, 1.4), & x < 0.5 \\ (\rho_{\rm R}, u_{\rm R}, p_{\rm R}, \gamma_{\rm R}) = (0.125, 0, 0.1, 1.4), & x > 0.5 \end{cases}$$

计算区域 $[0,1]$，边界条件为：左右边界都是固壁边界。CFL 条件数取 0.5，网格数 nx 分别取 100，200，400，时间 $t = 0.2$, 采用特征分解 ENO 型 Lagrange 格式的计算结果见图 4.4。从结果可知，格式随着网格数的增大，误差在减小，故格式是收敛的。

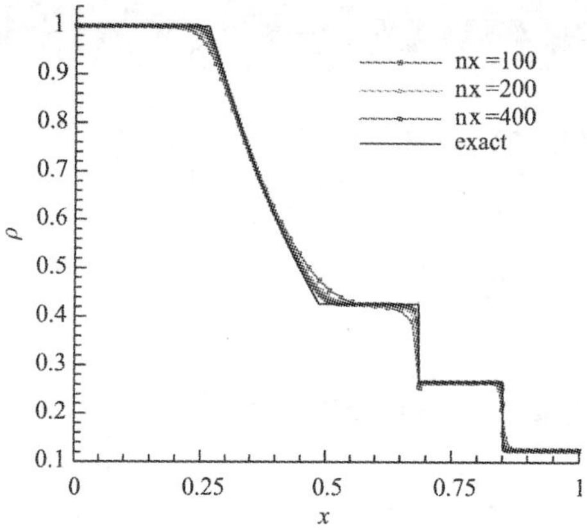

(a) 密度

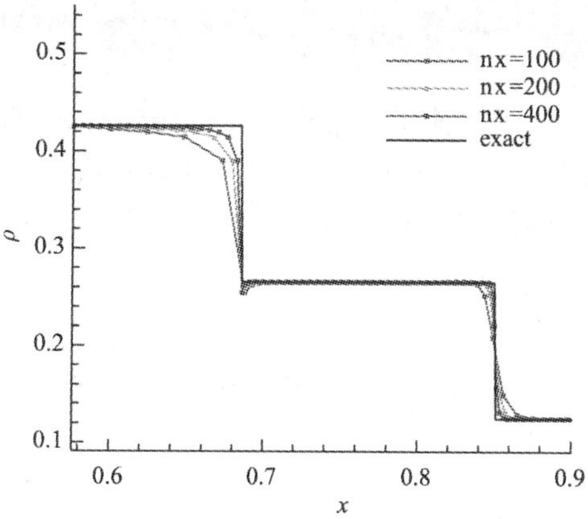

(b) 密度局部放大

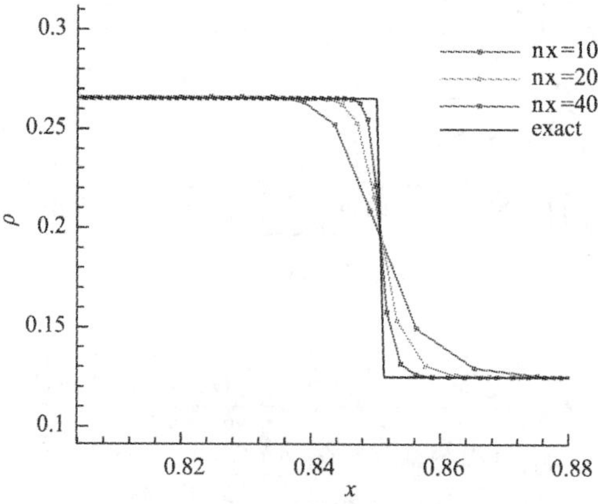

(c) 激波处放大

图 4.4　Sod 激波管问题

4.4.3　非振荡测试

算例 1　Lax 激波管问题。

初始条件如下

$$\begin{cases}(\rho_{\rm L}, u_{\rm L}, p_{\rm L}, \gamma_{\rm L}) = (0.445, 0.698, 3.528, 1.4), & x < 10 \\ (\rho_{\rm R}, u_{\rm R}, p_{\rm R}, \gamma_{\rm R}) = (0.5, 0, 0.571, 1.4), & x > 10\end{cases}$$

计算区域 $[0, 20]$，边界条件为：左右边界都是固壁边界。CFL 条件数取 0.5，网格数 nx 取 200，时间 $t = 1$，采用特征分解 ENO 型 Lagrange 格式的计算结果见图 4.5。

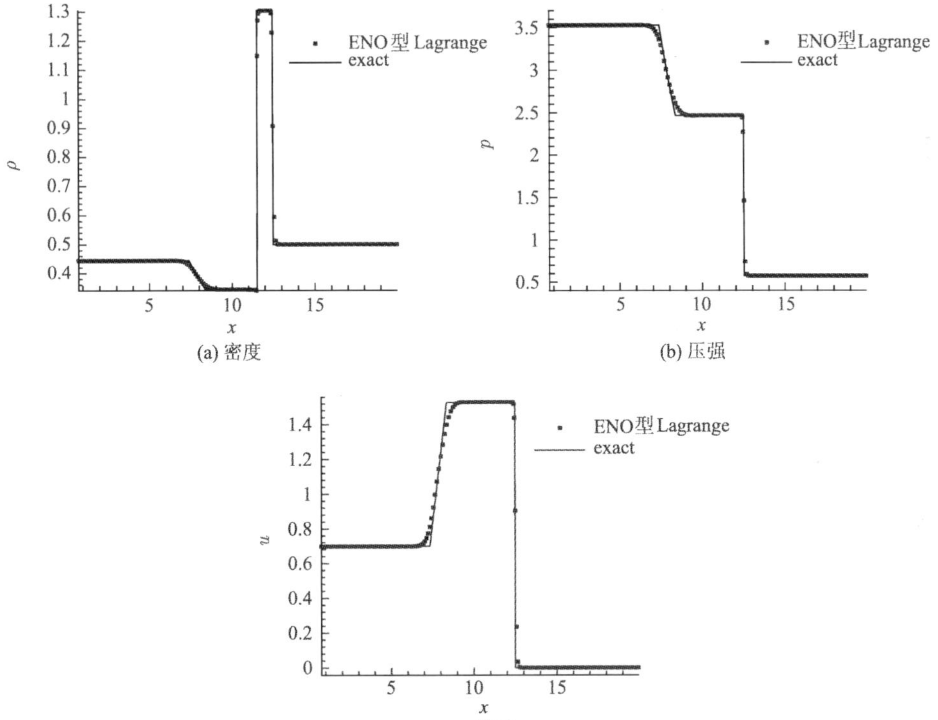

(a) 密度　(b) 压强

(c) 速度

图 4.5　Lax 激波管问题

算例 2　Sedov 爆炸波问题。

一个在理想气体中的强烈爆炸引起的膨胀波问题。计算区域 $[0, 1.1] \times [0, 1.1]$，模拟采用 30×30 的均匀网格，初始密度为 1，初始速度为 0，初始内能集中在区域原点为 182.09，其余都为 0，$\gamma = 5/3$。该问题的解析解是在 $t = 1$ 的时刻，爆炸到达距离原点弧长为 1 的位置，且密度为 6。CFL 条件数取 0.5，时间 $t = 1$ 时刻的计算结果见图 4.6。

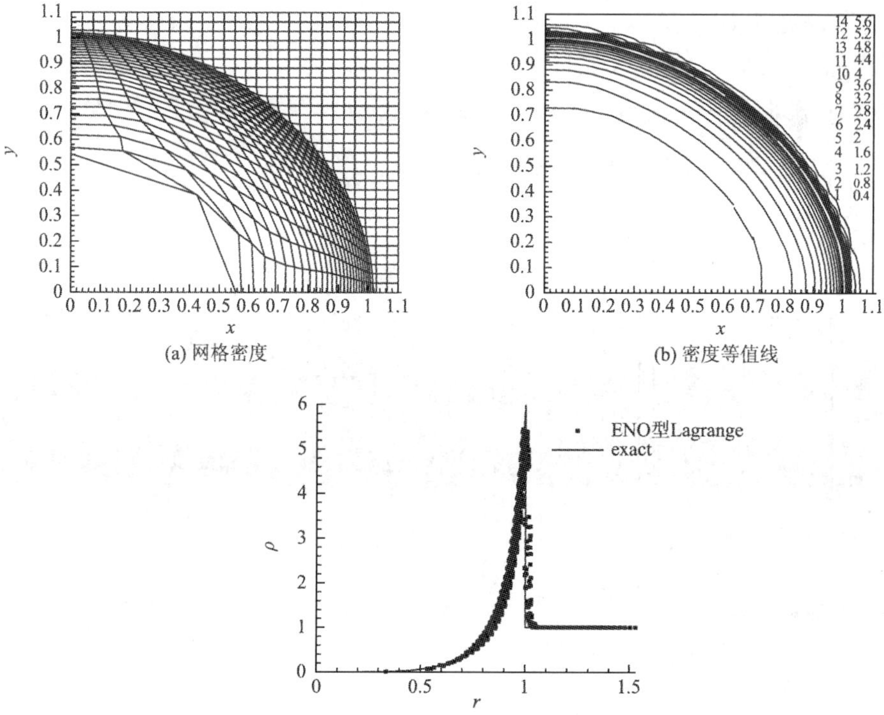

(a) 网格密度　(b) 密度等值线

(c) 径向的密度

图 4.6　Sedov 爆炸波问题

4.5 小　　结

将 P.H. Maire 等提出的一种计算网格节点速度的方法，运用到格心型高精度 Lagrange 格式的构造中，分别通过最小二乘多项式重构方法和引入特征分解的 ENO 插值多项式重构方法，得到了两个格心型高精度 Lagrange 有限体积格式，数值实验的结果说明了算法的高精度和可行性。对于两个格式而言，两者都保持了较好的收敛性和高精度。相比较而言，在格式的非振荡性上，ENO 型的计算格式较 LSM 型更好，主要原因是 ENO 插值多项式自适应选择光滑的插值模板，而最小二乘法所选择的模板可能包含间断。由于该类格心型格式将所有物理量都取在网格单元的中心，应用到 ALE 方法中时避免了速度重映的单独处理，可以有效地提高 ALE 方法的计算效率，故较交错网格下的 Lagrange 有限体积格式更具有研究和推广的价值。

参 考 文 献

[1] Maire P H，Abgrall R, Breil J, et al. A cell-centered Lagrangian scheme for two dimensional compressible flow problems. SIAM Journal on Scientific Computing，2007，29(4)：1781–1824.

[2] Shu C W，Zang T A, Erlebacher G, et al. High-order ENO schemes applied to two-and three-dimensional compressible flow. Applied Numerical Mathematics，1992，9：45–71.

[3] Shu C W. Essentially non-escillatory and weighted essentially non-oscillatory schemes for hyperbolic conservation laws//Advanced Numerical Approximation of Nonlinear Hyperbolic Equations. Cockburn B，Johnson C，Shu C W, et al. (Editor：Quarteroni A)，Lecture Notes in Mathematics. Berlin：Springer，1998，1697：325–432.

[4] Sod G A. A survey of several finite difference methods for systems of nonlinear hyperbolic conservation laws. J. Comput. Phys.，1978，27：1–31.

[5] Sedov L I. Similarity and Dimensional Methods in Mechanics. New York：Academic Press，1959.

第 5 章　守恒重映方法

在使用 ALE 方法[1] 计算流体力学问题时，如果网格没有发生大的畸变或扭曲，Lagrange 步就已经足够了。针对部分网格会发生畸变的问题，就必须对网格做出适当的调整。而重映过程可以看作是由旧网格到新网格的一个插值过程，把旧网格上的物理量，插到新网格的适当位置上，建立新网格上物理量的分布。该过程需要保证守恒性和单调性。重映过程[2] 的研究是一个非常重要的课题，它不仅是实际计算过程中非常重要的一环，在一些网格自适应的数据插值中也常用到，还可以用于两个不同程序之间的数据连接，以及两组在拓扑上完全无关的网格间守恒数据的转换，数值计算中重叠网格的使用也离不开这一技术。一般的插值并不能保证计算区域内物理量的守恒，对于守恒性要求很高的问题，守恒插值是唯一的选择。

重映方法主要可以分成两类方法：一类是基于新旧网格的重叠面积计算的重映方法，该类方法可以转换成多边形相交面积计算的问题；另外一类是对流型方法。该类方法通过每个网格单元流入流出量的计算构造守恒型的重映方法。本章分析几种应用较广泛的重映方法，着重介绍一类基于多边形相交技术的 ENO 型高精度守恒单调重映方法，并分别结合 ENO 重构思想和最小二乘重构思想构造插值多项式，实现了两个“对流型”的近似积分守恒重映方法。

5.1　守恒重映和守恒量

考虑二维平面上的任意连通区域 Ω，把区域 Ω 作某种剖分 T_a，把区域 Ω 分为 N_a 个子区域，$T_a = \{T_1^a, T_2^a, \cdots, T_{N_a}^a\}$，满足

$$\Omega = \bigcup_{i=1}^{N_a} T_i^a \tag{5.1}$$

并且 T_i^a 和 T_j^a 在 $i \neq j$ 时，只允许有公共的边界。这里的 T_i^a 并未限定是三角形或四边形，可以是任意的多边形。在剖分 T_a 上，可以给出一种分片形式的密度分布

$$\rho^a(\boldsymbol{r}) = p_i^a(\boldsymbol{r}), \quad \boldsymbol{r} \in T_i^a \tag{5.2}$$

其中 $p_i^a(\boldsymbol{r})$ 是定义在 T_i^a 上的函数，一般为多项式，如一阶重映格式用的是常数，二阶重映格式用的是线性函数。

区域 Ω 还可以作另外一种剖分 T_b，$T_b=\{T_1^b,T_2^b,\cdots,T_{N_b}^b\}$，它同样满足式 (5.1)，并且 T_i^b 和 T_j^b 在 $i\neq j$ 时，只允许有公共的边界。在剖分 T_b 上，同样可以有密度分布 $\rho^b(\boldsymbol{r})$。如果对于任意 Ω 的子区域 D，都有

$$\int_D \rho^a(\boldsymbol{r})\mathrm{d}A=\int_D \rho^b(\boldsymbol{r})\mathrm{d}A,\quad \forall\, D\subset\Omega \tag{5.3}$$

成立，其中 dA 表示面积单位，则 $\rho^b(\boldsymbol{r})$ 是 $\rho^a(\boldsymbol{r})$ 的一个守恒重映。在构造守恒重映算法时，通常用如下的式子来计算 T_i^b 内质量 m_i^b：

$$m_i^b=\bar{\rho}_i^b A_i^b=\int_{T_i^b}\rho^b(\boldsymbol{r})\mathrm{d}A=\sum_{j=1}^{N_a}\int_{T_i^b\cap T_j^a} p_j^a(\boldsymbol{r})\,\mathrm{d}A,\quad i=1,2,\cdots,N_b \tag{5.4}$$

其中，A_i^b 是 T_i^b 的面积，$\bar{\rho}_i^b$ 是 T_i^b 上密度的平均值，它通常就是需要求出的守恒量。

守恒重映时，必须时刻注意守恒量的种类。通常的 ALE 方法中遇到的物理量有密度、速度、温度、能量等。所说的守恒则是指质量守恒、动量守恒和能量守恒。守恒量总是成对出现的，一是广延量，一是强度量。例如，质量和密度，内能和能量密度等。各种密度也有两大类：一类是“体积密度”，单位体积内某广延量的多少；另一类是“质量密度”，单位质量的介质内所含某广延量的多少。对于常用的物理量，如表 5.1 如列。

表 5.1 常用守恒量

体积密度	质量密度	相应的广延量
密度 ρ	1	质量 M
动量密度 $\rho\boldsymbol{u}$	速度 $\boldsymbol{u}$	动量 $M\boldsymbol{u}$
能量密度 ρE	比能 E	总能量

首先要明确的是，式 (5.4) 中的 ρ 均是指某种体积密度，作空间积分后得到与其相应的广延量，守恒重映只能对这样的物理量进行。速度 $\boldsymbol{u}$ 不属于这种量，所以不能直接对它作守恒重映，而是需要分别对密度和动量作守恒重映，然后再计算出速度。

交错网格的 ALE 方法中，密度和速度的控制体不同，这给守恒重映带来一定的麻烦。由于守恒重映只能针对某种体积密度进行，而且必须有一个控制体。定义在网格中心的物理量，其控制体选择网格单元本身。定义在网格角点上的物理量，由于没有明显的控制体，在进行动量方程离散时，为了方便离散化的进行，定义了一个控制体。如果在重映的时候仍采用这样一个控制体，那样计算量就相当大，从简化计算、提高计算效率方面考虑，我们采用把网格角点的量插值到网格中心的方

法，使得这些量和定义在网格中心量一起进行守恒重映。在重映计算后，再把这些量插值回到网格角点上。

5.2 守恒重映方法

5.2.1 两个任意凸多边形的相交计算

根据式 (5.4) 建立的某种重映算法，其本质是求两个网格单元的重叠区域（如 $T_i^b \cap T_j^a$）上函数的积分值。通过使用散度定理，在二维情况下，可以把面积积分转化为沿一封闭折线的环路积分。针对网格的拓扑结构，不直接去计算具体的封闭折线，而是采用沿网格线追踪的方法，这种方法的理论并不难，但其难点在网格线追踪过程的程序实现，因为需要考虑网格线重合、过顶点等诸多问题，程序的逻辑非常复杂，很难编制出一个比较完善的计算程序。

计算积分区域，实质上就是计算任意两个凸多边形的相交多边形，这是一个有难度的问题。张宝琳等[3] 在 1994 年提出的一种简便的计算方法（以下简称张氏算法）基本解决了二维情况下计算任意两个凸多边形相交的问题。

在二维平面上有两个凸多边形 A 和 B，记 $A = a_1a_2\cdots a_k$，$B = b_1b_2\cdots b_n$，其中 $a_i = (x_i, y_i)(i = 1, 2, \cdots, n_a)$，$b_i = (x_i', y_i')(i = 1, 2, \cdots, n_b)$ 分别是凸多边形 A 和 B 的顶点，顶点的排列顺序按逆时针走向。显然两个凸多边形的交集还是凸多边形：

$$C = A \cap B = c_1c_2\cdots c_m \quad (0 \leqslant m \leqslant n_a + n_b)$$

当 $m = 0$ 时，A 和 B 不相交；当 $m = 1$ 时，A 和 B 有一个公共点；当 $m = 2$ 时，A 和 B 有一段公共线段；只有当 $m \geqslant 3$ 时，A 和 B 才有公共的重叠面积。完成此过程的具体步骤如下：

(1) 找出所有的处于凸多边形 B 内的 A 的顶点，得到集合

$$G_1 = g_1^1, g_2^1, \cdots, g_{m_1}^1 \quad (m_1 \geqslant 0)$$

(2) 找出所有的处于凸多边形 A 内的 B 的顶点，得到集合

$$G_2 = g_1^2, g_2^2, \cdots, g_{m_2}^2 \quad (m_2 \geqslant 0)$$

(3) 找出凸多边形 A 的每条边和凸多边形 B 的每条边的交点，得到集合

$$G_3 = g_1^3, g_2^3, \cdots, g_{m_3}^3 \quad (m_3 \geqslant 0)$$

(4) 令 $G = G_1 \cup G_2 \cup G_3$，把 G 中重合的点（实际上是坐标比较接近的点）仅保留一个，删除其余的，可得到集合

$$G = g_1, g_2, \cdots, g_m \quad (m \leqslant m_1 + m_2 + m_3)$$

（5）把 G 中的点重新排列，使 G 构成一个凸多边形，即为所求的相交多边形 C。

5.2.2　一类通用重映方法

根据任意凸多边形的相交算法，可以建立起一种比较一般的守恒重映算法[4]，对于各种拓扑结构的网格都能进行处理，还可以方便地在拓扑结构不同的网格之间进行守恒重映。

假设有两套网格 T^a 和 T^b，以质量为例，假设在网格 T^a 上给出了分片形式的体积密度分布

$$\rho^a(\boldsymbol{r}) = p_i^a(\boldsymbol{r}) \quad (\boldsymbol{r} \in T_i^a, \quad i = 1, 2, \cdots, n_a) \tag{5.5}$$

目的是在 T^b 上建立一个分片形式的分布

$$\rho^b(\boldsymbol{r}) = p_i^b(\boldsymbol{r}) \quad (\boldsymbol{r} \in T_i^b, \quad i = 1, 2, \cdots, n_b) \tag{5.6}$$

并且式（5.5）和式（5.6）满足守恒条件。在实际计算中，并不是给出 T^b 上的分布 $p_i^b(\boldsymbol{r})$，而是通过重映计算，得到 T^b 上每个网格单元 T_i^b 上的平均值 $\bar{\rho}_i^b$，具体的分布 $\rho^b(\boldsymbol{r})$ 可以直接从 $\bar{\rho}_i^b$ 构造得到。针对定义在网格中心上的密度分布，给出如下算法：

步骤 1，j 从 1 到 n_b，作如下循环；

步骤 2，令 $m_j^b = 0.0$；

步骤 3，i 从 1 到 n_a，作如下循环；

步骤 4，计算重叠区域

$$\Omega_D = T_j^b \cap T_i^a$$

步骤 5，计算重叠区域内的质量

$$m_{\Omega_D} = \int_{\Omega_D} p_i^a(\boldsymbol{r}) \mathrm{d}A$$

步骤 6，计算质量累加

$$m_j^b = m_j^b + m_{\Omega_D}$$

步骤 7，结束对 i 的循环；

步骤 8，计算 T_j^b 的体积 A_j^b；

步骤 9，计算 T_j^b 内的平均密度

$$\bar{\rho}_j^b(\boldsymbol{r}) = m_j^b / A_j^b$$

步骤 10，结束对 j 的循环。

此算法的核心是步骤 4 和步骤 5，首先找到重叠区域，然后在此区域上计算质量密度的积分，得到该区域的质量。步骤 5 中没有给出质量密度分布 $p_i^a(\boldsymbol{r})$ 的具体形式，它可以是分片常数形式的，也可以是分片线性形式的。在上述方法中，对区域的划分 T^a 和 T^b 也没有指定具体的形式，可以是四边形，也可以是三角形，或是其他的形状，并且 T^a 和 T^b 的类型也不必相同，这是该类算法的优点，即对新网格没有特别的要求，不需要新旧网格保持相同的节点数和相邻关系。算法最后得到的是 T^b 上每个网格单元上的平均密度 $\bar{\rho}_j^b(\boldsymbol{r})$，这是进行 Lagrange 计算需要的网格平均值，由 $\bar{\rho}_j^b(\boldsymbol{r})$ 可以构造 T^b 上的密度分布 $\rho^b(\boldsymbol{r})$，它可以是分片常数形式，也可以是分片线性形式。

5.3 ENO 守恒重映算法

通用重映方法关键的步骤 4 重叠区域的计算，可以使用任意两个凸多边形相交算法解决。对于关键的步骤 5，需要重新构造旧网格上的物理量分布函数 $p_i^a(\boldsymbol{r})$，可以采用多种方法。为了保证严格守恒，采用 ENO 重构方法，从而以此构造出一类基于 ENO 插值思想[5] 的守恒重映算法。该方法具有自适应选取模板的优点，虽不能保证插值的单调性，但却只允许出现非常微小的振荡，且具有一致高精度的优点；在界面附近选取物理量分布最光滑区域进行多项式的重构，可以保证界面处保持理想的精度，同时由于 ENO 多项式构造上的特点，算法实现了守恒重映。

为了叙述的方便，假设所有需要重映的物理量都已取在网格中心点。运用 ENO 思想对网格内的平均密度 $\bar{\rho}$、平均能量密度 $\overline{\rho E}$、平均动量密度 $\overline{\rho u}$、$\overline{\rho v}$（已插值转化到网格中心）构造插值多项式，分别记为 $p^\rho(x,y)$、$p^{\rho E}(x,y)$、$p^{\rho u}(x,y)$，$p^{\rho v}(x,y)$。

假设已经计算出新网格的某个网格单元 Ω 是由旧网格中 N 个小区域 Ω_k 组成，每个小区域都属于旧网格的某个网格单元，以某个网格单元上质量重映为例，

$$\tilde{M}^{(\text{new})} = \sum_{k=1}^{N} \int_{\Omega_k} \rho(x,y)\mathrm{d}x\mathrm{d}y = \sum_{k=1}^{N} \int_{\Omega_k} p^\rho(x,y)\mathrm{d}x\mathrm{d}y \tag{5.7}$$

则每一块重叠区域的积分贡献为

$$Q_k = \int_{\Omega_k} p^\rho(x,y)\mathrm{d}x\mathrm{d}y \tag{5.8}$$

令 $P = q_0 x + \frac{1}{2}q_x x^2 + q_y xy + \frac{1}{3}q_{xx}x^3 + \frac{1}{2}q_{xy}x^2 y + q_{yy}xy^2$，$Q=0$，则

$$Q_k = \int_{\partial\Omega_k} P\mathrm{d}y - Q\mathrm{d}x \tag{5.9}$$

进一步，假设 $\partial\Omega_k$ 是由 M 段直线段连接而成，那么上式可以分成 M 段直线段上线积分的和

$$Q_k=\sum_{i=1}^{M}\int_{\Gamma_i}P\mathrm{d}y-Q\mathrm{d}x \tag{5.10}$$

下面考虑一段线段对上述积分的贡献 Ω_k^L，设此线段 Γ_k 的起点是 (x_1,y_1)，终点是 (x_2,y_2)，这里的起点和终点是针对区域 Ω_k 而言的，从线段的起点走向终点时，区域总是位于线段的左侧。把线段用参数方程 $x=x_1+(x_2-x_1)t$，$y=y_1+(y_2-y_1)t$ 表示，

$$\begin{aligned}Q_k^{\mathrm{L}}=&\frac{1}{2}q_0(x_1y_2-x_2y_1)+\underline{\frac{1}{2}q_0(x_2y_2-x_1y_1)}\\&+\frac{1}{6}q_x(x_1+x_2)(x_1y_2-x_2y_1)+\underline{\frac{1}{6}q_x(x_2^2y_2-x_1^2y_1)}\\&+\frac{1}{6}q_y(y_1+y_2)(x_1y_2-x_2y_1)+\underline{\frac{1}{3}q_y(x_2y_2^2-x_1y_1^2)}\\&+\frac{1}{12}q_{xx}(x_1^2+x_1x_2+x_2^2)(x_1y_2-x_2y_1)+\underline{\frac{1}{12}q_{xx}(x_2^3y_2-x_1^3y_1)}\\&+\frac{1}{24}q_{xy}(2x_1y_1+x_1y_2+x_2y_1+2x_2y_2)(x_1y_2-x_2y_1)+\underline{\frac{1}{8}q_{xy}(x_2^2y_2^2-x_1^2y_1^2)}\\&+\frac{1}{12}q_{yy}(y_1^2+y_1y_2+y_2^2)(x_1y_2-x_2y_1)+\underline{\frac{1}{4}q_{yy}(x_2y_2^3-x_1y_1^3)}\end{aligned} \tag{5.11}$$

式中的每行的第二项（下划线部分）的回路积分都是零，可以不考虑，从而有

$$\begin{aligned}Q_k^{\mathrm{L}}=&\frac{1}{24}[12q_0+4q_x(x_1+x_2)+4q_y(y_1+y_2)\\&+2q_{xx}(x_1^2+x_1x_2+x_2^2)+2q_{yy}(y_1^2+y_1y_2+y_2^2)\\&+q_{xy}(2x_1y_1+x_1y_2+x_2y_1+2x_2y_2)](x_1y_2-x_2y_1)\end{aligned} \tag{5.12}$$

所以

$$\overline{\rho}^{(\mathrm{new})}=\frac{\tilde{M}^{(\mathrm{new})}}{A_\Omega} \tag{5.13}$$

其中，A_Ω是网格单元面积。类似地，可以得到能量和速度的重映计算公式。

新网格某个网格单元上的能量

$$\bar{E}^{(\mathrm{new})}=\frac{(ME)^{\mathrm{new}}}{M^{\mathrm{new}}} \tag{5.14}$$

其中，$(ME)^{\mathrm{new}}$ 为能量重映后该网格单元上新的能量值。

新网格某个角点的速度

$$u^{(\text{new})}=\frac{(Mu)^{(\text{new})}}{\tilde{m}},\quad v^{(\text{new})}=\frac{(Mv)^{(\text{new})}}{\tilde{m}} \tag{5.15}$$

其中，$(Mu)^{(\text{new})}$，$(Mv)^{\text{new}}$ 为动量重映后该网格角点上的新动量值，$\tilde{m}$ 为质量重映后该网格角点上的质量。

在重映过程中，4 个量 (ρ, E, u, v) 的计算表达式是确定的，只是系数不同而已。虽然要对 4 个量（$\bar{\rho}$，$\overline{\rho E}$，$\overline{\rho u}$，$\overline{\rho v}$）进行重映，但是重叠（相交）区域的计算只进行一次，这样大大减少了计算量，提高了重映算法的效率，这也是为什么要把速度插值计算到网格中心的原因。

下面以速度重映为例，给出具体重映过程：

旧网格角点上的速度初值 → 插值得到旧网格中心平均速度 → 进行动量重映，计算得到新网格中心的动量 → 网格中心动量平均分配到网格角点上 → 计算得到新网格角点上的速度值。

ENO 守恒重映算法的计算过程见表 5.2。

表 5.2　ENO 守恒重映算法

步骤	计算内容
0	旧网格单元中心处 $\overline{\rho}$, $\overline{E}$，角点处 u, v 的初值
1	将速度插值到网格中心，计算出旧网格单元中心处 $\overline{\rho u}, \overline{\rho v}$
2	构造 ENO 插值多项式 $p^{\rho}(x,y), p^{\rho E}(x,y), p^{\rho u}(x,y), p^{\rho v}(x,y)$
3	计算出新网格中心 $M^{(\text{new})}, (ME)^{(\text{new})}$，以及动量平均值 $(Mu)^{(\text{new})}, (Mv)^{(\text{new})}$
4	新网格单元中心处 $\overline{\rho}^{(\text{new})}, \overline{E}^{(\text{new})}$，将 $(Mu)^{(\text{new})}, (Mv)^{(\text{new})}$ 平均分配到网格角点
5	计算出新网格角点处 $u^{(\text{new})}, v^{(\text{new})}$

5.4　数 值 验 证

算例 1　细网格重映到粗网格的问题。把 31×31 的平面网格经坐标变换为 25×25 的网格（图 5.1），原始网格物理量用函数

$$f(x,y)=\sqrt{(x-0.5)^2+(y-0.5)^2} \tag{5.16}$$

的值给定，然后用 ENO 守恒重映方法进行计算，重映结果见图 5.2，其中图 5.2（b）和图 5.2（c）分别为使用线性插值多项式、二次多项式的计算结果。

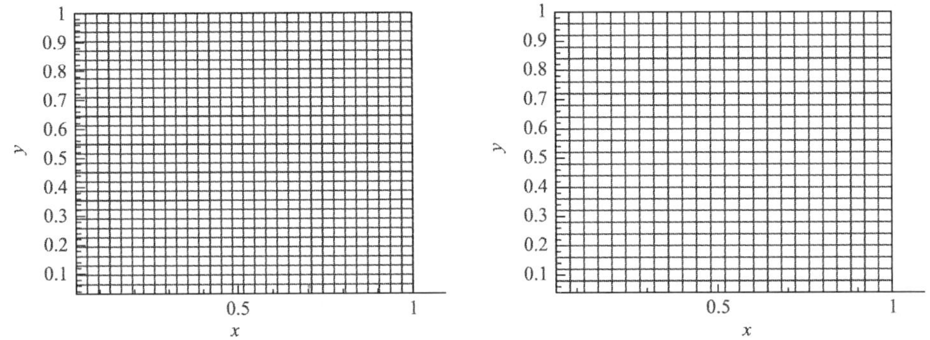

(a) 31×31网格　　(b) 25×25网格

图 5.1　新旧网格图

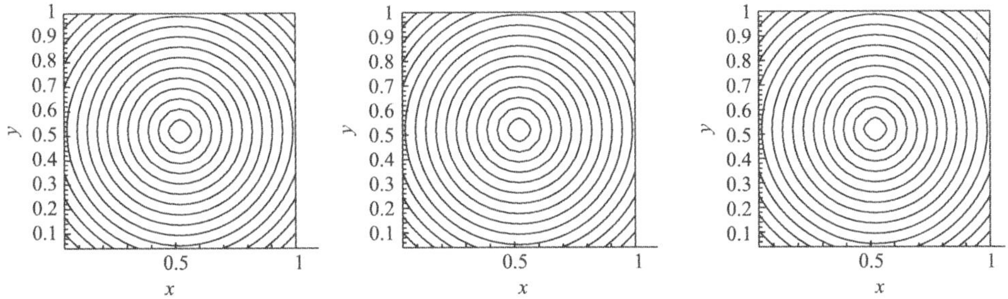

(a) 原密度分布　　(b) 重映后结果（二阶）　　(c) 重映后结果（三阶）

图 5.2　重映前后结果

算例 2　粗网格重映到细网格的问题。函数取如下形式

$$f(x,y)=\begin{cases}\sqrt{(x-0.5)^2+(y-0.45)^2}, & y<0.5\\ \sqrt{(x-0.5)^2+(y-0.55)^2}, & y>0.5\end{cases} \tag{5.17}$$

只是将旧网格定为 21×21 的网格，新网格定为 35×35 的网格，计算结果如图 5.3 所示，其中图 5.3（a）为旧的密度分布，图 5.3（b）为常数重映的结果，图 5.3（c）为二阶重映的结果，图 5.3（d）为三阶重映的结果。

对于细网格到粗网格上的重映算法，从图 5.2 可以看到，重映算法的精度对重映结果的影响不大。这一点也是同通常的理解一致的。但对于粗网格到细网格的问题，从图 5.3 的计算结果可以看出，随着阶数的增加，重映的计算结果有明显提高。所以在实际问题的计算中，在计算时间允许的范围内，采用高阶重映方法能得到比较好的结果。从数值实验结果可以看出，本节给出的重映方法逻辑简单，易于实现，且这种方法不受网格体系的限制，是一种适应性很强的守恒重映方法。

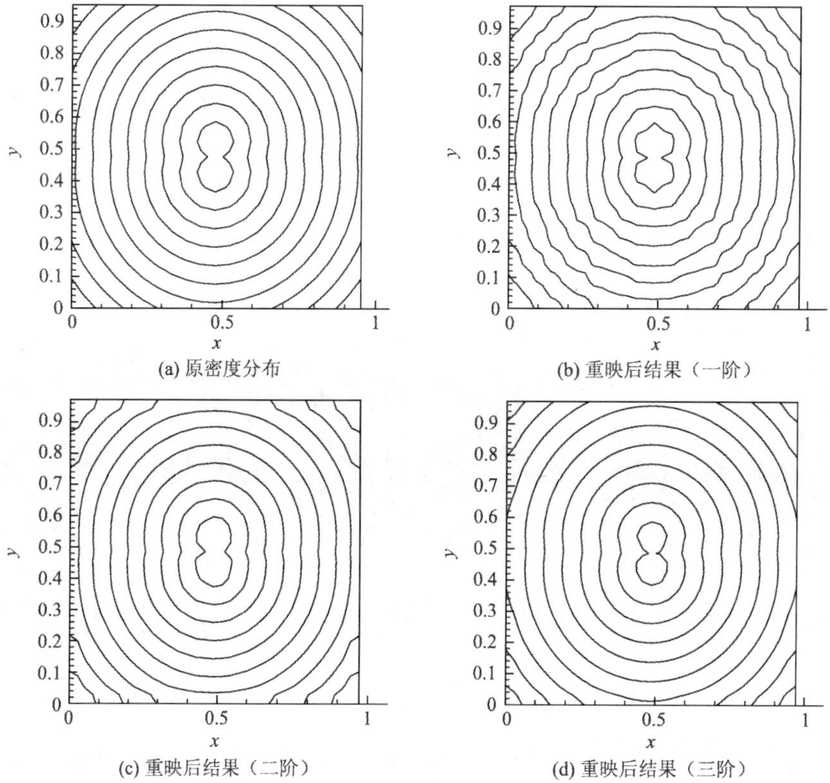

(a) 原密度分布　(b) 重映后结果（一阶）

(c) 重映后结果（二阶）　(d) 重映后结果（三阶）

图 5.3　重映前后的结果

5.5　近似积分守恒重映方法

前面所述的守恒重映方法需要计算新旧网格的重叠区域，这样的计算需要大量的时间，严重影响到重映算法的效率。2003 年 Margolin[6] 提出了一种任意网格下二阶保号重映算法，避免了计算网格相交，大大提高了重映算法的效率。在此基础上结合 ENO 插值多项式的构造、最小二乘方法估计导数的思想，分别给出了基于 ENO 思想的近似积分守恒重映算法和基于最小二乘的近似积分守恒重映算法。

为了叙述的方便，假设网格内物理量为密度 $\rho(x,y)$，要求新旧网格具有相同的节点数、单元数以及单元间相邻的关系，这是算法可行的条件。以四边形网格来介绍算法，对于非结构网格该方法同样适用。从图 5.4 可以得到如下关系：

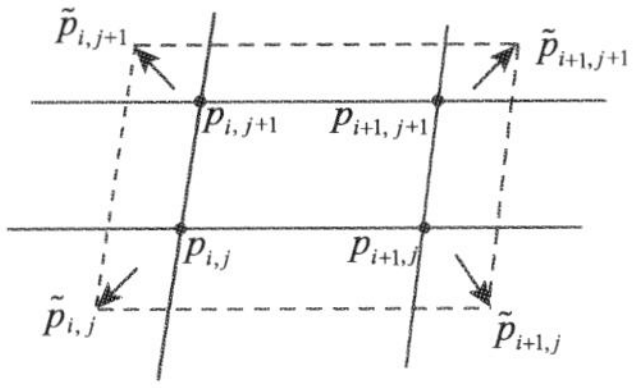

图 5.4　新旧网格图

旧网格单元 $\Omega_{i+\frac{1}{2},j+\frac{1}{2}}$ 的顶点为 $p_{i,j}$，$p_{i+1,j}$，$p_{i+1,j+1}$，$p_{i,j+1}$；新网格单元 $\tilde{\Omega}_{i+\frac{1}{2},j+\frac{1}{2}}$ 的顶点为 $\tilde{p}_{i,j}$，$\tilde{p}_{i+1,j}$，$\tilde{p}_{i+1,j+1}$，$\tilde{p}_{i,j+1}$。新网格单元

$$\begin{aligned}&\{\tilde{p}_{i,j},\tilde{p}_{i+1,j},\tilde{p}_{i+1,j+1},\tilde{p}_{i,j+1}\}\\=&\{p_{i,j},p_{i+1,j},p_{i+1,j+1},p_{i,j+1}\}\\&+\{p_{i+1,j},\tilde{p}_{i+1,j},\tilde{p}_{i+1,j+1},p_{i+1,j+1}\}-\{p_{i,j},\tilde{p}_{i,j},\tilde{p}_{i,j+1},p_{i,j+1}\}\\&+\{p_{i,j+1},p_{i+1,j+1},\tilde{p}_{i+1,j+1},\tilde{p}_{i,j+1}\}-\{p_{i,j},p_{i+1,j},\tilde{p}_{i+1,j},\tilde{p}_{i,j}\}\end{aligned}\tag{5.18}$$

上式右边第一项为旧网格单元 $\Omega_{i+\frac{1}{2},j+\frac{1}{2}}$，引入记号 $\delta F_{i+\frac{1}{2},j}$ 等如下

$$\delta F_{i+\frac{1}{2},j}=\{p_{i,j},p_{i+1,j},\tilde{p}_{i+1,j},\tilde{p}_{i,j}\}$$

$$\delta F_{i,j+\frac{1}{2}}=\{p_{i,j},\tilde{p}_{i,j},\tilde{p}_{i,j+1},p_{i,j+1}\}$$

$$\delta F_{i+\frac{1}{2},j+1}=\{p_{i,j+1},p_{i+1,j+1},\tilde{p}_{i+1,j+1},\tilde{p}_{i,j+1}\}$$

$$\delta F_{i+1,j+\frac{1}{2}}=\{p_{i+1,j},\tilde{p}_{i+1,j},\tilde{p}_{i+1,j+1},p_{i+1,j+1}\}$$

于是可以得到如下关系

$$\begin{aligned}\partial(\tilde{\Omega}_{i+\frac{1}{2},j+\frac{1}{2}})=&\partial(\Omega_{i+\frac{1}{2},j+\frac{1}{2}})+\partial(\delta F_{i+1,j+\frac{1}{2}})\\&-\partial(\delta F_{i,j+\frac{1}{2}})+\partial(\delta F_{i+\frac{1}{2},j+1})-\partial(\delta F_{i+\frac{1}{2},j})\end{aligned}\tag{5.19}$$

对于其他的新网格节点的位置情况，这个关系同样满足。对物理量积分有

$$\begin{aligned}\oint_{\partial\tilde{\Omega}_{i+\frac{1}{2},j+\frac{1}{2}}}=&\oint_{\partial\Omega_{i+\frac{1}{2},j+\frac{1}{2}}}+\oint_{\partial(\delta F_{i+1,j+\frac{1}{2}})}-\oint_{\partial(\delta F_{i,j+\frac{1}{2}})}\\&+\oint_{\partial(\delta F_{i+\frac{1}{2},j+1})}-\oint_{\partial(\delta F_{i+\frac{1}{2},j})}\end{aligned}$$

其中，被积函数为物理量函数 $\rho(x,y)$。利用格林公式化面积分为线积分，可得

$$m^{\mathrm{ex}}_{i+\frac{1}{2},j+\frac{1}{2}}=m_{i+\frac{1}{2},j+\frac{1}{2}}+F^{\mathrm{ex}}_{i+1,j+\frac{1}{2}}-F^{\mathrm{ex}}_{i,j+\frac{1}{2}}+F^{\mathrm{ex}}_{i+\frac{1}{2},j+1}-F^{\mathrm{ex}}_{i+\frac{1}{2},j}\tag{5.20}$$

其中，$m^{\text{ex}}_{i+\frac{1}{2},j+\frac{1}{2}}$ 为新网格上精确的质量，$m_{i+\frac{1}{2},j+\frac{1}{2}}$ 为旧网格上的质量，精确的流通量 F^{ex} 为

$$
\begin{aligned}
F^{\text{ex}}_{i,j+\frac{1}{2}} &= \int_{\delta F_{i,j+\frac{1}{2}}} \rho(x,y)\mathrm{d}x\mathrm{d}y \\
&= \int_{\delta F_{i,j+\frac{1}{2}}} \left[\rho + \frac{\partial \rho}{\partial x}(x - x_{i,j+\frac{1}{2}}) + \frac{\partial \rho}{\partial y}(y - y_{i,j+\frac{1}{2}})\right] \mathrm{d}x\mathrm{d}y + O(h^4)
\end{aligned} \tag{5.21}
$$

$$
\begin{aligned}
F^{\text{ex}}_{i+\frac{1}{2},j} &= \int_{\delta F_{i+\frac{1}{2},j}} \rho(x,y)\mathrm{d}x\mathrm{d}y \\
&= \int_{\delta F_{i,j+\frac{1}{2}}} \left[\rho + \frac{\partial \rho}{\partial x}(x - x_{i+\frac{1}{2},j}) + \frac{\partial \rho}{\partial y}(y - y_{i+\frac{1}{2},j})\right] \mathrm{d}x\mathrm{d}y + O(h^4)
\end{aligned} \tag{5.22}
$$

同理，可以得到 $F^{\text{ex}}_{i+1,j+\frac{1}{2}}$，$F^{\text{ex}}_{i+\frac{1}{2},j+1}$。

构造二阶守恒重映算法如下

$$
m^{\text{new}}_{i+\frac{1}{2},j+\frac{1}{2}} = m_{i+\frac{1}{2},j+\frac{1}{2}} + (F^{\text{new}}_{i+1,j+\frac{1}{2}} - F^{\text{new}}_{i,j+\frac{1}{2}}) + (F^{\text{new}}_{i+\frac{1}{2},j+1} - F^{\text{new}}_{i+\frac{1}{2},j}) \tag{5.23}
$$

其中

$$
F^{\text{new}}_{i,j+\frac{1}{2}} = \int_{\delta F_{i,j+\frac{1}{2}}} p^{\rho}_{i,j+\frac{1}{2}}(x,y)\mathrm{d}A \tag{5.24}
$$

$F^{\text{new}}_{i+1,j+\frac{1}{2}}$，$F^{\text{new}}_{i+\frac{1}{2},j+1}$，$F^{\text{new}}_{i+\frac{1}{2},j}$ 定义类似，其中

$$
p^{\rho}_{i,j+\frac{1}{2}}(x,y) = \begin{cases} p^{\rho}_{i+\frac{1}{2},j+\frac{1}{2}}(x,y), & A(\delta F_{i,j+\frac{1}{2}}) \geqslant 0 \\ p^{\rho}_{i-\frac{1}{2},j+\frac{1}{2}}(x,y), & A(\delta F_{i,j+\frac{1}{2}}) < 0 \end{cases} \tag{5.25}
$$

这里，$A(\delta F_{i,j+\frac{1}{2}})$ 表示通过线积分求得的面积，多项式 $p^{\rho}_{i+\frac{1}{2},j+\frac{1}{2}}(x,y)$ 是对旧网格单元 $\Omega_{i+\frac{1}{2},j+\frac{1}{2}}$ 上物理量分布使用 ENO 插值多项式或最小二乘估计导数重构得到的多项式分布函数。

5.5.1　ENO 近似积分守恒重映方法

假定旧网格上的物理量分布是给定的。最简单的物理量分布是分片常数分布，在每个网格内物理量等于网格内的平均值，精度是一阶的，数值耗散大，优点是自动具有单调性、守恒性。为了提高精度，通常使用分片线性分布代替分片常数分布，这就涉及网格内物理量导数的确定。用 ENO 插值构造多项式 $p^{\rho}_{i+\frac{1}{2},j+\frac{1}{2}}(x,y)$ 进行重映计算时，称这种方法为 ENO 近似积分守恒重映方法。为了测试算法，设计了如下网格

$$
x(\xi,\eta t) = (1-\alpha(t))\xi + \alpha(t)\xi^3, \quad y(\xi,\eta,t) = (1-\alpha(t))\eta + \alpha(t)\eta^2
$$

$$\alpha(t)=\frac{\sin(4\pi t)}{2},\quad 0\leqslant\xi\leqslant 1,\quad 0\leqslant\eta\leqslant 1,\quad 0\leqslant t\leqslant 1$$

定义 $x_{ij}^n=x(\xi_i,\eta_j,t^n)$，$y_{ij}^n=y(\xi_i,\eta_j,t^n)$，这里

$$t^n=n/n_{\max},\quad n=0,\cdots,n_{\max}$$

$$\xi_i=(i-1)/(i_{\max}-1),\quad i=1,\cdots,i_{\max}$$

$$\eta_{ji}=(j-1)/(j_{\max}-1),\quad j=1,\cdots,j_{\max}$$

实际计算时，取 x 方向上最大网格数 $i_{\max}$ 等于 y 方向上最大网格数 $j_{\max}$。

算例 1　考虑下面的三个光滑函数。

$$\rho(x,y)=\sqrt{x^2+y^2}\tag{5.26}$$

$$\rho(x,y)=\mathrm{e}^{-5(x^2+y^2)}\tag{5.27}$$

$$\rho(x,y)=1+\sin(2\pi x)+\sin(2\pi y)\tag{5.28}$$

利用 ENO 近似积分守恒重映方法，分别得到这三个光滑函数的计算结果，分别见表 5.3~ 表 5.5。

表 5.3　式 (5.26) 计算结果

$i_{\max}/n_{\max}$	范数	ENO	阶数
65/320	L_1	9.64×10^{-4}	
129/640	L_1	2.52×10^{-4}	1.94

表 5.4　式 (5.27) 计算结果

$i_{\max}/n_{\max}$	范数	ENO	阶数
65/320	L_1	4.88×10^{-4}	
129/640	L_1	1.31×10^{-4}	1.90

表 5.5　式 (5.28) 计算结果

$i_{\max}/n_{\max}$	范数	网格贡献	误差补偿	ENO	阶数
65/320	L_1	0.133	9.77×10^{-3}	1.78×10^{-2}	
129/640	L_1	7.73×10^{-2}	2.54×10^{-3}	5.56×10^{-3}	1.68

对于光滑函数 (5.28) 重映前后结果见图 5.5。其中网格贡献法是文献 [4] 的一阶贡献网格算法，误差补偿法表示文献 [4] 的二阶符号保持算法。这里，L_1 范数计算公式为

$$\left\|\rho^{\mathrm{new}}-\rho^{\mathrm{old}}\right\|=\sum_{ij}\left\{\left|\bar{\rho}_{i+\frac12,j+\frac12}-\rho(x_{i+\frac12,j+\frac12},y_{i+\frac12,j+\frac12})\right|\cdot A(C_{i+\frac12,j+\frac12})\right\}$$

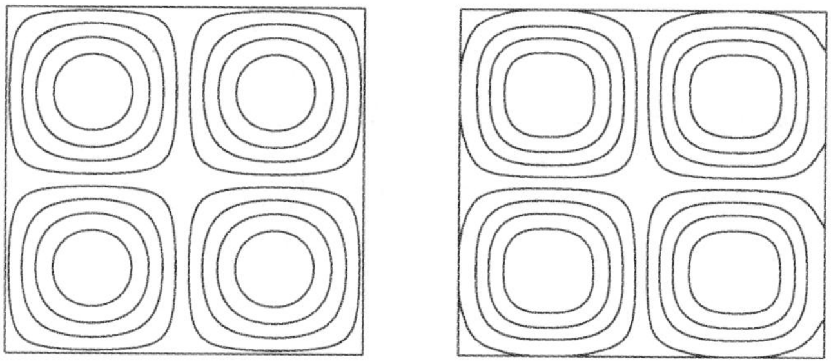

(a) 重映前等值线　　(b) 重映后等值线 (64×64网格)

图 5.5　重映前后结果

算例 2　peak 函数。

$$\rho(x,y)=\begin{cases}0, & r>0.25\\ \max(0.001,4(r-0.25)), & r\leqslant 0.25\end{cases}\tag{5.29}$$

表 5.6 给出采用 ENO 近似积分守恒重映方法的计算结果。

表 5.6　peak 函数计算结果

$i_{\max}/n_{\max}$	范数	网格贡献	误差补偿	ENO	阶数
65/320	L_1	0.109	4.56×10^{-2}	4.01×10^{-2}	
129/640	L_1	7.78×10^{-2}	2.88×10^{-2}	2.55×10^{-2}	0.65

重映前后结果见图 5.6。

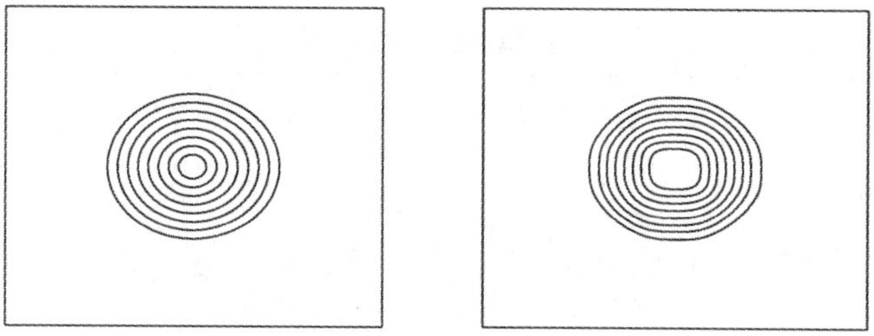

(a) 重映前等值线　　(b) 重映后等值线 (64×64网格)

图 5.6　重映前后结果

5.5.2　LSM 近似积分守恒重映方法

采用最小二乘估计导数的方法进行多项式重构时，称这种方法为 LSM 近似积分守恒重映方法。为保证单调性，这里可要求

$$\left|\frac{\partial u}{\partial x}\Delta x_i^2+\frac{\partial u}{\partial y}\Delta y_i^2\right|\leqslant|u_i-u_0|\tag{5.30}$$

对于某些特定的物理量（如质量）具有特殊的物理意义，始终为非负值，在整个重映过程中需要对这些特殊的物理量进行修正计算。以质量为例，假设对于新网格 $\tilde{\Omega}_{i+\frac{1}{2},j+\frac{1}{2}}$ 通过重映计算结果为负值，如 $m_1=m_{i+\frac{1}{2},j+\frac{1}{2}}^{\text{new}}<0$，设该网格有 N 个相邻的网格，累加计算质量不为负值的网格，得到一个总质量，设为 M，如果 $M\geqslant|m_1|$，利用公式

$$m_i^{\text{new}}=m_i^{\text{new}}-\frac{m_i^{\text{new}}|m_1|}{M},\quad i=1,2,\cdots,N \tag{5.31}$$

计算出相邻 N 个网格的新的质量值，而该网格的新质量为零。这就保证了全局的守恒和正性。如果 $M<|m_1|$，只需扩大范围，继续寻找相邻的网格。一般情况下，只需找出该网格的最近相邻网格就能满足要求。

算例 1　考虑光滑函数具体表达式 (5.28)，表 5.7 给出采用 LSM 近似积分守恒重映方法的计算结果。

表 5.7　计算结果

$i_{\max}/n_{\max}$	范数	一阶 LSM		二阶 LSM	
		误差	阶数	误差	阶数
65/320	L_1	4.90×10^{-3}		3.83×10^{-3}	
129/640	L_1	5.16×10^{-4}	3.25	9.60×10^{-4}	2.00

一次多项式重映前后结果见图 5.7，$i_{\max}=65$。

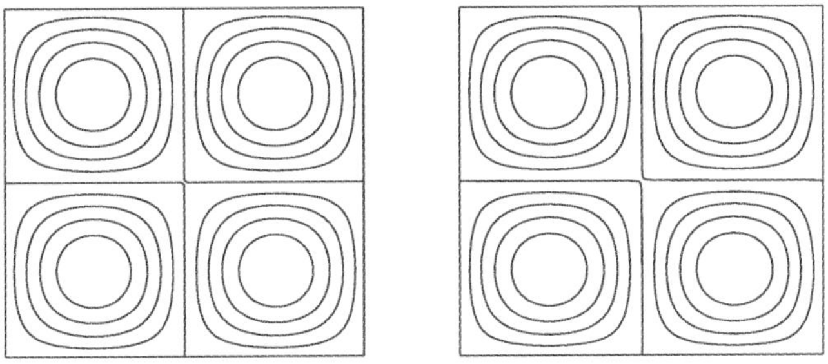

(a) 重映前等值线　(b) 重映后等值线 (64×64网格)

图 5.7　重映前后结果

算例 2　考虑 peak 函数的具体表达式 (5.29)，表 5.8 给出采用 LSM 近似积分守恒重映方法的计算结果。

表 5.8　计算结果

$i_{\max}/n_{\max}$	范数	一阶 LSM		二阶 LSM	
		误差	阶数	误差	阶数
65/320	L_1	3.27×10^{-3}		2.45×10^{-3}	
129/640	L_1	1.13×10^{-3}	1.53	8.50×10^{-4}	1.53

一次多项式重映前后结果见图 5.8，$i_{\max} = 65$。

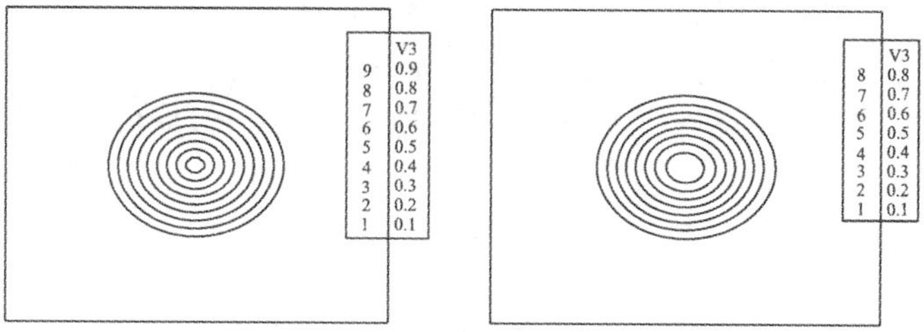

(a) 重映前等值线　　(b) 重映后等值线 (64×64网格)

图 5.8　重映前后结果

从计算的结果可以看出，使用二次多项式重构的计算结果比一次多项式重构的计算结果误差小。同时数值实验的结果验证了该方法确实是一个二阶单调守恒方法。虽然采用了不同的多项式，但是重映计算的结果都是二阶。这是因为采用了近似积分计算的方法，而该方法本身就是一个二阶算法，这就决定了所构造的重映方法最高只能是二阶。数值算例说明 LSM 近似积分守恒重映方法具有二阶精度，且这种方法不受网格体系的限制，是一种适应性很强的守恒单调重映方法。

5.6 小　结

重映过程是指将网格进行重分后利用旧网格上的物理量来插值得到新网格上的物理量的过程。从物理意义上考虑，通常要求重映插值过程应满足守恒性和单调性。守恒重映是 ALE 方法中的难点，也是国际国内研究的热点问题之一。本章主要内容是构造高精度守恒重映方法，介绍了一类通用重映方法、ENO 守恒重映方法、ENO 近似积分守恒重映方法、LSM 近似积分守恒重映方法，并通过数值算例验证了后三种重映方法的高精度和可行性。实际应用时，每种方法都互有优缺点。基于多边形相交计算的 ENO 守恒重映方法不受时间步长的限制，但多边形相交计算量较大，重映效率较低。两类近似积分守恒重映方法在实际使用时，要求新网格与旧网格具有相同的网格数，以及相同的相邻关系，并且存在时间步长的限制，从而影响到整体 ALE 方法的计算效率。实际计算具体采用何种方法应视具体问题而定。

参考文献

[1] Hirt C W, Amsden A A, Cook J L. An arbitrary Lagrangian-Eulerian computing method for all flow speeds. J. Comput. Phys., 1974, 14: 76–85.

[2] Kucharik M, Shashkov M, Wendroff B. An efficient linearity and bound preserving

remapping methods. J. Comput. Phys., 2003, 188: 462–471.

[3] Zhang B L, Chen J, Liu X P. A new algorithm used in rezone techniques. 计算物理实验室年报, 1994, 227–341.

[4] 蔡庆东. 非结构网格和结构网格生成及自适应软件的研制. 博士后报告. 北京: 北京应用物理与计算数学研究所计算物理实验室, 1999.

[5] Shu C W, Zang T A, Erlebacher G, et al. High-order ENO schemes applied to two-and three-dimensional compressible flow. Applied Numerical Mathematics, 1992, 9: 45–71.

[6] Margolin L G, Shashkov M. Second-order sign-preserving conservative interpolation (remapping) on general grids. J. Comput. Phys., 2003, 184: 266–298.

第6章 网格重分与 ALE 方法数值模拟

二维数值网格的构造是一种二维区域上的自动网格生成技术，是为了适应数值求解任意形状二维区域上的偏微分方程而发展起来的。它产生以来，对于一些不规则区域上对边值敏感问题以及非定常二维流动问题等的数值计算起了重要的作用。从 20 世纪 60 年代开始，有许多欧美学者在网格构造方面做了许多开拓性的工作。人们也越来越认识到网格构造无论是在差分法、有限元还是有限体积法的数值计算中都有重要的地位。特别在流体力学计算中，采用不同类型的计算网格，形成了具有不同风格、不同特点的计算方法。注意到在用 ALE 方法求解流体力学问题时，由于流动的复杂性，最初规则的物理区域，经过一段时间后，也会变得不规则，这时原来规则均匀的网格则有可能随之畸变甚至相交，使计算无法进行下去。ALE 方法中解决网格畸变问题，需要采用网格重新划分的方法，即在计算区域上构造新的网格，然后进行物理量重映计算，得到物理量新的分布。ALE 方法的网格技术包括两部分：①初始区域上计算网格的生成；②针对计算过程的网格畸变进行的网格重造，即重映网格技术。本章将高精度 Lagrange 有限体积格式和高精度守恒重映方法结合起来，实现高精度 ALE 的数值模拟。

6.1 网 格 技 术

6.1.1 结构网格生成技术

针对二维区域，结构网格主要有以下几种生成方法。

1. *代数方法*

通过代数插值的办法，由边界点的分布来得到内部网格点的位置。这种网格的生成方法具有计算公式简单，生成速度快的优点，常用来生成简单区域内的网格，或用来形成一些迭代求解的网格生成方法的初始网格。代数方法中常用的是双曲线性插值法，认为变换后的区域是单位正方形 $[0,1]\times[0,1]$，在已知边界点分布的情况下，可以用如下的插值公式得到内部点的坐标：

$$\begin{aligned}f(\xi,\eta)=&(1-\xi)f(0,\eta)+\xi f(1,\eta)+(1-\eta)f(\xi,0)\\&+\eta f(\xi,1)-(1-\xi)(1-\eta)f(0,0)-(1-\xi)\eta f(0,1)\\&-\xi(1-\eta)f(1,0)-\xi\eta f(1,1)\end{aligned}$$

2. 保角变换方法

采用复变函数中解析函数来得到网格，一般用 Schwarz-Christoffel 变换将一“开放”的无界区域变换为上半平面，在此变换后的上半平面内均匀划分网格，再反变换回原来的区域内，得到需要的网格划分。

3. 微分方程初边值方法

这种方法在网格生成的相关文献中有大量的讨论，可分别用椭圆型、抛物型及双曲型方程构造网格。

（1）椭圆型方程构造网格

Winslow 首先在计算平面 ξ - η 上求解 Laplace 方程

$$\begin{cases} \xi_{xx} + \xi_{yy} = 0 \\ \eta_{xx} + \eta_{yy} = 0 \end{cases} \tag{6.1}$$

来构造网格，用这种方法构造的网格具有分布均匀、适应区域强的特点，并且网格生成速度快。在此基础上，为了更便于与计算区域和物理问题相适应，引入了一些控制函数来控制网格的疏密和形状，转换 Laplace 方程为 Possion 方程

$$\begin{cases} \xi_{xx} + \xi_{yy} = P(x, y) \\ \eta_{xx} + \eta_{yy} = Q(x, y) \end{cases} \tag{6.2}$$

通过选择 P, Q 来调整网格，达到一定的自适应能力。

（2）双曲型方程构造网格

这种方法用于具有“单一边界”的外场区域，如翼型的外部区域。这种网格构造方法，是以初始边界为第一层的初始条件，一层一层向外构造网格。该方法可使网格线有很好的正交性，只要初始边界不十分内凹，就可以使构造过程得以进行，并且速度较快。

（3）用抛物型方程构造网格

此方法同样适用于外场区域，也具有分层求解的特点。由于方程中具有二阶扩散项，可以把初始边界上的奇异性随着向外分层求解而光滑化。

4. 变分方法

根据给出的度量网格某种性质的泛函，通过它的极小化来构造具有该性质的网格，求泛函极小可通过求解它的 Euler 方程等得到。

6.1.2 网格重分技术

在 ALE 方法中，不仅需要产生初始的计算网格，而且由于网格随流体一起运动，随着流体运动的网格会产生扭曲或畸变，计算格式的精度会因此大大降低，甚

至整个计算都不能继续下去。为了解决这个问题就需要适时地调整网格使之变得比较规整，这就需要有一种重构网格的方法。这里介绍两种在 ALE 方法中应用较广泛的网格重构方法。

（1）Laplacian 光顺方法[1]

这种光顺技术是通过将节点向这个节点周围的四边形所构成多边形的形心移动来实现的。如果 $P_i(x_i, y_i)$ 为一个内部节点，$N_i(P_i)$ 为与 P_i 相连的节点总数，则光顺迭代技术可表示如下

$$\begin{cases} x_i = x_i + \dfrac{w}{N(P_i)} \displaystyle\sum_{k=1}^{N(P_i)} (x_k - x_i) \\ y_i = y_i + \dfrac{w}{N(P_i)} \displaystyle\sum_{k=1}^{N(P_i)} (y_k - y_i) \end{cases} \tag{6.3}$$

其中，w 是松弛因子。光顺方法可以通过迭代使网格更均匀。

（2）Winslow 光顺方法[2,3]

该方法是取 x，y 平面中一对 Laplace 方程（6.1）的解作为贴体坐标系，该解应满足边界条件

$$\xi = \xi_1(x, y), \quad \eta = \eta_1, \quad [x, y] \in \Gamma_1$$

$$\xi = \xi_2(x, y), \quad \eta = \eta_2, \quad [x, y] \in \Gamma_2$$

其中，Γ_1 和 Γ_2 分别为物面和外边界，η_1 和 η_2 为两个任意给定常数，ξ_1 和 ξ_2 分别为沿 Γ_1 和 Γ_2 的任意选定的单调函数。希望此贴体坐标网格系的计算域与流体的计算域为同一个均匀网格，可以写成

$$\begin{aligned} \alpha x_{\xi\xi} - 2\beta x_{\xi\eta} \gamma x_{\eta\eta} = 0 \\ \alpha y_{\xi\xi} - 2\beta x_{\xi\eta} \gamma y_{\eta\eta} = 0 \end{aligned} \tag{6.4}$$

其中

$$\alpha = x_\xi^2 + y_\xi^2, \quad \beta = x_\xi x_\eta + y_\xi y_\eta, \quad \gamma = x_\eta^2 + y_\eta^2 \tag{6.5}$$

根据文献 [3]，x 相对于 ξ 和 η 的一阶和二阶导数为

$$(x_\xi)_{i,j} \approx \frac{x_{i+1,j} - x_{i-1,j}}{2\Delta\xi}, \quad (x_\eta)_{i,j} \approx \frac{x_{i,j+1} - x_{i,j+1}}{2\Delta\eta}$$

$$(x_{\xi\xi})_{i,j} \approx \frac{x_{i+1,j} - 2x_{i,j} + x_{i-1,j}}{\Delta\xi^2}, \quad (x_{\eta\eta})_{i,j} \approx \frac{x_{i,j+1} - 2x_{i,j} + x_{i,j-1}}{\Delta\eta^2}$$

$$(x_{\xi\eta})_{i,j} \approx \frac{x_{i+1,j+1} - x_{i-1,j+1} - x_{i+1,j-1} + x_{i-1,j-1}}{4\Delta\xi\Delta\eta}$$

y 导数类似。

假设已经存在一套旧网格 $(x_{i,j}^k, y_{i,j}^k)$（k 表示迭代步数）。这个网格坐标计算系数为 α^k，β^k，γ^k，Winslow 光顺方法的迭代公式为

$$\begin{cases} x_{i,j}^{k+1} = \dfrac{1}{2(\alpha^k+\gamma^k)}\Big[\alpha^k(x_{i,j+1}^k + x_{i,j-1}^k) \ + \gamma^k(x_{i+1,j}^k + x_{i-1,j}^k) \\ \qquad -\dfrac{1}{2}\beta^k(x_{i+1,j+1}^k - x_{i-1,j+1}^k + x_{i-1,j-1}^k - x_{i+1,j-1}^k)\Big] \\ y_{i,j}^{k+1} = \dfrac{1}{2(\alpha^k+\gamma^k)}\Big[\alpha^k(y_{i,j+1}^k + y_{i,j-1}^k) \ + \gamma^k(y_{i+1,j}^k + y_{i-1,j}^k) \\ \qquad -\dfrac{1}{2}\beta^k(y_{i+1,j+1}^k - y_{i-1,j+1}^k + y_{i-1,j-1}^k - y_{i+1,j-1}^k)\Big] \end{cases} \tag{6.6}$$

从 Lagrange 网格开始使用几步迭代，而不需要迭代到收敛，就可以得到一套品质较好的新网格。

6.2　ALE 方法数值模拟

本章的 ALE 方法由独立的三部分组成。第一部分：高精度 Lagrange 方法计算，可以采用交错网格的 ENO 型 Lagrange 方法，也可以采用格心型的 LSM 型 Lagrange 方法；第二部分：网格重构方法，可以采用 Laplacian 光顺方法，Winslow 光顺方法，当然最简单的方法是每次重构网格回到原来的初始网格，这样的方法通常称为 Lagrange 加重映的方法[4]，实际上就是一个近似 Euler 方法；第三部分：物理量的重映，可以采用基于网格相交的 ENO 型守恒重映方法，ENO 型近似积分守恒重映方法，也可以是 LSM 型近似积分守恒重映方法。实际计算的时候，通常采用 Lagrange 计算几步后进行一次网格的重构和重映，为了区分采用的 ALE 方法，作者定义符号 ALE-i-j-k-n，其中 ALE 表示采用的是 ALE 的方法，即包含 Lagrange 格式计算、重构网格、重映计算 3 个步骤，i 表示采用的 Lagrange 方法的格式，见表 6.1；j 表示采用的重构网格的方法，见表 6.2；k 表示采用的重映方法，见表 6.3；n 表示计算采用每 n 次 Lagrange 格式计算后进行一次网格的重构调整，其中 $j=1$ 时，网格重构方法采用回到初始网格的方法，这时 $n=1$。例如，ALE-1-1-1-1 表示采用交错网格的二阶 ENO 型 Lagrange 格式，网格重构方法采用回到初始网格，重映方法采用基于多边形相交的二阶 ENO 型守恒重映方法，Lagrange 格式计算一次，重构网格一次，这个方法相当于是一个 Euler 方法，简称 Lagrange 加重映方法。

实际计算时，对于一维问题，实际上采用 Laplacian 光顺方法，Winslow 光滑方法进行计算的结果类似，所以在此只列出采用 Laplacian 光顺方法的计算结果。如果没有特殊说明，CFL 条件数都取成 0.5。

表 6.1　Lagrange 计算格式序号说明

序号 i	Lagrange 计算格式
1	二阶交错网格的 ENO 型 Lagrange 格式
2	二阶格心型特征分解 ENO 型 Lagrange 格式
3	二阶格心型 LSM 型 Lagrange 格式

表 6.2　重构网格方法序号说明

序号 j	重构网格方法
1	回到初始网格
2	Laplacian 光顺方法
3	Winslow 光顺方法

表 6.3　重映方法序号说明

序号 k	重映方法
1	基于多边形相交的二阶 ENO 型守恒重映方法
2	二阶 ENO 型近似积分守恒重映方法
3	二阶 LSM 型近似积分守恒重映方法

6.2.1　一维问题

算例 1　一维 Sod 激波管问题[5]。初始条件如下：

$$\begin{cases} (\rho_{\mathrm{L}}, u_{\mathrm{L}}, p_{\mathrm{L}}, \gamma_{\mathrm{L}}) = (1, 0, 1, 1.4), & x < 0.5 \\ (\rho_{\mathrm{R}}, u_{\mathrm{R}}, p_{\mathrm{R}}, \gamma_{\mathrm{R}}) = (0.125, 0, 0.1, 1.4), & x > 0.5 \end{cases}$$

计算区域 $[0,1]$，边界条件为：左右边界都是固壁边界。初始网格都采用均匀 200 等分，分别采用 ALE-1-2-1-10 方法，ALE-1-2-2-10 方法，ALE-2-2-2-10 方法，ALE-3-3-3-10 方法，计算时间到 $t=0.2$ 停止，计算结果见图 6.1。从结果可以看出，交错网格 ENO 型 Lagrange 格式在激波处存在微小的振荡，而接触间断的伪振荡是采用 Lagrange 方法计算的特点。

算例 2　Leblanc 激波管问题[6]。

初始条件

$$\begin{cases} (\rho, u, e) = (1, 0, 0.1), & 0 \leqslant x < 3 \\ (\rho, u, e) = (0.001, 0, 10^{-7}), & 3 < x \leqslant 9 \end{cases}$$

计算区域 $[0,9]$，$\gamma = 5/3$，边界条件为：左右边界都是固壁边界。分别采用一阶格心型 Lagrange 格式[7]，ALE-2-2-2-1 方法，初始网格为均匀的 1000 等份，计算时间到 $t=6$ 停止，计算结果见图 6.2。从结果可以看出，二阶格式计算结果优于一阶格式。

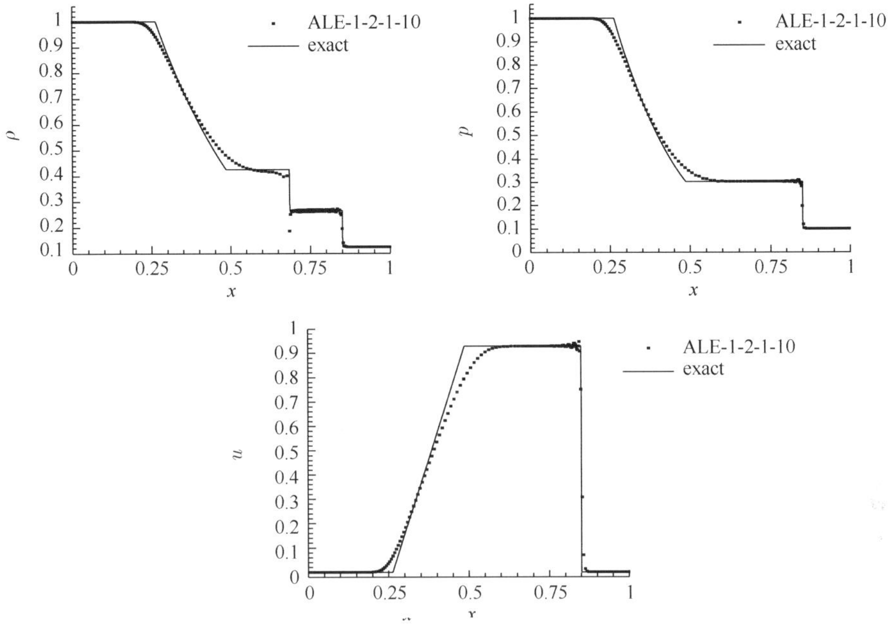

(a) 采用ALE-1-2-1-10方法计算一维 Sod 激波管问题

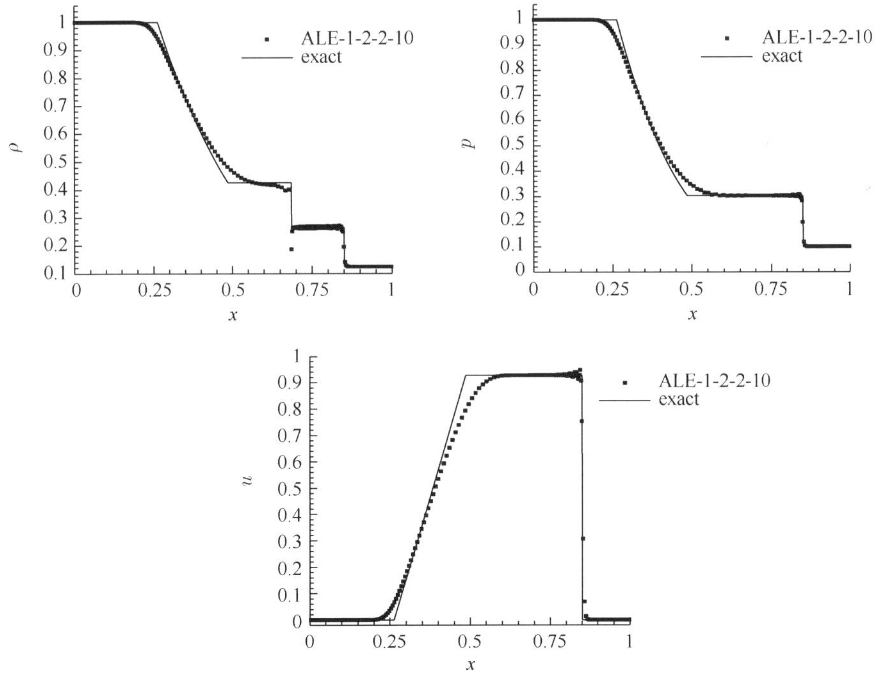

(b) 采用ALE-1-2-2-10方法计算一维 Sod 激波管问题

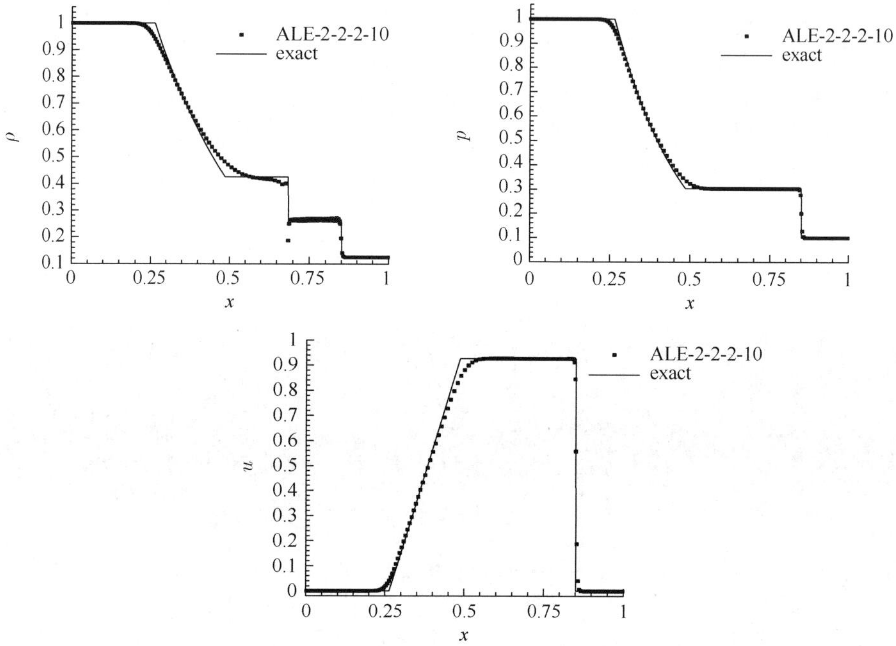

(c) 采用ALE-2-2-2-10方法计算一维Sod激波管问题

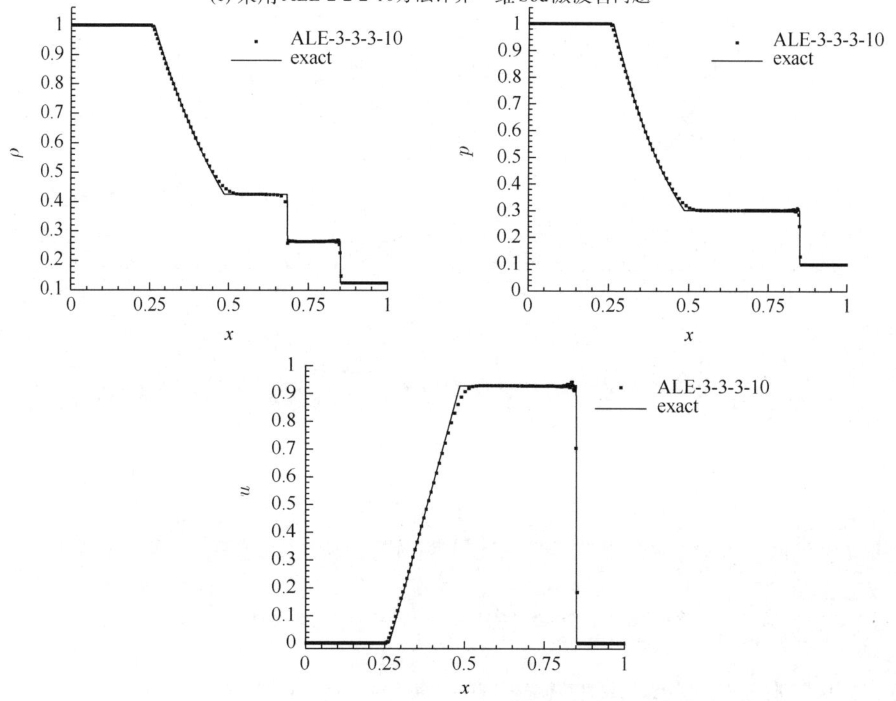

(d) 采用ALE-3-3-3-10方法计算一维Sod 激波管问题

图 6.1　一维 Sod 激波管问题

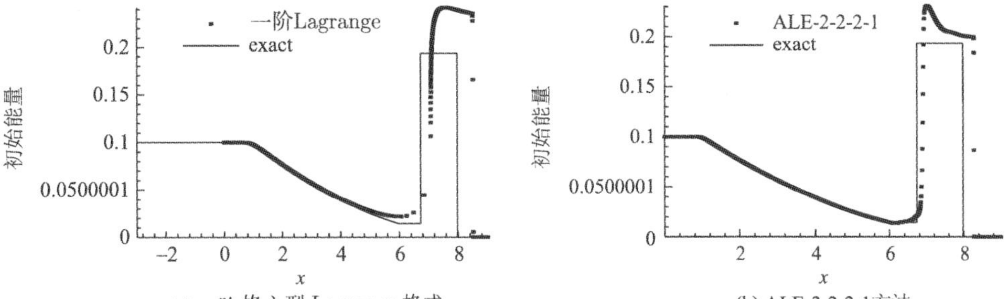

(a) 一阶格心型 Lagrange格式 (b) ALE-2-2-2-1方法

图 6.2 Leblanc 激波管问题

6.2.2 二维问题

算例 1 Riemann 问题[8]。

初始条件

$$\begin{cases} (\rho,u,v,p)=(0.8,0,0,1.0), & x<1,y<1 \\ (\rho,u,v,p)=(1.0,0.7276,0,1.0), & x<1,y>1 \\ (\rho,u,v,p)=(1.0,0,0.7276,1.0), & x>1,y<1 \\ (\rho,u,v,p)=(0.5313,0,0,0.40), & x>1,y>1 \end{cases}$$

其中，$\gamma=1.4$，计算区域 $[0,2]\times[0,2]$。边界条件为：左和下边界是入流边界，右和上边界是出流边界。分别采用交错网格 ALE-1-2-2-5 方法、格心型 ALE-2-2-2-10 方法和 ALE-3-3-2-10 方法，CFL 条件数取 0.3，300×300 网格，19 条密度等值线的计算结果见图 6.3。从图 6.3 可以看出，格心型的格式由于避免了重映时的特殊处理，得到的结果要好于交错型的同阶格式。

算例 2 Sedov 爆炸波问题[9]。

计算区域 $[0,1.1]\times[0,1.1]$，模拟采用 30×30 的均匀网格，初始密度为 1，初始速度为 0，初始内能集中在区域原点为 182.09，其余都为 0，$\gamma=5/3$。该问题的解析解是在 $t=1$ 时刻，爆炸到达距离原点弧长为 1 的位置，且密度为 6。采用 ALE-2-2-2-10 方法和 ALE-3-3-3-10 方法计算结果见图 6.4。

算例 3 Rayleigh-Taylor 问题。

计算区域 $\left[0,\dfrac{1}{4}\right]\times[0,1]$，上层流体：$\rho=1$，$u=0$，$v=-0.025c\cos8\pi x$，$p=y+3/2$；下层流体：$\rho=2$，$u=0$，$v=-0.025c\cos8\pi x$，$p=2y+1$，$\gamma=5/3$；$c=\sqrt{\dfrac{\gamma p}{\rho}}$。边界条件：左右为反射边界；下边界：$\rho=2$，$u=v=0$，$p=1$；上边界：$\rho=1$，$u=v=0$，$p=2.5$。含特征分解的 ENO 型 Lagrange 方法计算，$h=0.01$，CFL 条件数取 0.3，计算到时间 1.79 时程序跳出，网格扭曲严重，见图 6.5。ALE 方法进行处理，时间计算到 1.5 后进行重映计算，每 Lagrange 计算五次，重映一次，网格步长取 $h=\dfrac{1}{100},\dfrac{1}{200},\dfrac{1}{400}$，计算结果见图 6.6。

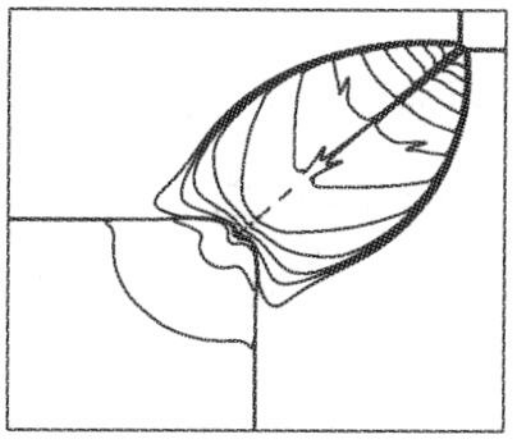

(a) ALE-1-2-2-5方法

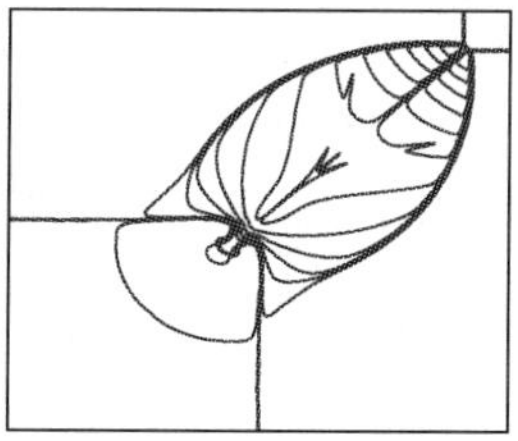

(b) ALE-2-2-2-10方法

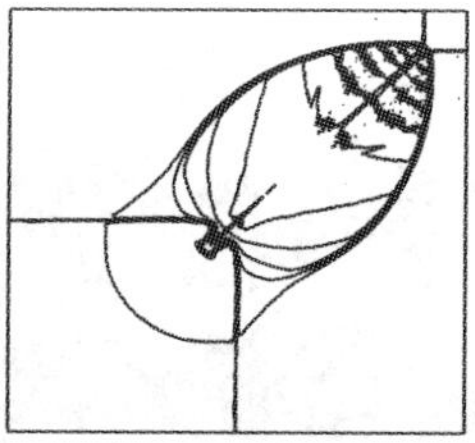

(c) ALE-3-3-2-10方法

图 6.3　Riemann 问题（密度等值线）

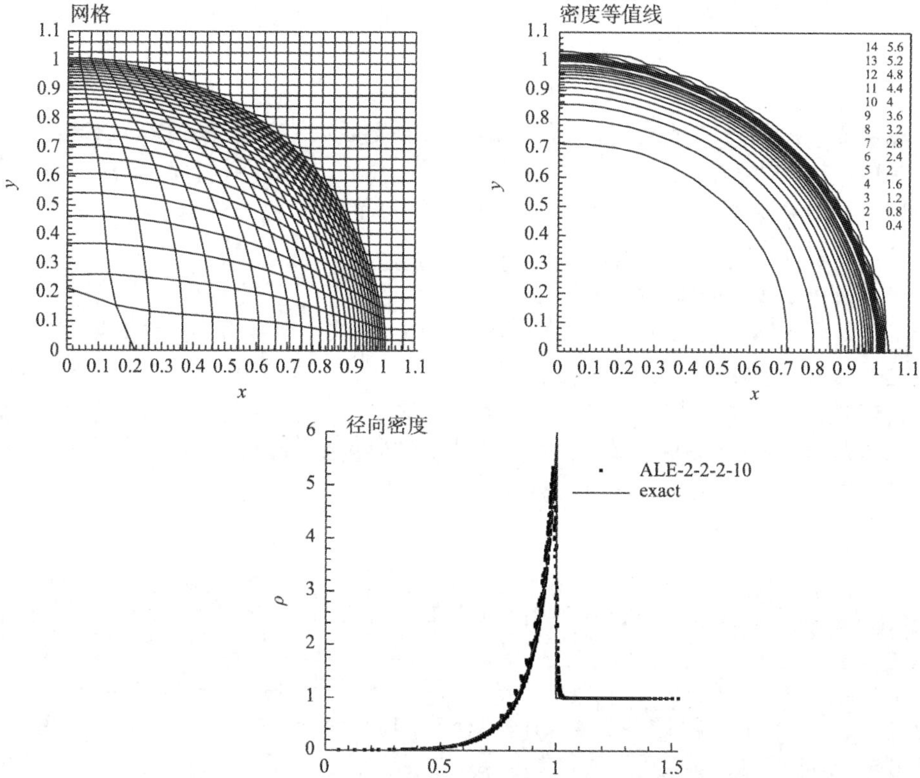

(a) ALE-2-2-2-10方法计算Sedov问题

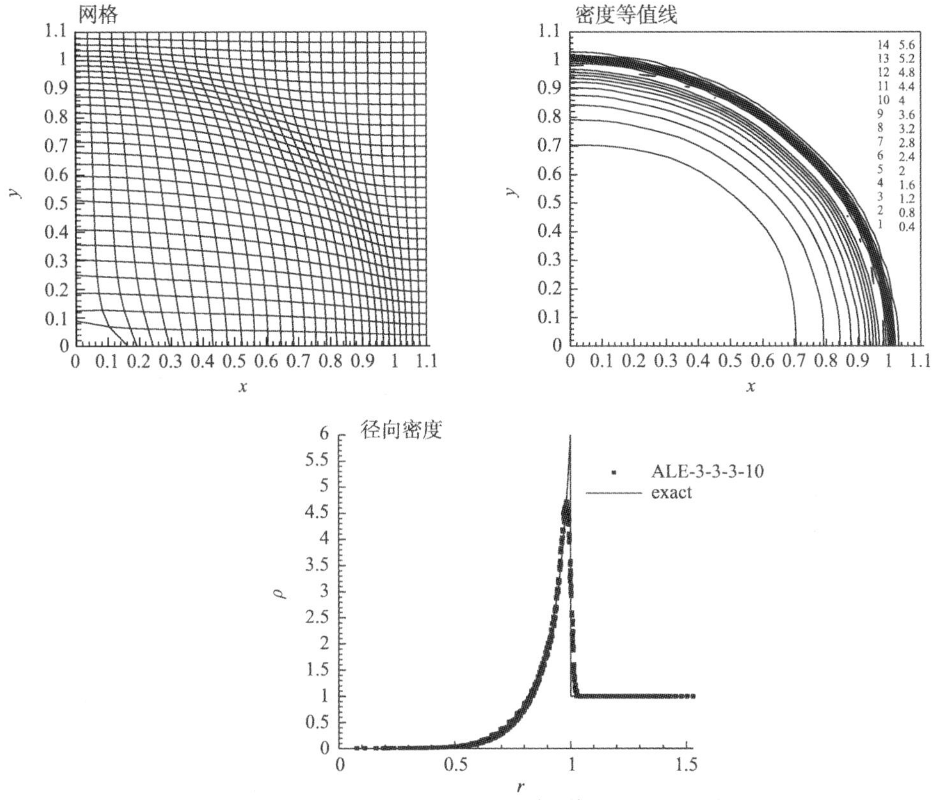

(b) ALE-3-3-3-10方法计算Sedov问题

图 6.4　Sedov 爆炸波问题

图 6.5　ENO 型 Lagrange 方法计算到时间 1.79 的网格图

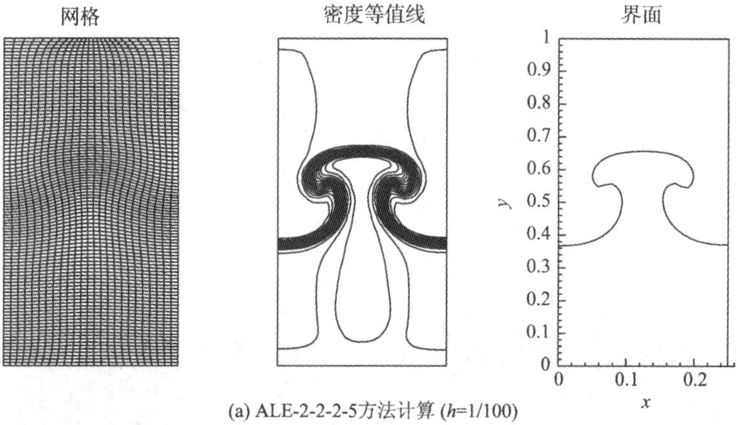

(a) ALE-2-2-2-5方法计算 (h=1/100)

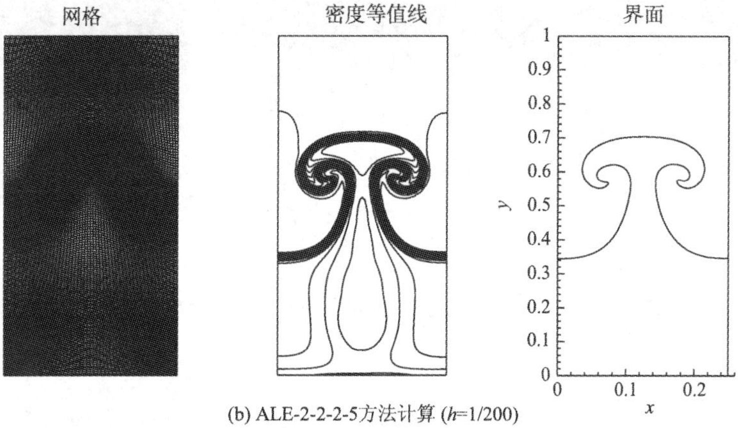

(b) ALE-2-2-2-5方法计算 (h=1/200)

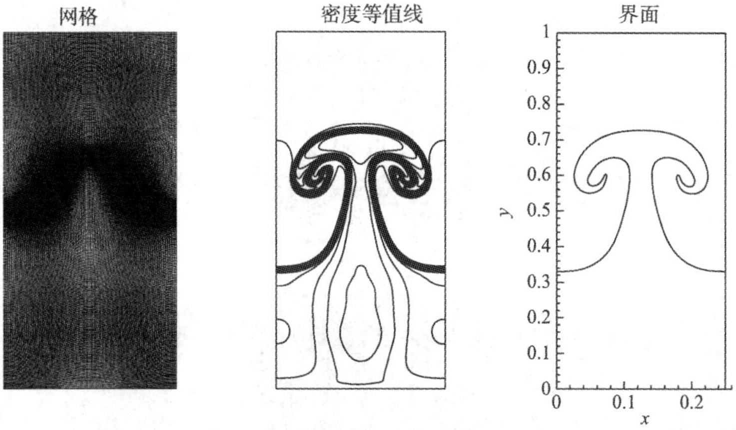

(c) 时间0.5后使用ALE-2-2-2-5方法 (h=1/400)

图 6.6　Rayleigh-Taylor 问题

6.3　小　　结

本章首先介绍了现有的网格生成技术，重点介绍了两类网格重构方法：Laplacian 光顺方法和 Winslow 光顺方法。结合高精度 Lagrange 有限体积格式和高精度守恒重映方法，得到了可进行实际数值模拟的高精度 ALE 计算方法。该方法克服了 Lagrange 方法应用的局限性，针对一些经典算例进行数值模拟。从计算结果可以看出，该 ALE 方法是可行的、高精度的方法。实际使用中可以选择多种组合的 ALE 方法，相比较而言，采用 ENO 思想的 ALE 方法满足基本无振荡，精度较高等优点，而且程序简单，无需增加限制器，是一类值得进一步推广的方法。

参 考 文 献

[1] 朱自强. 应用计算流体力学. 北京：北京航空航天大学出版社，1998.

[2] Winslow A. Numerical solution of the quasi-linear Possion equation. J. Comput. Phys.，1967，1：149–172.

[3] Peery J S，Carroll D E. Multimaterial ALE methods in unstructured grids. Comput. Meth. Appl. Mech. Eng.，2000，187：591–619.

[4] Pember R，Anderson R W. A comparison of staggered-mesh Lagrangian plus remap and cell-centered direct Eulerian Godunov schemes for Eulerian shock hydrodynamics. UCRL-JC-139820，2000.

[5] Sod G A. A survey of several finite difference methods for systems of nonlinear hyperbolic conservation laws. J. Comput. Phys.，1978，27：1–31.

[6] Cheng J，Shu C W. A high order ENO conservative Lagrangian type scheme for the compressible Euler equations. J. Comput. Phys.，2008，227：1567–1596.

[7] Maire P H，Abgrall R, Breil J, et al. A cell-centered Lagrangian scheme for two dimensional compressible flow problems. SIAM Journal on Scientific Computing，2007，29(4)：1781–1824.

[8] Michael F. Multidimensional upwinding Part I. The method of transport for solving the Euler equations. J. Comput. Phys.，1998，143：159–180.

[9] Sedov L I. Similarity and Dimensional Methods in Mechanics. New York：Academic Press，1959.

第 7 章　自适应 ALE 方法

Euler 体系下的自适应运动网格方法在很多科学与工程领域都有重要的应用，如在固体和流体动力学中，经常会得到位于局部区域的奇异解，包括激波、边界层、爆炸波等。用数值方法研究这些现象时，需要在局部有很密的网格才能较好地刻画解的变化，而在其他区域则不需要有很密的网格。如果自适应技术应用合理，就可以提高解的分辨率，同时减少存储空间和计算量。目前，自适应运动网格已有很多重要的方法用于求解偏微分方程：基于变分法的网格重分布 [1–5]、移动有限元方法 [6,7]、移动网格偏微分方程方法 [8–10]、基于调和映射的运动网格方法 [11–14]。Harten 和 Hyman[15] 首先研究了一维双曲型问题的移动网格方法，北京大学汤华中等研究了多维的双曲型问题的移动网格方法 [16]。

在 ALE 方法求解爆轰驱动或高速冲击等大变形流体动力学问题的大规模科学计算中，一般的重构网格方法得到的网格可能在某些地方不符合要求，如在冲击波波头等网格密集处，网格点的距离可能被拉宽，而引起一个大的质量和能量扩散，歪曲了物理图像。故在高精密物理问题的实际计算中，网格重构应该与物理问题解的空间分布相适应，即网格的粗细能随物理量变化的梯度大小而自动调整。网格的品质好，不仅指网格的正交性和网格步长变动的光滑性好，而且每个时间步应尽可能地自适应于 Lagrange 网格。Lagrange 网格能较好地描述流场的变化过程，保证网格在物理量梯度变化大的地方稠密，在变化平缓的地方稀疏。逼近 Lagrange 网格可避免较大的数值扩散，提高计算的精度和效率。

本章结合自适应运动网格思想，根据旧网格上的物理量的梯度大小进行网格的自适应调整，并与高精度 Lagrange 格式和守恒重映方法耦合在一起，介绍一类自适应的高精度 ALE 方法。

7.1　自适应网格的 ALE 方法

7.1.1　运动网格方法的自适应重构网格技术

Harten 和 Hyman 最早开始研究在一个自适应速度的方式下移动网格，从而提高计算结果在激波和接触间断处数值解的分辨率。

定义 $\boldsymbol{x}=(x_1,x_2,\cdots,x_d)$，$\boldsymbol{\xi}=(\xi_1,\xi_2,\cdots,\xi_d)$ 为物理和计算坐标。这里 $d\geqslant 1$ 表示空间的维数。从计算区域 Ω_c 到物理区域 Ω_p 的一一对应的坐标转换定义如下

$$\boldsymbol{x}=\boldsymbol{x}(\boldsymbol{\xi}),\quad \boldsymbol{\xi}\in\Omega_c$$

它的逆变换如下

$$\boldsymbol{\xi}=\boldsymbol{\xi}(\boldsymbol{x}),\quad \boldsymbol{x}\in\Omega_p$$

在变分方法下，网格映射由如下函数的最小值决定

$$E(\boldsymbol{\xi})=\frac{1}{2}\sum_k\int_{\Omega_p}\nabla\xi_k^{\mathrm{T}}\boldsymbol{G}_k^{-1}\nabla\xi_k\mathrm{d}\boldsymbol{x} \tag{7.1}$$

这里，$\nabla=\left(\frac{\partial}{\partial x_1},\frac{\partial}{\partial x_2},\cdots,\frac{\partial}{\partial x_d}\right)^{\mathrm{T}}$，$\boldsymbol{G}_k$ 是一个对称正定矩阵，称为控制函数，一般而言，控制函数是由问题的解来确定。这样的变分网格可以由一个如下形式的 Euler-Lagrange 方程确定：

$$\nabla\cdot(\boldsymbol{G}_k^{-1}\nabla\xi_k)=0,\quad 1\leqslant k\leqslant d \tag{7.2}$$

控制函数的最简单的形式是：$\boldsymbol{G}_k=w\boldsymbol{I}$，$1\leqslant k\leqslant d$。其中，$\boldsymbol{I}$ 是单位矩阵，w 是一个正的权重函数，例如，$w=\sqrt{1+|\nabla u|^2}$。其中 u 是某一个物理量，比较常用的是密度。这里使用 Winslow 变量扩散方法

$$\nabla\cdot\left(\frac{1}{w}\nabla\xi_k\right)=0,\quad 1\leqslant k\leqslant d \tag{7.3}$$

令 $(x,y)=(x(\xi,\eta),y(\xi,\eta))$ 为二维网格映射，那么式（7.3）变成

$$\begin{cases}(w^{-1}\xi_x)_x+(w^{-1}\xi_y)_y=0\\(w^{-1}\eta_x)_x+(w^{-1}\eta_y)_y=0\end{cases} \tag{7.4}$$

实际上，物理区域可能有一个非常复杂的几何结构，直接使用结构网格求解式 (7.4) 是不现实的，因此通常需在计算区域上通过交换独立和非独立变量，求解相应的网络生成方程。

$$\begin{cases}\dfrac{x_\xi}{J}\left[\left(x_\eta\dfrac{1}{J_w}x_\eta+y_\eta\dfrac{1}{J_w}y_\eta\right)_\xi-\left(x_\xi\dfrac{1}{J_w}x_\eta+y_\xi\dfrac{1}{J_w}y_\eta\right)_\eta\right]\\ \quad+\dfrac{x_\eta}{J}\left[-\left(x_\eta\dfrac{1}{J_w}x_\xi+y_\eta\dfrac{1}{J_w}y_\xi\right)_\xi+\left(x_\xi\dfrac{1}{J_w}x_\xi+y_\xi\dfrac{1}{J_w}y_\xi\right)_\eta\right]=0\\ \dfrac{y_\xi}{J}\left[\left(x_\eta\dfrac{1}{J_w}x_\eta+y_\eta\dfrac{1}{J_w}y_\eta\right)_\xi-\left(x_\xi\dfrac{1}{J_w}x_\eta+y_\xi\dfrac{1}{J_w}y_\eta\right)_\eta\right]\\ \quad+\dfrac{y_\eta}{J}\left[-\left(x_\eta\dfrac{1}{J_w}x_\xi+y_\eta\dfrac{1}{J_w}y_\xi\right)_\xi+\left(x_\xi\dfrac{1}{J_w}x_\xi+y_\xi\dfrac{1}{J_w}y_\xi\right)_\eta\right]=0\end{cases} \tag{7.5}$$

上式比 Euler-Lagrange 方程（7.4）要复杂，要求更多的计算量。一个变通的方法是考虑在计算区域上的函数定义[17]

$$\tilde{E}[x,y]=\frac{1}{2}\int_{\Omega_c}(\tilde{\nabla}^{\mathrm{T}}x\boldsymbol{G}_1\tilde{\nabla}x+\tilde{\nabla}^{\mathrm{T}}y\boldsymbol{G}_2\tilde{\nabla}y)\mathrm{d}\xi\mathrm{d}\eta \tag{7.6}$$

来代替传统函数（7.1），这里 $\boldsymbol{G}_k$ 是控制函数，$\tilde{\nabla}=(\partial_\xi,\partial_\eta)^{\mathrm{T}}$。则相应的 Euler-Lagrange 方程变为

$$\begin{cases}\partial_\xi(\boldsymbol{G}_1\partial_\xi x)+\partial_\eta(\boldsymbol{G}_1\partial_\eta x)=0\\ \partial_\xi(\boldsymbol{G}_2\partial_\xi y)+\partial_\eta(\boldsymbol{G}_2\partial_\eta y)=0\end{cases} \tag{7.7}$$

实际上，选择 $\boldsymbol{G}=w\boldsymbol{I}$，则有

$$\tilde{\nabla}\cdot(w\tilde{\nabla}x)=0,\quad \tilde{\nabla}\cdot(w\tilde{\nabla}y)=0 \tag{7.8}$$

这时，控制函数基于物理解进行选择，可选择 $w=\sqrt{1+\alpha_1|u|^2+\alpha_2\left|\tilde{\nabla}u\right|^2}$ 或 $w=\sqrt{1+\alpha_1|u|^2+\alpha_2|\nabla u|^2}$，$\alpha_1$ 和 α_2 是非负常数，u 是某一个物理量。

7.1.2 自适应网格 ALE 算法

在 ALE 方法的网格重构步中使用运动网格的思想[16] 构造可以自适应调整疏密的计算网格，从而构造一类基于自适应网格的 ALE 方法，计算步骤如下。

步骤 1：Lagrange 步计算。使用高精度格心型 ENO 型 Lagrange 格式，网格位置运动到 $z_{j,k}^n=(x_{j,k}^n,y_{j,k}^n)$，物理量为 $u_{j,k}^n$，判断是否满足终止条件，如果满足，则停止计算，否则，到步骤 2。

步骤 2：重构网格步。根据某一个物理量的分布，使用运动网格思想重新分布计算网格。新网格与旧网格具有相同的相邻关系和节点数，$z_{j,k}^n\to z_{j,k}^{n,\mathrm{new}}$。控制函数选择 $w=\sqrt{1+\alpha_1\|u\|^2+\alpha_2\left\|\tilde{\nabla}u\right\|^2}$，其中 u 取密度。

步骤 3：重映步。利用旧网格上的物理量插值得到新网格上的物理量，该步要求满足守恒和单调，$u_{j,k}^n\to u_{j,k}^{n,\mathrm{new}}$，这里采用 ENO 近似积分守恒重映方法。令 $z_{j,k}^n=z_{j,k}^{n,\mathrm{new}}$，$u_{j,k}^n=u_{j,k}^{n,\mathrm{new}}$，回到步骤 2 继续计算。

7.1.3 自适应 ALE 方法数值模拟

将自适应 ALE 方法与前面介绍的 ALE 方法进行比较，说明采用自适应重构网格后的 ALE 方法在处理激波等问题的数值解具有更好的分辨率。如果没有特殊说明，CFL 条件数均取 0.5。

算例 1 二维 Sod 问题。

采用自适应网格 ALE 方法计算该算例。初始网格采用 100×100 等份，CFL 条件数取 0.2。函数选择 $\boldsymbol{G} = w\boldsymbol{I}$，$w = \sqrt{1 + 2000(\rho_\xi^2 + \rho_\eta^2)}$，时间 $t = 0.2$ 时的计算结果见图 7.1。

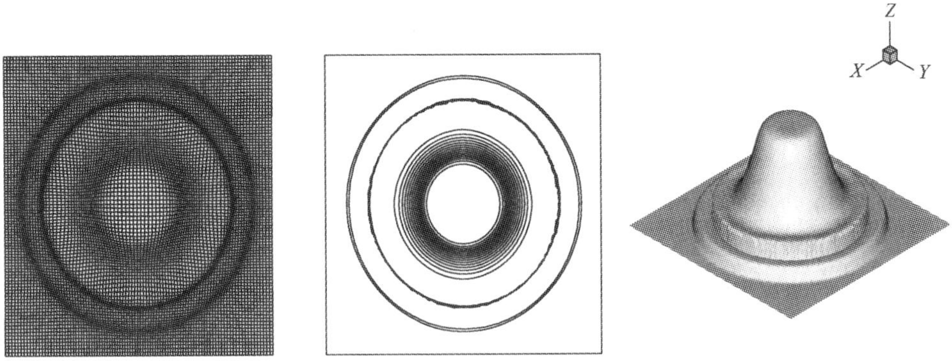

图 7.1　二维 Sod 问题

算例 2　二维 Riemann 问题。

问题 1：激波型问题。初始条件如下

$$\begin{cases} (\rho, u, v, p) = (1.1, 0.8939, 0.8939, 1.1), & x < 0.5, y < 0.5 \\ (\rho, u, v, p) = (0.5065, 0.8939, 0.0, 0.350), & x < 0.5, y > 0.5 \\ (\rho, u, v, p) = (0.5065, 0.0, 0.8939, 0.350), & x > 0.5, y < 0.5 \\ (\rho, u, v, p) = (1.1, 0.0, 0.0, 1.1), & x > 0.5, y > 0.5 \end{cases}$$

这个问题含有向左向前的激波、向右向后的激波、向上向后的激波、向下向前的激波。使用四种方法 ——Lagrange 方法、Lagrange 加重映的方法、Winslow 光顺技术的 ALE 方法、自适应网格 ALE 方法来计算这个问题。其中，自适应网格 ALE 方法中控制函数选择 $\boldsymbol{G} = w\boldsymbol{I}$，$w = \sqrt{1 + 2000(\rho_\xi^2 + \rho_\eta^2)}$。计算区域 $[0,1] \times [0,1]$，采用 100×100 初始等分网格，时间 $t = 0.25$ 时刻的网格和 30 条密度等值线结果见图 7.2。

问题 2：接触间断型问题。初始条件如下

$$\begin{cases} (\rho, u, v, p) = (1, -0.75, 0.5, 1.0), & x < 0.5, y < 0.5 \\ (\rho, u, v, p) = (2, 0.75, 0.5, 1.0), & x < 0.5, y > 0.5 \\ (\rho, u, v, p) = (3, -0.75, -0.5, 1), & x > 0.5, y < 0.5 \\ (\rho, u, v, p) = (1, 0.75, -0.5, 1.0), & x > 0.5, y > 0.5 \end{cases}$$

问题 3：接触间断型问题。初始条件如下

$$
\begin{cases}
(\rho,u,v,p)=(0.8,0.1,0.1,0.4), & x<0.5,y<0.5\\
(\rho,u,v,p)=(0.5197,-0.6259,0.1,0.40), & x<0.5,y>0.5\\
(\rho,u,v,p)=(0.5197,0.10,-0.6259,0.4), & x>0.5,y<0.5\\
(\rho,u,v,p)=(1.,0.1,0.1,1), & x>0.5,y>0.5
\end{cases}
$$

采用三种方法——Lagrange 加重映方法、ALE 方法和自适应网格 ALE 方法来计算这类含有接触间断型问题 (问题 2 和问题 3)。计算区域 $[0,1]\times[0,1]$，初始网格 100×100 等分。时间 $t=0.25$ 的计算网格和 19 条密度等值线结果见图 7.3 和图 7.4。自适应网格 ALE 方法的控制函数取 $\boldsymbol{G}=w\boldsymbol{I}$，$w=\sqrt{1+5000(\rho_\xi^2+\rho_\eta^2)}$。从图 7.3 和图 7.4 可以看出，虽然希望能够较好捕捉间断，但是实际效果并不是十分理想。如何构造更合适的控制函数来实现间断计算的高分辨值得进一步研究。

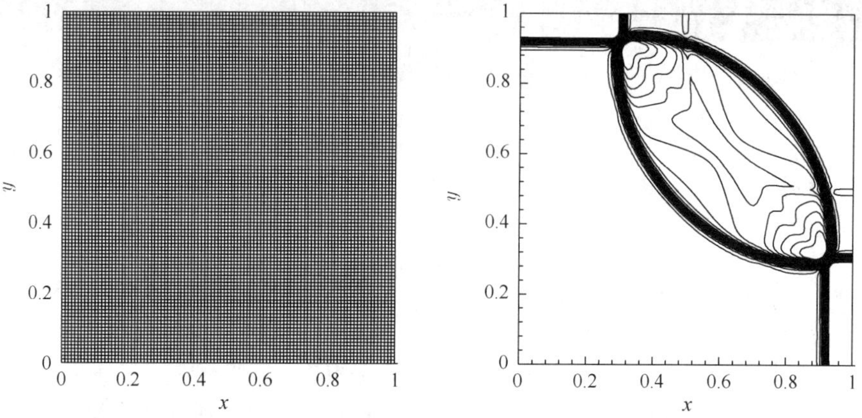

(a) Lagrange 加重映方法（左边：网格；右边：密度等值线）

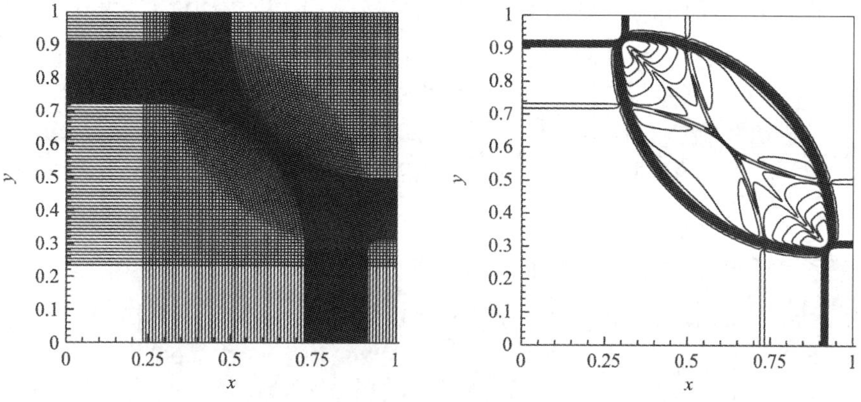

(b) Lagrange 方法（左边：网格；右边：密度等值线）

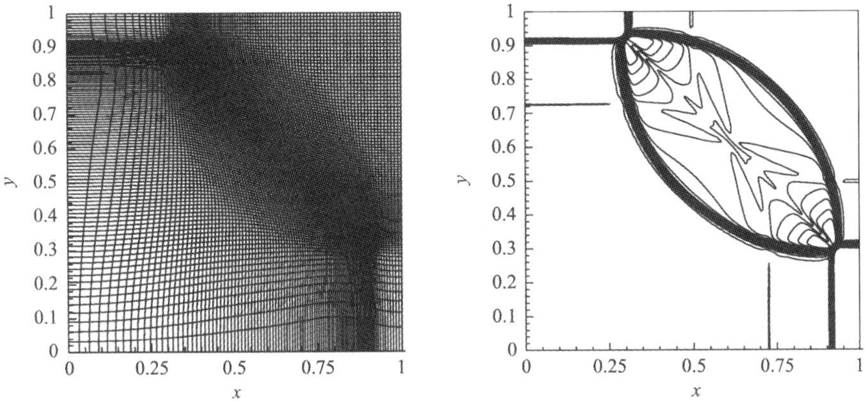

(c) Winslow当顺技术的ALE方法（左边：网格；右边：密度等值线）

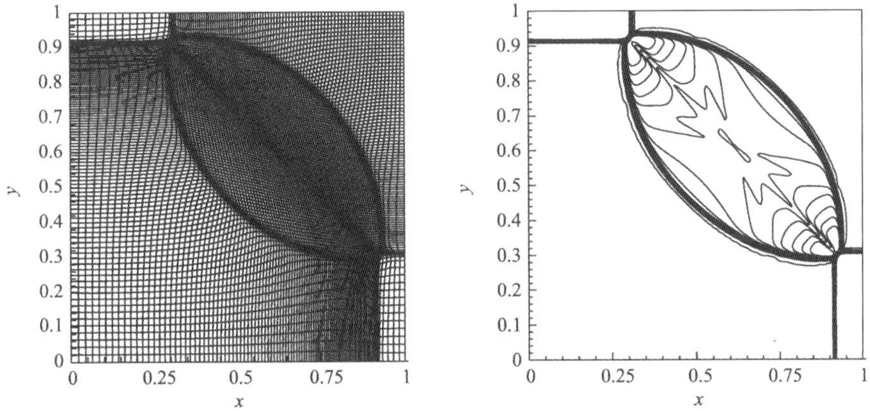

(d) 自适应网格ALE方法（左边：网格；右边：密度等值线）

图 7.2　Riemann 问题 1 计算结果

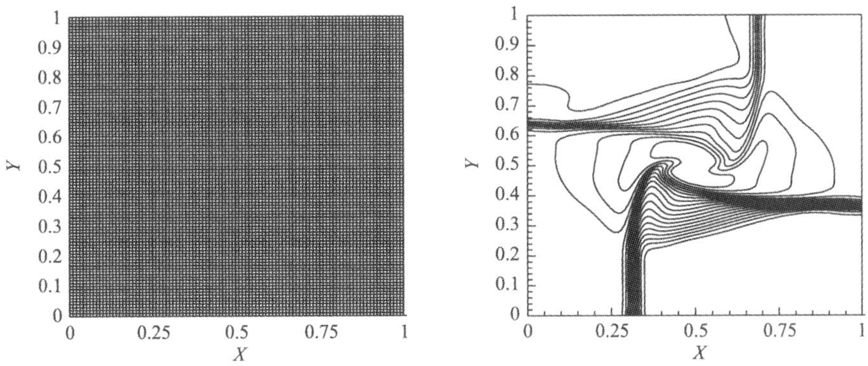

(a)Lagrange加重映方法（左边：密度；右边：网格）

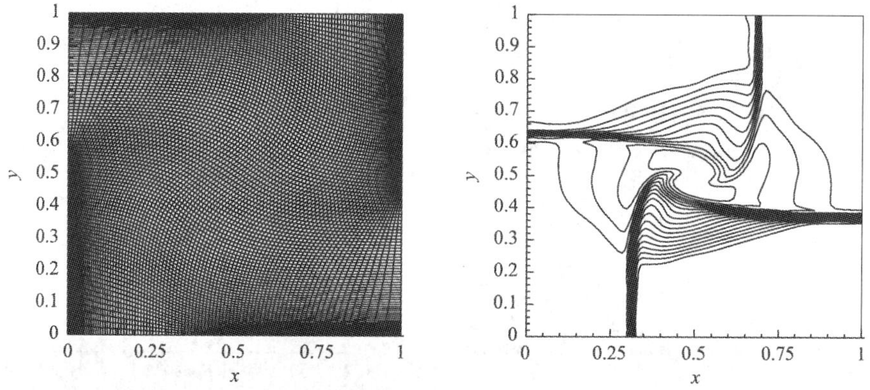

(b) ALE方法（左边：网格；右边：密度等值线）

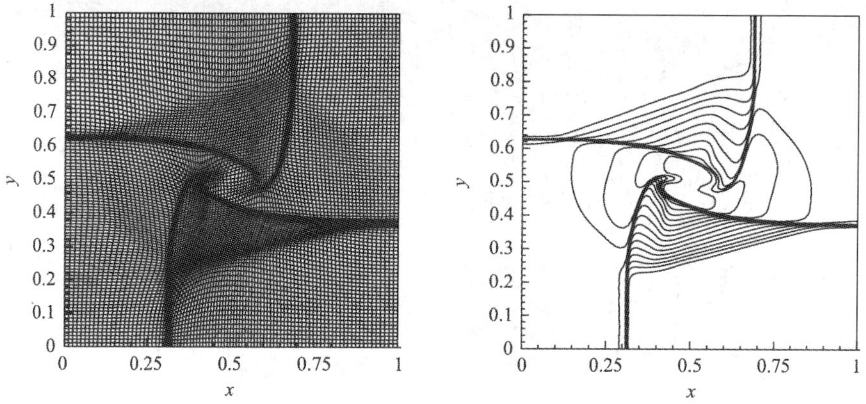

(c) 自适应网格ALE方法（左边：网格；右边：密度等值线）

图 7.3　Riemann 问题 2 计算结果

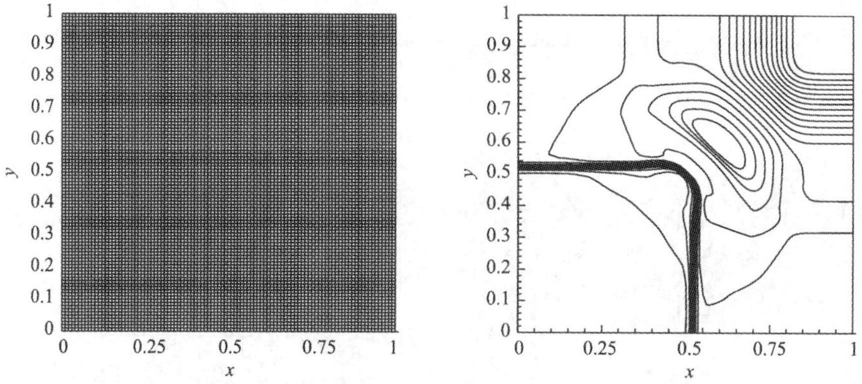

(a) Lagrange加重映方法（左边：密度；右边：密度等值线）

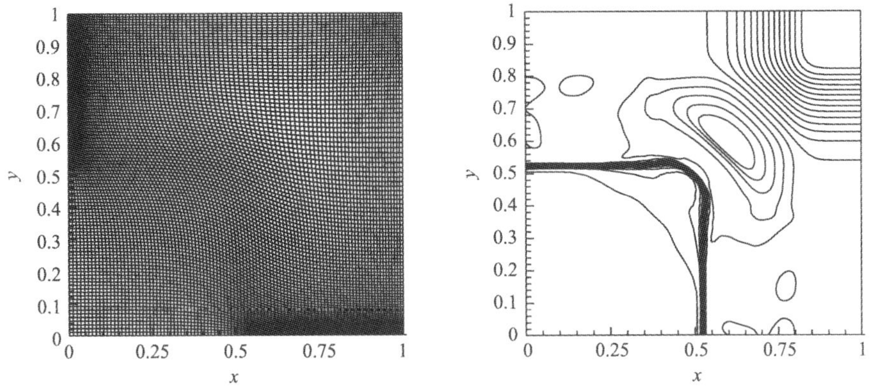

(b) ALE方法（左边：网格；右边：密度等值线）

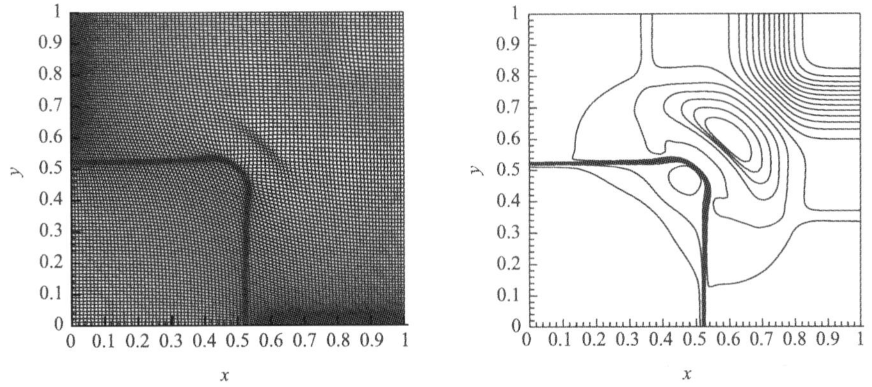

(c) 自适应网格ALE方法（左边：网格；右边：密度等值线）

图 7.4　Riemann 问题 3 计算结果

7.2　小　　结

对于绝大多数流体力学问题，在交界面处、边界处、物理量大梯度区域（如激波）处，对网格的性质有较高的要求。在交界面处和物理量大梯度区域一般要求网格有较高的密度，而在边界处，如果是结构网格，那么对网格的垂直度有较高的要求。经典的 ALE 方法在网格重构步所采用的网格生成方法没有充分考虑到物理解的性质。本章介绍的自适应网格 ALE 方法，通过对物理量梯度区域的捕捉来合理地调整计算网格的疏密度，故而生成的网格能够较好地适应高分辨率的计算需要，大量的数值算例验证了自适应网格 ALE 方法较传统的 ALE 方法有效地提高了数值解的分辨率。

参考文献

[1] Winslow A. Numerical solution of the quasi-linear Possion equation. J. Comput. Phys., 1967, 1: 149–172.

[2] Brackbill J U. An adaptive grid with directional control. J. Comput. Phys., 1993, 108: 38–50.

[3] Brackbill J U, Saltzman J S. Adaptive zoning for singular problems in two dimensions. J. Comput. Phys., 1982, 46: 342–368.

[4] Ren W Q, Wang X P. An iterative grid redistribution method for singular problems in multiple dimensions. J. Comput. Phys., 2000, 159: 246–273.

[5] Wang D S, Wang X P. Three dimensional adaptive method based on iterative grid redistribution. J. Comput. Phys., 2004, 199: 423–436.

[6] Miller K, Miller R N. Moving finite element I. SIAM J. Numer. Anal., 1981, 18: 1019–1032.

[7] Davis S F, Flaherty J E. An adaptive finite element method for initial boundary value problems for partial differential equations. SIAM J. Sci. Stat. Comput., 1982, 3: 6–27.

[8] Cao W M, Huang W Z, Russell R D. An r-adaptive finite element method based upon moving mesh PDEs. J. Comput. Phys., 1999, 149: 221–244.

[9] Li S, Petzold L. Moving mesh methods with upwinding schemes for time-dependent PDEs. J. Comput. Phys., 1997, 131: 368–377.

[10] Ceniceros H D, Hou T Y. An efficient dynamically adaptive mesh for potentially singular solutions. J. Comput. Phys., 2001, 172: 609–639.

[11] Dvinsky A S. Adaptive grid generation from harmonic maps on Riemannian manifolds. J. Comput. Phys., 1991, 95: 450–476.

[12] Di Y N, Li R, Tang T, et al. Moving mesh finite element methods for the incompressible Navier-Stokes equations. SIAM J. Sci. Comput., 2005, 26: 1036–1056.

[13] Li R, Tang T, Zhang P W. Moving mesh methods in multiple dimensions based on harmonic maps. J. Comput. Phys., 2001, 170: 562–588.

[14] Li R, Tang T, Zhang P W. A moving mesh finite element algorithm for singular problems in two and three space dimensions. J. Comput. Phys., 2002, 177: 365–393.

[15] Harten A, Hyman J M. Self-adjusting grid methods for one-dimensional hyperbolic conservation laws. J. Comput. Phys., 1983, 50: 235–269.

[16] Tang H Z, Tang T. Adaptive mesh methods for one-and two-dimensional hyperbolic conservation laws. SIAM J. Numen. Anal., 2003 (41): 487–515.

[17] 朱自强. 应用计算流体力学. 北京：北京航空航天大学出版社，1998.

第三部分

界面捕捉方法

第 8 章　界面捕捉方法介绍

8.1　多介质流体力学的界面捕捉方法

多介质流体力学作为流体力学中极其重要的分支之一，广泛地存在于日常生活、工程应用和高科技等各个领域[1,2]。按照数值计算所采用的坐标系，多介质流体力学计算方法可分为 Lagrange 方法和 Euler 方法。由于 Euler 方法计算网格固定，计算过程中，物理量的剧烈变化不会造成网格的变形和扭曲，所以 Euler 方法能够处理大变形问题。对于多介质问题，如果对整个流场采用统一单介质的守恒格式进行计算，压强和速度会在界面附近产生非物理振荡，给数值计算带来很大的误差，甚至无法计算。几十年来，通过研究者的努力，得到了很多处理多介质流动界面的有效方法。从对流场中多介质界面的追踪方式上可以分为两大类: 界面捕捉方法和界面追踪方法。

界面捕捉方法是在流场计算过程中，不考虑流场中存在的界面间断，通过对界面信息函数的更新隐式追踪界面。早期在多介质流场的模拟计算中采用求解单介质流场的数值方法直接进行计算，通过数值计算格式自动捕捉界面位置，认为数值解在界面间断处具有一定的过渡带宽。这类方法在程序实现方面相对简单，也很容易推广到高维问题中。但是由于没有对界面进行特殊处理，不能具体地判断界面，没有考虑到界面处的流动特性以及界面运动对周围流场的影响。另外由于无法明晰界面，也不能计算出界面的法方向、曲率以及表面张力，无法对界面运动变化规律进行深入研究。在这一基础上后期发展了界面捕捉方法，通过对定义更新界面的信息函数达到隐式追踪界面的目的。VOF 方法、Level-Set 方法以及近些年来发展比较迅速的 Phase Field 方法[3−10] 等都属于此类方法。上述几种方法都是通过在全流场定义某种关于界面的信息函数，利用信息函数的等值线 (等值面) 来表示代表流场中的多介质界面，在得到流场内的速度的基础上，通过求解输运方程或对流扩散方程更新信息函数，根据更新后的信息函数进一步捕捉界面的运动变化。更新界面信息函数的输运方程只利用了流场中的速度，而与流场中的控制方程的求解完全无关。针对需要考虑表面张力的多介质运动问题，可以利用界面的信息函数计算出表面张力并将其耦合进流场的控制方程中。

VOF 方法思想最早是由 Hirt 和 Nichols 在 1981 年提出的[11]，文章中的数值格式和算法从今天的角度来看是相对古老且简单的，但是对于界面输运方法的基本构造思想是 VOF 方法的基础，同时也为研究多介质流体力学开创了一个新的方向，所提出的界面重构的概念和思想也是现今发展的 VOF 方法的基础。VOF 方法的基本思想是通过在全流场定义每个网格单元内某种流体的体积比函数来确定界面位置，并利用流场速度求解体积比函数的对流方程来捕捉界面的运动变化。VOF 方法的优点是可以自动处理自由界面的重新组合变化等强非线性现象，与此同时所需的计算时间短、对计算所需存储量也比较少。VOF 方法作为当今发展的比较流行的多介质运动模拟方法之一，已经广泛应用在商业流体力学软件中，例如现在比较流行的流体力学模拟软件 Fluent。

由于定义的体积函数只是给出了每个网格单元内某一种流体的体积比值，因此并不能给出每个网格内的清晰界面位置，进而无法准确判断整个流场内的界面位置与外形。为了提高界面的分辨率，更新体积函数后需要对界面进行重构。在这一思想下，发展了一系列的基于 VOF 方法的界面重构方法，例如，Hirt 和 Nichols 型重构技术[11]、FLAIR 型重构技术[12]、PLIC 型重构技术[13] 等。Hirt 和 Nichols 型重构技术是最早提出的，比较粗糙，现在的应用范围已经有限。FLAIR 方法在计算效果上有所提高，但是计算中会出现界面少许破碎等现象，数值误差较大。PLIC 技术可以构造分辨率较高的界面，尽管会造成一定程度的耗散，但是在整体上，计算误差较小，是现在应用较广的技术之一。VOF 方法由于不能准确给出界面位置和外形信息，因此在计算界面曲率方面会遇到困难，进而很难处理需要考虑表面张力的多介质运动问题。针对二维问题，VOF 方法取得了一定的成功，但是三维问题中，由于需要计算网格内流体的体积函数并进行重构界面，这就大大增加了计算的工作量与复杂性。另外在界面附近，由于体积函数跨过界面出现间断，因此极容易会造成界面处产生振荡或者物理量被抹平。

Level-Set 方法最早是由 Osher 等[14] 在 1988 年提出的，该方法在大多数相对复杂的多介质问题的模拟中都获得一定的成功，也是多介质流体力学研究的热门方法之一。Level-Set 方法中首先在全流场定义了连续的 Level-Set 函数值，一般情况下，初始时刻的 Level-Set 函数为多介质界面的距离符号函数，此时 Level-Set 函数的零等值线 (零等值面) 即为界面。通过求解一个哈密顿-雅可比 (Hamilton-Jacobi) 型的输运方程来更新每个网格点上的 Level-Set 函数值进而达到捕捉界面位置的目的。Level-Set 方法在处理界面出现大变形及复杂拓扑结构变化的问题时具有很大优势，可以自动处理界面发生融合和破碎等现象，不需要对界面进行额外特殊的处理，这种优势也使得 Level-Set 方法可以更好地推广到高维问题上，并且大大降低了编写程序的复杂性。在界面运动变化的同时，由于界面可能出现复杂的拓扑结构变化以及在数值计算中的数值计算误差，Level-Set 等值线会出现聚合或者拉伸的情况，此时 Level-Set 函数不能保证为界面的距离符号函数，需要对 Level-Set 函数进行重新初始化。重新初始化步骤在 Level-Set 方法中是非常重要的步骤之一，针对重新初始化方法也开展了大量研究。Merriman 早期给出的方法[15]

相对比较直接，采用插值的方法确定界面位置，再以曲面为基础计算界面的距离符号函数，但是这种方法相对复杂、计算量较大，而且在处理需要计算曲率的问题时会遇到困难。Sethian 等提出了一种 Fast Marching 方法[16−18]，主要思想是：考虑界面两侧的带状区域内的一组网格点组成的集合，利用其最小值建立 Eikonal 方程的解，并把此点移走，然后再加入新点到区域内以延拓 Level-Set 函数值，从而达到重新初始化的目的。Osher 等将重新初始化过程转化为一个求解 Hamilton-Jacobi 形式的方程，通过迭代求解方程得到定常解，使得界面附近网格点上的 Level-Set 函数梯度模为 1，在保证 Level-Set 函数的零等值线为界面的前提下，使得界面附近网格点上的 Level-Set 函数为界面的距离符号函数。由于人为地进行了重新初始化，Level-Set 方法与 VOF 方法不同，不能保证方法守恒性质。利用 Level-Set 函数可以直接计算界面处的法方向和曲率，进一步得到界面处的表面张力，并将其耦合进流场控制方程中，可以很方便地处理需要考虑表面张力的多介质运动问题。由于 Level-Set 方法只是利用数学的方法捕捉界面，实际上只需要计算界面附近的网格点上的 Level-Set 函数值，基于此 Peng 和 Osher 在全局 Level-Set 方法的基础上提出了快速局部的 Level-Set(fast local Level-Set) 方法[19]，只需界面附近对方程进行求解，大大减少了计算时间，提高了计算效率。

VOF 方法和 Level-Set 方法作为当今比较流行的两种界面捕捉方法，各具有优点和缺点。近些年部分学者将两种方法的优点耦合到一起，其中较为著名的为CLSVOF相界面追踪方法[20−23]。CLSVOF 方法的主要思想是将 VOF 方法与 Level-Set 方法结合起来，界面的构造采用分段直线代替曲线，而在网格中分段直线到网格中心的距离由 VOF 方法中的体积函数计算得到，而每个分段直线的法方向由 Level-Set 方法中的函数计算得到。该方法很好地利用了两种方法的优势，可以更精确地捕捉界面位置。当前主要利用此类方法对一些经典问题进行模拟，而对相对复杂的多介质问题模拟还在进一步研究中。

Phase Field 方法的基本思想是在 20 世纪由 van der Walls 提出的，在 1995 年 Antannovskii 和 Jacqmin 等系统地提出一种所谓相域方法，针对复杂的自由界面问题的相域模型进行了讨论和分析。在此基础上 Jacqmin 又进一步提出了 Diffuse Interface Model(DIM)，在这一模型中考虑到了多介质界面处的扩散和界面应力效应[1]。Phase Field 方法早期应用于凝固动力学和断裂动力学等学科，近些年将其引入流体力学中，主要用来处理低速黏性多介质流体的运动问题。不同于 Sharp Interface 方法中认为界面是零宽度的，跨过界面流体性质发生剧烈改变，Phase Field 方法认为界面是具有一定宽度的光滑过渡区域。Phase Field 方法的基本思想是在流场中引入一个相变量 (order parameter)，相变量在单介质流体内部为常数，而在界面区域内连续变化过渡，多介质的界面通过相变量的某条等值线 (等值面) 表示。通过更新相变量的 Cahn-Hilliard(C-H) 方程来控制界面的运动，实际上最早的 C-H 方程是在一般热动力学及分子动力学的基础上推导而来的[24−26]。从数学的角度考虑，C-H 方程实际上为对流扩散方程，这是由于在 Phase Field 方法中认为界面过渡区域内的流体间存在扩散效应。Phase Field 方法可以处理界面发生复杂几何拓扑变化的多介质问题，包括界面发生分裂、融合等复杂的结构变化。Phase Field 方法不需要 Level-Set 方法中的重新初始化步骤，也不需要 VOF 方法中的重新构造界面步骤，大大减少了计算量，从编程的角度出发，更易于实现且推广到高维问题。VOF 和 Level-Set 方法中的界面信息函数分别是独立于流动参数的流体的容积率和界面的距离符号函数，而 Phase Field 方法中的相变量是与流动参数相关的物理量。在这种情况下，C-H 方程可以和流动控制方程耦合求解，从而避免了在界面附近由于人为处理而导致的物理守恒关系被破坏。

Phase Field 方法的上述优点，使之成为多介质研究领域中的热门方法之一，其中在很多微小尺度流体力学中更是得到了广泛应用，如凝固现象、固体相变、沉淀物增长和粗化等。近些年逐步将其应用到复杂不可压多介质运动问题模拟中。早期发展的 Phase Field 方法仅能处理界面两边物质属性差异不大的多介质运动问题，Zheng 等[27] 对其进行了发展和改进，使其可以在一定程度上模拟大密度比的多介质运动问题，其中不可压流场的模拟计算采用了近些年发展产生的格子 Boltzmann 方法 (lattice Boltzmann method，LBM)[28,29]。通过对格子 Boltzmann 方程 (lattice Boltzmann equation，LBE) 进行修改，使其可以恢复用来求解更新相变量的 C-H 方程；对水中气泡上升变形问题进行定性分析，证明算法的可行性，但是这种方法具有不稳定性，在处理更复杂的大密度比问题时容易出现问题。Lee 等[30−33] 利用 Phase Field 方法与 LBM 相结合的模型模拟计算 RT 不稳定现象以及水滴与干燥壁面发生碰撞等问题。Ding 和 Shu 等[34] 利用 Phase Field 方法与传统的求解不可压流场的纳维-斯托克斯 (Navier-Stokes，N-S) 方程相结合，模拟计算了具有大密度比的水气多介质问题。

8.2　虚拟流体方法

在使用 Level-Set 方法和 VOF 方法等界面捕捉方法模拟多介质流体运动时，由于界面控制方程并没有与流场控制方程耦合处理，直接采用界面捕捉方法模拟复杂多介质运动时会导致界面处出现非物理现象。例如，在模拟界面两侧流体密度比较大的多介质问题时，直接采用数值格式离散求解流场会导致界面处产生非物理振荡。这是因为在对界面附近网格点上的物理量进行离散求解时，不可避免地会利用到界面另一侧网格点上的流场信息，尤其是在使用高阶格式进行离散的时候。由于界面两边的物理量差距较大，即可能会出现所谓的过热现象 (overheating)，引起计算的不稳定，严重的情况，甚至无法计算。在这一基础上，1999 年 Fedkiw 等[35]

提出了虚拟流体方法 (ghost fluid method，GFM)。GFM 的基本思想是通过在界面附近网格点上定义的虚拟流体，将多介质问题转化为单介质问题进行求解，进一步地可利用成熟的高阶单介质离散方法求解流场控制方程。目前，GFM 主要是处理可压缩多介质运动问题，对于水气多介质问题，将水视为刚性很强的可压缩流体，利用 Tait 方程作为状态方程。

Fedkiw 最早提出的 GFM 被称为 Original GFM(OGFM)，在 OGFM 中虚拟网格单元上的流体速度和压强采用网格上真实流体的速度和压强，而密度通过界面另一侧的流场信息等熵修正得到。大量算例证明在处理具有一类弱间断的多介质运动问题时，该方法有效地保证了在界面处压强和速度的连续性，而且大大减小了由于界面两边物质属性不同、状态方程差异较大而造成的界面处的非物理振荡。OGFM 在处理强间断问题以及水气多介质运动问题时会出现一定问题。Fedkiw 等又进一步提出了针对水气多介质运动问题的 New GFM，在 New GFM 中，利用界面附近水的速度直接定义界面的速度，而界面处压强是由界面附近的气体压强直接给定的。利用 New GFM 定义水气界面边界条件，较为成功地模拟了水气多介质运动。但是给定的界面边界条件过于简单，忽略了水气物质属性巨大的非线性差异，缺乏相应的理论基础。事实上，界面处的真实流动状态一般非线性地依赖于界面两边流体的物质属性。

刘铁刚等在 GFM 的基础上发展产生了Modified GFM(MGFM)[36,37]，其主要思想是在界面处定义 Riemann 问题，利用得到的 Riemann 问题解定义界面附近的虚拟网格单元上的流体状态，同时通过等熵修正重新定义了界面附近真实流体的密度值。MGFM 提供了定义界面边界条件的新思路，Riemann 问题的解给出了界面处真实的流动状态，合理地体现了界面两边流体物质属性的非线性差异。MGFM 被证明具有很强的鲁棒性，可以处理大部分气气以及水气多介质问题，适用于各种不同的流体状态方程。在上述几种虚拟流动方法中，在定义界面边界条件时，其重点都是对虚拟网格单元上流体状态的定义，忽略了对界面附近真实流场状态值的修改，只是通过等熵修正改变了真实流体的密度值进而消除过热现象。大量算例证明，MGFM 在处理类似于激波阻尼的临界问题时遇到困难。MGFM 方法中只是利用 Riemann 问题的解定义了虚拟网格单元的流体状态值，对于界面附近的真实流体的速度值和压强值没有做任何修正，这样定义的界面边界条件不能满足接触间断的性质，即法向速度和压强在接触间断处是连续的。在这一基础上，王春武等构造了Real GFM(RGFM)[38,39]，在界面处定义求解 Riemann 问题，并利用 Riemann 问题的解重新定义了界面附近真实流体的状态值，再将流体的状态值外推到界面另一侧的虚拟网格单元上。RGFM 给出的界面边界条件保证了界面处满足接触间断性质，理论分析和大量数值算例表明该方法产生的守恒误差较小。RGFM 在保持了 MGFM 优点的同时，可以更好地处理具有临界现象的多介质运动问题。

8.3 水气运动模拟方法

水气多介质问题作为自然界最常见的多介质现象，一直是多介质流体力学研究的核心内容之一。国内外学者开展了大量相关研究，按照水气两种流体介质的处理方法主要分为以下三类[40]。第一类方法认为水气皆为可压缩流体，其中水是刚性极强的可压缩流体，使用 Tait 方程作为水的状态方程，上述利用 MGFM 和 RGFM 定义水气界面边界条件时即属于此类方法。由于水的刚性较强，计算得到声速较大，进一步会造成计算时间步长过小，数值计算时间周期过长，计算效率极低。为了解决这一问题，发展了一系列方法用来抑制由于水中极大声速造成的计算时间步长过小问题。在文献 [41] 中通过半隐式方法解决了计算步长过小的问题，其中只针对方程中包含声速的项使用隐式格式。第二类方法认为水气皆为不可压流体，在低速问题中，当流场马赫数小于 0.3 时，气体可以作为不可压流体处理，整个流场控制方程采用不可压 N-S 方程。大量学者开展了此类方法的相关研究，Sussman 等[42] 利用 Level-Set 方法追踪流场界面，模拟了三维轴对称水气多介质运动问题，并对典型的气泡上升问题做了定性和定量分析，取得一定的成果。但是这类方法的适用问题范围较窄，不能处理流场中有激波存在以及高速运动问题。另外，采用传统算法求解多介质流场控制方程时，需要求解压强相关 Poisson 方程，一般通过迭代方法求解，使得计算效率下降。第三类方法将水作为不可压流体处理，而气体作为可压缩流体处理，这种方法完全保证了水气两种介质各自的物理属性。水作为不可压流体具有密度不变和波速较大的性质，而气体作为可压缩流体具有可压缩性并且允许激波存在。对于此类方法的研究目前还处于起步阶段，其方法的关键是如何给定合理的水气界面边界条件，使得定义的边界条件更合理地反映水气界面处真实的流动状态。Caiden 和 Fedkiw 等[40] 在这类方法的基础上，利用 New GFM 定义水气界面边界条件，模拟了水在空气中高速运动导致空气中产生激波，以及空气中的激波与水气界面相互作用等问题。

8.4 第 9 ～ 14 章的主要内容

在第 9 章中，介绍了现有的几种 Level-Set 重新初始化方法，并给出了一种改进的 Level-Set 重新初始化方法。初始时刻 Level-Set 函数定义为距离函数，由于计算过程中速度场的剧烈变化会引起 Level-Set 函数梯度分布不均匀，表现为流场中的 Level-Set 等值线分布有的地方稀疏，有的地方稠密。为了使 Level-Set 在数值计算过程中始终保持距离函数的特点并避免由于重新初始化过程引起界面位置的移动，首先用子网格技术预估出界面的位置，并调整界面附近的网格点上的 Level-Set

函数值，使其具有距离函数的特点，然后在重新初始化时间步内保持这些网格点上的值不变并对其他网格点上的值进行初始化。

在第 10 章中，分析了 γ 方程的合理形式，把界面捕捉的等效方程与流体力学方程组耦合，目的是为了消除在多介质流体界面处可能出现的非物理振荡。把几种高精度高分辨率的数值计算格式 (WENO，NND 和中心型格式) 应用到多介质流体的数值模拟，重点解决了那些将传统的用于求解双曲守恒律方程组的激波捕捉格式推广到多介质流动问题的数值计算时遇到的难题。对于由守恒 Euler 方程和非守恒界面捕捉方程耦合形成的流体力学方程组，基于 WENO 插值重构，利用 Roe 平均和波分解思想，把波分解成多个子波，根据流动方向确定流量差分，然后对各个子波进行叠加从而可以在全流场构造统一的差分格式。对于高精度 WENO 格式，在网格模板节点数不增加的情况下利用更高阶网格模板的插值信息构造多重 WENO 格式 (MWENO)，这也符合紧致格式的思想。

在第 11 章中，结合 Level-Set 方法，把基于 Riemann 解的虚拟流动方法推广到捕捉强间断问题。用 Level-Set 函数跟踪间断的位置，并利用 "Ghost" 流体构造间断面边界条件，保持间断位置的准确 (accurate) 和锐利 (sharp)。

在第 12 章中，对于低速水气运动问题，介绍了基于 Level-Set 方法的大密度比多介质运动数值模拟方法，利用算法来模拟水滴下落与固壁面发生碰撞问题。通过在界面处引入一定的带宽使得水气密度光滑过渡，消除了因密度比过大造成的界面附近非物理振荡。同时利用 Level-Set 函数计算表面张力，并将其流场控制方程耦合。通过数值算例对收敛性进行了分析。以飞机结冰问题为研究背景，着重模拟研究了水滴下落并与固壁面发生碰撞过程的形变与运动轨迹，讨论表面张力以及黏性力对水气界面运动变化的影响，同时模拟多水滴运动时产生的融合和飞溅现象，计算水滴运动过程中的损失率。

在第 13 章中，对基于 Phase Field 方法的两种多介质运动模型进行发展和改进，使其可以处理大密度比水气多介质运动问题。采用传统的数值方法直接对 C-H 方程进行离散求解，从而避免了将其转化为相应的 LBE 求解带来的不能准确恢复问题，同时利用迎风格式对 C-H 方程的对流项进行离散，从而保证求解大密度比多介质问题时的界面稳定性。利用改进的模型模拟水中气泡上升等问题，验证其处理大密度比问题的可行性。在 Phase Field 方法与投影算法相结合的模型中，本章对界面处的流体间扩散效应进行了分析，认为在相界面处流体的空间扩散速度应大小相同，并在此基础上推导出 C-H 方程以及连续性条件，使得模型的理论体系更加完备。同时采用守恒格式离散 C-H 方程，进一步保证了模型的守恒性质。首先通过二维和三维 RT 不稳定性问题，验证模型处理多介质问题的准确性，然后通过水中气泡上升算例考察了模型对大密度比问题的收敛性，并通过定量分析验证模型的守恒性。在此基础上进一步模拟二维和三维水滴落入水池的水气多介质运动，通过与其他计算结果以及试验结果的对比分析验证了模型的有效性。最后利用算例对模型的耗散性进行分析。

在第 14 章中，针对水气流动状态差异较大的复杂问题介绍一种新的水气界面处理方法。将水作为不可压黏性流体处理，气体作为可压缩无黏流体处理。在水气界面处定义 Riemann 问题，假定水是声速趋向无穷大的可压缩流体，在此基础上理论推导得到相应的解，该解反映了界面处真实的流动状态，从而得到一种新的水气界面处理方法。采用 Level-Set 方法捕捉水气界面运动，同时利用虚拟流动方法定义界面边界条件。分别采用 MGFM 和 RGFM 两种方式定义界面边界条件。利用算法对具有激波问题的复杂水气多介质问题进行模拟，同时考察算法的收敛性。此外，通过与 New GFM 的计算结果进行对比验证算法的有效性和准确性。

参考文献

[1] 刘儒勋，王志峰. 数值模拟方法和运动界面追踪. 合肥：中国科学技术大学出版社，2001.

[2] 朱自强，等. 应用计算流体力学. 北京：北京航空航天大学出版社，1998.

[3] Anderson D M，McFadden G B，Wheeler A A. Diffuse-interface methods in fluid mechanics. Annual Review of Fluid Mechanics，1998，30(1)：139–165.

[4] Badalassi V E，Ceniceros H D，Banerjee S. Computation of multiphase systems with phase field models. J. Comput. Phys.，2003，190，(2)：371–397.

[5] Jacqmin D. Calculation of two-phase Navier-Stokes flows using phase-field modelling. J. Comput. Phys.，1999，155(1)：96–127.

[6] Biben T，Kassner K，Misbah C. Phase-field approach to three-dimensional vesicle dynamics. Physical Review E，2005，72(4)：041921.

[7] Folch R，Casademunt J，Hernández-Machado A，et al. Phase-field model for Hele-Shaw flows with arbitrary viscosity contrast. I. Theoretical Approach. Physical Review E，1999，60(2)：1724.

[8] Yue P，Feng J J，Liu C，et al. A diffuse-interface method for simulating two-phase flows of complex fluids. Journal of Fluid Mechanics，2004，515：293–317.

[9] Gurtin M E，Polignone D，Viñals J. Two-phase binary fluids and immiscible fluids described by an order parameter. Mathematical Models and Methods in Applied Sciences，1996，6(06)：815–831.

[10] Lowengrub J，Truskinovsky L. Quasi-incompressible Cahn-Hilliard fluids and topological transitions. Proceedings of the Royal Society of London. Series A：Mathematical, Physical and Engineering Sciences，1998，454(1978)：2617–2654.

[11] Hirt C W，Nichols B D. Volume of fluid(VOF)method for the dynamics of free boundaries. Journal of Computational Physics，1981，39(1)：201–225.

[12] Ashgriz N，Poo J Y. FLAIR：Flux line-segment model for advection and interface

reconstruction. Journal of Computational Physics, 1991, 93(2): 449–468.

[13] Youngs D L. Time-dependent multi-material flow with large fluid distortion//Morton K W, Baines M J. Numerical method for fluid dynamics. Academic, New York, 1982: 273–285.

[14] Osher S, Sethian J A. Fronts propagating with curvature-dependent speed: algorithms based on Hamilton-Jacobi formulations. Journal of Computational Physics, 1988, 79(1): 12–49.

[15] Merriman B, Bence J K, Osher S J. Motion of multiple junctions: A level set approach. Journal of Computional physics, 1994, 112(2): 334–364.

[16] Sethian J A. A fast marching level set method for monotonically advancing fronts. Proceedings of the National Academy of Sciences, 1996, 93(4): 1591–1595.

[17] Sethian J A. Fast marching methods. SIAM Review, 1999, 41(2): 199–235.

[18] Sethian J A. Evolution, implementation, and application of level set and fast marching methods for advancing fronts. Journal of Computational Physics, 2001, 169(2): 503–555.

[19] Peng D, Merriman B, Osher S, et al. A PDE-based fast local level set method. Journal of Computational Physics, 1999, 155(2): 410–438.

[20] Sun D L, Tao W Q. A coupled volume-of-fluid and level set(VOSET)method for computing incompressible two-phase flows. International Journal of Heat and Mass Transfer, 2010, 53(4): 645–655.

[21] Sussman M, Puckett E G. A coupled level set and volume-of-fluid method for computing 3D and axisymmetric incompressible two-phase flows. Journal of Computational Physics, 2000, 162(2): 301–337.

[22] Son G, Hur N. A coupled level set and volume-of-fluid method for the buoyancy-driven motion of fluid particles. Numerical Heat Transfer: Part B: Fundamentals, 2002, 42(6): 523–542.

[23] Son G. Efficient implementation of a coupled level-set and volume-of-fluid method for three-dimensional incompressible two-phase flows. Numerical Heat Transfer: Part B: Fundamentals, 2003, 43(6): 549–565.

[24] Cahn J W, Hilliard J E. Free energy of a nonuniform system. Ⅰ. Interfacial free energy. The Journal of Chemical Physics, 2004, 28(2): 258–267.

[25] Cahn J W. Free energy of a nonuniform system. Ⅱ. Thermodynamic basis. Journal of Chemical Physics, 2004, 30(5): 1121–1124.

[26] Cahn J W, Hilliard J E. Free energy of a nonuniform system. Ⅲ. Nucleation in a two-component incompressible fluid. Journal of Chemical Physics, 2004, 31(3): 688–699.

[27] Zheng H W, Shu C, Chew Y T. A lattice Boltzmann model for multiphase flows with large density ratio. Journal of Computational Physics, 2006, 218(1): 353–371.

[28] Chen S，Doolen G D. Lattice Boltzmann method for fluid flows. Annual Review of Fluid Mechanics，1998，30(1)：329–364.

[29] Swift M R，Osborn W R，Yeomans J M. Lattice Boltzmann simulation of nonideal fluid. Physical Review Letters，1995，75(5)：830–833.

[30] He X Y，Chen S，Zhang R Y. A lattice Boltzmann scheme for incompressible multiphase flow and its application in simulation of Rayleigh-Taylor instability. Journal of Computational Physics，1999，152(2)：642–663.

[31] Inamuro T，Ogata T，Tajima S，et al. A lattice Boltzmann method for incompressible two-phase flows with large density differences. Journal of Computational Physics，2004，198(2)：628–644.

[32] Lee T，Lin C L. A stable discretization of the lattice Boltzmann equation for simulation of incompressible two-phase flows at high density ratio. Journal of Computational Physics，2005，206(1)：16–47.

[33] Lee T，Liu L. Lattice Boltzmann simulations of micron-scale drop impact on dry surfaces. Journal of Computational Physics，2010，229(20)：8045–8062.

[34] Ding H，Spelt P D M，Shu C. Diffuse interface model for incompressible two-phase flows with large density ratios. Journal of Computational Physics，2007，226(2)：2078–2095.

[35] Fedkiw R，Aslam T，Xu S J. The ghost fluid method for deflagration and detonation discontinuities. Journal of Computational Physics，1999，154(2)：393–427.

[36] Liu T G，Khoo B C，Yeo K S. Ghost fluid method for strong shock impacting on material interface. Journal of Computational Physics，2003，190(2)：651–681.

[37] Liu T G，Khoo B C，Wang C W. The ghost fluid method for compressible gas–water simulation. Journal of Computational Physics，2005，204(1)：193–221.

[38] Wang C W，Liu T G，Khoo B C. A real ghost fluid method for the simulation of multimedium compressible flow. SIAM Journal on Scientific Computing，2006，28(1)：278–302.

[39] Wang C，Shu C W. An interface treating technique for compressible multi-medium flow with Runge-Kutta discontinuous Galerkin method. Journal of Computational Physics，2010，229(23)：8823–8843.

[40] Caiden R，Fedkiw R P，Anderson C. A numerical method for two-phase flow consisting of separate compressible and incompressible regions. Journal of Computational Physics，2001，166(1)：1–27.

[41] Casulli V，Greenspan D. Pressure method for the numerical solution of transient，compressible fluid flows. International Journal for Numerical Methods in Fluids，1984，4(11)：1001–1012.

[42] Sussman M，Smereka P. Axisymmetric free boundary problems. Journal of Fluid Mechanics，1997，341：269–294.

第 9 章 Level-Set 重新初始化新方法

当前，有许多重要的运动界面重构技术如 VOF 方法，Front-Tracking 方法，Level-Set 方法。其中 Level-Set(简称 LS) 方法是由 Osher 和 Sethian 等在 20 世纪 80 年代后期发展起来的一种方法，现在已被广泛地应用到工程技术领域。在多介质流体数值模拟中，用 Level-Set 函数跟踪界面简捷且易于处理界面的拓扑结构的变化，但数值耗散常常会使初始时极薄的扰动界面在推进几个时间步后就跨越几个网格。一般情况下流场中网格点上的速度分布不均匀，Level-Set 零等值线所确定的界面 $\Phi = 0$ 沿着法向速度是变化的，经过有限的时间步后，Level-Set 函数将不再保持距离函数的性质。Level-Set 函数的梯度可能变化很剧烈，也可能变化非常平缓，等值线可能变得不规则，会出现聚合和拉伸的情况。在计算过程中保持 Φ 为距离函数的性质是很重要的，对于有些问题有时需要根据 Level-Set 值确定界面附近带状区域的宽度和落在该计算区域内网格点上的流体变量值。另外在一些物理现象中，流体界面速度变化非常剧烈，需要用子网格技术处理，这种情况下是由界面的位置构造速度而不是直接用网格点的速度值，这样是比较理想的。因而在计算过程中使 Level-Set 保持距离函数的性质非常必要。Sethian 提出了一种 Fast Marching 方法[1,2]，其基本思想是考虑在界面两侧的带状区域单元的集合，以最小的 Φ 值建立 Eikonal 方程的解并把此点从区域中移走，再将新点加入区域内延拓 Level-Set 函数值，以保证满足距离函数的性质。

本章针对 Level-Set 函数保持距离函数的性质这一问题展开论述，利用 Level-Set 函数预先调整技术，介绍一种新的 Level-Set 函数重新初始化方法。新的重新初始化方法实施简单，可以避免由于重新初始化造成的间断面位置的移动，并可以保证 Level-Set 函数具有距离函数性质。

9.1 Level-Set 方程

为了捕捉界面的运动变化过程，本章采用 Osher 等[3] 提出的Level-Set 方法，即引入了一个Level-Set 函数，它是一个 Hamilton-Jocabi 形式的方程，写成如下的形式

$$\Phi_t + \boldsymbol{V} \cdot \nabla \Phi = 0 \tag{9.1}$$

其中，$\boldsymbol{V} = (u, v, w)$ 表示间断的运动速度。如何选择 Level-Set 函数的初值具有一定的任意性，为了准确地跟踪界面的位置和计算过程的需要，在这里选择距离函数

作为 Level-Set 函数的初值，即

$$\Phi(x,y,z,0)=\begin{cases} d_{\min}, & (x,y)\in\Omega \\ 0, & (x,y)\in\Sigma \\ -d_{\min}, & (x,y)\notin\Omega \end{cases}$$

式中，Σ 表示运动界面，Ω 表示包围 Σ 的区域，$d_{\min}$ 表示 (x,y) 到 Σ 的最小距离。若跟踪的是流体交界面的运动，$\Phi>0$ 表示第一种流体所在的区域，$\Phi<0$ 表示另一种流体所在的区域。

如果用网格点上的真实流体的速度推进 Level-Set 函数，这样可能会引起 Level-Set 函数等值线梯度变化不均匀的情况。为了使 Level-Set 函数始终保持距离的性质，在每个时间推进步需要对其进行重新初始化，使其满足 $|\nabla\Phi|=1$ 的特性。目前已经发展了几种Level-Set 重新初始化方法，其中最常用的重新初始化方法是用迭代法求解重新初始化方程[4]

$$\Phi_\tau+S(\Phi_0)(|\nabla\Phi|-1)=0 \tag{9.2}$$

式中，τ 为虚拟时间。求解方程 (9.2) 的时间步长 Δt_{reinit} 与解方程 (9.1) 的时间步长 Δt 没有关系，可取 $\Delta t_{\text{reinit}}=0.1\Delta x$。$S(\Phi_0)$ 为符号函数，Φ_0 为推进到时间 t_0 时刻的 Level-Set 函数值，且

$$S(\Phi_0)=\frac{\Phi_0}{\sqrt{\Phi_0^2+\delta^2}},\quad \delta=\min(\Delta x,\Delta y,\Delta z)$$

在某一时刻 t_0，Level-Set 函数 Φ_0 在流场内不满足距离函数性质时，通过求解方程 (9.2) 推进有限的时间步，就可以把 Φ 重新初始化为距离函数，这种方法不需要求出间断面的具体位置。在计算过程中，对守恒型方程组和 Level-Set 方程 (9.1) 分别单独求解。对方程 (9.1) 进行如下离散

$$\begin{aligned}\frac{\mathrm{d}\Phi_{i,j,k}}{\mathrm{d}t}=&-\frac{1}{\Delta x_i}\left[u^+\left(\Phi^{n,-}_{i+1/2,j,k}-\Phi^{n,-}_{i-1/2,j,k}\right)+u^-\left(\Phi^{n,+}_{i+1/2,j,k}-\Phi^{n,+}_{i-1/2,j,k}\right)\right]\\&-\frac{1}{\Delta y_j}\left[v^+\left(\Phi^{n,-}_{i,j+1/2,k}-\Phi^{n,-}_{i,j-1/2,k}\right)+v^-\left(\Phi^{n,+}_{i,j+1/2,k}-\Phi^{n,+}_{i,j-1/2,k}\right)\right]\\&-\frac{1}{\Delta z_k}\left[w^+\left(\Phi^{n,-}_{i,j,k+1/2}-\Phi^{n,-}_{i,j,k-1/2}\right)+w^-\left(\Phi^{n,+}_{i,j,k+1/2}-\Phi^{n,+}_{i,j,k-1/2}\right)\right]\end{aligned} \tag{9.3}$$

其中，$u^+=\max(u,0)$，$u^-=\min(u,0)$，$v^+=\max(v,0)$，$v^-=\min(v,0)$，$w^+=\max(w,0)$，$w^-=\min(w,0)$，第 n 时间层网格单元边界值 $\Phi^{n,\pm}_{i+1/2,j,k}$，$\Phi^{n,\pm}_{i-1/2,j,k}$，$\Phi^{n,\pm}_{i,j+1/2,k}$，$\Phi^{n,\pm}_{i,j-1/2,k}$，$\Phi^{n,\pm}_{i,j,k+1/2}$，$\Phi^{n,\pm}_{i,j,k-1/2}$ 由(M)WENO5 插值得到，插值的具体方法将在第 10 章介绍。

9.2　用 FMM 重新初始化 Level-Set 函数

9.2.1　Eikonal 方程 $|\nabla u| = F(x, y)$ 的求解

对于Eikonal 方程

$$|\nabla u| = F(x, y) \tag{9.4}$$

用 FMM(fast marching method)[5−8] 求解方程 (9.4)，关键是如何对梯度项进行离散，我们用逆风型满足熵条件的 Godunov 型或者 WENO 型离散方法离散梯度项，

$$\begin{aligned}&\left[\max(D^{-x}_{i,j,k}u, -D^{+x}_{i,j,k}u, 0) + \max(D^{-y}_{i,j,k}u, -D^{+y}_{i,j,k}u, 0)\right.\\&\left.+\max(D^{-z}_{i,j,k}u, -D^{+z}_{i,j,k}u, 0)\right]^{1/2} = F_{i,j,k}\end{aligned} \tag{9.5}$$

其中，$D^{+x}_{i,j,k}u = \dfrac{u(i+1,j,k) - u(i,j,k)}{\Delta x}$，$D^{-x}_{i,j,k}u = \dfrac{u(i,j,k) - u(i-1,j,k)}{\Delta x}$，$D^{\pm y}_{i,j,k}u$，$D^{\pm z}_{i,j,k}u$ 可以类似地得到。

FMM 的基本思想是按逆风的方式推进阵面，这意味着方程 (9.5) 的解沿着一个方向，如从小到大的方向延拓。因此首先考虑在界面两侧带状区域内一组点的集合，据此用迭代法求解方程 (9.5) 并以最小的 u 值建立方程的解。然后把求得的最小 u 值作为可接受的 u 值，把此点从带状区域移走，将新点加入到推进面的附近带状区域并向前推进阵面直至无新点加入。这种算法由于沿着逆风方向加入新点，不会出现比已接受的点更小的点值，因而能够在带状区域内总是选择最小的值向外推进求得方程 (9.5) 的解。为了提高计算效率，在编制程序时采用了一种 “堆排序” 技术 (即二叉树数据结构)。以二维问题为例进行说明，在界面内侧和外侧的网格点上用 FFM 重构 Φ 值。以 $\Phi > 0$ 的区域内网格点上的 Φ 值重构过程为例进行说明，对于界面内侧网格点以及三维问题按照类似的方法重构 Φ 值。为了求解方程 (9.5)，需要定义界面附近网格点上的值，为此先要根据网格点上 Level-Set 值预估出界面与网格线交点的位置。根据网格点 (i, j) 与其相邻的网格点上的 Φ 值的符号，界面与网格线的交点可能有如图 9.1 所示的几种情况。

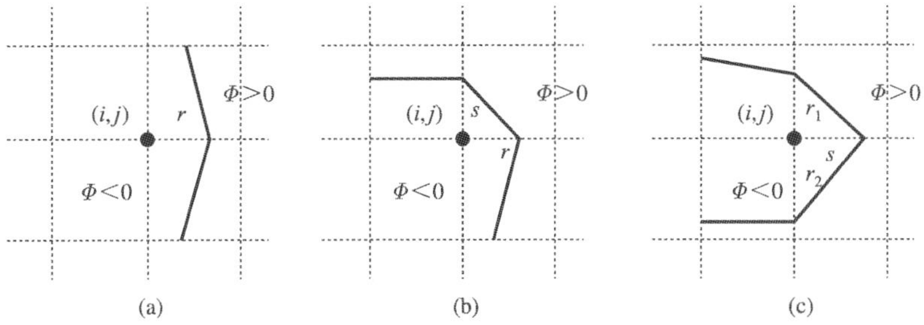

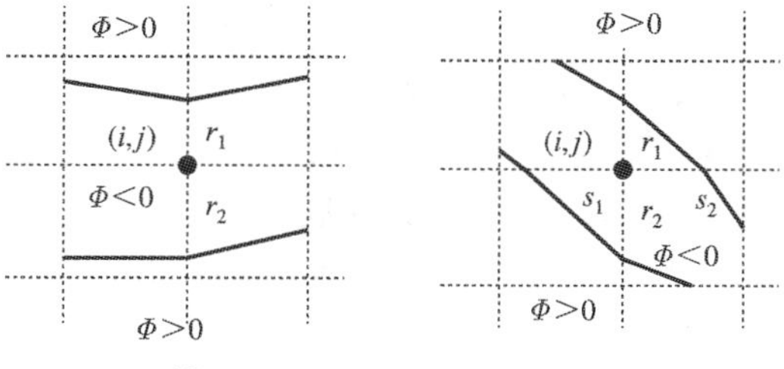

图 9.1　界面附近网格点的分布情况

图 9.1(a) 中与 (i,j) 相连的 4 个邻点中只有一个与其异号，不妨设 $\Phi(i,j)\cdot\Phi(i+1,j)<0$，则 (i,j) 到界面的距离定义为 $r=\dfrac{|\Phi_{i,j}|}{|\Phi_{i,j}|+|\Phi_{i+1,j}|}$。由于 (i,j) 在界面的内侧，所以 $\Phi_{i,j}=-r$。另外几种情况网格线与界面的交点到点 (i,j) 的距离可以用子网格技术类似地定义。在图 9.1(b) 中，与 (i,j) 相连的 4 个邻点中有 2 个与其异号，则 (i,j) 到界面的距离定义为 $d=\sqrt{\dfrac{s^2r^2}{s^2+r^2}}$，所以 $\Phi_{i,j}=-\sqrt{\dfrac{s^2r^2}{s^2+r^2}}$。在图 9.1(c) 中，$(i,j)$ 到界面的距离定义由方程 $\left(\dfrac{d}{\min(r_1,r_2)}\right)^2+\left(\dfrac{d}{s}\right)^2=1$ 求得，因而可以相应地求得 $\Phi_{i,j}$ 的值。在图 9.1(d) 中，$\Phi_{i,j}=-\min(r_1,r_2)$。在图 9.1(e) 中，$d_1=\sqrt{\dfrac{s_1^2r_2^2}{s_1^2+r_2^2}}$，$d_2=\sqrt{\dfrac{s_2^2r_1^2}{s_2^2+r_1^2}}$，所以 $\Phi_{i,j}=-\min(d_1,d_2)$。

对 Eikonal 方程的求解可以按照以下几步进行：

步骤 1：初始时刻 Level-Set 函数 Φ 的分布满足距离函数的性质。在每一时间推进步后，根据网格点上的 Φ 值近似计算阵面与网格线交点的坐标，并称阵面与网格线的交点为阵面点 (图 9.2)。

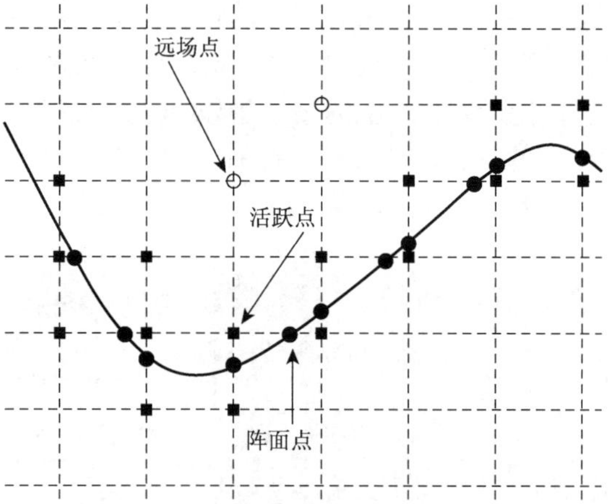

图 9.2　推进面附近点的分布情况

步骤 2：根据推进面与网格线交点的不同情形，利用上述的方法重新定义阵面附近网格点上的 Level-Set 函数值并称这些点为活跃点 (图 9.2)。活跃点分布在推进面附近的带状区域内。

步骤 3：在活跃点区域，设在网格点 $(i_{\min}, j_{\min})$ 上的 $\varPhi$ 值最小，考虑该点的邻点 $(i_{\min}-1, j_{\min})$、$(i_{\min}+1, j_{\min})$、$(i_{\min}, j_{\min}-1)$ 和 $(i_{\min}, j_{\min}+1)$，如果邻点为远场点 (图 9.2)，则将其加入到活跃点区域并把其从远场点移走。

步骤 4：求解方程 (9.4) 重新计算步骤步骤 3 中邻点上的 $\varPhi$ 值。

步骤 5：冻结网格点 $(i_{\min}, j_{\min})$ 上的 $\varPhi$ 值并把此点从活跃点区域移走。此时 $\varPhi(i_{\min}, j_{\min})$ 被认为已进行重新初始化，称为初始化点。

步骤 6：重复上面的步骤 2 ～步骤 5 直至无活跃点加入为止。

9.2.2　构造延拓速度的方法

在可压缩多介质流动的数值模拟中，如果用当地流场的真实速度推进 Level-Set 函数，Level-Set 函数等值线会出现拉伸或聚合的情况，给后面的数值计算带来误差。这可以用迭代法进行重新初始化以使 Level-Set 函数保持距离函数的性质[9]，数值计算可以限制在界面附近的带状区域内[5]。为了保持 Level-Set 等值线变化均匀，可以重新定义流场内的 Level-Set 函数的推进速度，这不仅要求零等值线附近的网格点上有定义，而且要求在计算区域内的网格点上应该定义正确的延拓速度值，使这些速度值应该与界面上的速度一致并且 Level-Set 函数等值线在推进过程中保持距离函数的特点。构造延拓速度的方法有多种，其中 Malladi 等把远离界面的网格点上的速度值用距离该点最近的界面上点的速度值作为其外推值[10]。

在第 n 时间层上，如果 $|\nabla\varPhi| = 1$，我们通过求解方程

$$\nabla u^{\text{ext}} \cdot \nabla\varPhi^{\text{temp}} = 0 \tag{9.6}$$

构造延拓速度 u^{ext}，用此求解 Level-Set 方程

$$\varPhi_t + u^{\text{ext}} |\nabla\varPhi| = 0 \tag{9.7}$$

在时间推进中可以使 $\varPhi$ 保持距离函数的性质。首先在网格点上构造距离函数 $\varPhi^{\text{temp}}$，要求它和 $\varPhi^n$ 有相同的 Level-Set 函数零等值线，$\varPhi^{\text{temp}}$ 由上节的 FMM 求解 $|\nabla\varPhi| = 1$ 可以得到。$\varPhi^{\text{temp}}$ 只是用来构造 u^{ext}，一般不用它来初始化 Level-Set 函数。这需要知道界面附近网格点上的速度值，由方程 (9.6) 求得 u^{ext}。假设在点 $(i+1, j)$，$(i, j-1)$ 已有确定的值，用 f 表示所求的扩展速度值，它应该满足方程 (9.6) 的逆风性质，所以

$$\left(\frac{\varPhi^{\text{temp}}_{i+1,j} - \varPhi^{\text{temp}}_{i,j}}{\Delta x}, \frac{\varPhi^{\text{temp}}_{i,j} - \varPhi^{\text{temp}}_{i,j-1}}{\Delta y}\right) \cdot \left(\frac{u_{i+1,j} - f}{\Delta x}, \frac{f - u_{i,j-1}}{\Delta y}\right) = 0 \tag{9.8}$$

如果 $\Delta x = \Delta y$，由方程 (9.8) 可求得

$$f = \frac{u_{i+1,j}\left(\Phi_{i+1,j}^{\text{temp}} - \Phi_{i,j}^{\text{temp}}\right) - u_{i,j-1}\left(\Phi_{i,j}^{\text{temp}} - \Phi_{i,j-1}^{\text{temp}}\right)}{\left(\Phi_{i+1,j}^{\text{temp}} - \Phi_{i,j}^{\text{temp}}\right) - \left(\Phi_{i,j}^{\text{temp}} - \Phi_{i,j-1}^{\text{temp}}\right)} \tag{9.9}$$

在初始时刻，Φ 的初始值满足

$$|\nabla\Phi(x, t=0)| = 1 \tag{9.10}$$

Sethian 提出的 FMM 重新初始化 Level-Set 函数基本上按以下步骤进行。

步骤 1：假设第 n 时间层上的 Level-Set 函数值为 Φ^n 并且满足方程 (9.10)。

步骤 2：在计算区域内的网格点上用 FFM 构造距离函数 Φ^{temp}，并用它来构造 Level-Set 函数的推进速度 u^{ext}，使其满足方程 (9.6)。

该方法中 Φ^{temp} 与 Φ^n 相对应，即它们确定的界面位置相同，构造 Φ^{temp} 的目的是为了进一步求解扩展速度 u^{ext}。u^{ext} 与运动界面上的速度 u 相容，即应满足在 $\Phi = 0$ 处有 $u^{\text{ext}} = u$。

步骤 3：然后在法方向上用速度 u^{ext} 更新 Level-Set 函数，即求解方程 (9.7)，得到 Φ^{n+1}，从而更新 Φ^n 的值。容易证明在时间推进的过程中 Level-Set 函数 Φ 保持距离函数的性质，即满足 $\left|\nabla\Phi^{n+1}\right| = 1$。

在求得了流场中的扩展速度 u^{ext} 后，略去速度的上标，在步骤 3 中对方程 (9.7) 进行如下形式的高阶离散

$$\Phi_{i,j,k}^{n+1} = \Phi_{i,j,k}^{n} - \Delta t\left[\max\left(u_{i,j,k}, 0\right)\nabla^{+}\Phi + \min\left(u_{i,j,k}, 0\right)\nabla^{-}\Phi\right] \tag{9.11}$$

其中

$$\nabla^{+}\Phi = \left[\max\left(D_{i,j,k}^{-x}\Phi, 0\right)^2 + \min\left(D_{i,j,k}^{+x}\Phi, 0\right)^2 + \max\left(D_{i,j,k}^{-y}\Phi, 0\right)^2 + \min\left(D_{i,j,k}^{+y}\Phi, 0\right)^2 \right.$$
$$\left. + \max\left(D_{i,j,k}^{-z}\Phi, 0\right)^2 + \min\left(D_{i,j,k}^{+z}\Phi, 0\right)^2\right]^{\frac{1}{2}}$$

$$\nabla^{-}\Phi = \left[\max\left(D_{i,j,k}^{+x}\Phi, 0\right)^2 + \min\left(D_{i,j,k}^{-x}\Phi, 0\right)^2 + \max\left(D_{i,j,k}^{+y}\Phi, 0\right)^2 + \min\left(D_{i,j,k}^{-y}\Phi, 0\right)^2 \right.$$
$$\left. + \max\left(D_{i,j,k}^{+z}\Phi, 0\right)^2 + \min\left(D_{i,j,k}^{-z}\Phi, 0\right)^2\right]^{\frac{1}{2}}$$

$$D_{i,j,k}^{-x}\Phi = \text{WENO}\left(\Phi_{i-2,j,k}^{x-},\ \Phi_{i-1,j,k}^{x-},\ \Phi_{i,j,k}^{x-},\ \Phi_{i+1,j,k}^{x-},\ \Phi_{i+2,j,k}^{x-}\right)$$
$$D_{i,j,k}^{+x}u = \text{WENO}\left(\Phi_{i-2,j,k}^{x+},\ \Phi_{i-1,j,k}^{x+},\ \Phi_{i,j,k}^{x+},\ \Phi_{i+1,j,k}^{x+},\ \Phi_{i+2,j,k}^{x+}\right)$$

其中，$\Phi_{i,j,k}^{+x} = \dfrac{\Phi(i+1,j,k) - \Phi(i,j,k)}{\Delta x}$，$\Phi_{i,j,k}^{-x} = \dfrac{\Phi(i,j,k) - \Phi(i-1,j,k)}{\Delta x}$。而 $\Phi_{i,j,k}^{\pm y}$，$\Phi_{i,j,k}^{\pm z}$ 也可以类似地得到。

这种方法避免了传统初始化方法引起界面位置移动的缺点，而且这种方法得到的速度场是比较光滑的，不会引起 Level-Set 函数等值线的聚合和拉伸，以至于影响以后时间步的计算。为了构造延拓速度，需要明确给出界面与网格线交点的位置，传统的 Level-Set 方法只在网格点上求解，不需要构造界面处网格点上的 Level-Set 值。

9.3　Level-Set 重新初始化新方法

Level-Set 重新初始化方法的主要思想是根据界面两侧的 Level-Set 函数值，预估出界面的位置，并将间断面附近网格点上的 Level-Set 值调整为距离函数，进而对整个流场进行重新初始化，使其具有距离函数的性质。在求解重新初始化方程时，适当选取重新初始化的时间步长，既可以避免由于初始化造成的间断面位置的移动，又能提高程序的运行效率。

我们构造的 Level-Set 函数 Φ 要求是利普希茨 (Lipschitz) 连续的，在界面两侧具有一定带宽的带状区域内，为能够把带状区域内网格点上 Φ 值表示为距离函数，需要在时间上每一步推进后，预估出运动界面与网格线交点的位置，以便用几何的方法求出带状区域内网格点上的 Φ 值，使其值为距离函数，并且要求重新初始化后网格点上的 Φ 值应与 Φ_0 有相同的符号。我们的做法是首先把间断面附近带状区域内网格点上的 Φ 值调整为距离函数，要求在每一时间推进步后，明确给出间断面与网格线交点的位置，以便调整带状区域内网格点上的 Φ 值，使其保持距离函数的性质。Level-Set 重新初始化一般步骤如下。

步骤 1：定义流场内 Level-Set 函数初值，使其满足距离函数的性质。

步骤 2：求解方程 (9.1) 或者方程 (9.7) 推进 Level-Set 函数，由于这个求解过程不能保证 Φ 值具有距离函数的性质，我们进行如下调整。根据图 9.1 中网格点和其相邻的网格点 Φ 值的情况，确定该点到 Level-Set 零等值面的距离，把此距离调整为该点的 Φ 值，符号应该与调整前的 Φ 值保持同号。例如，对于网格点 (i,j) 和它相邻的 4 个点 $(i+1,j)$、$(i-1,j)$、$(i,j+1)$、$(i,j-1)$，若只有 $\Phi_{i,j}\cdot\Phi_{i+1,j}<0$，则间断面与端点为 (i,j) 和 $(i+1,j)$ 的网格线相交，于是网格点 (i,j) 到间断面的距离 d 可表示为

$$d=\Phi_{(i,j)}=\frac{|\Phi_{i,j}|}{|\Phi_{i,j}|+|\Phi_{i+1,j}|}\Delta x \tag{9.12}$$

若只有 $\Phi_{i,j}\cdot\Phi_{i-1,j}>0$，则以 (i,j) 为端点的网格线都与间断面有 3 个交点，利用式 (9.12) 可求出网格点 (i,j) 到这 3 个交点的距离分别为 d_1，d_2，d_3。则 $\Phi_{(i,j)}$ 值重新定义如下

$$\Phi_{(i,j)} = \min\left(\frac{d_1 d_2}{\sqrt{d_1^2+d_2^2}}, \frac{d_2 d_3}{\sqrt{d_2^2+d_3^2}}\right) \tag{9.13}$$

其中，$d_2 = \dfrac{|\Phi_{i,j}|}{|\Phi_{i,j}|+|\Phi_{i+1,j}|}\Delta x$。其他情况可以对 $\Phi_{(i,j)}$ 进行类似地调整。

步骤 3：在间断面附近一定宽度的带状区域内，用FMM方法[11,12] 求解方程 $|\nabla\Phi| = 1$，调整带状区域内其他网格点上的 Φ 值，使其为距离函数。在该时间步内保持这些网格点上 Φ 值不变。

步骤 4：用迭代法求解方程 (9.2)，使流场内网格点上的 Φ 值具有距离函数的性质，从而对整个流场初始化。在这个过程中，由于求解方程 (9.2) 的时间步长 Δt_{reinit} 和解方程 (9.1) 的时间步长 Δt 没有关系，要选择适当的重新初始化时间步长，既要避免间断面位置的移动，又要提高计算效率。

步骤 5：依据步骤 2 的方法，确定间断面的位置，重新调整带状区域内网格点上的 Φ 值。重复步骤 3、4。

在步骤 2 中，对方程 (9.1) 按照式 (9.3) 进行离散，采用高阶 Runge-Kutta 方法对时间进行离散。

在一维情况下有更为简便有效的重新初始化方法，若 $\Phi_i \cdot \Phi_{i+1} < 0$，则间断面位于网格点 i 和 $(i+1)$ 之间，记

$$I = i, \quad d = \frac{|\Phi_i|}{|\Phi_i|+|\Phi_{i+1}|}\Delta x$$

其中，d 用来估计间断在网格单元中的位置，重新初始化后

$$\Phi_i = (i - I - d)\Delta x \tag{9.14}$$

从上面的方法可以看出，由于带状区域内网格点上的 Φ 值预先调整为距离函数，求解方程 (9.10) 只需要推进几个简单的时间步，即可以保证带状区域内网格点上的 Φ 值变化很小，并且可以将远离间断面的网格点上的 Φ 值调整为距离函数，即满足 $|\nabla\Phi| = 1$ 的性质。这种方法可以避免传统初始化方法引起间断面位置移动的缺点，而且不会引起 LS 函数等值线的聚合和拉伸而影响以后时间步的计算。

9.4 数值实验

算例 1 旋转速度场 (Zalesak 问题)，计算区域为 $[0,100]\times[0,100]$，圆盘的半径为 15，中心为 $(50,75)$，宽度为 5，长度为 25，凹槽开口向下，旋转速度场为

$$u = (\pi/314)(50-y), \quad v = (\pi/314)(x-50)$$

这个例子在凹陷的顶端保持高分辨率是很困难的，这是验证本书Level-Set 方法很

有效的数值算例。网格数 100×100，用带重新初始化和不带重新初始化计算的不同时刻 Level-Set 等值线如图 9.3 所示，而图 9.4 为 Zalesak 问题带重新初始化的界面位置。

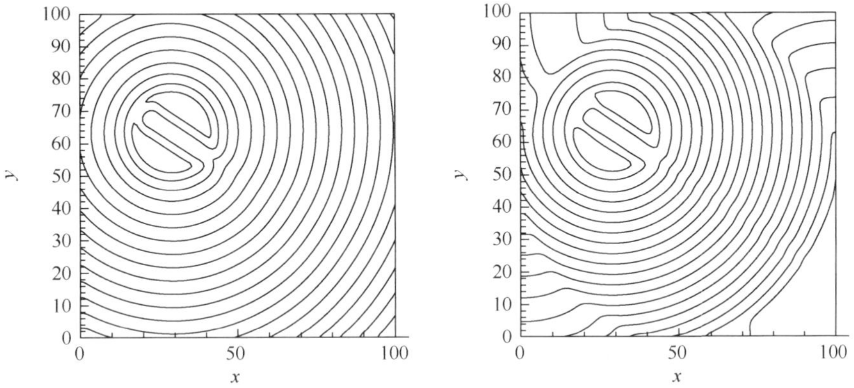

(a) t=100

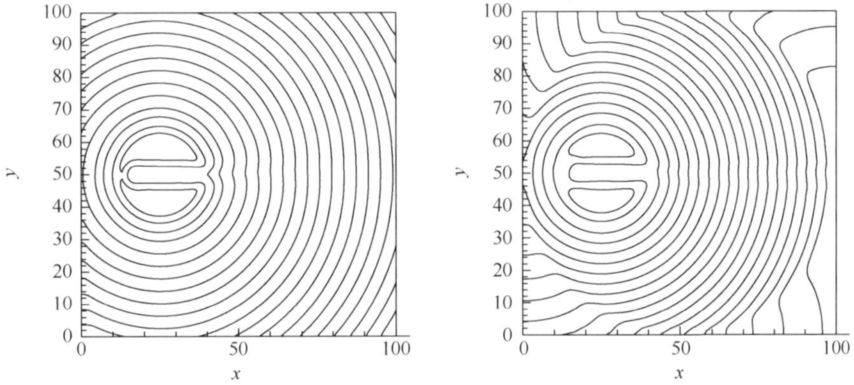

(b) t=157

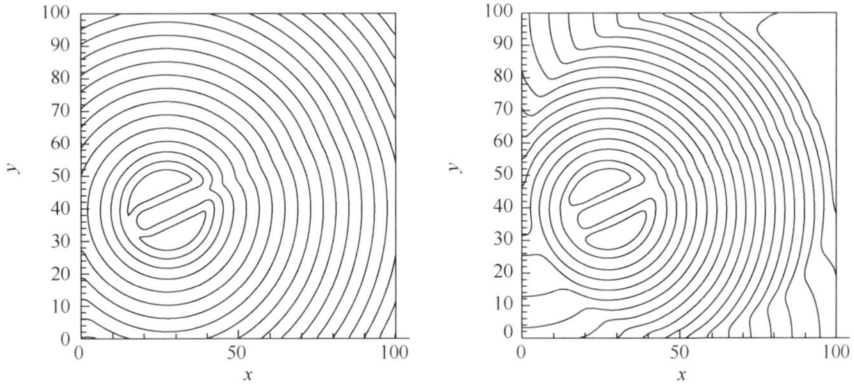

(c) t=200

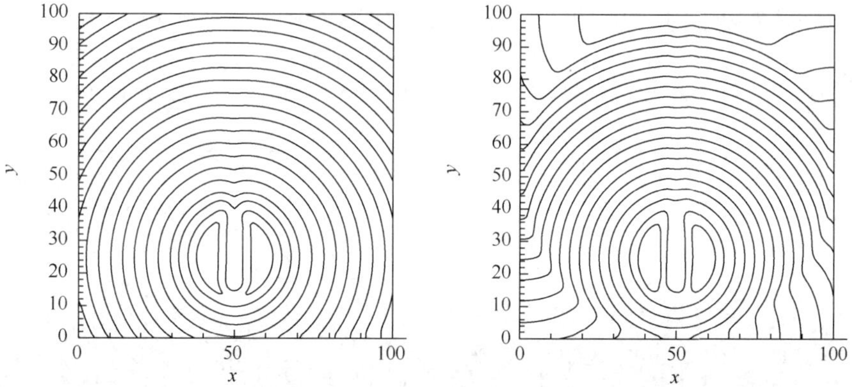

(d) t=314

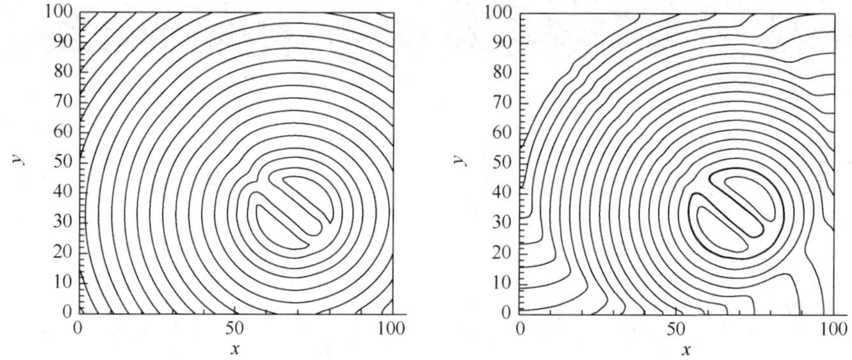

(e) t=400

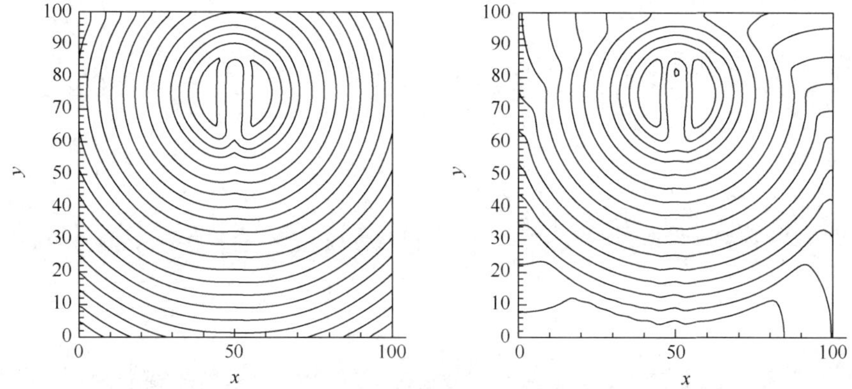

(f) t=628

图 9.3　Zalesak 问题不同时刻的 Level-Set 等值线 (左：带重新初始化；右：不带重新初始化)

算例 2　剪切速度场，计算区域为 $[0,\pi]\times[0,\pi]$，初始矩形界面区域为 $[0.3\pi, 0.7\pi]\times[0.05\pi, 0.45\pi]$，给定的速度场为

$$u(x,y)=-\sin x\cos y,\quad v(x,y)=\cos x\sin y$$

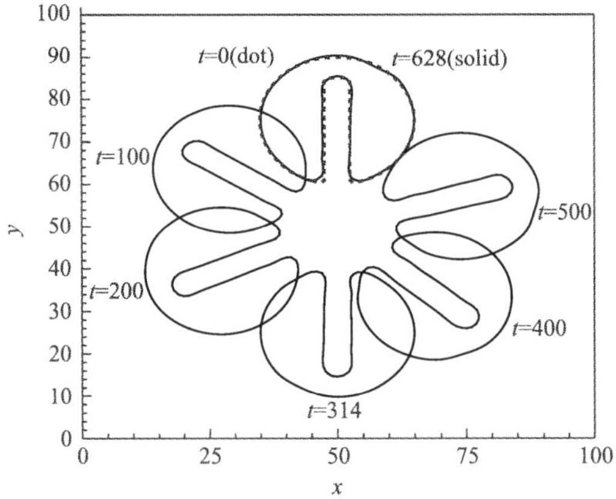

图 9.4 Zalesak 问题带重新初始化的界面位置

计算采用的网格数为 200×200，用带重新初始化和不带重新初始化计算的在不同时刻的 Level-Set 等值线和界面位置见图 9.5 和图 9.6。

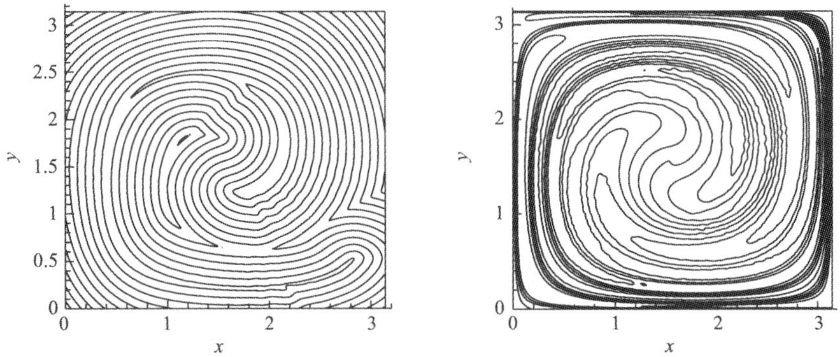

(a) 带重新初始化　(b) 不带重新初始化

图 9.5 剪切速度场在 t=12 时刻的 Level-Set 等值线

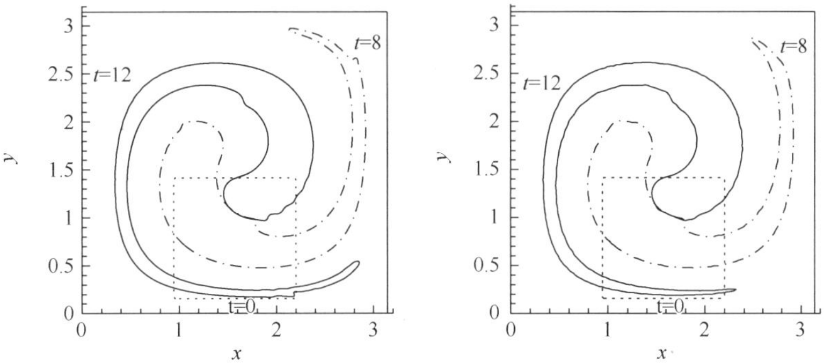

(a) 带重新初始化　(b) 不带重新初始化

图 9.6 剪切速度场在不同时刻的界面位置

9.5 小　　结

通过引入 Level-Set 函数跟踪间断面的运动变化，简捷且易于处理大变形问题。其初始值定义为距离函数，在数值计算过程中，由于流场中的速度分布变化不均匀，导致 Level-Set 函数梯度变化不均匀，表现为 Level-Set 等值线会出现拉伸或者聚合的情况。本章介绍了 Level-Set 重新初始化方法，该方法保证 Level-Set 函数在数值计算过程中始终保持距离函数的特点，而且不会因重新初始化造成界面位置的移动。数值实验表明，新的 Level-Set 重新初始化方法具有较强的应用价值。

参 考 文 献

[1] Sethian J A. Theory，Algorithms and Applications of Level Set Methods for Propagating Interface. Acta Numerica，Cambridge UK：Cambridge Univ. Press，1995.

[2] Sethian J A. Level Set Methods：Evolving Interfaces in Geometry，Fluid Mechanics，Computer Vision and Material Sciences. Cambridge UK：Cambridge Univ. Press，1996.

[3] Osher S，Sethian J A. Fronts propagating with curvature-dependent speed：algorithms based on Hamilton-Jacobi formulations. J. Comput. Phys.，1988，79：12–49.

[4] Sussman M，Smereka P，Osher S. A level set approach for computing solutions to incompressible two-phase flow. J. Comput. Phys.，1994，114：146–159.

[5] Adalsteinsson D，Sethian J A. A fast level set method for propagating interfaces. J. Comput. Phys.，1995，118：269–277.

[6] Sethian J A. A fast marching level set method for monotonically advancing fronts. Applied Mathematics，1996，93：1591–1595.

[7] Sethian J A. Fast marching methods. SIAM Review，1999，41(2)：199–235.

[8] Adalsteinsson D，Sethian J A. The fast construction of extension velocities in level set methods. J. Comput. Phys.，1999，148：2–22.

[9] Chen S，Merriman B，Osher S，et al. A simple level set method for solving Stefan problems. J. Comput. Phys.，1997，135：8–29.

[10] Malladi R，Sethian J A，Vemuri B C. Shape modeling with front propagation：A level set approach. IEEE Trans. Pattern Anal. Mach. Intell.，1995，17(2)：158–175.

[11] Abgrall R，Nkonga B，Saurel R. Efficient numerical approximation of compressible multi-material flow for unstructured meshes. Computers and Fluids，2003，32(4)：571–605.

[12] Abgrall R. An essentially non-oscillatory reconstruction procedure on finite-element type meshes：Application to compressible flows. Computer Methods in Applied Mechanics and Engineering，1994，116：95–101.

第 10 章　多介质流动的高分辨率 γ-model 和体积分数方法

在可压缩多介质流动数值模拟中，由于界面处不同流体的物理特性差异较大，如果不加处理地在整个流场采用单介质流体的间断捕捉方法，常会在界面处引起伪振荡，会给数值计算带来过多的误差，不能单纯通过提高数值守恒数值格式的精度和简单的插值消除界面处的数值振荡。传统的 TVD 格式在计算多介质流问题时由于数值耗散，使初始时极薄的扰动界面在推进几个时间步后就跨越几个网格，因此提高数值格式的计算精度非常重要，特别对于跨越界面的网格点，如何有效地抑制界面处数值振荡非常关键。Karni[1−4] 对此进行研究，引入演变的压力方程并采用开关技术，在介质的接触间断区域把守恒形式转化为非守恒形式[2]。Abgrall 设计了一种准守恒格式[5]，类似于单介质流体的方法处理交界面，对每一种介质采用由能量守恒方程导出的界面捕捉方程与 Euler 方程组进行耦合求解。Larrouturou，Saurel，Shyue 等针对介质流动问题也提出了相应的处理方法[6−10]。

本章介绍多介质流体界面捕捉的等效方程，把高分辨率的 (M)WENO 格式、NND 格式[11] 和无振荡中心型格式 (NT2)[12,13] 应用到由守恒和非守恒方程耦合而成的 γ-model 和体积分数形式的流体力学方程组求解，用 Level-Set 函数捕捉界面的运动。对于 (M)WENO 插值重构，利用 Roe 平均对拟线性方程组局部线性化并根据波分解思想，把间断分解成多个子波，根据波的传播方向对数值通量插值重构网格单元边界上的值并确定流量差分，然后对各个子波进行叠加。无振荡中心型格式避免了风向的判断，无需求解 Riemann 问题，但同时带来了过多的数值黏性，可以通过引入 MUSCL 型插值弥补这一缺陷。最后对一维和二维问题的进行数值实验，并把数值模拟结果与 NND 格式和中心型格式的计算结果进行对比分析。

10.1　界面捕捉等效方程

10.1.1　γ 方程的探讨

本章采用 Stiffen 状态方程描述多介质流体，即

$$\rho e = \frac{p + \gamma B}{\gamma - 1} \tag{10.1}$$

其中，B 为具有黏性张量量纲的材料常数；对于气体，γ 为比热比；对于液体弹性介质，γ 为材料的拟合常数，它们可以描述流体的物理特性。对于不同的流体，γ 和 B 有确定的值。对于一般的液体和固体物质，根据 Hugoniot 关系和状态方程利用试验数据进行数值拟合确定[14,15]。例如，对于空气 $B=0$，$\gamma=1.4$；对于液体 $B=4.921\times10^8$，$\gamma=5.5$；对于铀 (Uranium)，$B=33.9\times10^9$，$\gamma=3.52$。在多介质流体数值模拟中，在界面两侧压强 p 和法向速度 u_n 是连续的，而密度 ρ、比热比 γ 和材料常数 B 在界面两侧有跳跃，即 $[p]=0$，$[u_n]=0$。对于多介质流动问题，由于界面附近的 γ 和 B 不是固定的常数，所以除 Euler 方程组外，还要增加关于 γ 和 B 的方程。引入多介质流界面捕捉等效方程，主要是为了消除界面处速度和压力可能出现的伪振荡。记关于 γ 的函数为 $f(\gamma)$，对于状态方程 (10.1)，还需要给出关于材料常数 B 的方程。γ 方程有如下的守恒和非守恒两种形式

$$\frac{\partial}{\partial t}\left(\rho f\left(\gamma\right)\right)+\frac{\partial}{\partial x}\left(\rho u f\left(\gamma\right)\right)=0 \tag{10.2}$$

$$\frac{\partial}{\partial t}\left(f\left(\gamma\right)\right)+u\frac{\partial}{\partial x}\left(f\left(\gamma\right)\right)=0 \tag{10.3}$$

初始时刻对不同的流体的绝热系数 γ 为固定的常数，若按照常规思路取 γ 函数 $f\left(\gamma\right)=\gamma$，则由守恒形式方程 (10.2) 先求得守恒量 $\rho\gamma$，然后再进一步求绝热系数 γ 或者由方程 (10.3) 求得 γ。发现直接用 γ 构成对流方程 (10.3) 离散求解，在界面处压力会产生较强的非物理振荡[19]。由于数值耗散效应，在界面处必然会有 γ 混合的现象出现，甚至界面处的网格点上的数值解 γ_i 可能溢出 $[\gamma_1,\gamma_2]$ 范围 (γ_1 和 γ_2 分别表示界面处两种流体的绝热系数)，因而不能保证 γ_i 为物理上许可的范围。关于 B 的讨论与 γ 相似。从形式上看，γ 和 B 是独立的两个变量。从物理上看，压力通过界面时是连续的，但是决定压力的各种参数如密度、内能和状态方程参数都存在着间断，这些间断之间必须有某种关联才能保证压力连续，这是一种不严格的直观分析，因而必须给出关于 γ 和 B 的方程的合理形式。

10.1.2　捕捉界面的等效方程

把一维守恒形式的 Euler 方程改写成非守恒的形式

$$\begin{cases}\dfrac{\partial\rho}{\partial t}+u\dfrac{\partial\rho}{\partial x}+\rho\dfrac{\partial\rho}{\partial x}=0\\ \dfrac{\partial u}{\partial t}+u\dfrac{\partial u}{\partial x}+\dfrac{1}{\rho}\dfrac{\partial p}{\partial x}=0\\ \dfrac{\partial\left(\rho e\right)}{\partial t}+u\dfrac{\partial\left(\rho e\right)}{\partial x}+\rho e\dfrac{\partial u}{\partial x}+p\dfrac{\partial u}{\partial x}=0\end{cases} \tag{10.4}$$

针对多介质流体界面初始时刻为弱间断的情况，在界面处满足 $[p]=0$，$[u]=0$，所以描述界面的运动方程可以变为

$$\begin{cases}\dfrac{\partial\rho}{\partial t}+u\dfrac{\partial\rho}{\partial x}=0\\ \dfrac{\partial(\rho e)}{\partial t}+u\dfrac{\partial(\rho e)}{\partial x}=0\end{cases}\tag{10.5}$$

显然这是关于间断量密度和内能拟线性的方程。我们把状态方程 (10.1) 代入方程 (10.5) 的第二个方程并利用 $[p]=0$ 进一步变形得界面捕捉方程

$$p\left[\frac{\partial}{\partial t}\left(\frac{1}{\gamma-1}\right)+u\left(\frac{1}{\gamma-1}\right)\right]+\left[\frac{\partial}{\partial t}\left(\frac{\gamma B}{\gamma-1}\right)+u\left(\frac{\gamma B}{\gamma-1}\right)\right]=0\tag{10.6}$$

在界面处方程 (10.6) 对所有的压强 p 都应该成立，所以上述方程可进一步化为关于 γ 和 B 的方程

$$\begin{cases}\dfrac{\partial}{\partial t}\left(\dfrac{1}{\gamma-1}\right)+u\left(\dfrac{1}{\gamma-1}\right)=0\\ \dfrac{\partial}{\partial t}\left(\dfrac{\gamma B}{\gamma-1}\right)+u\left(\dfrac{\gamma B}{\gamma-1}\right)=0\end{cases}\tag{10.7}$$

方程 (10.7) 是关于 γ 和 B 方程的合理形式。把推导出的界面捕捉等效方程耦合到 Euler 方程组中去进行求解，可参见文献 [10]。把界面捕捉方程 (10.7)、Level-Set 方程以及流体力学方程组耦合可以写成

$$\begin{cases}\dfrac{\partial\rho}{\partial t}+\dfrac{\partial(\rho u)}{\partial x}=0\\ \dfrac{\partial(\rho u)}{\partial t}+\dfrac{\partial(\rho u^2+p)}{\partial x}=0\\ \dfrac{\partial(\rho E)}{\partial t}+\dfrac{\partial(\partial uE+up)}{\partial x}=0\\ \dfrac{\partial}{\partial t}\left(\dfrac{1}{\gamma-1}\right)+u\dfrac{\partial}{\partial x}\left(\dfrac{1}{\gamma-1}\right)=0\\ \dfrac{\partial}{\partial t}\left(\dfrac{\gamma B}{\gamma-1}\right)+u\dfrac{\partial}{\partial x}\left(\dfrac{\gamma B}{\gamma-1}\right)=0\\ \dfrac{\partial\Phi}{\partial t}+u\dfrac{\partial\Phi}{\partial x}=0\end{cases}\tag{10.8}$$

由于方程组 (10.8) 由守恒和非守恒方程耦合而成，为了对其求解，需要将其化为统一的拟线性方程组的形式

$$\frac{\partial\boldsymbol{U}}{\partial t}+\hat{\boldsymbol{A}}\frac{\partial\boldsymbol{U}}{\partial x}=0\tag{10.9}$$

10.2　γ-model 方法的控制方程

10.2.1　二维耦合形式的方程组

我们运用 Level-Set 函数 $\varPhi$ 跟踪界面，把关于 γ、B 的方程、Level-Set 函数 $\varPhi$ 和流体力学方程组耦合

$$\begin{cases}\dfrac{\partial\rho}{\partial x}+\dfrac{\partial(\rho u)}{\partial x}+\dfrac{\partial(\rho v)}{\partial y}=0\\ \dfrac{\partial(\rho u)}{\partial t}+\dfrac{\partial(\rho u^2+p)}{\partial x}+\dfrac{\partial(\rho uv)}{\partial y}=0\\ \dfrac{\partial(\rho v)}{\partial t}+\dfrac{\partial(\rho uv)}{\partial x}+\dfrac{\partial(\rho v^2+p)}{\partial y}=0\\ \dfrac{\partial(\rho E)}{\partial t}+\dfrac{\partial(\partial uE+up)}{\partial x}+\dfrac{\partial(\rho vE+vp)}{\partial y}=0\\ \dfrac{\partial}{\partial t}\left(\dfrac{\gamma B}{\gamma-1}\right)+u\dfrac{\partial}{\partial x}\left(\dfrac{\gamma B}{\gamma-1}\right)+v\dfrac{\partial}{\partial y}\left(\dfrac{\gamma B}{\gamma-1}\right)=0\\ \dfrac{\partial\varPhi}{\partial t}+u\dfrac{\partial\varPhi}{\partial x}+v\dfrac{\partial\varPhi}{\partial y}=0\end{cases}\tag{10.10}$$

注意到上述方程组是由守恒形式的方程组和非守恒形式的界面捕捉方程以及 Level-Set 方程耦合而成的。把方程组 (10.10) 写成拟线性方程组的形式

$$\frac{\partial\boldsymbol{U}}{\partial t}+\hat{A}(\boldsymbol{U}_{\rm l},\boldsymbol{U}_{\rm r})\frac{\partial\boldsymbol{U}}{\partial x}+\hat{\boldsymbol{B}}(\boldsymbol{U}_{\rm l},\boldsymbol{U}_{\rm r})\frac{\partial\boldsymbol{U}}{\partial y}=0\tag{10.11}$$

其中，$\boldsymbol{U}=\left[\rho,\ \rho u,\ \rho v,\ \rho E,\ \dfrac{1}{\gamma-1},\ \dfrac{\gamma B}{\gamma-1},\ \varPhi\right]^{\rm T}$，系数矩阵 $\hat{\boldsymbol{A}}(q_{\rm l},q_{\rm r})$ 和 $\hat{\boldsymbol{B}}(q_{\rm l},q_{\rm r})$ 中的变量用 Roe 平均进行计算。例如，$\hat{u}=\dfrac{\sqrt{\rho_{\rm l}}u_{\rm l}+\sqrt{\rho_{\rm r}}u_{\rm r}}{\sqrt{\rho_{\rm l}}+\sqrt{\rho_{\rm r}}}$，焓

$$\hat{H}=\frac{\sqrt{\rho_{\rm l}}H_{\rm l}+\sqrt{\rho_{\rm r}}H_{\rm r}}{\sqrt{\rho_{\rm l}}+\sqrt{\rho_{\rm r}}},\quad \frac{1}{\hat{\gamma}-1}=\frac{\sqrt{\rho_{\rm l}}\dfrac{1}{\gamma_{\rm l}-1}+\sqrt{\rho_{\rm r}}\dfrac{1}{\gamma_{\rm r}-1}}{\sqrt{\rho_{\rm l}}+\sqrt{\rho_{\rm r}}}$$

用 $\hat{\boldsymbol{R}}_A$、$\hat{\boldsymbol{R}}_B$ 表示由右特征向量组成的矩阵，其满足

$$\hat{\boldsymbol{A}}^{\pm}=\hat{\boldsymbol{R}}_A\hat{\boldsymbol{\Lambda}}_A^{\pm}\hat{\boldsymbol{R}}_A^{-1},\quad \hat{\boldsymbol{B}}^{\pm}=\hat{\boldsymbol{R}}_B\hat{\boldsymbol{\Lambda}}_B^{\pm}\hat{\boldsymbol{R}}_B^{-1},\quad \hat{\boldsymbol{\Lambda}}_A^{\pm}={\rm diag}\left(\hat{\lambda}_1^{\pm},\hat{\lambda}_2^{\pm},\cdots,\hat{\lambda}_7^{\pm}\right)$$

$$\hat{\boldsymbol{\Lambda}}_B^{\pm}={\rm diag}\left(\hat{\mu}_1^{\pm},\hat{\mu}_2^{\pm},\cdots,\hat{\mu}_7^{\pm}\right),\ \hat{\lambda}_p^{+}=\frac{\hat{\lambda}_p+\left|\hat{\lambda}_p\right|}{2},\ \hat{\lambda}_p^{-}=\frac{\hat{\lambda}_p-\left|\hat{\lambda}_p\right|}{2},\ \hat{\mu}_p^{+}=\frac{\hat{\mu}_p+|\hat{\mu}_p|}{2}$$

$$\hat{\mu}_p^- = \frac{\hat{\mu}_p - |\hat{\mu}_p|}{2} \quad (p = 1, 2, \cdots, 7)$$

$\hat{\lambda}_1 = \hat{u} - \hat{c}, \hat{\lambda}_2 = \hat{u}, \hat{\lambda}_3 = \hat{u}, \hat{\lambda}_4 = \hat{u} + \hat{c}, \hat{\lambda}_5 = \hat{u}, \hat{\lambda}_6 = \hat{u}, \hat{\lambda}_7 = \hat{u}$。$\hat{\mu}_1 = \hat{v} - \hat{c}, \hat{\mu}_2 = \hat{v}, \hat{\mu}_3 = \hat{v}, \hat{\mu}_4 = \hat{v} + \hat{c}, \hat{\mu}_5 = \hat{v}, \hat{\mu}_6 = \hat{v}, \hat{\mu}_7 = \hat{v}$, 其中 $\hat{c}$ 表示声速。类似地，右特征矩阵中的变量用 Roe 平均进行计算，为方便起见，以下省去上画线“ ^ ”。$\boldsymbol{R}_A = \left[\boldsymbol{r}_A^1, \boldsymbol{r}_A^2, \boldsymbol{r}_A^3, \boldsymbol{r}_A^4, \boldsymbol{r}_A^5, \boldsymbol{r}_A^6, \boldsymbol{r}_A^7\right]$，$\boldsymbol{R}_B = \left[\boldsymbol{r}_B^1, \boldsymbol{r}_B^2, \boldsymbol{r}_B^3, \boldsymbol{r}_B^4, \boldsymbol{r}_B^5, \boldsymbol{r}_B^6, \boldsymbol{r}_B^7\right]$，$\boldsymbol{R}_A$，$\boldsymbol{R}_B$ 矩阵中的向量为列向量。

$$\boldsymbol{r}_A^1 = (1,\ u-c,\ v,\ H-uc,\ 0,\ 0,\ 0)^{\mathrm{T}}, \quad \boldsymbol{r}_A^2 = (0,\ 0,\ 1,\ v,\ 0,\ 0,\ 0)^{\mathrm{T}}$$

$$\boldsymbol{r}_A^3 = \left(1,\ u,\ v,\ \frac{1}{2}(u^2+v^2),\ 0,\ 0,\ 0\right)^{\mathrm{T}}, \boldsymbol{r}_A^4 = (1,\ u+c,\ v, H+\ uc,\ 0,\ 0,\ 0)^{\mathrm{T}}$$

$$\boldsymbol{r}_A^5 = (0,\ 0,\ 0,\ p,\ 1,\ 0,\ 0)^{\mathrm{T}}, \boldsymbol{r}_A^6 = (0,\ 0,\ 0,\ 1,\ 0,\ 1,\ 0)^{\mathrm{T}}, \boldsymbol{r}_A^7 = (0,\ 0,\ 0,\ 1,\ 0,\ 0,\ 1)^{\mathrm{T}}$$

$$\boldsymbol{r}_B^1 = (1,\ u,\ v-c,\ H-vc,\ 0,\ 0,\ 0)^{\mathrm{T}}, \boldsymbol{r}_B^2 = (0,\ 1,\ 0,\ u,\ 0,\ 0,\ 0)^{\mathrm{T}}$$

$$\boldsymbol{r}_B^3 = \left(1,\ u,\ v,\ \frac{1}{2}(u^2+v^2),\ 0,\ 0,\ 0\right)^{\mathrm{T}}, \boldsymbol{r}_B^4 = (1,\ u,\ v+c, H+\ vc,\ 0,\ 0,\ 0)^{\mathrm{T}}$$

$$\boldsymbol{r}_B^5 = (0,\ 0,\ 0,\ p,\ 1,\ 0,\ 0)^{\mathrm{T}}, \boldsymbol{r}_B^6 = (0,\ 0,\ 0,\ 1,\ 0,\ 1,\ 0)^{\mathrm{T}}, \boldsymbol{r}_B^7 = (0,\ 0,\ 0,\ 0,\ 0,\ 0,\ 1)^{\mathrm{T}}$$

E 为单位体积的总能量，$E = e + \dfrac{1}{2}(u^2 + v^2)$，焓 $H = E + p/\rho$，声速 $c = E + p/\rho$。ρ, u, v, H 采用通常的 Roe 平均。

10.2.2 三维问题的控制方程

对于三维多介质流问题，把 Euler 方程、界面捕捉方程和 Level-Set 方程耦合到一起写成非守恒的形式

$$\frac{\partial \boldsymbol{U}}{\partial t} + \hat{\boldsymbol{A}}(\boldsymbol{U}_{\mathrm{l}}, \boldsymbol{U}_{\mathrm{r}})\frac{\partial \boldsymbol{U}}{\partial x} + \hat{\boldsymbol{B}}(\boldsymbol{U}_{\mathrm{l}}, \boldsymbol{U}_{\mathrm{r}})\frac{\partial \boldsymbol{U}}{\partial y} + \hat{\boldsymbol{C}}(\boldsymbol{U}_{\mathrm{l}}, \boldsymbol{U}_{\mathrm{r}})\frac{\partial \boldsymbol{U}}{\partial z} = 0 \tag{10.12}$$

系数矩阵 $\hat{\boldsymbol{A}}(U_{\mathrm{l}}, U_{\mathrm{r}})$、$\hat{\boldsymbol{B}}(U_{\mathrm{l}}, U_{\mathrm{r}})$ 和 $\hat{\boldsymbol{C}}(U_{\mathrm{l}}, U_{\mathrm{r}})$ 的右特征向量矩阵分别记为 $\hat{\boldsymbol{R}}_A$、$\hat{\boldsymbol{R}}_B$ 和 $\hat{\boldsymbol{R}}_C$，省去上标，它们可以表示成如下的具体形式

$$\boldsymbol{R}_A = \left[\boldsymbol{r}_A^1,\ \boldsymbol{r}_A^2,\ \boldsymbol{r}_A^3,\ \boldsymbol{r}_A^4,\ \boldsymbol{r}_A^5,\ \boldsymbol{r}_A^6,\ \boldsymbol{r}_A^7,\ \boldsymbol{r}_A^8\right]^{\mathrm{T}}$$

$$= \begin{pmatrix} 1 & 0 & 0 & 1 & 1 & 0 & 0 & 0 \\ u-c & 0 & 0 & u & u+c & 0 & 0 & 0 \\ v & 1 & 0 & v & v & 0 & 0 & 0 \\ w & 0 & 1 & w & w & 0 & 0 & 0 \\ H-uc & v & w & \dfrac{1}{2}\left(u^2+v^2+w^2\right) & H+uc & p & 1 & 0 \\ 0 & 0 & 0 & 0 & 0 & 1 & 0 & 0 \\ 0 & 0 & 0 & 0 & 0 & 0 & 1 & 0 \\ 0 & 0 & 0 & 0 & 0 & 0 & 0 & 1 \end{pmatrix}$$

$$
\boldsymbol{R}_B = \left[\boldsymbol{r}_B^1,\ \boldsymbol{r}_B^2,\ \boldsymbol{r}_B^3,\ \boldsymbol{r}_B^4,\ \boldsymbol{r}_B^5,\ \boldsymbol{r}_B^6, \boldsymbol{r}_B^7, \boldsymbol{r}_B^8\right]^{\mathrm{T}}
= \begin{pmatrix}
1 & 0 & 0 & 1 & 1 & 0 & 0 & 0 \\
u & 0 & 1 & u & u & 0 & 0 & 0 \\
v-c & 0 & 0 & v & v+c & 0 & 0 & 0 \\
w & 1 & 0 & w & w & 0 & 0 & 0 \\
H-vc & w & u & \dfrac{1}{2}\left(u^2+v^2+w^2\right) & H+vc & p & 1 & 0 \\
0 & 0 & 0 & 0 & 0 & 1 & 0 & 0 \\
0 & 0 & 0 & 0 & 0 & 0 & 1 & 0 \\
0 & 0 & 0 & 0 & 0 & 0 & 0 & 1
\end{pmatrix}
$$

$$
\boldsymbol{R}_C = \left[\boldsymbol{r}_C^1,\ \boldsymbol{r}_C^2,\ \boldsymbol{r}_C^3,\ \boldsymbol{r}_C^4,\ \boldsymbol{r}_C^5,\ \boldsymbol{r}_C^6, \boldsymbol{r}_C^7, \boldsymbol{r}_C^8\right]^{\mathrm{T}}
= \begin{pmatrix}
1 & 0 & 0 & 1 & 1 & 0 & 0 & 0 \\
u & 1 & 0 & u & u & 0 & 0 & 0 \\
v & 0 & 1 & v & v & 0 & 0 & 0 \\
w-c & 0 & 0 & w & w+c & 0 & 0 & 0 \\
H-wc & u & v & \dfrac{1}{2}\left(u^2+v^2+w^2\right) & H+wc & p & 1 & 0 \\
0 & 0 & 0 & 0 & 0 & 1 & 0 & 0 \\
0 & 0 & 0 & 0 & 0 & 0 & 1 & 0 \\
0 & 0 & 0 & 0 & 0 & 0 & 0 & 1
\end{pmatrix}
$$

10.3　体积分数方法

对于气体混合物的守恒型 Euler 方程组的数值计算，在接触不连续区域，即绝热指数 γ 和温度不为常数的区域，往往会出现数值误差。对于多介质流体的数值模拟，可以通过对单元体积上的总能量进行校正的方法达到减小非物理振荡的目的。根据不同介质两侧在每一个单元网格上，考虑能量的变化，通过调整流入和流出该单元网格的流量，以达到能量平衡的目的。

我们也可以采用体积分数方程和 Euler 方程耦合形式的方程组。在体积分数方法实施过程中，如果由 $(\rho_i Y_i)/\rho_i$ 求得体积分数 Y_i，必须保证这种方法在 CFL 条件下，在时间步推进过程中，每种介质的体积分数 Y_i 为物理上许可的范围，即要求 Y_i 恒为正值，且 $Y_i \in [0.1]$，否则会带来虚假的非物理振荡[5]。随着时间步的推进，界面上的接触间断应该有较高的分辨率。与关于 γ 和 B 的界面捕捉方程类似，我们把体积分数 Y_i 看成是关于 γ 和 B 的函数，二维情况下体积分数方程可以写

成如下的形式

$$\frac{\partial Y_i}{\partial t}+u\frac{\partial Y_i}{\partial x}+v\frac{\partial Y_i}{\partial y}=0,\quad i=1,2,\cdots,m \tag{10.13}$$

其中，Y_i 表示第 i 种介质所占的体积分数。为简便起见，先介绍两种流体的情况，更多介质的流体的情况可类似地得到。

假设两种介质的定体热容分别为 C_{v1}、C_{v2}，定压热容分别为 C_{p1}、C_{p2}。对于给定的初始状态物理量

$$\boldsymbol{U}_1=(\rho_1,\rho_1u_1,\rho_1E_1),\quad \boldsymbol{U}_2=(\rho_2,\rho_2u_2,\rho_2E_2)$$

相应的两种介质的体积分数分别为 $Y_1=\rho_1/\rho$，$Y_2=\rho_2/\rho$。混合介质的绝热指数为

$$\gamma=\frac{Y_1C_{p1}+Y_2C_{p2}}{Y_1C_{v1}+Y_2C_{v2}}\quad \text{或}\quad \frac{1}{\gamma-1}=\sum_{i=1}^{N}\frac{Y_i}{\gamma_i-1}$$

$$B=\sum_{i=1}^{N}\frac{Y_i\gamma_iB_i}{\gamma_i-1}\Bigg/\left(1+\sum_{i=1}^{N}\frac{Y_i}{\gamma_i-1}\right)$$

对于气体，γ 为比热比。对于液体弹性密质介质，γ 为材料的拟合常数，B 为具有黏性张量量纲的材料常数。$\rho E=\rho e+\frac{1}{2}\rho\left(u^2+v^2\right)$，内能 $\rho e=\rho C_vT$，$C_v=Y_1C_{v_1}+Y_2C_{v_2}$。$\rho$ 表示混合介质的总密度，$\rho=\rho_1+\rho_2$，$\rho u=\rho_1u_1+\rho_2u_2$。

与 γ-model 方法相比较，体积分数方法一个明显的优势就是该方法能够方便地处理初始时刻界面不存在而是在时间推进的过程中形成的情况。例如，在化学变化过程中，在激波作用下，对于同一种介质，当温度达到一定的程度时，发生了化学变化，同时生成了另一种新的介质，与原来的介质混合或者形成交界面。体积分数方法还适合解决爆炸问题、对流扩散等问题。而 Level-Set 方法要求在初始时刻给出界面的位置，一般选择距离函数作为 Level-Set 函数的初值。采用体积分数模拟多介质流时，在满足 CFL 条件下，必须保证计算得到的每一种介质的体积分数 Y 在时间步推进过程中保持正性，且满足

$$\min_i Y_i^0\leqslant Y_i^n\leqslant \max_i Y_i^0 \tag{10.14}$$

把体积分数方程改用非守恒形式，对体积分数方程进行离散。可以验证这种方法在满足 CFL 的条件下，在时间步推进过程中，保证每种介质的体积分数 Y_i 恒为正值，且 $Y_i\in[0.1]$，符合物理上的要求，从而达到抑制虚假振荡的目的。与方程 (10.10) 的 γ-model 方法类似，把体积分数方程 (10.13)、Level-Set 方程和流体力学方程组耦合在一起求解。

$$\left\{\begin{array}{l}\dfrac{\partial \rho}{\partial t}+\dfrac{\partial(\rho u)}{\partial x}+\dfrac{\partial(\rho v)}{\partial y}=0 \\ \dfrac{\partial(\rho u)}{\partial t}+\dfrac{\partial(\rho u^2+p)}{\partial x}+\dfrac{\partial(\rho u v)}{\partial y}=0 \\ \dfrac{\partial(\rho v)}{\partial t}+\dfrac{\partial(\rho u v)}{\partial x}+\dfrac{\partial(\rho v^2+p)}{\partial y}=0 \\ \dfrac{\partial(\rho E)}{\partial t}+\dfrac{\partial(\partial u E+u p)}{\partial x}+\dfrac{\partial(\rho v E+v p)}{\partial y}=0 \\ \dfrac{\partial Y_i}{\partial t}+u \dfrac{\partial Y_i}{\partial x}+v \dfrac{\partial Y_i}{\partial y}=0 \quad (i=1,2,\cdots,m)\end{array}\right. \tag{10.15}$$

10.4 (M)WENO 插值

10.4.1 WENO 插值多项式的构造

下面考虑把高精度 (M)WENO 格式用于多介质流体的数值计算，为此先构造网格单元 I_i 上插值多项式，网格单元 $I_I=[x_{i-\frac{1}{2}}, x_{i+\frac{1}{2}}]$ 上的平均值满足

$$\bar{u}_i^n=\frac{1}{\Delta x_i} \int_{I_i} u(x, t^n)\,\mathrm{d} x \quad (i=1,2,\cdots,n) \tag{10.16}$$

构造次数为 $(k-1)$ 的插值多项式 $p_i(x)$，使得在每一个网格单元 I_i 上，k 阶逼近函数 $u(x)$，满足 $p_i(x)=u(x)+o(\Delta x^k)$，$x \in I_i (i=1,2,\cdots,n)$。函数在网格单元 I_i 边界点的近似值用插值多项式逼近，假设网格单元 I_i 边界点值是关于网格单元平均值的线性组合

$$p_{i+\frac{1}{2}}^{-}=\sum_{j=0}^{k-1} c_{rj} \bar{u}_{i-r+j}, \quad p_{i-\frac{1}{2}}^{+}=\sum_{j=0}^{k-1} \tilde{c}_{rj} \bar{u}_{i-r+j} \tag{10.17}$$

下面推导 c_{rj} 和 $\tilde{c}_{rj}$ 的求解过程。设 $U(x)=\displaystyle\int_{-\infty}^{x} u(\xi) \mathrm{d} \xi$，明显地有

$$U(x_{j+\frac{1}{2}})=\sum_{j=-\infty}^{i} \int_{j-\frac{1}{2}}^{j+\frac{1}{2}} u(\xi) \mathrm{d} \xi=\sum_{j=-\infty}^{i} \bar{u}_j \Delta x_j \tag{10.18}$$

首先在 $(k+1)$ 网格点 $x_{i-r-\frac{1}{2}}, \cdots, x_{i-r+k-\frac{1}{2}}$ 上构造原函数的 Lagrange 形式的插值多项式 $P(x)$，使其满足 $P'(x)=U'(x)+o(\Delta x^k)$，$x \in I_i$。原函数 Lagrange 形式插值多项式为

$$P(x)=\sum_{m=0}^{k} U(x_{i-r+m-\frac{1}{2}}) \prod_{\substack{l=0 \\ l \neq m}}^{k} \frac{x-x_{i-r+l-\frac{1}{2}}}{x_{i-r+m-\frac{1}{2}}-x_{i-r+l-\frac{1}{2}}} \tag{10.19}$$

为了易于处理，在上面的式子中加一个常数 $U(x_{i-r-\frac{1}{2}})$ 可以得到

$$\begin{aligned}&P(x)-U(x_{i-r-\frac{1}{2}})\\&=\sum_{m=0}^{k}\left(U(x_{i-r+m-\frac{1}{2}})-U(x_{i-r-\frac{1}{2}})\right)\prod_{\substack{l=0\\l\neq m}}^{k}\frac{x-x_{i-r+l-\frac{1}{2}}}{x_{i-r+m-\frac{1}{2}}-x_{i-r+l-\frac{1}{2}}}\end{aligned}\tag{10.20}$$

利用关系式 (10.18) 有 $U(x_{i-r+m-\frac{1}{2}})-U(x_{i-r-\frac{1}{2}})=\sum\limits_{j=0}^{m-1}\bar{u}_{i-r+j}\Delta x_{i-r+j}$。

对式 (10.20) 两边取导数，并将网格边界 $x_{i+\frac{1}{2}}$ 代入到求导后的多项式中得

$$\begin{aligned}&u_{i+\frac{1}{2}}\approx p(x_{i+\frac{1}{2}})\\&=\sum_{j=0}^{k-1}\left[\sum_{m=j+1}^{k}\frac{\sum\limits_{\substack{l=0\\l\neq m}}^{k}\prod\limits_{\substack{q=0\\q\neq m,l}}^{k}\left(x_{i+\frac{1}{2}}-x_{i-r+q-\frac{1}{2}}\right)}{\prod\limits_{\substack{l=0\\l\neq m}}^{k}\left(x_{i-r+m-\frac{1}{2}}-x_{i-r+l-\frac{1}{2}}\right)}\right]\Delta x_{i-r+j}\bar{u}_{i-r+j}\end{aligned}\tag{10.21}$$

所以对于等距网格，式 (10.17) 中插值多项式的系数 $c_{r,j}$ 应满足如下的关系式

$$c_{r,j}=\sum_{m=j+1}^{k}\frac{\sum\limits_{\substack{l=0\\l\neq m}}^{k}\prod\limits_{\substack{q=0\\q\neq m,l}}^{k}(r-q+1)}{\prod\limits_{\substack{l=0\\l\neq m}}^{k}(m-l)}\tag{10.22}$$

容易推得 $\tilde{c}_{r,j}=c_{r-1,j}$。插值多项式系数的计算也可以参阅相关的文献 [16]。

WENO 插值多项式的构造不是选择最光滑的节点模板构造插值多项式，而是利用模板上的所有网格点的信息，对每个子网格模板上构造的插值多项式按适当的权系数进行一次凸组合，要求权系数 ω_l 在间断解附近满足：基本无振荡 (ENO)；在光滑的区域，有尽可能高的精度；权系数之和为 1，即 $\sum\limits_{l=0}^{k-1}\omega_l=1$。对于 WENO 插值构造，利用模板上所有网格点的信息，对包含网格点 i 的每个子网格模板上构造的插值多项式进行一次凸组合。第 l 个子网格模板记为

$$S_{i,l}(i)=\{I_{i+l-k+1},I_{i+l-k+2},\cdots,I_{i+l}\}\ (l=0,1,\cdots,k-1)$$

共有k个子网格模板，在每个子网格模板上按照上面的方法构造相应的k阶 Lagrange 插值多项式$p_i^{(l)}(x)$，这样在整体网格模板上的插值多项式$p(x)=\sum\limits_{l=0}^{k-1}\omega_l p_i^{(l)}(x)$ 可以

达到 $(2k-1)$ 阶精度，ω_l 为第 l 个插值多项式 $p_i^{(l)}(x)$ 对应的权系数。对于一致网格，我们利用插值多项式系数的计算式 (10.22) 可求得在每个子网格模板上的插值多项式，如 $k=4$ 时，可求得在网格单元 I_i 右边界的逼近值为

$$
\begin{aligned}
p_{i+\frac{1}{2}}^{(0),-} &= \frac{1}{4}u_i + \frac{13}{12}u_{i+1} - \frac{5}{12}u_{i+2} + \frac{1}{12}u_{i+3}\\
p_{i+\frac{1}{2}}^{(1),-} &= -\frac{1}{12}u_{i-1} + \frac{7}{12}u_i + \frac{7}{12}u_{i+1} - \frac{1}{12}u_{i+2}\\
p_{i+\frac{1}{2}}^{(2),-} &= \frac{1}{12}u_{i-2} - \frac{5}{12}u_{i-1} + \frac{13}{12}u_i + \frac{1}{4}u_{i+1}\\
p_{i+\frac{1}{2}}^{(3),-} &= -\frac{1}{4}u_{i-3} + \frac{13}{12}u_{i-2} - \frac{23}{12}u_{i-1} + \frac{25}{12}u_i
\end{aligned}
$$

记每个多项式 $p_i^{(l)}(x)$ 的权系数为 ω_l，权系数的大小决定每个节点模板上的构造的插值多项式对最终插值多项式 $p(x)$ 贡献的大小。权系数 ω_l 的计算为

$$
\omega_l = \frac{\alpha_l}{\sum\limits_{l=0}^{k-1}\alpha_l}, \quad \alpha_l = \frac{c_l}{(\varepsilon + IS_l)^2} \quad (l=0,1,\cdots,k-1)
$$

式中，IS_l 为插值多项式的光滑因子，ε 一般取为 10^{-5}～10^{-7}。光滑因子是表示插值多项式函数光滑程度的度量，即表明插值多项式函数振荡程度如何。IS_l 越大，振荡越剧烈。采用 Jiang 和 Shu 提出的光滑因子的计算方法[17]。

10.4.2 MWENO 插值重构

多重加权基本无振荡 (MWENO) 格式的构造通过引进各个 k 阶网格模板和高于 k 阶的网格模板，并在相应的网格模板上构造高阶插值多项式，按照适当的权系数对插值多项式进行一次凸组合，从而得到网格单元边界上的插值多项式。MWENO 重构方法与文献 [18] 中双重加权基本无振荡 (DWENO) 重构思想类似。

下面给出在网格模板 $S=\{i-2,i-1,i,i+1,i+2\}$ 上 MWENO5 重构 $p_{i-\frac{1}{2}}^{+}$ 的过程。

$$
\begin{aligned}
p_{i-\frac{1}{2}}^{(0),+} &= -\frac{1}{12}u_{i-2} + \frac{7}{12}u_{i-1} + \frac{7}{12}u_i - \frac{1}{12}u_{i+1}\\
p_{i-\frac{1}{2}}^{(1),+} &= \frac{1}{6}u_{i-2} + \frac{5}{6}u_{i-1} + \frac{1}{3}u_i\\
p_{i-\frac{1}{2}}^{(2),+} &= \frac{1}{3}u_{i-1} + \frac{5}{6}u_i - \frac{1}{6}u_{i+1}\\
p_{i-\frac{1}{2}}^{(3),+} &= \frac{11}{6}u_i - \frac{7}{6}u_{i+1} + \frac{1}{3}u_{i+2}\\
p_{i-\frac{1}{2}}^{(4),+} &= \frac{1}{4}u_{i-1} + \frac{13}{12}u_i - \frac{5}{12}u_{i+1} + \frac{1}{12}u_{i+2}
\end{aligned}
$$

$$s_0=\frac{3}{10},s_1=\frac{3}{20},s_2=\frac{3}{10},s_3=\frac{1}{20},s_4=\frac{1}{5}$$
$$w_l=\frac{s_l}{(\varepsilon+IS_l)^2}\ (l=0,1,2,3,4)$$

IS_l 为插值多项式在 l 个网格模板上的光滑因子，所以

$$p^+_{i-\frac{1}{2}}=\sum_{l=0}^{k-1}\omega_l p_i^{(l),+}(x) \tag{10.23}$$

的重构过程可以类似地得到。

由上述 MWENO5 重构过程可以看出，与 WENO5 所选的网格点数相同，MWENO5 由于用到更高阶插值多项式的信息，因而在理论上应该比 WENO 格式有更强的捕捉间断的能力。

10.5　多介质流体耦合型方程组 (M)WENO 离散

由于在流体力学方程组中引入了非守恒形式的界面捕捉等效方程，方程 (10.8)、方程 (10.10) 和方程 (10.15) 中含有守恒和非守恒形式的方程，因而不能直接把求解守恒律方程组的数值方法 (WENO、NND、中心型格式等) 直接推广到耦合型方程组进行求解。LeVeque 提出的波传算法 (wave propagation algorithms)[19] 被成功地用来求解非守恒形式的流体动力学方程组。为了把高精度 (M)WENO 数值离散方法应用到多介质流体力学方程组求解，我们从波传算法的思想得到启发。该方法是在增量波上施加校正波，并用流量限制器抑制高阶项的引入带来的数值振荡，该方法实质上是在一阶迎风格式的基础上加上流量校正项，使格式达到二阶精度，其离散形式如下

$$\boldsymbol{U}_i^{n+1}=\boldsymbol{U}_i^n-\delta\boldsymbol{\Delta}_i^{\text{upwind}}-\delta(\tilde{\boldsymbol{F}}_{i+1}-\tilde{\boldsymbol{F}}_i) \tag{10.24}$$

其中，$\boldsymbol{\Delta}_i^{\text{upwind}}=\boldsymbol{A}^-(\boldsymbol{U}_{i+1}-\boldsymbol{U}_i)+\boldsymbol{A}^+(\boldsymbol{U}_i-\boldsymbol{U}_{i-1})$ 为一阶迎风格式，$\tilde{\boldsymbol{F}}_i$ 为流量校正部分，流量限制器 $\tilde{F}_i$ 的引入可以使格式近似达到二阶精度。Shyue 将波传算法用来模拟多介质流体界面问题[9,10]，Langseth 等[20] 把该算法用于三维双曲守恒律方程组问题的数值计算。为了把高精度 (M)WENO 格式应用于守恒和非守恒耦合形式流体力学方程组的求解，在此不是增加流量校正项，而是对守恒变量在网格单元边界上进行多重加权基本无振荡 (MWENO) 高阶插值重构，从而可以获得适用于求解耦合形式流体力学方程组的高精度数值计算格式。方程组 (10.9) 式中系数矩阵的上标 “ ^ ” 表示网格单元左右边界点上插值的 Roe 平均值。省去该上标，把单元网格内流通量的改变量看成是由左行波和右行波引起的流通量之和，即

$$F(\boldsymbol{U}_{\mathrm{r}})-F(\boldsymbol{U}_{\mathrm{l}})=\sum_{\lambda^s>0}\lambda_i^s\boldsymbol{W}_i^s+\sum_{\lambda^s<0}\lambda_i^s\boldsymbol{W}_i^s \tag{10.25}$$

根据上式可以把 Riemann 问题看成是一些子波 $\boldsymbol{W}_i^s$ 组成的波系结构，s 是波数，第 s 个子波的传播速度为 λ_i^s，波速的符号表示波的传播方向。对每个子波采用流量差分形式进行计算，并对各个子波的流量差分进行叠加。根据波的传播方向，把单元网格上流量的变化表示为正负流量之和，省去上标，方程组 (10.9) 可以写成如下形式的流量差分格式

$$\boldsymbol{U}_i^{n+1}=\boldsymbol{U}_i^n-\delta\left(\sum_{\lambda_s>0}\lambda_s\boldsymbol{W}_s+\sum_{\lambda_s<0}\lambda_s\boldsymbol{W}_s\right) \tag{10.26}$$

其中，$\delta=\dfrac{\Delta t}{\Delta x}$，$\delta\sum\limits_{\lambda_s>0}\lambda_s\boldsymbol{W}_s$ 和 $\delta\sum\limits_{\lambda_s<0}\lambda_s\boldsymbol{W}_s$ 分别表示向右和向左传播的波引起的网格单元流量平均值的改变，$\sum\limits_{\lambda_s>0}\lambda_s\boldsymbol{W}_s=\left(\boldsymbol{A}^+\Delta\boldsymbol{U}\right)_i$，$\sum\limits_{\lambda_s<0}\lambda_s\boldsymbol{W}_s=\left(\boldsymbol{A}^-\Delta\boldsymbol{U}\right)_{i+1}$。$\Delta t\lambda_s$ 表示 s 波在单元网格内传播的距离，$\delta\lambda_s$ 表示传进来的 s 波覆盖网格的分数。

记网格单元 $I_i=[x_{i-\frac{1}{2}},x_{i+\frac{1}{2}}]$，第 $(n+1)$ 时间层 $t^{n+1}=t^n+\Delta t$，$u_i^n=u\left(x_i,t^n\right)$ 表示点值，$\bar{u}_i^n=\dfrac{1}{\Delta x_i}\displaystyle\int_{I_i}u(x,t^n)\,\mathrm{d}x$，$\bar{u}_i^n$ 是第 n 时间层上网格单元 I_i 上的平均值。记

$$\frac{\partial\boldsymbol{F}}{\partial\boldsymbol{U}}=\hat{\boldsymbol{A}}\left(\hat{\boldsymbol{U}}_{i+\frac{1}{2}}\right)=\hat{\boldsymbol{R}}\mathrm{diag}\left(\hat{\lambda}_{i+\frac{1}{2}}^1,\cdots,\hat{\lambda}_{i+\frac{1}{2}}^s\right)\hat{\boldsymbol{L}}$$

其中，$\hat{\boldsymbol{l}}_s(s=1,\cdots,m)$ 为矩阵 $\hat{\boldsymbol{L}}$ 的左特征行向量，即有 $\hat{\boldsymbol{L}}=\left(\hat{\boldsymbol{l}}_1,\cdots,\hat{\boldsymbol{l}}_m\right)^{\mathrm{T}}$。$\hat{\boldsymbol{r}}_s(s=1,\cdots,m)$ 为矩阵 $\hat{\boldsymbol{R}}$ 的右特征列向量，即有 $\hat{\boldsymbol{R}}=(\hat{\boldsymbol{r}}_1,\cdots,\hat{\boldsymbol{r}}_m)$。$\hat{\boldsymbol{A}}^+$、$\hat{\boldsymbol{A}}^-$ 分别用网格单元 i 的边界点 $i+\dfrac{1}{2}$ 和 $i-\dfrac{1}{2}$ 的右状态和左状态进行 Roe 平均。对特征矩阵进行如下形式的分解：系数矩阵

$$\hat{\boldsymbol{A}}^{\pm}=\hat{\boldsymbol{R}}\cdot\mathrm{diag}(\hat{\lambda}_1^{\pm},\cdots,\hat{\lambda}_6^{\pm})\cdot\left(\hat{\boldsymbol{R}}\right)^{-1}$$

$\hat{\lambda}_s^+=\max(\hat{\lambda}_s,0),\hat{\lambda}_s^-=\min(\hat{\lambda}_s,0)\ (s=1,\cdots,m)$。特征值 $\hat{\lambda}_s$ 分别为：$\hat{\lambda}_1=\hat{u}-\hat{c},\hat{\lambda}_2=\hat{u},\hat{\lambda}_3=\hat{u}+\hat{c},\hat{\lambda}_4=\hat{u},\hat{\lambda}_5=\hat{u},\hat{\lambda}_6=\hat{u}$。右特征矩阵 $\hat{\boldsymbol{R}}$ 可具体表示为

$$\hat{\boldsymbol{R}}=\begin{pmatrix}1&1&1&0&0&0\\ \hat{u}-\hat{c}&\hat{u}&\hat{u}+\hat{c}&0&0&0\\ \hat{H}-\hat{u}\hat{c}&(\hat{u})^2/2&\hat{H}+\hat{u}\hat{c}&\hat{p}&1&0\\ 0&0&0&1&0&0\\ 0&0&0&0&1&0\\ 0&0&0&0&0&1\end{pmatrix} \tag{10.27}$$

式中，$\hat{c}$ 为声速，$\hat{H}$ 为焓。

例如，在第 n 时间层上 $\hat{u}_i^{n,\pm}$ 按如下的方法进行计算

$$\hat{u}_{i+1}^n = \frac{\sqrt{\rho_{i-\frac{1}{2}}^{n,+}}u_{i-\frac{1}{2}}^{n,+} + \sqrt{\rho_{i+\frac{1}{2}}^{n,+}}u_{i+\frac{1}{2}}^{n,+}}{\sqrt{\rho_{i-\frac{1}{2}}^{n,+}} + \sqrt{\rho_{i+\frac{1}{2}}^{n,+}}}, \quad \hat{u}_i^n = \frac{\sqrt{\rho_{i-\frac{1}{2}}^{n,-}}u_{i-\frac{1}{2}}^{n,-} + \sqrt{\rho_{i+\frac{1}{2}}^{n,-}}u_{i+\frac{1}{2}}^{n,-}}{\sqrt{\rho_{i-\frac{1}{2}}^{n,-}} + \sqrt{\rho_{i+\frac{1}{2}}^{n,-}}} \tag{10.28}$$

$u_{i-\frac{1}{2}}^{n,-}$、$u_{i+\frac{1}{2}}^{n,+}$分别表示在第n时间层网格单元I_i的左右边界点值，它是通过 (M)WENO 插值得到的。令

$$\hat{\boldsymbol{\alpha}}_i = \hat{\boldsymbol{R}}_i^{-1}\left(\boldsymbol{U}_{i+\frac{1}{2}}^- - \boldsymbol{U}_{i-\frac{1}{2}}^-\right), \quad \hat{\boldsymbol{\alpha}}_{i+1} = \hat{\boldsymbol{R}}_{i+1}^{-1}\left(\boldsymbol{U}_{i+\frac{1}{2}}^+ - \boldsymbol{U}_{i-\frac{1}{2}}^+\right) \tag{10.29}$$

其中，$\hat{\boldsymbol{\alpha}}_i$ 称为强度因子，为列向量，其第 s 个分量记为 $\hat{\alpha}_{s,i}$ $(s=1,\cdots,m)$。

$$\begin{aligned}
\hat{\boldsymbol{\alpha}}_2 &= \frac{\hat{\gamma}-1}{\hat{c}^2}\left[\left(\hat{H}-\hat{u}^2\right)\Delta\boldsymbol{U}_1 + u\Delta\boldsymbol{U}_2 - \Delta\boldsymbol{U}_3 + \hat{p}\Delta\boldsymbol{U}_4 + \Delta\boldsymbol{U}_5 + \Delta\boldsymbol{U}_6\right]\\
\hat{\boldsymbol{\alpha}}_3 &= \frac{1}{2\hat{c}}\left[(\hat{c}-\hat{u})\Delta\boldsymbol{U}_1 + \Delta\boldsymbol{U}_2 - \hat{c}\hat{\boldsymbol{\alpha}}_2\right]\\
\hat{\boldsymbol{\alpha}}_1 &= \Delta\boldsymbol{U}_1 - \hat{\boldsymbol{\alpha}}_2 - \hat{\boldsymbol{\alpha}}_3\\
\hat{\boldsymbol{\alpha}}_4 &= \Delta\left(\frac{1}{\gamma-1}\right), \quad \hat{\boldsymbol{\alpha}}_5 = \Delta\left(\frac{\gamma \mathrm{B}}{\gamma-1}\right), \quad \hat{\boldsymbol{\alpha}}_6 = \Delta\varPhi
\end{aligned}$$

其中，$\Delta U_s(s=1,\cdots,m)$ 表示守恒变量在网格单元边界上的 (M)WENO 插值重构的插值。注意到在相同位置 $x_{i+\frac{1}{2}}$ 而上标 “±” 不同的边界点的值的区别在于：$u_{i+\frac{1}{2}}^{n,-}$ 是关于网格单元 I_i 构造的 (M)WENO 插值多项式在右边界点的值；$u_{i+\frac{1}{2}}^{n,+}$ 是关于网格单元 I_{i+1} 构造的 (M)WENO 插值多项式在左边界点的值。在式 (10.26) 中 s 波 $\boldsymbol{W}_i^s$ 可以表示成

$$\boldsymbol{W}_i^s = \hat{\boldsymbol{\alpha}}_{s,i}\hat{\boldsymbol{r}}_s \tag{10.30}$$

方程 (10.8) 的半离散形式为

$$\frac{\mathrm{d}\bar{\boldsymbol{U}}_i}{\mathrm{d}t} = -\frac{1}{\Delta x_i}\hat{\boldsymbol{A}}^+(\boldsymbol{U}_{i+\frac{1}{2}}^{n,-} - \boldsymbol{U}_{i-\frac{1}{2}}^{n,-}) - \frac{1}{\Delta x_i}\hat{\boldsymbol{A}}^-(\boldsymbol{U}_{i+\frac{1}{2}}^{n,+} - \boldsymbol{U}_{i-\frac{1}{2}}^{n,+}) \tag{10.31}$$

根据特征值的符号确定流动的方向，把式 (10.31) 中的 $\hat{\boldsymbol{A}}^{\pm}$ 进行特征分解并把式 (10.30) 代入方程写成如下的全离散形式

$$\boldsymbol{U}_i^{n+1} = \boldsymbol{U}_i^n - \delta\sum_{s=1}^{m}\left[\left(\hat{\boldsymbol{\lambda}}_s^-\hat{\boldsymbol{\alpha}}_s\hat{\boldsymbol{r}}_s\right)_{i+1}^n + \left(\hat{\boldsymbol{\lambda}}_s^+\hat{\boldsymbol{\alpha}}_s\hat{\boldsymbol{r}}_s\right)_i^n\right] \tag{10.32}$$

其中，$\delta = \dfrac{\Delta t}{\Delta x}$，$\hat{\boldsymbol{r}}_s$表示右特征矩阵 $\hat{\boldsymbol{R}}$ 的第 s 个列向量。

类似一维问题，用维数分裂的方法在 x，y 坐标方向上进行离散，可以写成如下的半离散形式

$$\frac{\mathrm{d}\bar{\boldsymbol{U}}_{i,j}}{\mathrm{d}t} = -\frac{1}{\Delta x_i}[\hat{\boldsymbol{A}}^+(\boldsymbol{U}_{i+\frac{1}{2},j}^{n,-} - \boldsymbol{U}_{i-\frac{1}{2},j}^{n,-}) + \hat{\boldsymbol{A}}^-(\boldsymbol{U}_{i+\frac{1}{2},j}^{n,+} - \boldsymbol{U}_{i-\frac{1}{2},j}^{n,+})]$$

$$-\frac{1}{\Delta y_i}[\hat{\boldsymbol{B}}^+(\boldsymbol{U}^{n,-}_{i,j+\frac{1}{2}}-\boldsymbol{U}^{n,-}_{i,j-\frac{1}{2}})+\hat{\boldsymbol{B}}^-(\boldsymbol{U}^{n,+}_{i,j+\frac{1}{2}}-\boldsymbol{U}^{n,+}_{i,j-\frac{1}{2}})] \quad (10.33)$$

矩阵 $\hat{\boldsymbol{A}}^{\pm}$、$\hat{\boldsymbol{B}}^{\pm}$ 为 7×7 矩阵，其中的变量用类似式 (10.28) 的方式进行 Roe 平均。

$$\hat{\boldsymbol{A}}^{\pm}=\hat{\boldsymbol{R}}_A\cdot\mathrm{diag}(\hat{\lambda}_1^{\pm},\cdots,\hat{\lambda}_m^{\pm})\cdot\hat{\boldsymbol{R}}_A^{-1},\quad \hat{\boldsymbol{B}}^{\pm}=\hat{\boldsymbol{R}}_B\cdot\mathrm{diag}(\hat{\mu}_1^{\pm},\cdots,\hat{\mu}_m^{\pm})\cdot\hat{\boldsymbol{R}}_B^{-1} \quad (10.34)$$

$\hat{\boldsymbol{\lambda}}_s^+=\max(\hat{\lambda}_s,0),\hat{\boldsymbol{\lambda}}_s^-=\min(\hat{\lambda}_s,0),\hat{\boldsymbol{\mu}}_s^+=\max(\hat{\boldsymbol{\mu}}_s,0),\hat{\boldsymbol{\mu}}_s^-=\min(\hat{\mu}_s,0)\ (s=1,\cdots,m)$。$\boldsymbol{U}^{n,\pm}_{i+\frac{1}{2},j},\boldsymbol{U}^{n,\pm}_{i-\frac{1}{2},j},\boldsymbol{U}^{n,\pm}_{i,j+\frac{1}{2}},\boldsymbol{U}^{n,\pm}_{i,j-\frac{1}{2}}$ 分别在两个坐标方向上 WENO 插值得到。令

$$\begin{aligned}
\hat{\boldsymbol{\alpha}}_i^A&=\left(\hat{\boldsymbol{R}}_A^{-1}\right)_i\left(\boldsymbol{U}^-_{(i+\frac{1}{2},j)}-U^-_{(i-\frac{1}{2},j)}\right),\quad \hat{\boldsymbol{\alpha}}_{i+1}^A=\left(\hat{\boldsymbol{R}}_A^{-1}\right)_{i+1}\left(\boldsymbol{U}^+_{(i+\frac{1}{2},j)}-\boldsymbol{U}^+_{(i-\frac{1}{2},j)}\right)\\
\hat{\boldsymbol{\alpha}}_j^B&=\left(\hat{\boldsymbol{R}}_B^{-1}\right)_j\left(\boldsymbol{U}^-_{(i,j+\frac{1}{2})}-\boldsymbol{U}^-_{(i,j-\frac{1}{2})}\right),\quad \hat{\boldsymbol{\alpha}}_{j+1}^B=\left(\hat{\boldsymbol{R}}_B^{-1}\right)_{j+1}\left(\boldsymbol{U}^+_{(i,j+\frac{1}{2})}-\boldsymbol{U}^+_{(i,j-\frac{1}{2})}\right)
\end{aligned} \quad (10.35)$$

$\hat{\boldsymbol{\alpha}}^A$、$\hat{\boldsymbol{\alpha}}^B$ 为列向量，$\hat{\alpha}_s^A$、$\hat{\alpha}_s^B(s=1,\cdots,7)$ 分别是它们的第 s 个分量。

$\boldsymbol{A}$ 矩阵的强度因子为

$$\begin{aligned}
\hat{\boldsymbol{\alpha}}_1^A=&\frac{1}{2\hat{H}-(\hat{u}^2+\hat{v}^2)}\left[\frac{1}{2}\left(\hat{u}^2+\hat{v}^2\right)\left(1-\frac{\hat{u}}{\hat{c}}\right)+\frac{\hat{u}\hat{H}}{\hat{c}}\right]\Delta\boldsymbol{U}_1\\
&+\left(\frac{\hat{u}^2}{2\hat{c}}+\frac{\hat{v}^2}{2\hat{c}}-\frac{\hat{H}}{\hat{c}}-\hat{u}\right)\Delta\boldsymbol{U}_2-\hat{v}\Delta\boldsymbol{U}_3+\Delta\boldsymbol{U}_4-\hat{p}\Delta\boldsymbol{U}_5-\Delta\boldsymbol{U}_6\\
\hat{\boldsymbol{\alpha}}_2^A=&-\hat{v}\Delta\boldsymbol{U}_1+\Delta\boldsymbol{U}_3\\
\hat{\boldsymbol{\alpha}}_3^A=&\left(\frac{\hat{u}}{\hat{c}}+1\right)\Delta\boldsymbol{U}_1-\frac{1}{\hat{c}}\Delta\boldsymbol{U}_2-2\hat{\boldsymbol{\alpha}}_1^A\\
\hat{\boldsymbol{\alpha}}_4^A=&-\frac{\hat{u}}{\hat{c}}\Delta\boldsymbol{U}_1+\frac{1}{\hat{c}}\Delta\boldsymbol{U}_2+\hat{\boldsymbol{\alpha}}_1^A\\
\hat{\boldsymbol{\alpha}}_5^A=&\Delta\boldsymbol{U}_5,\quad \hat{\boldsymbol{\alpha}}_6^A=\Delta\boldsymbol{U}_6,\quad \hat{\boldsymbol{\alpha}}_7^A=\Delta\boldsymbol{U}_7
\end{aligned}$$

类似地，可以计算出 $\boldsymbol{B}$ 矩阵的强度因子为

$$\begin{aligned}
\hat{\boldsymbol{\alpha}}_1^B=&\frac{1}{2\hat{H}-(\hat{u}^2+\hat{v}^2)}\left[\frac{1}{2}\left(\hat{u}^2+\hat{v}^2\right)\left(1-\frac{\hat{v}}{\hat{c}}\right)+\frac{\hat{v}\hat{H}}{\hat{c}}\right]\Delta U_1-\hat{u}\Delta\boldsymbol{U}_2\\
&+\left(\frac{\hat{u}^2}{2\hat{c}}+\frac{\hat{v}^2}{2\hat{c}}-\frac{\hat{H}}{\hat{c}}-\hat{v}\right)\Delta\boldsymbol{U}_3+\Delta\boldsymbol{U}_4-\hat{p}\Delta\boldsymbol{U}_5-\Delta\boldsymbol{U}_6\\
\hat{\boldsymbol{\alpha}}_2^B=&-\hat{u}\Delta\boldsymbol{U}_1+\Delta\boldsymbol{U}_2\\
\hat{\boldsymbol{\alpha}}_3^B=&\left(\frac{\hat{v}}{\hat{c}}+1\right)\Delta\boldsymbol{U}_1-\frac{1}{\hat{c}}\Delta\boldsymbol{U}_3-2\hat{\boldsymbol{\alpha}}_1^B\\
\hat{\boldsymbol{\alpha}}_4^B=&-\frac{\hat{v}}{\hat{c}}\Delta\boldsymbol{U}_1+\frac{1}{\hat{c}}\Delta\boldsymbol{U}_3+\hat{\boldsymbol{\alpha}}_1^B
\end{aligned}$$

$$\hat{\boldsymbol{\alpha}}_5^B = \Delta \boldsymbol{U}_5, \quad \hat{\boldsymbol{\alpha}}_6^B = \Delta \boldsymbol{U}_6, \quad \hat{\boldsymbol{\alpha}}_7^B = \Delta \boldsymbol{U}_7$$

根据特征值的符号确定流动的方向，把式 (10.33) 中的 $\hat{\boldsymbol{A}}^{\pm}$、$\hat{\boldsymbol{B}}^{\pm}$ 用式 (10.34) 替换并把式 (10.35) 代入方程可以得到流体力学方程组 (10.11) 的全离散格式

$$\begin{aligned}
\boldsymbol{U}_{i,j}^{n+1} =& \boldsymbol{U}_{i,j}^{n} - \frac{\Delta t}{\Delta x}\left(\left(\hat{\boldsymbol{A}}^{-}\Delta \boldsymbol{U}\right)_{i+1,j} + \left(\hat{\boldsymbol{A}}^{+}\Delta \boldsymbol{U}\right)_{i,j}\right) \\
&- \frac{\Delta t}{\Delta y}\left(\left(\hat{\boldsymbol{B}}^{-}\Delta \boldsymbol{U}\right)_{i,j+1} + \left(\hat{\boldsymbol{B}}^{+}\Delta \boldsymbol{U}\right)_{i,j}\right) \\
=& \boldsymbol{U}_{i,j}^{n} - \frac{\Delta t}{\Delta x}\sum_{s=1}^{7}\left[\left(\hat{\lambda}_s^{-}\hat{\boldsymbol{\alpha}}_s^{A}\hat{\boldsymbol{r}}_A^{s}\right)_{i+1,j}^{n} + \left(\hat{\lambda}_s^{+}\hat{\boldsymbol{\alpha}}_s^{A}\hat{\boldsymbol{r}}_A^{s}\right)_{i,j}^{n}\right] \\
&- \frac{\Delta t}{\Delta y}\sum_{s=1}^{7}\left[\left(\hat{\mu}_s^{-}\hat{\boldsymbol{\alpha}}_s^{B}\hat{\boldsymbol{r}}_B^{s}\right)_{i,j+1}^{n} + \left(\hat{\mu}_s^{+}\hat{\boldsymbol{\alpha}}_s^{B}\hat{\boldsymbol{r}}_B^{s}\right)_{i,j}^{n}\right]
\end{aligned} \tag{10.36}$$

其中，$\hat{\boldsymbol{r}}_A^s$、$\hat{\boldsymbol{r}}_B^s$ 分别是右特征矩阵 $\hat{\boldsymbol{R}}_A$ 和 $\hat{\boldsymbol{R}}_B$ 的第 s 个列向量。类似地，三维问题流体力学方程组 (10.12) 的全离散格式可以写成如下的形式

$$\begin{aligned}
\boldsymbol{U}_{i,j,k}^{n+1} =& \boldsymbol{U}_{i,j,k}^{n} - \frac{\Delta t}{\Delta x}\left(\left(\hat{\boldsymbol{A}}^{-}\Delta \boldsymbol{U}\right)_{i+1,j,k} + \left(\hat{\boldsymbol{A}}^{+}\Delta \boldsymbol{U}\right)_{i,j,k}\right) \\
&- \frac{\Delta t}{\Delta y}\left(\left(\hat{\boldsymbol{B}}^{-}\Delta \boldsymbol{U}\right)_{i,j+1,k} + \left(\hat{\boldsymbol{B}}^{+}\Delta \boldsymbol{U}\right)_{i,j,k}\right) \\
&- \frac{\Delta t}{\Delta z}\left(\left(\hat{\boldsymbol{C}}^{-}\Delta \boldsymbol{U}\right)_{i,j,k+1} + \left(\hat{\boldsymbol{C}}^{+}\Delta \boldsymbol{U}\right)_{i,j,k}\right) \\
=& \boldsymbol{U}_{i,j,k}^{n} - \frac{\Delta t}{\Delta x}\sum_{s=1}^{8}\left[\left(\hat{\lambda}_s^{-}\hat{\boldsymbol{\alpha}}_s^{A}\hat{\boldsymbol{r}}_A^{s}\right)_{i+1,j,k}^{n} + \left(\hat{\lambda}_s^{+}\hat{\boldsymbol{\alpha}}_s^{A}\hat{\boldsymbol{r}}_A^{s}\right)_{i,j,k}^{n}\right] \\
&- \frac{\Delta t}{\Delta y}\sum_{s=1}^{8}\left[\left(\hat{\mu}_s^{-}\hat{\boldsymbol{\alpha}}_s^{B}\hat{\boldsymbol{r}}_B^{s}\right)_{i,j+1,k}^{n} + \left(\hat{\mu}_s^{+}\hat{\boldsymbol{\alpha}}_s^{B}\hat{\boldsymbol{r}}_B^{s}\right)_{i,j,k}^{n}\right] \\
&- \frac{\Delta t}{\Delta z}\sum_{s=1}^{8}\left[\left(\hat{\omega}_s^{-}\hat{\boldsymbol{\alpha}}_s^{C}\hat{\boldsymbol{r}}_C^{s}\right)_{i,j,k+1}^{n} + \left(\hat{\omega}_s^{+}\hat{\boldsymbol{\alpha}}_s^{C}\hat{\boldsymbol{r}}_C^{s}\right)_{i,j,k}^{n}\right]
\end{aligned} \tag{10.37}$$

10.6　中心型格式

Nessyahu 和 Tadmor[13,21] 提出的无振荡中心型格式避免了风向的判断，无需求解 Riemann 问题，在实施数值计算时具有简捷方便的特点，本节考虑把无振荡中心型格式应用于多介质流体的数值模拟，我们对流体力学方程组 (10.8) 进行如下的离散

$$\bar{\boldsymbol{U}}_{i+\frac{1}{2}}^{n+1} = \frac{1}{2}\left(\bar{\boldsymbol{U}}_i^n + \bar{\boldsymbol{U}}_{i+1}^n\right) - \frac{1}{8}\left(\boldsymbol{U}_{i+1}^x - \boldsymbol{U}_i^x\right) - \lambda\left[f\left(\boldsymbol{U}_{i+1}^{n+\frac{1}{2}}\right) - f\left(\boldsymbol{U}_i^{n+\frac{1}{2}}\right)\right] \tag{10.38}$$

也可以改写成如下的全离散的中心型格式为

$$\bar{\boldsymbol{U}}_{i+\frac{1}{2}}^{n+1}=\frac{1}{2}\left(\boldsymbol{U}_i^n+\boldsymbol{U}_{i+1}^n\right)-\lambda\left[\hat{f}\left(\boldsymbol{U}_{i+1}^{n+\frac{1}{2}}\right)-\hat{f}\left(\boldsymbol{U}_i^{n+\frac{1}{2}}\right)\right] \tag{10.39}$$

其中，

$$\hat{f}\left(\boldsymbol{U}_i^{n+\frac{1}{2}}\right)=f\left(\boldsymbol{U}_i^{n+\frac{1}{2}}\right)+\frac{1}{8\lambda}\boldsymbol{U}_i^x$$

$$\boldsymbol{U}_i^x=\mathrm{MM}\left(\theta\Delta\boldsymbol{U}_{i+\frac{1}{2}},\frac{\theta}{2}\left(\Delta\boldsymbol{U}_{i-\frac{1}{2}}+\Delta\boldsymbol{U}_{i+\frac{1}{2}}\right),\theta\boldsymbol{U}_{i-\frac{1}{2}}\right)$$

MM 为 min mod 限制器，对 $\boldsymbol{U}_{i+1}^{n+\frac{1}{2}}$ 进行泰勒展开得

$$\boldsymbol{U}_{i+1}^{n+\frac{1}{2}}=\bar{\boldsymbol{U}}_i^n-\frac{\Delta t}{2}\frac{\partial}{\partial x}f\left(\boldsymbol{U}_i\right)_t\left(t^n\right)+o\left(\Delta t^2\right)=\bar{\boldsymbol{U}}_i^n-\frac{\lambda}{2}f^x\left(\boldsymbol{U}_i\right)+o\left(\Delta t^2\right) \tag{10.40}$$

$\dfrac{1}{\Delta x}f^x\left(\boldsymbol{U}_i\right)$ 表示数值通量 $f\left(\boldsymbol{U}\left(t,x=x_i\right)\right)$ 导数的近似。

$$\frac{1}{\Delta x}f^x\left(\boldsymbol{U}_i\right)=\frac{\partial}{\partial x}f\left(\boldsymbol{U}\left(t,x=x_i\right)\right)+o\left(\Delta x\right) \tag{10.41}$$

把 min mod 算子应用于 f 的每一个分量来计算 $f^x\left(\boldsymbol{U}_i\right)$。

综上所述，方程 (10.39) ～方程 (10.41) 为双曲守恒律方程组交错形式的中心型预估-校正格式。

二维问题的高分辨率交错形式无振荡中心型格式可以写成

$$\begin{aligned}\boldsymbol{U}_i^{n+\frac{1}{2}}&=\bar{\boldsymbol{U}}_{i,j}^n-\frac{\Delta t}{2}\frac{\partial}{\partial x}f\left(\boldsymbol{U}_{i,j}\right)-\frac{\Delta t}{2}\frac{\partial}{\partial y}g\left(\boldsymbol{U}_{i,j}\right)+o\left(\Delta t^2\right)\\&=\bar{\boldsymbol{U}}_{i,j}^n-\frac{\lambda}{2}f^x\left(\boldsymbol{U}_{i,j}\right)-\frac{\mu}{2}f^y\left(\boldsymbol{U}_{i,j}\right)+o\left(\Delta t^2\right)\end{aligned} \tag{10.42}$$

这里

$$f^x\left(\boldsymbol{U}_{i,j}\right)=\Delta x\frac{\partial}{\partial x}f\left(\boldsymbol{U}\left(t,x_i,y_i\right)\right)+o\left(\Delta x^2\right)$$

$$g^y\left(\boldsymbol{U}_{i,j}\right)=\Delta y\frac{\partial}{\partial y}f\left(\boldsymbol{U}\left(t,x_i,y_i\right)\right)+o\left(\Delta y^2\right)$$

$$\begin{aligned}\bar{\boldsymbol{U}}_{i+\frac{1}{2},j}^{n+1}=&\frac{1}{4}\left(\bar{\boldsymbol{U}}_{i,j}^n+\bar{\boldsymbol{U}}_{i+1,j}^n+\bar{\boldsymbol{U}}_{i,j+1}^n+\bar{\boldsymbol{U}}_{i+1,j+1}^n\right)\\&-\frac{1}{16}\left(\boldsymbol{U}_{i+1,j}^x-\boldsymbol{U}_{i,j}^x\right)-\frac{\lambda}{2}\left(f\left(\boldsymbol{U}_{i+1,j}^{n+\frac{1}{2}}\right)-f\left(\boldsymbol{U}_{i,j}^{n+\frac{1}{2}}\right)\right)\\&-\frac{1}{16}\left(\boldsymbol{U}_{i+1,j+1}^x-\boldsymbol{U}_{i,j+1}^x\right)-\frac{\lambda}{2}\left(f\left(\boldsymbol{U}_{i+1,j+1}^{n+\frac{1}{2}}\right)-f\left(\boldsymbol{U}_{i,j+1}^{n+\frac{1}{2}}\right)\right)\\&-\frac{1}{16}\left(\boldsymbol{U}_{i,j+1}^y-\boldsymbol{U}_{i,j}^y\right)-\frac{\mu}{2}\left(g\left(\boldsymbol{U}_{i,j+1}^{n+\frac{1}{2}}\right)-g\left(\boldsymbol{U}_{i,j+1}^{n+\frac{1}{2}}\right)\right)\\&-\frac{1}{16}\left(\boldsymbol{U}_{i+1,j+1}^y-\boldsymbol{U}_{i+1,j}^y\right)-\frac{\mu}{2}\left(g\left(\boldsymbol{U}_{i+1,j+1}^{n+\frac{1}{2}}\right)-g\left(\boldsymbol{U}_{i+1,j}^{n+\frac{1}{2}}\right)\right)\end{aligned} \tag{10.43}$$

其中，$\lambda=\dfrac{\Delta x}{\Delta t}$，$\mu=\dfrac{\Delta y}{\Delta t}$。

10.7　NND 差分格式

张涵信提出的无波动无自由参数耗散 (NND) 差分格式[22]，从修正方程出发分析了激波上下游发生振荡的原因，它与三阶色散项和四阶耗散项的系数正负有关。这种格式实质上是二阶迎风格式、一阶迎风格式、中心差分格式的混合型格式，针对激波上下游分别采用不同形式的混合格式。需要计算 x，y 两个方向的 Riemann 问题，把方程

$$\frac{\partial \boldsymbol{q}}{\partial t}+\frac{\partial \boldsymbol{F}_1}{\partial x}+\frac{\partial \boldsymbol{F}_2}{\partial y}=0 \tag{10.44}$$

写成两坐标轴方向上通量分裂形式

$$\frac{\partial \boldsymbol{q}}{\partial t}+\frac{\partial \boldsymbol{F}_1^+}{\partial x}+\frac{\partial \boldsymbol{F}_1^-}{\partial x}=0 \tag{10.45}$$

$$\frac{\partial \boldsymbol{q}}{\partial t}+\frac{\partial \boldsymbol{F}_2^+}{\partial y}+\frac{\partial \boldsymbol{F}_2^-}{\partial y}=0 \tag{10.46}$$

在激波的上游区，用二阶迎风格式对矩阵 $\dfrac{\partial \boldsymbol{F}_1^+}{\partial x}$、$\dfrac{\partial \boldsymbol{F}_2^+}{\partial y}$ 进行离散，用中心格式对 $\dfrac{\partial \boldsymbol{F}_1^-}{\partial x}$、$\dfrac{\partial \boldsymbol{F}_2^-}{\partial y}$ 进行离散；在激波的下游区，用中心格式对 $\dfrac{\partial \boldsymbol{F}_1^+}{\partial x}$、$\dfrac{\partial \boldsymbol{F}_2^+}{\partial y}$ 进行离散：用二阶迎风格式对 $\dfrac{\partial \boldsymbol{F}_1^-}{\partial x}$、$\dfrac{\partial \boldsymbol{F}_2^-}{\partial y}$ 进行离散。

在数值解的波动区域，通量 $\Delta \boldsymbol{F}_{i+\frac{1}{2}}$ 和 $\Delta \boldsymbol{F}_{i-\frac{1}{2}}$ 异号，采用一阶迎风型格式使局部极值逐渐消除从而抑制数值振荡。这样保证了在激波的上下游都满足熵增条件。在 x 方向上，对方程 (10.45) 具体作如下离散：在激波上游区，用中心型格式离散 $\dfrac{\partial \boldsymbol{F}_1^-}{\partial x}$，用二阶迎风格式离散 $\dfrac{\partial \boldsymbol{F}_1^+}{\partial x}$，激波上游区的离散为

$$\boldsymbol{q}_{i,j}^{n+1}=\boldsymbol{q}_{i,j}^{n}-\frac{\Delta t}{2\Delta x}\boldsymbol{A}^-(\boldsymbol{q}_{i+1,j}^{n}-\boldsymbol{q}_{i-1,j}^{n})-\frac{\Delta t}{2\Delta x}\boldsymbol{A}^+(3\boldsymbol{q}_{i,j}^{n}-4\boldsymbol{q}_{i-1,j}^{n}+\boldsymbol{q}_{i-2,j}^{n}) \tag{10.47}$$

在激波下游区，用中心型格式离散 $\dfrac{\partial \boldsymbol{F}_1^+}{\partial x}$，用二阶迎风格式离散 $\dfrac{\partial \boldsymbol{F}_1^-}{\partial x}$，激波下游区的离散为

$$\boldsymbol{q}_{i,j}^{n+1}=\boldsymbol{q}_{i,j}^{n}-\frac{\Delta t}{2\Delta x}\boldsymbol{A}^+(\boldsymbol{q}_{i+1,j}^{n}-\boldsymbol{q}_{i-1,j}^{n})-\frac{\Delta t}{2\Delta x}\boldsymbol{A}^-(3\boldsymbol{q}_{i,j}^{n}-4\boldsymbol{q}_{i+1,j}^{n}+\boldsymbol{q}_{i+2,j}^{n}) \tag{10.48}$$

在波动区域，采用一阶迎风格式离散

$$\boldsymbol{q}_{i,j}^{n+1}=\boldsymbol{q}_{i,j}^{n}-\frac{\Delta t}{\Delta x}\boldsymbol{A}^+\left(\boldsymbol{q}_{i+1,j}^{n}-\boldsymbol{q}_{i,j}^{n}\right)-\frac{\Delta t}{\Delta x}\boldsymbol{A}^-\left(\boldsymbol{q}_{i,j}^{n}-\boldsymbol{q}_{i-1,j}^{n}\right) \tag{10.49}$$

其中，Jacobi 矩阵 $\boldsymbol{A}^+$、$\boldsymbol{A}^-$ 用 Roe 平均，$\boldsymbol{A}^\pm=\boldsymbol{R}\boldsymbol{\Lambda}^\pm\boldsymbol{R}^{-1}$，$\boldsymbol{\Lambda}^\pm=\mathrm{diag}(\lambda_p^\pm)$，$\lambda_p^+=\max(\lambda_p,0)$，$\lambda_p^-=\min(\lambda_p,0)$。在 y 方向上，对方程 (10.46) 进行类似地离散。

用 NND 方法进行离散时，首先需要判断网格节点在哪种类型的间断区域，我们采用如下的规则进行判断：在每个坐标方向上计算出两个单侧导数分别记为 $\Delta^+\boldsymbol{F}$ 和 $\Delta^-\boldsymbol{F}$，并记 $\Delta^2\boldsymbol{F}=\Delta^+\boldsymbol{F}-\Delta^-\boldsymbol{F}$，$\Delta\boldsymbol{F}=\Delta^+\boldsymbol{F}+\Delta^-\boldsymbol{F}$。

若 $\Delta^+\boldsymbol{F}\cdot\Delta^-\boldsymbol{F}>0$，且 $\Delta^2\boldsymbol{F}\cdot\Delta\boldsymbol{F}>0$，则节点在激波的上游区域；若 $\Delta^+\boldsymbol{F}\cdot\Delta^-\boldsymbol{F}>0$，且 $\Delta^2\boldsymbol{F}\cdot\Delta\boldsymbol{F}<0$，则节点在激波的下游区域；若 $\Delta^+\boldsymbol{F}\cdot\Delta^-\boldsymbol{F}\leqslant 0$，则节点在波动区域。

10.8 数值算例

以下用守恒 WENO 格式和流量差分 WENO 格式对一维和二维多介质流问题进行计算，并与格式 NND 和 NT2 的数值模拟结果进行比较。数值计算采用非守恒 WENO 格式，为了验证该方法的有效性，同时对部分算例也采用了 NND 格式和中心型格式进行计算并对结果比较分析。NT2 表示二阶中心型格式，NND2 表示二阶 NND 格式。

算例 1 考虑下面的数值算例，设空气和氦气的比热比分别为 1.4 和 1.67，当 $x<0.5$ 时，初始物理量分布为 $(\rho,u,p,\gamma_1,Y_1)=(14.54903,0,194.3\times10^5,1.67,1.0)$；$x>0.5$ 时，初始物理量分布为 $(\rho,u,p,\gamma_1,Y_1)=(1.16355,0,10^5,1.4,0.0)$。

用体积分数方法和 γ-model 方法计算的 $t=0.00025$ 时在不同时刻的密度、压强、速度和比热比的分布如图 10.1 ～图 10.3 所示，网格点数为 400。

算例 2 马赫数为 1.22 的激波与氦气泡相遇，波前和波后以及氦气泡内的初始状态值分别如下：波前状态为 $(\rho,u,v,p,\gamma)=(1,\ 0,\ 0,\ 1,\ 1.4)$，波后状态为 $(\rho,u,v,p,\gamma)=(1.3764,-0.394,0,1.5698,1.4)$，氦气泡内 $(\rho,u,v,p,\gamma)=(0.138,\ 0,\ 0,\ 1,\ 1.67)$。在不同时刻采用二阶精度 NT2、NND 和 WENO5 格式计算的密度、压强、速度和界面的位置比较见图 10.4 ～图 10.6。

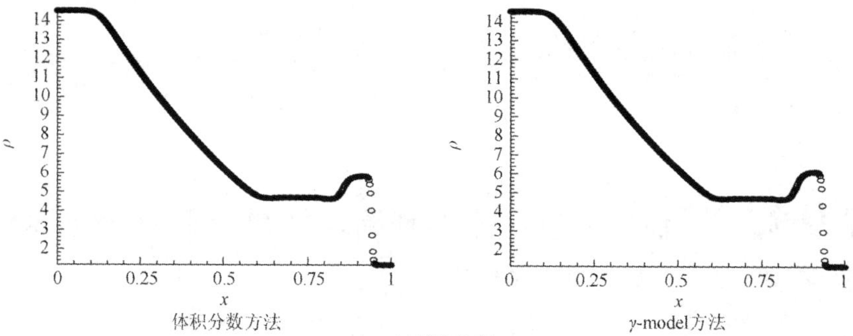

(a) 密度分布

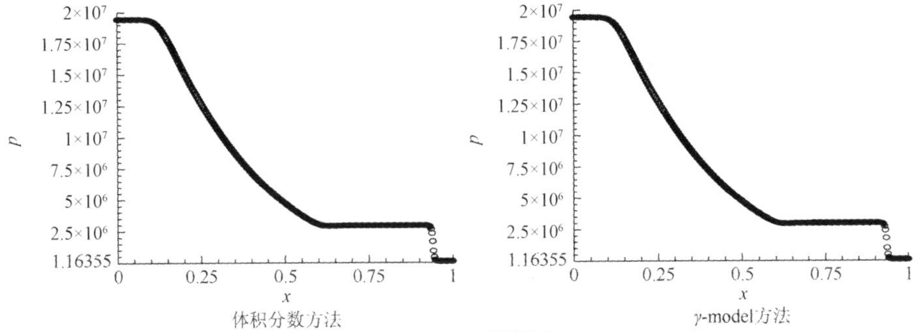

(b) 压强分布

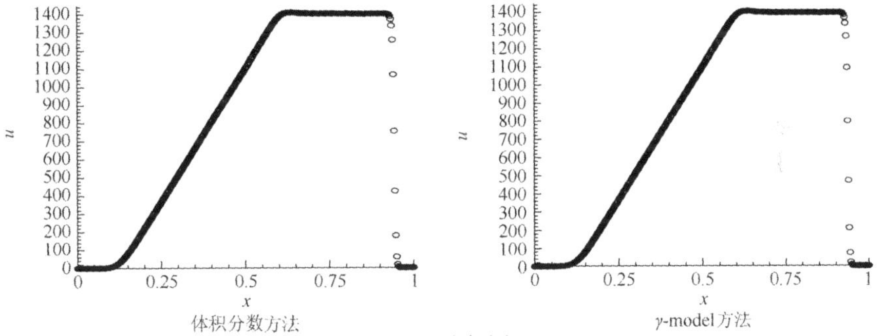

(c) 速度分布

图 10.1　两种气体相互作用，中心型格式

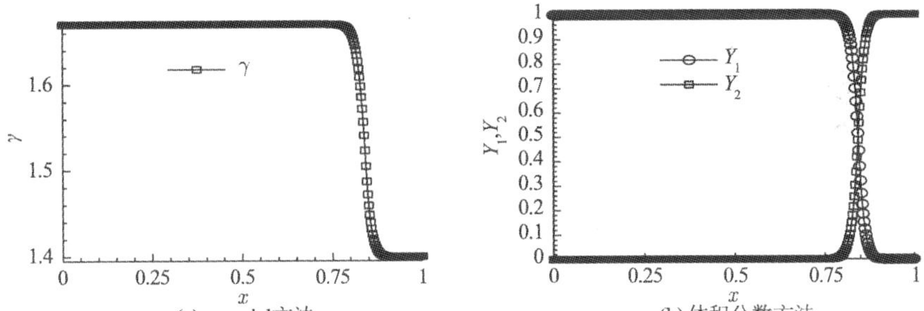

(a) γ-model方法　(b) 体积分数方法

图 10.2　两种气体相互作用，中心型格式计算的 γ 和体积分数分布

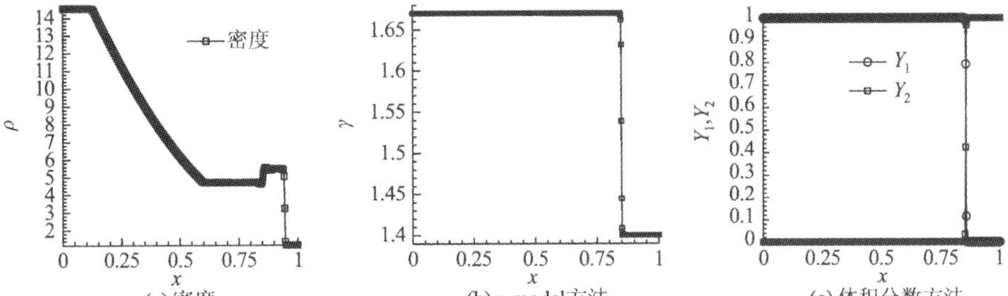

(a) 密度　(b) γ-model方法　(c) 体积分数方法

图 10.3　两种气体相互作用，WENO5 格式

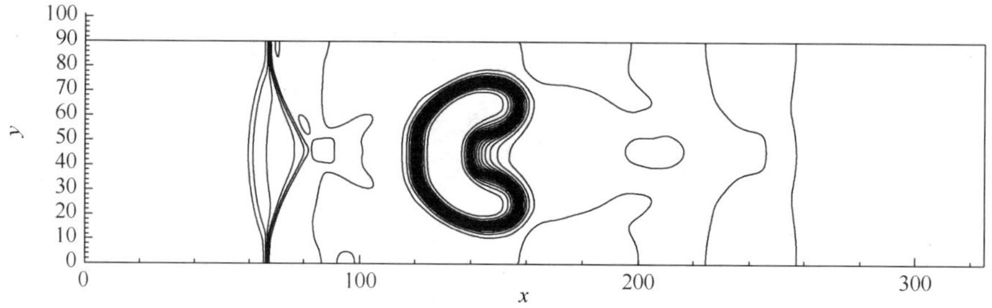

体积分数，中心型二阶格式

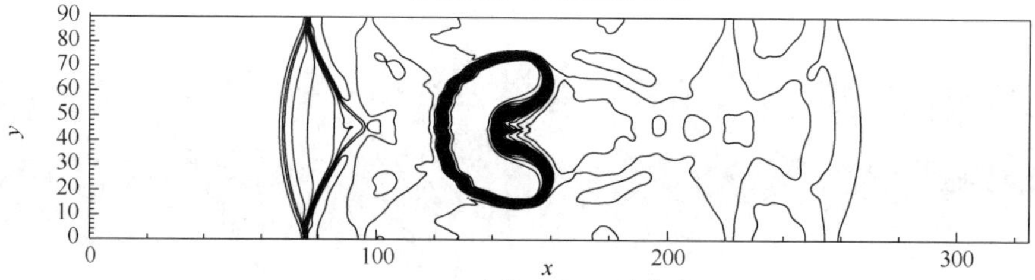

γ-model方法，NND二阶格式

(a) t=100

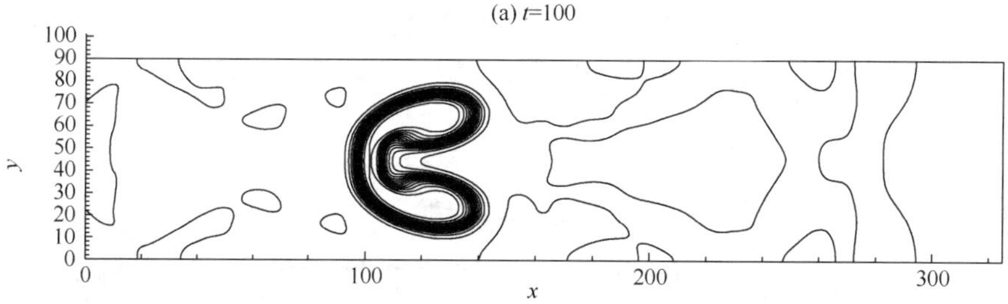

体积分数，中心型格式

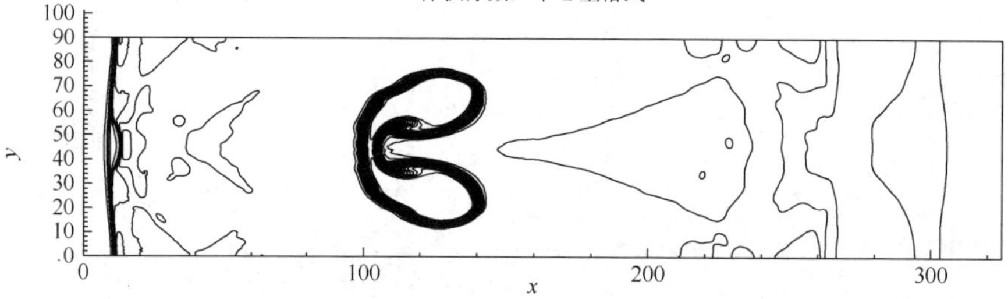

γ-model方法，NND二阶格式

(b) t=150

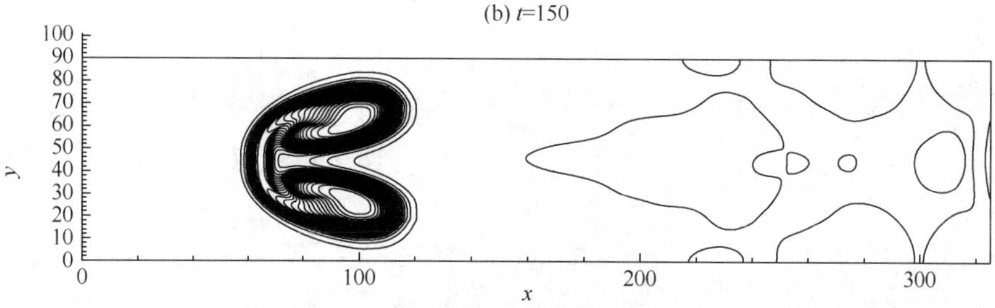

体积分数，中心型二阶格式

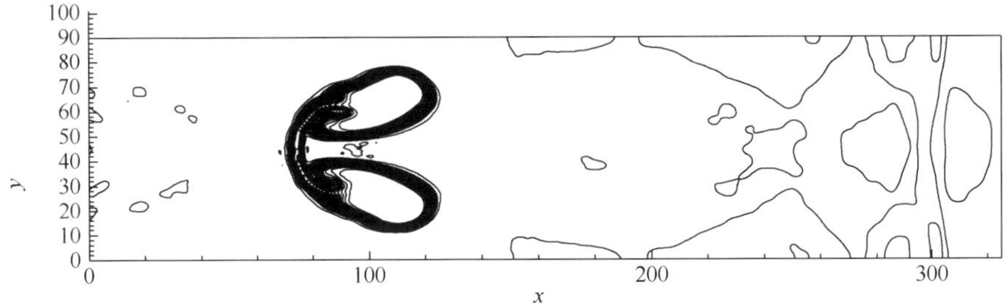

γ-model 方法，NND 二阶格式

(c) t=200

图 10.4　不同方法计算在不同时刻的密度等值线比较

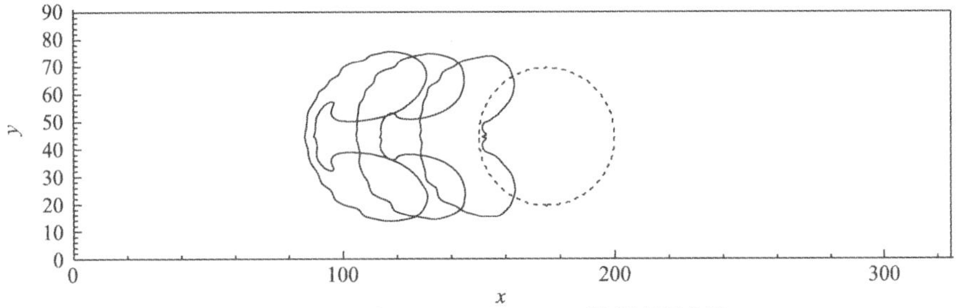

(a) NND-2, 在 t=0, 100, 137.5, 175 时刻的界面位置

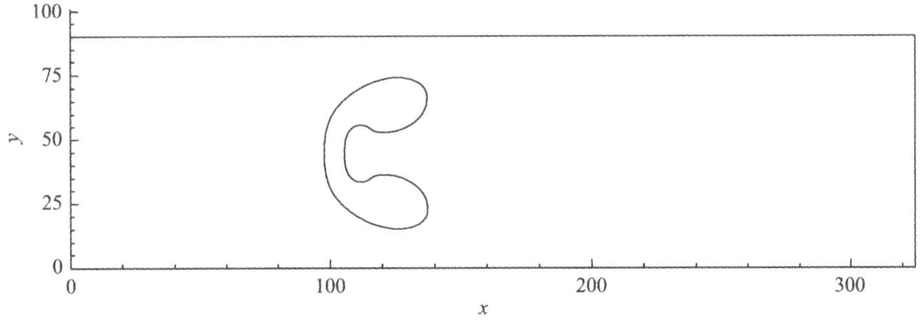

(b) t=150, 体积分数、中心型二阶格式

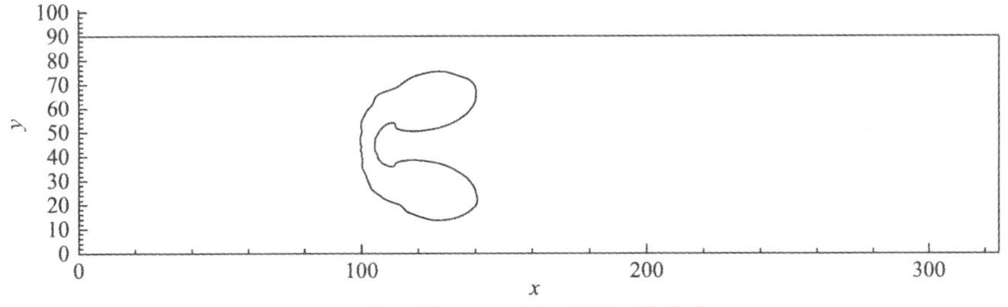

(c) t=150、γ-model、NND 二阶格式

图 10.5　不同方法计算的界面位置

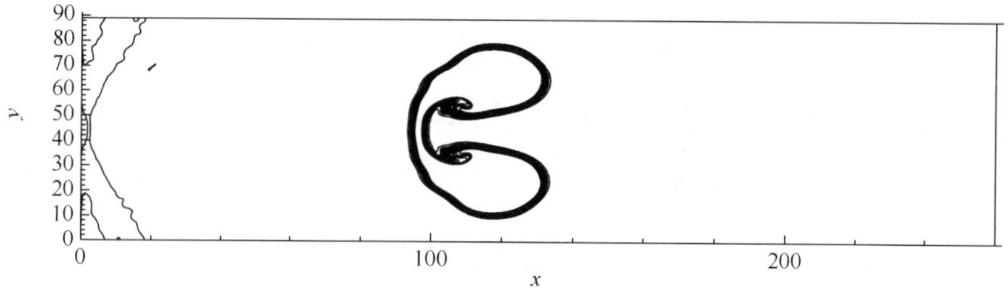

(a) t=150时刻的密度等值线

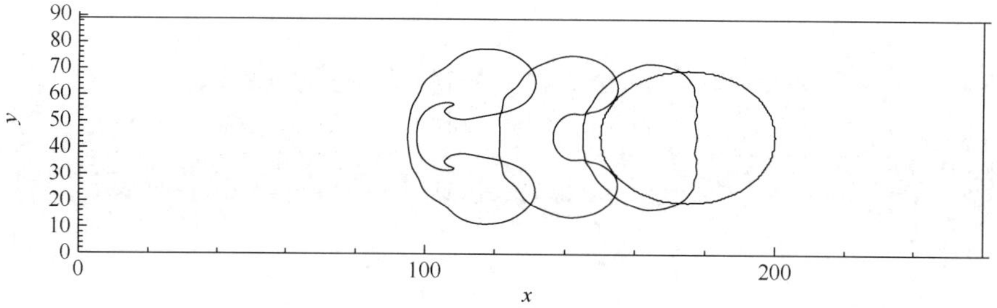

(b) 不同时刻的界面位置

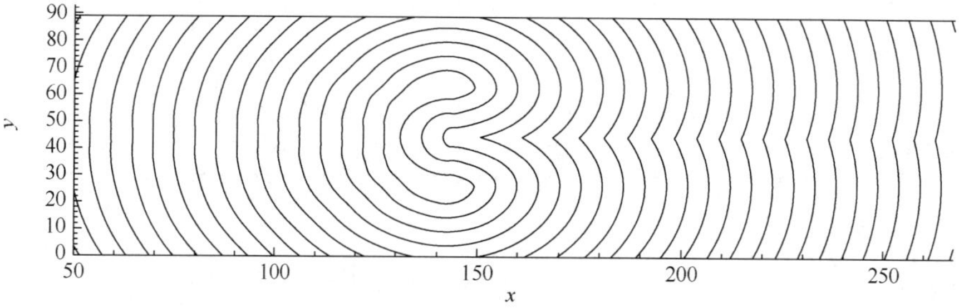

(c) t=100时刻重新初始化的Level-Set等值线

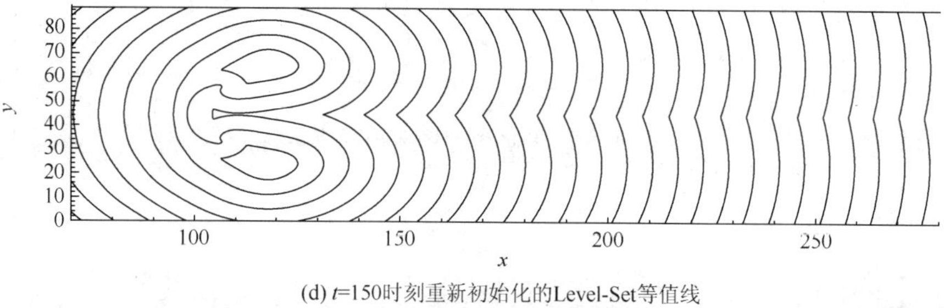

(d) t=150时刻重新初始化的Level-Set等值线

图 10.6 WENO5 格式的计算结果

比较上述的计算结果不难发现采用不同的数值格式捕捉到的界面位置基本一致，但是数值耗散程度不相同。上面几个二维算例是用不同方法计算的密度等值线和 Level-Set 函数零等值线随时间变化的情况。从数值模拟结果可以看出，Helium 气泡在激波的作用下由右向左运动，气泡的右端开始向里凹陷，随着时间的推移，在交界面凹陷的拐点处开始有涡量产生，凹陷处波形的幅值不断增大，拐点处的涡量也不断增强，有两个明显的涡对形成，波幅的增长也非常明显，如图 10.4 ～图 10.6 所示。比较图 10.4 ～图 10.6 中用不同方法计算的密度等值线分布，高分辨率 (M)WENO5 格式的模拟结果在拐点处的涡量要明显得多，并且密度等值线在界面处的数值耗散较小。

算例 3　正方形的计算区域为 $[0, 1.5] \times [0, 1.5]$，从里向外各层流体的状态分别记为 1，2，3。初始时刻的状态分别为 $(\rho_1, u_1, v_1, p_1, \gamma_1) = (5, 0, 0, 1, 1.4)$，$(\rho_2, u_2, v_2, p_2, \gamma_2) = (1, 0, 0, 1, 1.67)$，$(\rho_3, u_3, v_3, p_3, \gamma_3) = (10, 0, 0, 33.59, 1.4)$，初始时刻的界面为正方形边界。最外层为高温高压气体，初始时刻的流场划分见图 10.7。图中，左边界和下边界采用反射边界条件，上边界和右边界采用外流边界条件。计算网格为 300×300，用 WENO5 和 γ-model 方法计算的结果如图 10.8 ～图 10.10 所示。

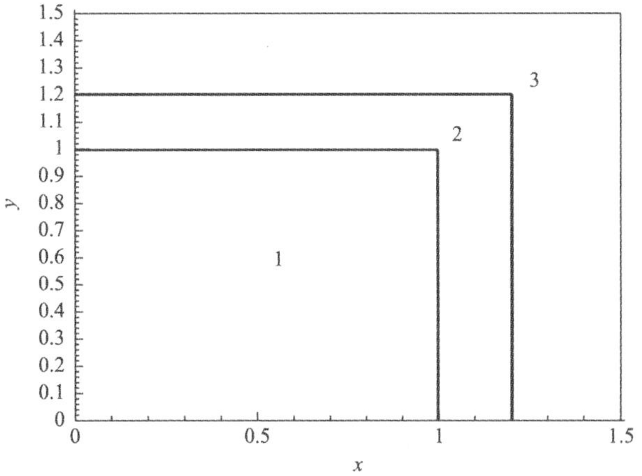

图 10.7　初始时刻的流场划分

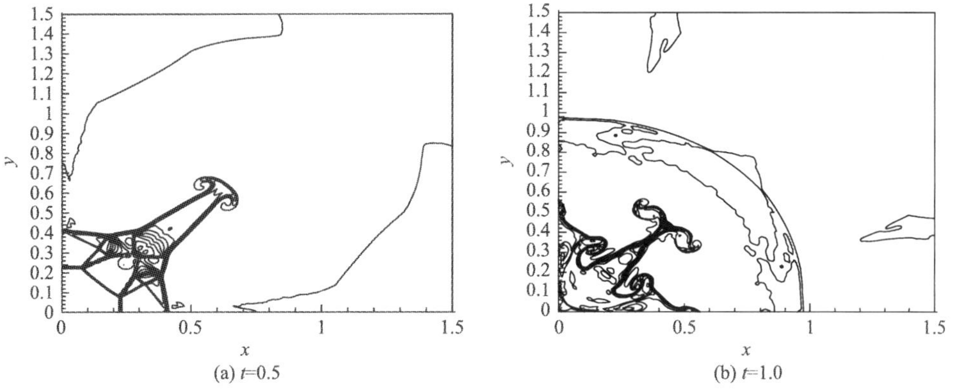

图 10.8　不同时刻的密度等值线分布

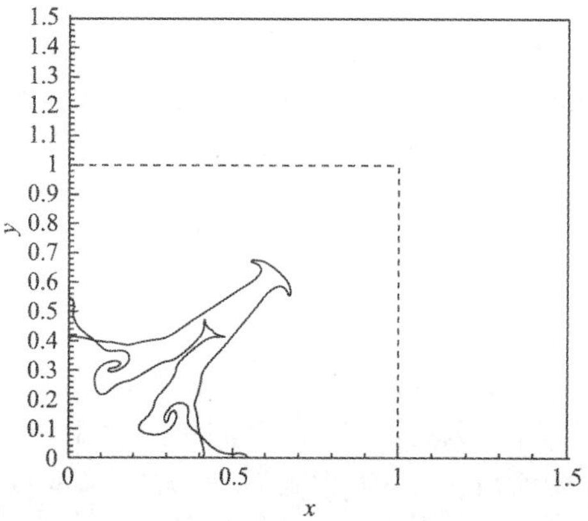

图 10.9　$t = 0, 0.5, 1.0$ 时刻的界面位置

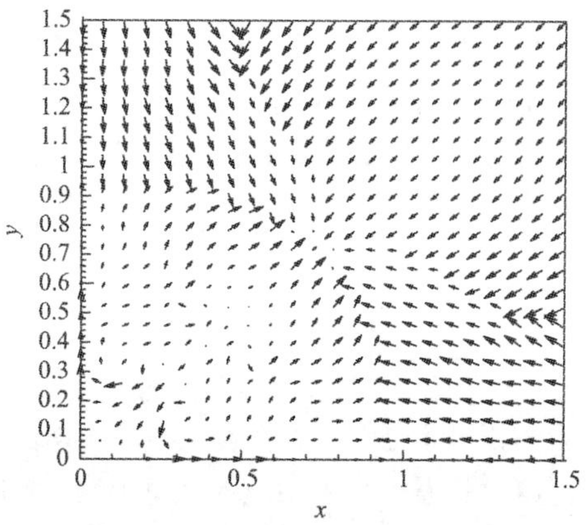

图 10.10　t=1.0 时刻的速度矢量

以上算例使用高分辨率数值格式对体积分数和 γ-model 守恒及非守恒耦合形式的流体力学方程组进行数值模拟，并把它们的数值模拟结果进行比较，分析了如何保持体积分数正性的方法。其中对于二维气泡的变形和塌陷问题的数值模拟，把 (M)WENO 的计算结果与用 NND 和 NT2 的计算结果进行比较分析，表明本章的数值方法在处理有关弱间断的多介质流动问题时能有效地抑制非物理振荡。

10.9　小　　结

多介质流动数值模拟方法已得到广泛的发展，其中最简单直接的方法是把守恒形式的平流输运方程耦合到守恒的 Euler 方程在全流场求解统一的守恒形式的流体力学方程组。但是该方法计算的压强分布常常会在界面附近引起强烈的非物理振荡[19]，给数值计算造成较大的误差。对于多介质流体的数值计算问题，由于不同的介质状态方程和材料常数不同，直接求解 Euler 方程组则遇到困难。本章根据界面处压强和法方向速度保持一致的特点给出了平流输运方程的合理形式，它是一个非守恒形式的关于 γ 和材料常数 B 界面捕获的等效方程。把其耦合到方程中去，通过求解耦合形式的方程组，并用 Level-Set 函数跟踪流体界面运动，在流场求解非守恒形式的流体力学方程组。采用该方法计算的 r 和 B 在界面附近表现为很窄的过渡层。最后用高阶数值方法求解了 γ-model 和体积分数形式的方程组，数值计算结果令人满意。

参考文献

[1] Karni S. Multicomponent flow calculations by a consistent primitive algorithm. J.Comput. Phys., 1994, 112: 31–43.

[2] Karni S. Hybrid multifluid algorithms. SIAM J. Sci. Comput., 1996, 17: 1019–1039.

[3] Karni S, Canic S. Computations of slowly moving shocks. J. Comput. Phy., 1997, 136: 132–139.

[4] Karni S. A level-set scheme for compressible interfaces//Numerical Methods for Wave Propagation. Toro E F, Clarke J F. Kluwer Academic Publishers, 1998, 253–273.

[5] Abgrall R. How to prevent pressure oscillations in multicomponent flows: A quasi conservative approach. J. Comput. Phys., 1996, 125: 150–160.

[6] Larouturou B. How to preserve the mass fraction positive when computing compressible multi-component flows. J. Comput. Phys., 1991, 95: 59–84.

[7] Saurel R, Abgrall R. A simple method for compressible multifluid flows. SIAM J. Sci. Comput., 1999, 21(3): 1115–1145.

[8] Saurel R, Abgrall R. A multiphase Godunov method for compressible multifluid and multiphase flows. J. Comput. Phys., 1999, 150: 425–467.

[9] Shyue K M. An efficient shock-capturing algorithm for compressible multicomponent problems. J. Comput. Phys., 1998, 142: 208–242.

[10] Shyue K M. A fluid-mixture type algorithm for compressible multicomponent flow with Van der Waals equation of state. J. Comput. Phys., 1999, 156: 43–88.

[11] 吴望一，蔡庆东. 非结构网格上新型的 NND 有限元格式. 空气动力学报，1998，16(1): 1–13.

[12] Jiang G S, Tadmor E. Non-oscillatory central schemes for multidimensional hyperbolic conservation laws. SIAM J. Sci.Comput., 1998, 19: 1892–1917.

[13] Nessyahu H, Tadmor E. Non-oscillatory central differencing for hyperbolic conservation laws. J. Comput. Phys., 1990, 87: 408–463.

[14] 柏劲松，陈森华，李平，等. 水下爆炸过程的数值模拟. 应用力学学报，2003，21(1): 103–106.

[15] Marsh S P. Shock Hungoniot Data. Berkeley: Univ. California Press, 1980.

[16] Shu C W. Essentially non-oscillatory and weighted essentially non-oscillatory schemes for hyperbolic conservation laws//Advanced Numerical Approximation of Nonlinear Hyperbolic Equations. Cockburn B, Johnson C, Shu C W, et al. Notes in Math. Berlin/New York: Springer-Verlag, 1998, 1697.

[17] Jiang G S, Shu C W. Efficient implementation of weighted ENO scheme. J. Comput. Phys., 1996, 126: 202–228.

[18] 宗文刚，邓小刚，张涵信. 双重加权实质无波动激波捕捉格式的改进和应用. 空气动力学

报，2003，21(4)：399–407.

[19] LeVeque R J. Wave propagation algorithms for multidimensional hyperbolic systems. J. Comput. Phys.，1997，131：327–353.

[20] Langseth J O，LeVeque R J. A wave propagation method for three-dimensional hyperbolic conservation laws. J. Comput. Phys.，2000，165：126–166.

[21] Jiang G S，Tadmor E. Non-oscillatory central schemes for multidimensional hyperbolic conservation laws. SIAM J. Sci.Comput.，1998，19：1892–1917.

[22] 张涵信. 无波动、无自由参数的耗散差分格式. 空气动力学报，1988，6(2)：143–165.

第 11 章　强间断问题的 Level-Set 方法

主要介绍强间断问题 (激波波阵面) 的界面捕捉方法。针对这一问题，Aslam 结合间断跟踪法和界面捕捉方法提出了一类新的 Level-Set 间断跟踪方法[1,2]，本章基于这一新的方法，对其扩展和应用。

强间断与接触间断不同，一般情况下速度、压强和密度在间断面的两侧是不连续的。用 Level-Set 函数跟踪激波的位置，利用高阶插值求得间断两侧的状态量，并分别在间断面两侧的带状区域内进行高阶泰勒展开，这样可以把间断面两侧的物理量连续地外推到另一侧；然后在带状区域内的网格点上利用外推值和真实值构造 Riemann 问题，利用这些网格点上 Riemann 问题的解构造间断面附近的虚拟流动状态，同时利用激波速度推进 Level-Set 方程。由于该方法利用 Riemann 问题解给出更加精确的间断面边界条件，间断面的模拟精度得以提高。

11.1　虚拟流体的构造

GFM[3] 把流场分隔成若干区域对每种流体用标准的守恒型通量差分格式进行计算。由于界面两侧不同的流体采用不同的数值通量进行计算，这必然会在界面处引起守恒性误差。此外 Level-Set 函数应该以理想的间断速度推进，界面应该无抹平现象。在守恒性的基础上，应该对界面速度进行合理的修正以获得准确的间断速度，从而达到减小误差的目的。利用高分辨率激波捕捉格式，Ghost-Fluid 方法在间断处可以有效地抑制数值抹平和虚假振荡，但并不能保证跨越界面的网格单元物理量的守恒性，例如会给质量、动量和能量的守恒性造成误差。在接触不连续的情况下，间断面的法向速度 V_V 与当地流体的速度一致，不会引起明显的误差。但是在解决爆炸和爆燃等问题时，由于波前和波后状态受到化学变化、几何形状等因素的影响，流体的法向速度和间断面的法向速度并不一致。

在间断面处物理量会发生跃变，文献 [3，4] 考虑初始跃变前后仍然满足质量、动量和能量守恒。对于同种流体穿过间断面的质量、动量是守恒的，由 Rankine-Hugoniot 条件可知

$$[\rho\,(u_V - D)] = 0 \tag{11.1}$$

$$\left[\rho\,(u_V - D)^2 + p\right] = 0 \tag{11.2}$$

其中，$[\xi] = \xi_{\mathrm{R}} - \xi_{\mathrm{L}}$。

根据式 (11.1) 可以计算每一种流体在界面另一侧的虚拟速度值

$$(V_\mathrm{N})_\mathrm{L} = (V_\mathrm{N})_\mathrm{R} - \chi\left(\frac{1}{\rho_{_\mathrm{R}}} - \frac{1}{\rho_{_\mathrm{L}}}\right) \tag{11.3}$$

其中，$\chi = \rho_{_\mathrm{L}}((V_\mathrm{N})_\mathrm{L} - D) = \rho_{_\mathrm{R}}((V_\mathrm{N})_\mathrm{R} - D)$。根据式 (11.2)，压强的速度值为

$$p_{_\mathrm{L}} = p_{_\mathrm{R}} + \chi^2\left(\frac{1}{\rho_{_\mathrm{R}}} - \frac{1}{\rho_{_\mathrm{L}}}\right) \tag{11.4}$$

那么，p_R 可以类似地求得。根据式 (11.1) 可以进一步求得 ρ_L 和 ρ_R。

$$\rho_\mathrm{L} = \chi/[(V_\mathrm{N})_\mathrm{L} - D], \quad \rho_\mathrm{R} = \chi/[(V_\mathrm{N})_\mathrm{R} - D] \tag{11.5}$$

如果间断面为弱间断的情况，间断面处的法向速度 V_N 和压强 p 应满足如下条件：$[V_\mathrm{N}] = 0$，$[p] = 0$，这说明在间断面附近的网格点上，虚拟流体的法向速度等于真实流体的法向速度，虚拟流体的压强等于真实流体的压强。此时间断面以当地真实流体的速度移动，即 $\boldsymbol{W} = \boldsymbol{V}$，它们的法向速度应满足 $D = V_\mathrm{N} = \boldsymbol{V} \cdot \boldsymbol{N}$。用等压装配方法在法向上求解定常外插的偏微分方程对速度、压强和熵进行外插，把求解二相流问题转化为求解单相流问题。对于初始时刻间断面两侧流体存在间断的情况，如在标准激波管、燃烧、爆炸等问题的数值模拟中，间断面处的压强和速度等物理量有间断。显然间断面任何一侧流体速度不可能作为间断面的运动速度。考虑两相流问题，假设界面一侧的状态量为 $\boldsymbol{U}_\mathrm{L}$，界面另一侧的状态量为 $\boldsymbol{U}_\mathrm{R}$，间断面速度与 $\boldsymbol{U}_\mathrm{L}$ 和 $\boldsymbol{U}_\mathrm{R}$ 有关。用等压装配方法求解外插方程，$\boldsymbol{U}_\mathrm{L}$ 可以外推到 $\boldsymbol{U}_\mathrm{R}$ 所在的区域，同样，$\boldsymbol{U}_\mathrm{R}$ 可以外推到 $\boldsymbol{U}_\mathrm{L}$ 所在的区域，这样在每个网格点上存在真实值和外推值。可以通过求解外插方程对变量进行外推[12]，求解的外插方程为

$$I_\tau \pm N \cdot \nabla I = 0 \tag{11.6}$$

其中，I 为需要外推的变量，可以是速度、压强、密度和熵等物理量。在方程 (11.6) 中取“+”时，用 $\varPhi < -\varepsilon$ 区域内 I 值组装 $\varPhi > -\varepsilon$ 区域内 I 的虚拟值，保持 $\varPhi < -\varepsilon$ 区域内的流体真实值不变，取“−”时，用 $\varPhi > \varepsilon$ 区域内 I 值组装 $\varPhi < \varepsilon$ 区域内 I 的虚拟值而保持 $\varPhi > \varepsilon$ 区域内的流体真实值不变。一般地，取 $\varepsilon = 1.5\max(\Delta x, \Delta y)$。只需对方程 (11.6) 求解有限的时间步就可以在界面附近一定宽度的带状区域内获得所需要的物理量值。求解外插方程 (11.6) 的目的在于利用每个网格点上的真实值和外推值两种状态求得间断面的法向速度 D。

11.2　激波速度的计算

Fedkiw 针对初始时刻界面为弱间断的情况提出了虚拟流体的概念，该方法对于跨界面的网格点用等压装配法对熵单侧外推以获得计算中需要的密度变量，而对

于压强和速度则用当地流场的真实值。对于一般的间断问题，如在激波管问题、燃烧、爆轰等问题的数值模拟中，初始时刻界面处的密度、压强和速度等物理量有间断。显然界面任何一侧流体速度不可能作为间断的运动速度。如果直接把速度和压强在间断面处外推可能会给数值计算引入较大的误差。下面以二维问题为例说明一般间断问题的跟踪方法，用 Level-Set 函数跟踪间断的运动，Level-Set 函数的初值定义为距离函数，其推进速度应该和间断的运动速度一致。假设间断面左侧的状态量为 $\boldsymbol{U}_{\mathrm{L}}=(\rho_{\mathrm{L}},u_{\mathrm{L}},v_{\mathrm{L}},p_{\mathrm{L}})$，记为流体 1，另一侧的状态量为 $\boldsymbol{U}_{\mathrm{R}}=(\rho_{\mathrm{R}},u_{\mathrm{R}},v_{\mathrm{R}},p_{\mathrm{R}})$，记为流体 2，间断面速度与 $\boldsymbol{U}_{\mathrm{L}}$、$\boldsymbol{U}_{\mathrm{R}}$ 有关。我们把左状态 $\boldsymbol{U}_{\mathrm{L}}$ 外推到 $\boldsymbol{U}_{\mathrm{R}}$ 所在的区域，同样，把右状态 $\boldsymbol{U}_{\mathrm{R}}$ 外推到 $\boldsymbol{U}_{\mathrm{L}}$ 所在的区域，这样在每个网格点上存在真实值和外推值。在间断面附近的网格点上，在法方向上求解由真实值和外推值构成的 Riemann 问题的解可以得到接触间断的左右状态为 $\boldsymbol{U}_{\mathrm{L}}^*=\left(\rho_{I\mathrm{L}},V_{\mathrm{N}}^I,p^I\right)$ 和 $\boldsymbol{U}_{\mathrm{R}}^*=\left(\rho_{I\mathrm{R}},V_{\mathrm{N}}^I,p^I\right)$。

若 Level-Set 函数跟踪界面的运动，则界面的推进速度记为 $V_{\mathrm{I}}^{\mathrm{ext}}$，可以表示成

$$\boldsymbol{V}_I^{\mathrm{ext}}=\boldsymbol{V}_{\mathrm{N}}^I\boldsymbol{n}+\left(\boldsymbol{V}^{\mathrm{ext}}-\left(\boldsymbol{V}^{\mathrm{ext}}\cdot\boldsymbol{n}\right)\boldsymbol{n}\right) \tag{11.7}$$

其中，$\boldsymbol{n}$ 表示界面的单位法向量，它由 Level-Set 函数 $\varPhi$ 确定。若 Level-Set 跟踪激波面的运动，由于激波速度是超音速的，激波速度 D 可由质量守恒方程计算

$$D=\frac{\rho_{\mathrm{R}}u_{\mathrm{N}}^{\mathrm{R}}-\rho_{\mathrm{L}}u_{\mathrm{N}}^{\mathrm{L}}}{\rho_{\mathrm{R}}-\rho_{\mathrm{L}}} \tag{11.8}$$

其中，D 表示界面的法向速度，$u_{\mathrm{N}}^{\mathrm{L}}$、$u_{\mathrm{N}}^{\mathrm{R}}$ 分别表示网格点上真实值和外推值的法向速度。当计算间断面左侧网格点上的法向速度时，方程 (11.8) 中的 “L” 表示用该点真实流体状态进行计算，“R” 表示该网格点上的外推值；当计算间断面右侧的网格点上的法向速度时，方程 (11.8) 中的 “R” 表示用该点真实流体状态进行计算，“L” 表示该网格点上的外推值。用上述的方法求解界面速度时，如果在初始时刻界面两侧的流体是静止的，用该方法计算的界面法向速度 D 为零，这是不合理的。一种较好的处理方法是：激波运动的法向速度 D 根据间断面处质量和动量守恒的关系式求得[13]，有

$$D^2=-\frac{\rho_{\mathrm{L}}(u_{\mathrm{N}}^{\mathrm{L}})^2+p_{\mathrm{L}}-\rho_{\mathrm{R}}(u_{\mathrm{N}}^{\mathrm{R}})^2+p_{\mathrm{R}}}{\rho_{\mathrm{L}}-\rho_{\mathrm{R}}}+\frac{2D(\rho_{\mathrm{L}}u_{\mathrm{N}}^{\mathrm{L}}-\rho_{\mathrm{R}}u_{\mathrm{N}}^{\mathrm{R}})}{\rho_{\mathrm{L}}-\rho_{\mathrm{R}}} \tag{11.9}$$

把方程 (11.9) 中右端项中的 D 用式 (11.8) 替换并整理可得

$$D^2=\frac{\rho_{\mathrm{L}}(u_{\mathrm{N}}^{\mathrm{L}})^2+p_{\mathrm{L}}-\rho_{\mathrm{R}}(u_{\mathrm{N}}^{\mathrm{R}})^2-p_{\mathrm{R}}}{\rho_{\mathrm{L}}-\rho_{\mathrm{R}}} \tag{11.10}$$

11.3 标量方程的间断跟踪方法

考虑标量形式的方程

$$u_t + f(u)_x = 0 \tag{11.11}$$

其中

$$u_t = \begin{cases} u_1, & \Phi_{x_k} \leqslant 0 \\ u_2, & \Phi_{x_k} > 0 \end{cases}$$

通量函数 $f(x)$ 是非凸函数。在弱解的意义下，该方程在间断线附近有如下的间断关系式

$$[u]\, s = [f(u)] \tag{11.12}$$

其中，$[u] = u_{\mathrm{R}} - u_{\mathrm{L}}$，$[f(u)] = f(u)_{\mathrm{R}} - f(u)_{\mathrm{L}}$，其中 s 表示间断的运动速度，u_{L} 和 u_{R} 分别为激波的左右状态。满足熵条件

$$f'(u_{\mathrm{L}}) \leqslant s \leqslant f'(u_{\mathrm{R}}) \tag{11.13}$$

引入熵条件对弱解进行限制以获得具有物理意义的解。用 Level-Set 函数 Φ 跟踪间断的位置，Φ 的推进速度为激波的速度 s。若 $\Phi_i\Phi_{i+1} \leqslant 0$，则间断位于网格点 i 和 $(i+1)$ 之间。设在间断左侧的区域，Level-Set 函数值小于零，记为流体 1；在间断右侧的区域，Level-Set 函数值大于零，记为流体 2。记在网格单元内的间断位置为 ξ，$\xi \in [x_i, x_{i+1}]$。在 ξ 处按如下方式进行泰勒展开

$$S^*(x) = \begin{cases} S(\xi^-) + (x - \xi^-)\dfrac{\partial S(\xi^-)}{\partial x}, & x > \xi \\ S(\xi^+) + (x - \xi^+)\dfrac{\partial S(\xi^+)}{\partial x}, & x < \xi \end{cases} \tag{11.14}$$

其中，$\xi^{\pm}$ 表示在界面处的单侧插值。方程 (11.14) 满足

$$S^*(x) = \tilde{S}(x) + o\left(\Delta x^2\right) \tag{11.15}$$

其中，$\tilde{S}(x)$ 是间断处的精确解。利用式 (11.14)可以把变量从间断的一侧光滑地外插到另一侧。由式 (11.14) 可以看出需要估计 $S(\xi^{\pm})$ 和 $\dfrac{\partial(\xi^{\pm})}{\partial x}$ 的值。由子网格技巧，设 $\theta = \dfrac{|\Phi_i|}{|\Phi_i| + |\Phi_{i+1}|}$，则间断处的单侧插值 $u^{\pm}$ 可以表示为

$$u^- = -\theta u_{i-1} + (1 + \theta u_i), \quad u^+ = (2-\theta)u_{i+1} + (1-\theta)u_{i+2}$$

$$u_x^- = \frac{u^- - u_i}{\theta x}, \quad u_x^+ = \frac{u_{i+1} - u^+}{(1-\theta)x}$$

所以

$$u_{x_k}^* = \begin{cases} u^- + (k-i-\theta)\,\Delta x u^-, & k > i \\ u^+ + (k-i-\theta)\Delta x u^+, & k < i+1 \end{cases} \tag{11.16}$$

式 (11.16) 是二阶精度的光滑外推。这样利用式 (11.16) 就可以在间断附近的区域内把间断一侧的变量光滑地外推到另一侧。利用 $\Phi_{x_k} \leqslant 0$ 区域内网格点上的真实值 u_1 和 $\Phi_{x_k} > 0$ 区域内的网格点上的虚拟值求解方程 $(u_1)_t + f(u_1)_x = 0$。利用 $\Phi_{x_k} > 0$ 区域内网格点上的真实值 u_2 和 $\Phi_{x_k} \leqslant 0$ 区域内的网格点上的虚拟值求解方程 $(u_2)_t + f(u_2)_x = 0$。用式 (11.12) 中的激波速度 s 推进 Level-Set 函数 $\Phi_t + s\Phi_x = 0$，根据 Φ_{x_k} 的符号确定流场中变量的真实值。重复上面的步骤直到需要求解的时间步为止。在上述计算过程中，如果间断附近网格点上虚拟值不满足熵条件，则会影响延拓的光滑程度，此时需要对这些网格点上的进行修正，可以直接取为网格点上的真实值，这样在局部区域内降为激波捕捉格式。对于多维情况，如二维问题

$$u_t + f(u)_x + g(u)_y = 0 \tag{11.17}$$

首先把间断一侧的状态变量光滑地外推到另一侧。这样可以在间断附近的带状区域内构造虚拟值，在 $\Phi \leqslant 0$ 和 $\Phi > 0$ 的区域内根据流场的真实值和虚拟值分别求解方程 (11.17)。然后推进 Level-Set 方程

$$\Phi_t + \boldsymbol{s} \cdot \nabla\Phi = 0 \tag{11.18}$$

其中，间断速度 $\boldsymbol{s}$ 可以表示为

$$\boldsymbol{s} = \frac{[f(u)]}{[u]}\boldsymbol{i} + \frac{[g(u)]}{[u]}\boldsymbol{j} \tag{11.19}$$

并对 Level-Set 函数进行初始化，根据流场中 Level-Set 函数 Φ 的符号确定整个流场的 u 值。

11.4　变量外推技术

初始间断在时间步的推进过程中可能会有激波或者稀疏波产生，当激波和新产生的激波距离很近，如果仍按照求解外插方程 (11.6) 的方法推进一定的时间步长获得外推值，由于相位差的影响会给计算带来误差。另外间断两侧如有过渡点，在含有间断的带状区域内，对于同种介质，在间断面的一侧用它的虚拟值进行离散，而在另一侧用其真实值，必然用到间断附近的过渡值，这同样给数值模拟带来误差。因而需要采取合理的措施避免这种情况的发生，本章中的 Level-Set 间断跟踪方法由于在间断附近采用了合理的间断面边界条件因而能避免在间断附近出现数值耗散并能准确地捕捉到间断的位置。

若 $\Phi_i \cdot \Phi_{i+1} \leqslant 0$，则间断位置 $\xi \in [x_i, x_{i+1}]$。间断面边界条件的处理可以按以下两种途径进行：一种处理方法是先求解由网格点 i 和 $(i+1)$ 上状态量构成的 Riemann 解 $\rho_{\rm IL}$、$\rho_{\rm IR}$、$u_{\rm I}$ 和 $p_{\rm I}$。在对网格点 i 及其左侧网格点上的流体计算时，利用等压装配技术，网格点 i，$i+1$，$i+2$，$i+3$ 的速度和压力值取为 $u_{\rm I}$ 和 $p_{\rm I}$，密度值由间断面处的熵 $S_{\rm R}$ 外推得到。在对网格点 $(i+1)$ 及其右侧的流体计算时，直接把网格点 $(i+1)$ 上的流体状态量外推到网格点 $i-2$，$i-1$ 和 i 上，向右激波时间断面边界条件的定义见图 11.1 和图 11.2。Level-Set 方程的推进速度，即间断速度由式 (11.10) 求得，其中 “L” 和 “R” 分别表示网格点 i 和 $(i+1)$ 上的状态量。另一种处理方法是用网格点 i 及其左侧网格点上的状态量进行单侧插值求得间断面左侧状态并根据式 (11.14) 在网格点 $(i+1)$ 及其右侧的网格点上进行高阶泰勒展开，可以把左侧状态变量光滑地外推到间断面的右侧，把间断面右侧网格点上的状态变量直接外推到左侧的网格点上。这样在间断面附近带状区域内的每个网格点上有真实值和外推值两种状态，分别记为 $\boldsymbol{U}_k^{(1)} = \left(\rho_k^{(1)}, u_k^{(1)}, p_k^{(1)}\right)$ 和 $\boldsymbol{U}_k^{(2)} = \left(\rho_k^{(2)}, u_k^{(2)}, p_k^{(2)}\right)$，$k=i-2, i-1, i, i+1, i+2, i+3$。间断速度由式 (11.10) 求得，其中 “L” 和 “R” 分别表示该网格点上的两个状态 $U_k^{(1)}$ 和 $U_k^{(2)}$。在带状区域内的网格点上求得由这两个状态构成的Riemann解 $\rho_k^{\rm IL}$、$\rho_k^{\rm IR}$、$u_k^{\rm I}$ 和 $p_k^{\rm I}$。在间断面的右侧用 $\rho_k^{\rm IR}$、$u_k^{\rm I}$ 和 $p_k^{\rm I}$，在间断面的左侧用 $\rho_k^{(2)}$、$u_k^{(2)}$和$p_k^{(2)}$ 作为间断面边界条件进行计算。

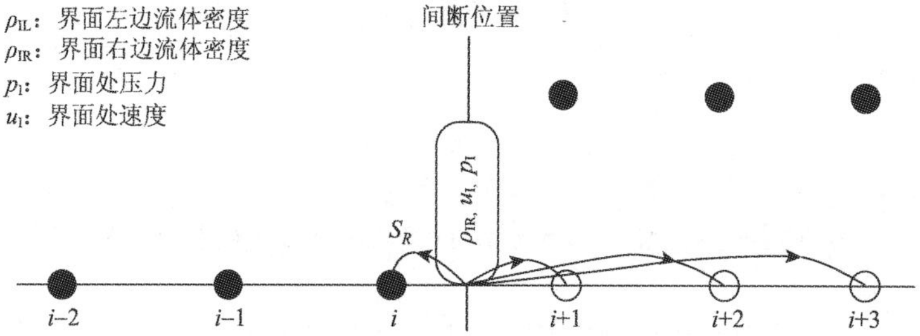

图 11.1　间断右侧虚拟流体构造示意图

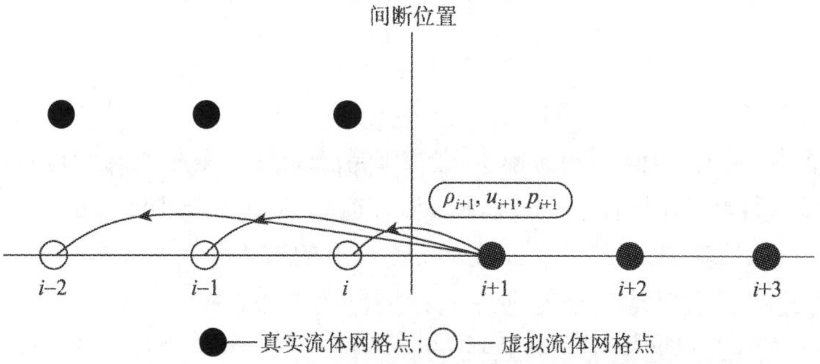

图 11.2　间断左侧虚拟流体构造示意图

11.5　推广到多维问题

初始间断在时间步的推进过程中可能会有激波或者稀疏波产生，在程序设计过程中，我们发现如果用求解定常外插的偏微分方程的方法外推间断面两侧的状态变量，当相邻的两个间断距离很近时，由于相位差往往不能把间断附近的变量准确地推到另一边，也就是不满足 “光滑外推” 的特点，这样会给数值计算带来较大的误差甚至使计算无法进行。为了把间断面附近网格点上的状态量光滑地外推到另一侧，采用在间断面附近的网格点上进行泰勒展开的方法，记

$$S^*(x,y)=\begin{cases} S(\xi^-,\eta^-)+\left((x-\xi^-)\dfrac{\partial}{\partial x}+(y-\eta^-)\dfrac{\partial}{\partial y}\right)S(\xi^-,\eta^-), & \Phi(\xi^-,\eta^-)>0 \\ S(\xi^+,\eta^+)+\left((x-\xi^+)\dfrac{\partial}{\partial x}+(y-\eta^+)\dfrac{\partial}{\partial y}\right)S(\xi^+,\eta^+), & \Phi(\xi^+,\eta^+)\leqslant 0 \end{cases} \tag{11.20}$$

其中，$(\xi^\pm,\eta^\pm)$ 表示间断面附近的状态量，可以通过单侧插值得到。$S^*(x,y)$ 满足 $S^*(x,y)=\hat{S}(x,y)+o(\delta^2)$，$\delta=\sqrt{\Delta x^2+\Delta y^2}$，$\hat{S}(x,y)$表示该网格点上的精确解。显然上式中的 $S(\xi^\pm,\eta^\pm)$，$\dfrac{\partial S(\xi^\pm,\eta^\pm)}{\partial x}$ 和 $\dfrac{\partial S(\xi^\pm,\eta^\pm)}{\partial y}$ 必须被近似。

假设 $\Phi<0$ 的区域记为流体 I，$\Phi>0$ 的区域记为流体 II。在实际计算程序中可用距离间断面最近的点近似 $S(\xi^\pm,\eta^\pm)$，不妨以网格点 1 上的外推值的求法为例进行说明，网格点 1 的坐标记为 (x,y)。假定在网格点 1 上 Level-Set 函数值满足 $\Phi_{(i,j)}>0$。用 r 表示激波面附近带状区域的宽度，在以网格点 1 为圆心、r 为半径的圆域内在间断面的另一侧搜索符合条件的网格点 (一般，$r=\min 3(\Delta x,\Delta y)$)：①在网格点上满足 $\Phi_{(i,j)}\leqslant 0$；②到网格点 1 的距离最小。设网格点 2 满足上述的两个条件，记该点的坐标为 (x_I,y_J)，将该点上的状态变量作为网格点 1 上的外推值。接下来在间断面附近的带状区域内，利用每个网格点的外推值和真实值构造 Riemann 问题并在法向上求解 Riemann 问题，并根据波的传播方向用 Riemann 问题的解构造间断面附近相应区域的虚拟流体状态。假设激波面由内而外沿着法线向外推进，此时只需要在间断面附近 $\Phi>0$ 的区域内用 Riemann 问题解构造虚拟边界条件，而在间断面附近 $\Phi<0$ 的计算区域内直接用间断附近 $\Phi>0$ 区域内网格点上的状态量光滑外插即可。

为了能够把间断附近的流体状态光滑地外推间断另一侧，我们先对间断面处的流体状态进行单侧插值，然后对左右状态在间断面处由上述的泰勒展开方法进行外推，进而在间断附近的带状区域内求解 Riemann 问题。以向右激波的情形进行说明，其求解步骤如下。

步骤 1：用单侧插值把密度、压强和速度光滑地外推到间断面的另一侧，这样

在间断面附近的带状区域内的每个网格点上有两种状态值 $\boldsymbol{U}_{\mathrm{L}}$ 和 $\boldsymbol{U}_{\mathrm{R}}$，即该点的真实值和外推值。

步骤 2: 由带状区域内网格点上的真实值和外推值在法方向上解 Riemann 问题得接触间断的左右状态为 $\boldsymbol{U}_{\mathrm{L}}^*$ 和 $\boldsymbol{U}_{\mathrm{R}}^*$，进而可以求得间断的运动速度。若 Level-Set 函数用来捕捉界面，则在带状区域内 Level-Set 的推进速度用方程 (11.7) 求得，而在带状区域外部可以取为当地流场的速度或者取为零。若 Level-Set 函数用来跟踪激波的运动，Level-Set 函数的推进速度用方程 (11.10) 计算。

步骤 3: 利用 Riemann 问题的解构造带状区域内虚拟流体的值。若 Level-Set 函数 $\varPhi$ 捕捉的是介质的交界面，设 $\varPhi < 0$ 区域内的流体状态为 $\boldsymbol{U}_{\mathrm{L}}$，记为流体 1，$\varPhi > 0$ 区域内的流体状态为 $\boldsymbol{U}_{\mathrm{R}}$，记为流体 2。流体 1 在界面附近 $\varPhi > 0$ 区域内的虚拟流体状态取为该点上的接触间断状态 $\boldsymbol{U}_{\mathrm{L}}^*$；流体 2 在界面附近 $\varPhi < 0$ 区域内的虚拟流体状态取为该点上的接触间断状态 $\boldsymbol{U}_{\mathrm{R}}^*$。若间断面为弱间断的情况，用 RGFM 构造虚拟流体。若 Level-Set 函数 $\varPhi$ 跟踪的是向右激波面，则流体 1 在间断面附近 $\varPhi > 0$ 区域内的虚拟流体状态取为该点上的接触间断状态 $\boldsymbol{U}_{\mathrm{R}}^*$，流体 2 在间断面附近 $\varPhi < 0$ 区域内的虚拟流体状态直接取为流体 2 的外推值。与介质界面跟踪方法不同，由于 Riemann 问题解总存在接触间断状态，因而在跟踪介质界面时可以始终采用 Riemann 问题解构造虚拟流体状态就可以获得正确的界面边界条件。但是对于间断问题的 Level-Set 跟踪法来说，初始时刻跟踪的激波可能变为稀疏波，此时应该用当地流场的真实状态进行计算。

步骤 4: 用步骤 2 求出的间断速度推进 Level-Set 方程，并进行重新初始化使其满足距离函数的性质。针对一维等距网格，按如下的方法进行重新初始化比较简便。若 $\varPhi(i) \cdot \varPhi(i+1) < 0$ 且 $\varPhi_i < \varPhi_{i+1}$，则间断在网格 i 和 $(i+1)$ 之间，令

$$\theta = \frac{|\varPhi_i|}{|\varPhi_i| + |\varPhi_{i+1}|}$$

对于任意的网格点 k，重新初始化后有 $\varPhi_k = (i - k - \theta) \cdot \Delta x$。

步骤 5: 用单介质流体的高分辨率数值格式对每种流体离散求解推进到下一时间步，本章采用高精度 (M)WENO5 守恒格式离散求解。

步骤 6: 根据流场中 $\varPhi$ 值的符号确定网格点上的真实值。

步骤 7: 重复步骤 1 ∼ 5。

以上方法特别适用于单个间断的情形，但在实际问题中常常会存在多个不同类型的间断，这些间断之间的相互作用又可能会产生新的间断。当两个间断靠得很近时它们之间没有足够的空间进行正常的运算，传统的间断跟踪法是通过自适应地增加网格节点使计算在非正规的网格进行。但是这样做可能会引起 CFL 条件难以满足的“小网格”问题。和传统的间断追踪不同，用 Level-Set 函数确定间断的位

置，并在间断附近构造“流体状态”，使计算在正规的网格上进行。即使多个间断聚集在同一个网格中，由于它们之间的相互作用是瞬间的，发生间断相互作用的局部区域内数值解的误差会在后继的计算中逐步校正。

11.6 数值方法

对于多维问题，在每个坐标方向上进行离散 (dimension by dimension)，考虑一维守恒律方程，其守恒形式的半离散格式如下

$$\frac{\mathrm{d}\boldsymbol{U}_i(t)}{\mathrm{d}t}=-\frac{1}{\Delta x}\left(\boldsymbol{F}_{i+\frac{1}{2}}-\boldsymbol{F}_{i-\frac{1}{2}}\right) \tag{11.21}$$

式中的数值通量 $\boldsymbol{F}_{i+\frac{1}{2}}$ 分解为

$$\boldsymbol{F}_{i+\frac{1}{2}}=\sum_{s=1}^{m}\left(f_{i+\frac{1}{2}}^{s,+}+f_{i+\frac{1}{2}}^{s,-}\right)\hat{\boldsymbol{r}}_{i+\frac{1}{2}}^{s} \tag{11.22}$$

其中，$f_{i+\frac{1}{2}}^{s,+}=\hat{\boldsymbol{l}}_{i+\frac{1}{2}}^{s}\cdot\frac{1}{2}\left(\boldsymbol{F}_i+\hat{\lambda}_{i+\frac{1}{2}}^{s}\boldsymbol{U}_i\right)$，$f_{i+\frac{1}{2}}^{s,-}=\hat{\boldsymbol{l}}_{i+\frac{1}{2}}^{s}\cdot\frac{1}{2}\left(\boldsymbol{F}_{i+1}-\hat{\lambda}_{i+\frac{1}{2}}^{s}\boldsymbol{U}_{i+1}\right)$，$\hat{\boldsymbol{l}}_{i+\frac{1}{2}}^{s}$ 和 $\hat{\boldsymbol{r}}_{i+\frac{1}{2}}^{s}(s=1,\cdots,m)$ 分别表示系数矩阵的左特征行向量和右特征列向量。记第 l 个子网格模板为 $S_{i,l}(i)=\{I_{i+l-k+1},I_{i+l-k+2},\cdots,I_{i+l}\}(l=0,1,\cdots,k-1)$。

对数值通量分量在网格模板上进行 WENO 插值重构 $f_{i+\frac{1}{2}}^{s,+}$，有

$$\left\{f_{i+l-k+1,i+\frac{1}{2}}^{s,+},f_{i+l-k+2,i+\frac{1}{2}}^{s,+},\cdots,f_{i+l,i+\frac{1}{2}}^{s,+}\right\},\quad l=0,1,\cdots,k-1$$

其中

$$f_{i+l,i+\frac{1}{2}}^{s,+}=\hat{\boldsymbol{l}}_{i+\frac{1}{2}}^{s,+}\cdot\frac{1}{2}\left(\boldsymbol{F}_{i+l}+\left|\hat{\lambda}_{i+\frac{1}{2}}^{s}\right|\boldsymbol{U}_{i+l}\right)$$

这样把这 k 个插值多项式按照相应的权系数进行加权组合得

$$f_{i+\frac{1}{2}}^{s+}=\sum_{l=0}^{k-1}\omega^l p_{i,l}^{s,+k}\left(f_{i+l-k+1,i+\frac{1}{2}}^{s,+},f_{i+l-k+2,i+\frac{1}{2}}^{s,+},\cdots,f_{i+l,i+\frac{1}{2}}^{s,+}\right)$$

$f_{i+\frac{1}{2}}^{s-}$ 可以类似得到。把 $f_{i+\frac{1}{2}}^{s\pm}$ 代入式 (11.22) 中可得到守恒格式 (11.21)。

对于二维情况下的 Level-Set 方程进行如下离散

$$\begin{aligned}\frac{\mathrm{d}\Phi_{i,j}}{\mathrm{d}t}=&-\frac{1}{\Delta x_i}\left[\hat{u}^+\left(\Phi_{i+\frac{1}{2},j}^{n,-}-\Phi_{i-\frac{1}{2},j}^{n,-}\right)+\hat{u}^-\left(\Phi_{i+\frac{1}{2},j}^{n,+}-\Phi_{i-\frac{1}{2},j}^{n,+}\right)\right]\\&-\frac{1}{\Delta y_j}\left[\hat{v}^+\left(\Phi_{i,j+\frac{1}{2}}^{n,-}-\Phi_{i,j-\frac{1}{2}}^{n,-}\right)+\hat{v}^-\left(\Phi_{i,j+\frac{1}{2}}^{n,+}-\Phi_{i,j-\frac{1}{2}}^{n,+}\right)\right]\end{aligned} \tag{11.23}$$

其中，第 n 时间层上的网格单元边界值 $\Phi_{i+\frac{1}{2},j}^{n,\pm}$，$\Phi_{i-\frac{1}{2},j}^{n,\pm}$，$\Phi_{i,j+\frac{1}{2}}^{n,\pm}$，$\Phi_{i,j-\frac{1}{2}}^{n,\pm}$ 在 x、y 坐标方向上由 WENO5 插值得到。

11.7　数 值 实 验

为了验证 Level-Set 间断跟踪方法的有效性，我们用 Level-Set 间断跟踪方法进行一系列的数值实验。用 Level-Set 间断追踪法、基于 Riemann 问题解的虚拟流动方法 (RGFM)[5]、传统的虚拟流动方法 (GFM)[4] 进行计算，并对这三种方法的计算结果进行对比分析。

算例 1　$u_t + u_x = 0$，$u(x,0) = \begin{cases} \sin(2\pi x), & x \leqslant 0 \\ 0.5 \times (1.0 + \cos(2\pi x)), & x > 0 \end{cases}$，$\dfrac{\Delta t}{\Delta x} = 0.025$，计算到 $t = 0.2$，计算区域为 $[-0.5，0.5]$。

用连续函数外推，对解析解、WENO5 激波捕捉格式和 Level-Set 间断跟踪方法的计算结果进行比较，见图 11.3。

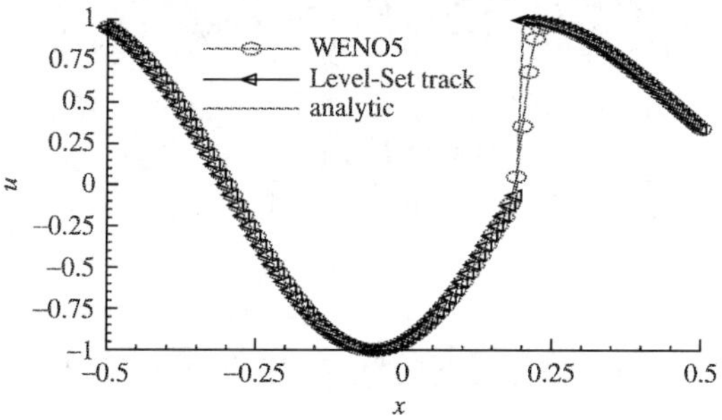

图 11.3　不同方法的计算结果比较，100 网格点

算例 2　一维激波管问题。

设初始间断位于 $x = 0.5$ 处，左右状态分别为

$$(\rho_L, u_L, p_L) = \left(2.0, 0.0, 9.8\times 10^5, 1.4\right), (\rho_R, u_R, p_R) = \left(1.0, 0.0, 2.45\times 10^5, 1.4\right)$$

t=0.00025s 时的计算结果见图 11.4。

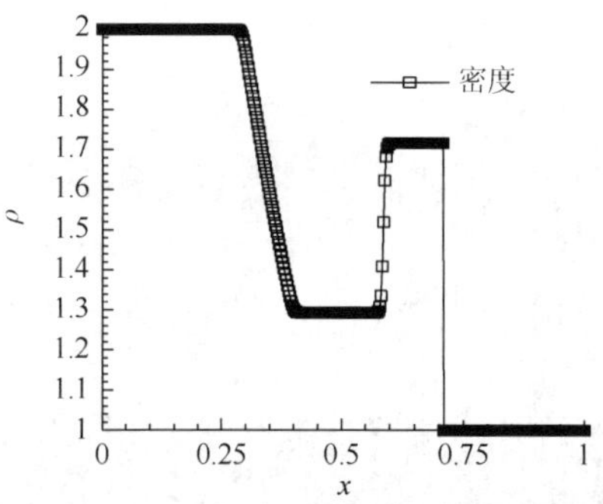

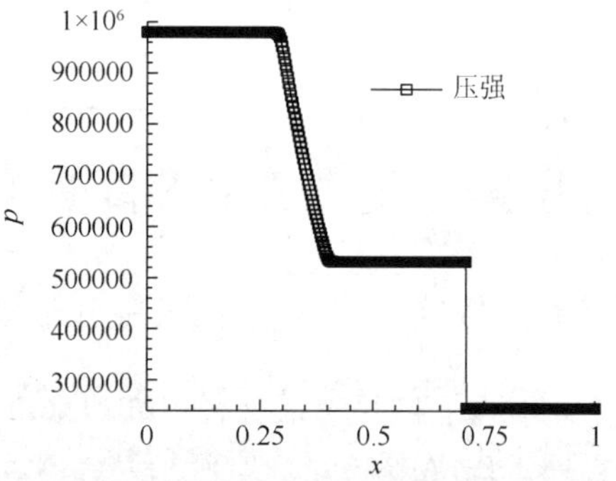

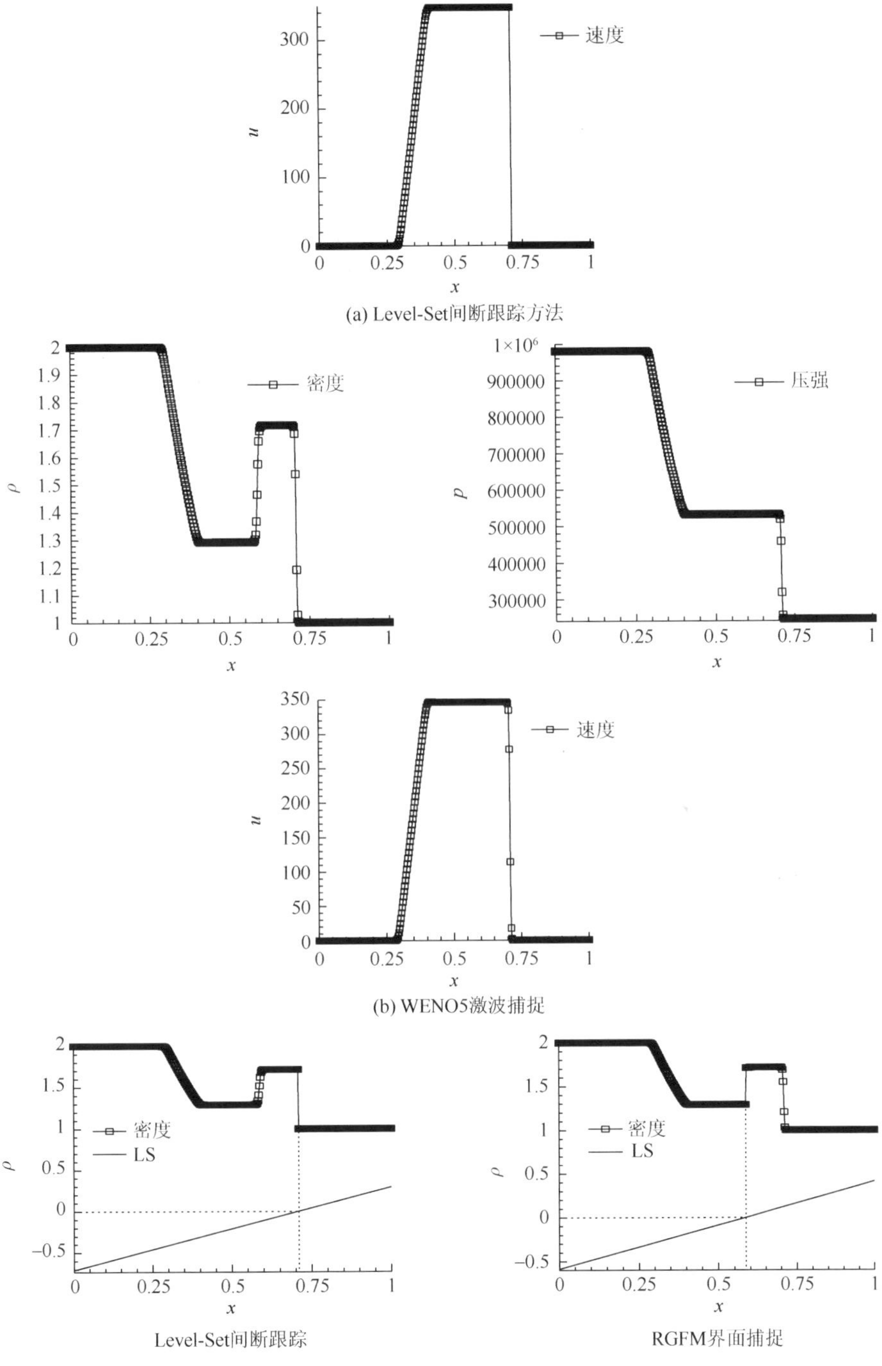

图 11.4　一维激波管问题采用不同方法的计算结果对比

算例 3　气-液激波管问题。

初始时刻间断位于 0.5 处，计算区域为 $[0,1]$，压强比为 1000:1，速度比为 50:1，初始状态分别为 $(\rho_{\rm L}, u_{\rm L}, p_{\rm L}, \gamma_{\rm L}) = (0.5,\ 50,\ 1000, 2.0)$，$(\rho_{\rm R}, u_{\rm R}, p_{\rm R}, \gamma_{\rm R}) = (1.0,\ 0,\ 1.0,\ 7.15)$。此问题模拟的是在高压作用下两种介质的波系结构的发展变化情况，初始时刻密度、压强和速度都有间断。网格点数为 400，用 Level-Set 间断追踪、界面 GFM 和 γ-model 三种数值方法计算到 $t = 0.003$ 时的密度、速度和压强分布如图 11.5 所示。

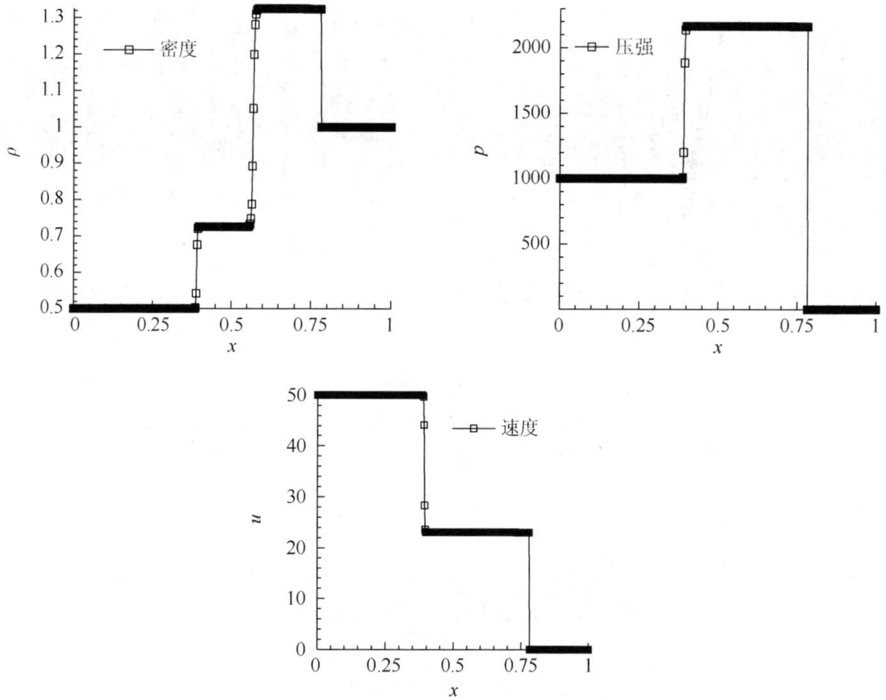

(a) Level-Set 间断追踪方法

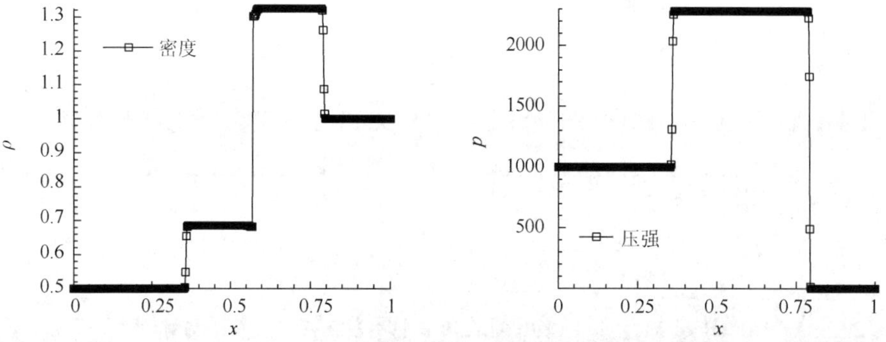

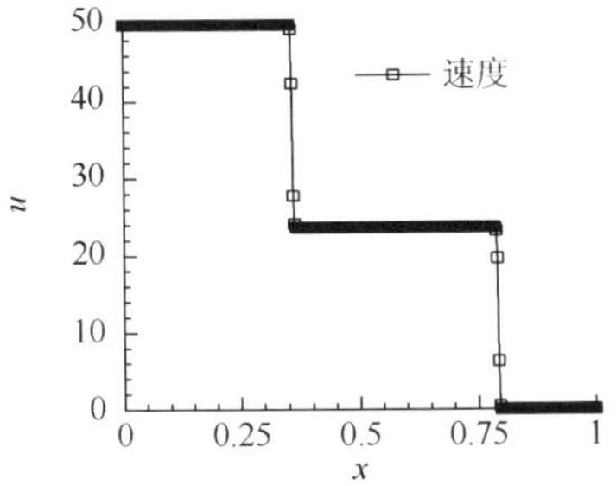

(b) RGFM界面捕捉方法

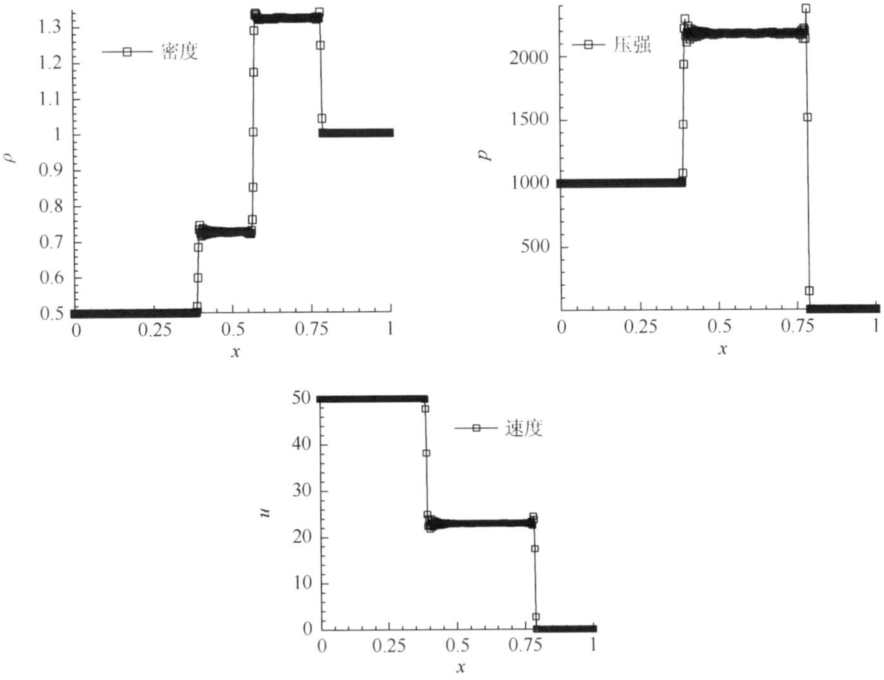

(c) γ-model方法

图 11.5　气-液激波管问题采用不同方法的计算结果对比

上述几个算例的计算结果表明，Level-Set 间断跟踪方法计算的密度、压强和速度分布在激波处无数值耗散，Level-Set 界面捕捉方法计算的密度分布在界面处基本上无数值耗散，密度和压强分布在界面的两侧保持一致，即满足 $[u_n]=0$，$[p]=0$。由于数值耗散效应，用 γ-model 方法计算的密度、速度和压强分布在界面和激波处有中间过渡点存在，而且算例 3 的计算结果在界面附近密度、速度和压强都出现了明显的振荡。由于 Level-Set 间断跟踪方法和界面 RGFM 方法用 Riemann 问题解构造间断附近的虚拟流体，可以得到更为精确的间断面边界条件，从而使数值计算显得更加稳健。

算例 4　内爆问题。

初始条件物理量分布为：在以 (0.5，0.5) 为圆心，0.2 为半径的圆域内 $(\rho_1, u_1, v_1, p_1) = (2, 0, 0, 5)$，圆域外 $(\rho_2, u_2, v_2, p_2) = (1, 0, 0, 1)$。计算网格为 200×200，用不同方法计算的 t=0.1 时的间断位置、密度、压强和速度分布见图 11.6 和图 11.7，其中 Level-Set 间断跟踪方法中的流动状态采用泰勒展开方法对物理量进行外推。

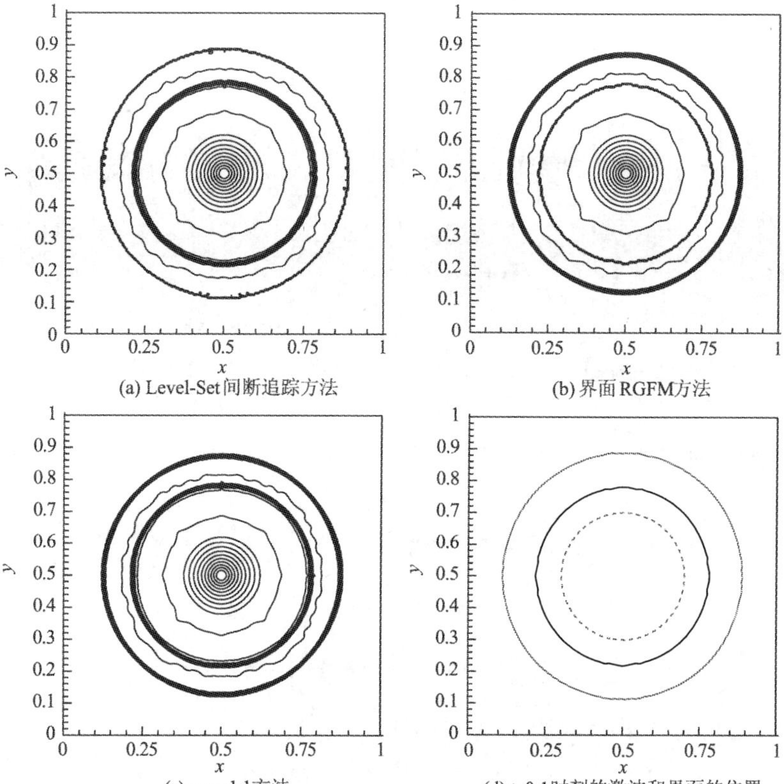

(a) Level-Set 间断追踪方法　(b) 界面 RGFM 方法　(c) γ-model 方法　(d) t=0.1 时刻的激波和界面的位置

图 11.6　内爆问题的密度分布

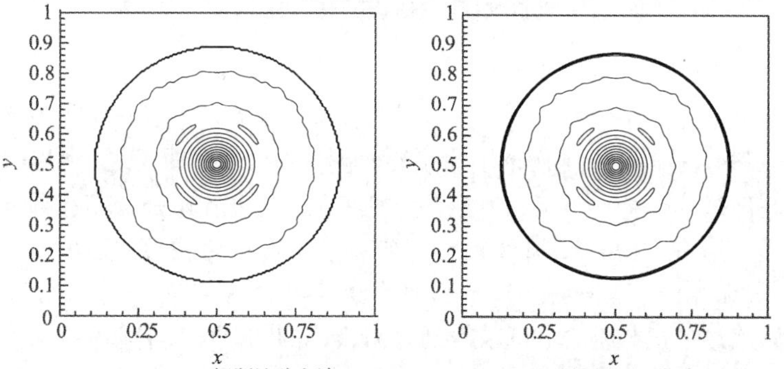

(a) Level-Set 间断追踪方法　(b) 界面 RGFM 方法

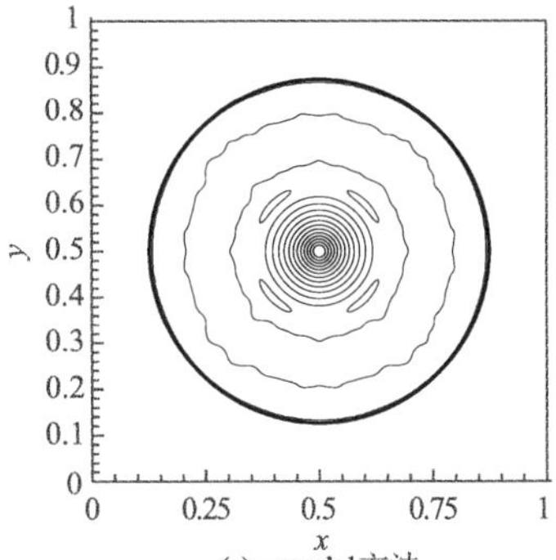

(c) γ-model方法

图 11.7　内爆问题的压强分布

上述算例在初始时刻压强有间断，它模拟的是内部流体在高压作用下推动界面向外膨胀并伴随新的间断产生的过程。从数值模拟结果可以看出：Level-Set 间断跟踪法计算的密度和压强分布在激波处无明显的数值耗散产生。界面 RGFM 方法计算的密度分布在界面无数值耗散出现，而压强分布在激波处有数值耗散。γ-model 方法在流场几乎采用相同的计算格式自动地捕获间断，压强和密度分布在激波和界面处都有“数值混合”现象出现，表现为狭窄的过渡层。

以上计算结果表明 Level-Set 函数的零等值线恰好与间断位置对应，Level-Set 间断跟踪方法的计算密度和压强分布在间断处无数值耗散产生，而在界面处有数值耗散出现。虚拟流动方法的密度在界面无明显的数值耗散产生，而在激波处的网格点上有过渡值出现。由于高精度 (M)WENO 激波捕捉格式在界面和激波附近不加处理地采用统一数值格式自动地捕获间断，因而在界面和激波处都有“数值混合”现象出现，甚至会产生非物理振荡。

11.8　小　　结

本章介绍了 Level-Set 间断追踪技术，用 Level-Set 函数跟踪激波和捕捉界面的运动，具体包括 Level-Set 间断跟踪方法的物理量光滑外推技术、间断速度的计算和虚拟流体的构造方法等问题。数值计算采用守恒形式通量重构的高精度 (M)WENO 数值格式。数值实验表明该方法能准确地捕捉到间断面的位置，用 Riemann 问题解构造间断面边界条件可以有效抑制间断面附近的非物理振荡并能有效地消除间断附近的数值耗散。

参 考 文 献

[1] Aslam T. A level-set algorithm for tracking discontinuities in hyperbolic conservation law Ⅰ: scalar equations. J. Comput. Phys., 2001, 167: 413–438.

[2] Aslam T. A level-set algorithm for tracking discontinuities in hyperbolic conservation law Ⅱ：systems of equations. Journal of Scientific Computing，2003，19：37–62.

[3] Fedkiw R，Aslam T，Xu S J. The ghost fluid method for deflagration and detonation discontinuities. Journal of Computational Physics，1999，154(2)：393–427.

[4] Nguyen D Q，Fedkiw P，Kang M. A boundary condition capturing method for incompressible flame discontinuities. J. Comput. Phys.，2001，172：71–98.

[5] Wang C W，Liu T G，Khoo B C. A real ghost fluid method for the simulation of multimedium compressible flow. SIAM Journal on Scientific Computing，2006，28(1)：278–302.

第 12 章　基于 Level-Set 方法的大密度比水气流动模拟研究

水气多介质运动问题是多介质流体力学中的难点之一。由于水气的物质属性差异较大，且密度在界面处存在大的梯度变化，其类似于一种激波间断问题。利用传统的守恒型高精度差分格式直接求解会在界面处造成数值不稳定，不能准确地捕捉界面位置，影响计算结果的准确性，严重时甚至无法计算下去[1]。因此，消除由于大密度比造成的计算不稳定成为水气运动模拟的关键。

本章开展了不可压流体运动问题的数值模拟研究。利用 Level-Set 方法隐式追踪界面，并将表面张力耦合入流场控制方程中，采用变密度投影算法直接求解多介质流场。在界面处，通过定义密度的光顺函数来抑制非物理振荡。数值算例验证算法的收敛性，分析表面张力和黏性力对水气界面运动的影响。此外，重点介绍水滴下落撞击固壁面问题，开展多水滴运动碰撞模拟，为过冷大水滴与机翼相互作用过程的模拟分析提供一定基础。

12.1　控 制 方 程

二维不可压 Navier-Stokes(纳维-斯托克斯，简称 N-S) 方程如下

$$\boldsymbol{u}_t = -\frac{\nabla p}{\rho} - (\boldsymbol{u}\cdot\nabla)\boldsymbol{u} + \frac{1}{\rho}[\nabla\cdot(2\mu\boldsymbol{D}) - \sigma\kappa\delta(d)\boldsymbol{n}] + \boldsymbol{F} \tag{12.1}$$

$$\nabla\cdot\boldsymbol{u} = 0 \tag{12.2}$$

其中，$\boldsymbol{u}=(u,v)$ 为速度场，ρ 为密度，p 为压强，μ 为黏性系数，$\boldsymbol{D}=(\nabla\boldsymbol{u}+\nabla\boldsymbol{u}^{\mathrm{T}})/2$ 为黏性张量，σ 为表面张力系数，κ 为界面曲率，δ 为 Diracdelta 函数，d 为到界面处的法向距离，$\boldsymbol{n}$为单位外法向量，$\boldsymbol{F}$为重力源项 $\rho\boldsymbol{g}$，$\boldsymbol{g}$ 为重力加速度，表面张力是指作用在界面处的体积力。

多介质流场中，密度和黏性系数随着时间和位置而变化，$\rho=\rho(x,t),\mu=\mu(x,t)$，考虑水气为不可融合流体，则在水和气的各自流场内部，水和气的密度和黏性系数都保持不变，密度和黏性系数皆满足输运方程：

$$\rho_t + \boldsymbol{u}\cdot\nabla\rho = 0 \tag{12.3}$$

$$\mu_t + \boldsymbol{u} \cdot \nabla \mu = 0 \tag{12.4}$$

为了简便，本章中令水和气的密度分别为 ρ_{w} 和 ρ_{g}，黏性系数分别为 μ_{w} 和 μ_{g}。

对流场控制方程进行无量纲化，采用以下无量纲方式：

$$x = Lx',\ \boldsymbol{u} = U\boldsymbol{u}',\ t = (L/U)t',\ p = p'\rho_{\mathrm{w}}U^2,\ \rho = \rho\rho_{\mathrm{w}},\ \mu = \mu\mu_{\mathrm{w}} \tag{12.5}$$

其中，带有上标的为无量纲后的变量，L 为特征长度，U 为特征速度。

无量纲控制方程组为

$$\boldsymbol{u}_t = -\frac{\nabla p}{\rho} - (\boldsymbol{u} \cdot \nabla)\boldsymbol{u} + \frac{1}{\rho}\left[\frac{1}{Re}\nabla \cdot (2\mu\boldsymbol{D}) - \frac{1}{B}\kappa\delta(d)\boldsymbol{n}\right] + \boldsymbol{g} \tag{12.6}$$

$$\nabla \cdot \boldsymbol{u} = 0 \tag{12.7}$$

其中，雷诺数 $Re = \rho_{\mathrm{w}}LU/\mu_{\mathrm{w}}$，$B = \rho_{\mathrm{w}}LU/\sigma$ 用来衡量表面张力大小，$\boldsymbol{g}$为单位重力加速度。

12.2 变密度投影算法

求解单介质不可压 N-S 方程的投影算法，最早是由 Chorin[2] 在 20 世纪 60 年代提出的。投影法认为在不可压 N-S 方程中，压强不具有任何热力学的意义，其仅仅是流场不可压缩的一个限制条件。根据霍奇 (Hodge) 分解定理[2−4]，给定计算区域及边界条件，则区域内的任意一个矢量场都可分解为一个散度为零的矢量场与一个标量的梯度场之和，并且在给定向量内积定义的前提下，这个矢量场与标量的梯度场是正交的。首先，将控制方程中的压强解耦，然后求解控制方程得到中间速度场，再按照霍奇分解定理，将中间速度场投影到散度为零的速度场上，即为下一时刻的速度场，再通过求解 Poisson 方程得到流场的压强，这样就获得下一时刻全流场的物理变量。

对于矢量场$\boldsymbol{V}$，根据霍奇分解定理，即存在一个散度为零的矢量场 $\boldsymbol{V}_d$，以及标量 ψ，使得 $\boldsymbol{V} = \boldsymbol{V}_d + \nabla\psi$，而且在给定了矢量场内积定义的情况下满足 $\boldsymbol{V}_d \perp \nabla\psi$。一般情况下，对于在给定区域的两个矢量场 $\boldsymbol{V}_1$ 和 $\boldsymbol{V}_2$，定义其内积为

$$(\boldsymbol{V}_1, \boldsymbol{V}_2) = \iint_{\Omega} \boldsymbol{V}_1 \cdot \boldsymbol{V}_2 \mathrm{d}\Omega \tag{12.8}$$

在文献 [7] 中有结论，在定义如下式的密度加权内积的前提下，

$$(\boldsymbol{V}_1, \boldsymbol{V}_2)_\rho = \iint_{\Omega} \boldsymbol{V}_1 \cdot \boldsymbol{V}_2 \rho \mathrm{d}\Omega \tag{12.9}$$

根据霍奇分解定理，对于任意矢量场$\boldsymbol{V}$，存在一个散度为零的矢量场$\boldsymbol{V}_d$，以及标量 ψ，使得 $\boldsymbol{V}=\boldsymbol{V}_d+\dfrac{\nabla\psi}{\rho}$，而且在上述定义的基于密度加权的矢量场内积情况下满足 $\boldsymbol{V}_d\perp\dfrac{\nabla\psi}{\rho}$。

基于以上理论，对于式 (12.6)，定义如下

$$\boldsymbol{V}=-(\boldsymbol{u}\cdot\nabla)\boldsymbol{u}+\frac{1}{\rho}\left[\frac{1}{Re}\nabla\cdot(2\mu\boldsymbol{D})-\frac{1}{B}\sigma\kappa\delta(d)\boldsymbol{n}\right]+\boldsymbol{g}$$

则有 $\boldsymbol{V}=\boldsymbol{u}_t+\dfrac{\nabla p}{\rho}$，其中 $\boldsymbol{u}_t$ 满足散度为零。根据霍奇分解的唯一性，则 $\boldsymbol{u}_t$ 和 $\dfrac{\nabla p}{\rho}$ 即为$\boldsymbol{V}$在基于密度加权矢量场内积定义下的正交分解，进行如下推导

$$\rho\boldsymbol{V}=\rho\boldsymbol{u}_t+\nabla p \tag{12.10}$$

对上式两边求卷积得到 $\nabla\times(\rho\boldsymbol{V})=\nabla\times(\rho\boldsymbol{u}_t)+\nabla\times(\nabla p)$，其中 $\nabla\times(\nabla p)=0$，进一步得到

$$\nabla\times(\rho\boldsymbol{V})=\nabla\times(\rho\boldsymbol{u}_t) \tag{12.11}$$

由数学理论可知，对于任意一个散度为零的矢量场 $\boldsymbol{V}_d$，都存在一个流函数矢量 $\boldsymbol{\psi}$ 使得 $\boldsymbol{V}_d=\nabla\times\boldsymbol{\psi}$，在二维问题中有 $\boldsymbol{\psi}=(0,0,\phi)$，$\boldsymbol{V}_d=(\phi_y,-\phi_x)$。由于 $\boldsymbol{u}_t$ 满足散度为零，即存在一个流函数 ϕ，使得 $\boldsymbol{u}_t=(\phi_y,-\phi_x)$，将其代入式 (12.11)，有

$$\nabla\times(\rho\boldsymbol{V})=\nabla\times(\rho(\nabla\times\boldsymbol{\psi})) \tag{12.12}$$

进一步精简推导出

$$-\nabla(\rho\nabla\phi)=\nabla\times(\rho\boldsymbol{V}) \tag{12.13}$$

通过求解式 (12.13) 得到流函数 ϕ，再求得 $\boldsymbol{u}_t$，进一步利用时间方向上的离散，可以求得整个流场的速度场。

12.3 界面处理

在不可压水气多介质问题中，水气的密度比接近 1000，过大的密度比极易导致界面处产生非物理振荡，无法准确地捕捉到界面位置，尤其是当采用高精度格式离散控制方程时更会遇到困难。文献 [5] 中，利用变密度投影法求解不可压多介质运动问题，文中发展的方法只适用于对于界面两侧流体密度比较小的问题，无法处理大密度比的水气问题。本章算法通过在界面处使用一定宽度的带宽光滑过渡水气密度，消除了由于大密度比过大而造成的非物理振荡。采用以下方法对界面处的密度进行光顺

$$\hat{\rho}=\left(1+\frac{\rho_{\rm g}}{\rho_{\rm w}}\right)/2 \tag{12.14}$$

$$\check{\rho} = \left(1 - \frac{\rho_{\mathrm{g}}}{\rho_{\mathrm{w}}}\right)/2 \tag{12.15}$$

$$\rho(\varphi) = \begin{cases} 1.0, & \varphi < -\alpha \\ \rho_{\mathrm{g}}/\rho_{\mathrm{w}}, & \varphi > \alpha \\ \hat{\rho} - \check{\rho}\sin(\pi\varphi/(2\alpha)), & \text{其他情况} \end{cases} \tag{12.16}$$

由以上两式可以看出，通过在界面处建立了一个宽度为 2α 的光滑过渡带，将水气的密度光滑过渡，本书中 α 取 1.5 倍网格步长。

12.4　表面张力的计算

在控制方程 (12.6) 中表面张力项为 $-\kappa\delta d\boldsymbol{n}/B$，文献 [6] 和 [7] 中指出利用 Level-Set 函数可以计算界面处的表面张力，并将其耦合入控制方程中。界面处的曲率 κ 和单位外法方向量$\boldsymbol{n}$均可用 Level-Set 函数 $\Phi(x,t)$ 计算，如下

$$\kappa(\Phi) = \nabla\cdot\left(\frac{\nabla\Phi}{|\nabla\Phi|}\right)\Bigg|_{\varphi=0}, \quad \boldsymbol{n} = \frac{\nabla\Phi}{|\nabla\Phi|} \tag{12.17}$$

需要通过 δ 函数将表面张力在界面处光顺，δ 函数可以为任何光滑过渡函数，本章中具体形式如下

$$\delta_\alpha(\Phi) = \begin{cases} \dfrac{1}{2}(1+\cos(\pi\Phi/\alpha))/\alpha, & |\Phi| < \alpha \\ 0, & \text{其他情况} \end{cases} \tag{12.18}$$

其中，α 为与网格步长成一定比例的带宽，在计算过程中 α 保持不变，本章计算中 α 取 1.5 倍网格步长。式 (12.6) 中的表面张力由 Level-Set 函数 Φ 计算得到

$$-\frac{1}{B}\kappa(\Phi)\delta_\alpha(\Phi)\boldsymbol{n}(\Phi) \tag{12.19}$$

在利用变密度投影法求解不可压流场控制方程时，需要求解式 (12.13)，表面张力项包括在式 (12.13) 的$\boldsymbol{V}$中，其对求解式 (12.13) 的贡献项可以写成以下形式

$$-\frac{1}{B}((\kappa(\Phi)\delta_\alpha(\Phi)\Phi_y)_x - (\kappa(\Phi)\delta_\alpha(\Phi)\Phi_x)_y) \tag{12.20}$$

定义可导的标量函数 $H(\Phi)$

$$H(\Phi) = \begin{cases} 0.5, & \Phi > \alpha \\ -0.5, & \Phi < -\alpha \\ \dfrac{1}{2}\left(\dfrac{\Phi}{\alpha} + \dfrac{1}{\pi}\sin(\pi\Phi/\alpha)\right), & \text{其他情况} \end{cases} \tag{12.21}$$

则有 $\delta_\alpha(\Phi) = \dfrac{\partial H(\Phi)}{\partial \Phi}$，代入式 (12.20) 可得

$$-\frac{1}{B}(\kappa(\Phi)_x H(\Phi)_y - \kappa(\Phi)_y H(\Phi)_x) \tag{12.22}$$

通过以上操作即利用 Level-Set 函数计算出表面张力并耦合进控制方程的求解中，可以利用算法模拟需要考虑表面张力的多介质运动，尤其是表面张力占有主导作用的多介质运动。

12.5 算法总结

通过求解 Level-Set 方程可以跟踪界面位置，定义界面为 Level-Set 函数的零等值线 (等值面)。在一般实际计算中，只需要保证在界面附近 Level-Set 函数为界面的距离符号函数，则迭代 Level-Set 方程若干个时间步长即可保证界面附近几层网格点上的 Level-Set 函数值为网格点到界面的距离。在空间方向上，采用迎风型满足熵条件的戈杜诺夫 (Godunov) 方法[8] 进行离散，时间方向采用三阶 TVD Runge-Kutta 方法[9] 离散。

本章算法有以下 4 个步骤。

步骤 1：定义 Level-Set 函数，使其为符号距离函数。

步骤 2：离散求解方程 (12.13)，得到流函数 ϕ，再求得 $\boldsymbol{u}_t$，进一步利用时间方向上的离散，求得下一时刻整个流场的速度场 $\boldsymbol{u}^{n+1}$，其中表面张力由式 (12.22) 计算出，流场的密度由式 (12.16) 得到。

步骤 3：利用得到的速度场推进Level-Set方程，更新Level-Set函数为$\Phi(\boldsymbol{x}, t^{n+\frac{1}{2}})$。

步骤 4：对 Level-Set 函数 $\Phi(\boldsymbol{x}, t^{n+\frac{1}{2}})$ 进行重新初始化，使得重新初始化后的 $\Phi(\boldsymbol{x}, t^{n+1})$ 为界面的符号距离函数。

经过一个时间步后得到的 Level-Set 函数值 $\Phi(\boldsymbol{x}, t^{n+1})$ 的零等值线为新时刻的界面，重复步骤 2、4，从而持续追踪界面。

12.6 数值离散方法

针对二维问题，采用一致的笛卡儿正交网格作为整个流场的计算网格，密度、速度，压强以及 Level-Set 函数皆定义在网格中心点和网格角点上，下标 $(i,\ j)$ 表示网格中心点，下标 $\left(i+\dfrac{1}{2}, j+\dfrac{1}{2}\right)$ 表示网格角点，具体定义网格变量如下

$$\boldsymbol{x}_{i,j} = \boldsymbol{x}(ih, jh), \quad \boldsymbol{x}_{i+\frac{1}{2},j+\frac{1}{2}} = \boldsymbol{x}\left(i+\frac{1}{2}h, j+\frac{1}{2}h\right)$$

$$\boldsymbol{x}_{i,j+\frac{1}{2}}=\boldsymbol{x}\left(ih,\left(j+\frac{1}{2}\right)h\right),\quad \boldsymbol{x}_{i+\frac{1}{2},j}=\boldsymbol{x}\left(\left(i+\frac{1}{2}\right)h,jh\right)$$

其中，h 为网格步长，在本章中假定 x，y 方向上的网格步长皆为 h；i，j 为整数，$i=0,\cdots,M-1,j=0,\cdots,N-1$。$M$ 和 N 分别为 x 和 y 方向上的网格点数。

12.6.1 对流项的离散

方程 (12.6) 中的对流项可以写成如下守恒形式

$$(\boldsymbol{u}\cdot\nabla)\boldsymbol{u}=\boldsymbol{f}_x+\boldsymbol{g}_y \tag{12.23}$$

其中

$$\boldsymbol{f}=\begin{pmatrix}u^2\\ uv\end{pmatrix},\quad \boldsymbol{g}=\begin{pmatrix}uv\\ v^2\end{pmatrix} \tag{12.24}$$

对于网格点 $\boldsymbol{x}_{i,j}$ 有

$$\begin{aligned}((u^2)_x+(uv)_y)_{i,j}=&[(u^2)_{i+\frac{1}{2},j}-(u^2)_{i-\frac{1}{2},j}]/h+[(uv)_{i,j+\frac{1}{2}}-(uv)_{i,j-\frac{1}{2}}]/h\\ =&(u_{i+\frac{1}{2},j}+u_{i-\frac{1}{2},j})(u_{i+\frac{1}{2},j}-u_{i-\frac{1}{2},j})/(2h)\\ &+(v_{i,j+\frac{1}{2}}+v_{i,j-\frac{1}{2}})(u_{i,j+\frac{1}{2}}-u_{i,j-\frac{1}{2}})/(2h)\\ &+(u_{i+\frac{1}{2},j}+u_{i-\frac{1}{2},j})(u_{i+\frac{1}{2},j}-u_{i-\frac{1}{2},j})/(2h)\\ &+(u_{i,j+\frac{1}{2}}+u_{i,j-\frac{1}{2}})(v_{i,j+\frac{1}{2}}-v_{i,j-\frac{1}{2}})/(2h)\end{aligned} \tag{12.25}$$

在不可压流场中速度连续，则有 $(u_{i+\frac{1}{2},j}+u_{i-\frac{1}{2},j})\approx(u_{i,j+\frac{1}{2}}+u_{i,j-\frac{1}{2}})$，同时不可压流场速度场散度为零，因而在每个网格点数满足:

$$(u_{i+\frac{1}{2},j}-u_{i-\frac{1}{2},j})+(v_{i,j+\frac{1}{2}}-v_{i,j-\frac{1}{2}})=0 \tag{12.26}$$

将式 (12.26) 代入式 (12.25)，得到

$$\begin{aligned}((u^2)_x+(uv)_y)_{i,j}=&(u_{i+\frac{1}{2},j}+u_{i-\frac{1}{2},j})(u_{i+\frac{1}{2},j}-u_{i-\frac{1}{2},j})/(2h)\\ &+(v_{i,j+\frac{1}{2}}+v_{i,j-\frac{1}{2}})(u_{i,j+\frac{1}{2}}-u_{i,j-\frac{1}{2}})/(2h)\end{aligned} \tag{12.27}$$

类似地，有

$$\begin{aligned}((uv)_x+(v^2)_y)_{i,j}=&(u_{i+\frac{1}{2},j}+u_{i-\frac{1}{2},j})(v_{i+\frac{1}{2},j}-v_{i-\frac{1}{2},j})/(2h)\\ &+(v_{i,j+\frac{1}{2}}+v_{i,j-\frac{1}{2}})(v_{i,j+\frac{1}{2}}-v_{i,j-\frac{1}{2}})/(2h)\end{aligned} \tag{12.28}$$

采用二阶 ENO 格式[10,11] 计算网格边界上的 $\boldsymbol{u}_{i+\frac{1}{2},j}$。

令 $\boldsymbol{u}_{\mathrm{l}}$，$\boldsymbol{u}_{\mathrm{r}}$ 和 $\boldsymbol{u}_{\mathrm{m}}$ 为以下形式：

$$\boldsymbol{u}_{\mathrm{l}} = \boldsymbol{u}_{i,j} + \frac{1}{2}M(\boldsymbol{u}_{i+1,j} - \boldsymbol{u}_{i,j}, \boldsymbol{u}_{i,j} - \boldsymbol{u}_{i-1,j}) \tag{12.29}$$

$$\boldsymbol{u}_{\mathrm{r}} = \boldsymbol{u}_{i+1,j} - \frac{1}{2}M(\boldsymbol{u}_{i+2,j} - \boldsymbol{u}_{i+1,j}, \boldsymbol{u}_{i+1,j} - \boldsymbol{u}_{i,j}) \tag{12.30}$$

$$\boldsymbol{u}_{\mathrm{m}} = \frac{1}{2}(\boldsymbol{u}_l + \boldsymbol{u}_r) \tag{12.31}$$

其中，M 定义如下

$$M(a,b) = \begin{cases} a, & |a| \leqslant |b| \\ b, & \text{否则} \end{cases} \tag{12.32}$$

利用迎风性质可取 $\boldsymbol{u}_{i+\frac{1}{2},j}$ 为

$$\boldsymbol{u}_{i+\frac{1}{2},j} = \begin{cases} \boldsymbol{u}_{\mathrm{m}}, & \boldsymbol{u}_{\mathrm{l}} \leqslant 0 \text{且} \boldsymbol{u}_{\mathrm{r}} \geqslant 0 \\ \boldsymbol{u}_{\mathrm{r}}, & \boldsymbol{u}_{\mathrm{m}} \leqslant 0 \text{且} \boldsymbol{u}_{\mathrm{r}} \leqslant 0 \\ \boldsymbol{u}_{\mathrm{l}}, & \boldsymbol{u}_{\mathrm{m}} \geqslant 0 \text{且} \boldsymbol{u}_{\mathrm{l}} \geqslant 0 \end{cases} \tag{12.33}$$

类似地可求得 $\boldsymbol{u}_{i,j+\frac{1}{2}}$，$\boldsymbol{u}_{i-\frac{1}{2},j}$ 和 $\boldsymbol{u}_{i,j-\frac{1}{2}}$ 等。

12.6.2　黏性项的离散

方程 (12.6) 中的黏性张量 $\boldsymbol{D} = (\nabla \boldsymbol{u} + \nabla \boldsymbol{u}^{\mathrm{T}})/2$，将其展开为

$$\boldsymbol{D} = \frac{1}{2}\begin{pmatrix} 2u_x & v_x + u_y \\ v_x + u_y & 2v_y \end{pmatrix} \tag{12.34}$$

采用中心格式离散其中的偏导项，将速度场的一阶偏导定义到 $\boldsymbol{x}_{i+\frac{1}{2},j+\frac{1}{2}}$ 上，具体定义 $(u_x)_{i+\frac{1}{2},j+\frac{1}{2}}$ 如下

$$(u_x)_{i+\frac{1}{2},j+\frac{1}{2}} = (u_{i+1,j+1} - u_{i,j+1} + u_{i+1,j} - u_{i,j})/(2h) \tag{12.35}$$

类似地定义 $(u_y)_{i+\frac{1}{2},j+\frac{1}{2}}$、$(v_x)_{i+\frac{1}{2},j+\frac{1}{2}}$ 和 $(v_y)_{i+\frac{1}{2},j+\frac{1}{2}}$。

黏性张量 $\mu\boldsymbol{D}$ 的散度 $\nabla \cdot (2\mu\boldsymbol{D})$，可展开为

$$\nabla \cdot (2\mu\boldsymbol{D}) = 2(\mu u_x)_x + (\mu v_x)_y + (\mu u_y)_y + (\mu v_x)_x + (\mu u_y)_x + 2(\mu v_y)_y \tag{12.36}$$

利用中心差分近似二阶偏导项，可以得到

$$\begin{aligned}((\mu u_y)_y)_{i,j} =& [(\mu u_y)_{i+\frac{1}{2},j+\frac{1}{2}} - (\mu u_y)_{i+\frac{1}{2},j-\frac{1}{2}} \\ &+ (\mu u_y)_{i-\frac{1}{2},j+\frac{1}{2}} - (\mu u_y)_{i-\frac{1}{2},j-\frac{1}{2}}]/(2h)\end{aligned} \tag{12.37}$$

在上式中，$\mu_{i+\frac{1}{2},j+\frac{1}{2}}$ 取周围 4 个网格中心点处的平均值，即

$$\mu_{i+\frac{1}{2},j+\frac{1}{2}} = (\mu_{i,j} + \mu_{i+1,j} + \mu_{i,j+1} + \mu_{i+1,j+1})/4 \tag{12.38}$$

在计算区域边界上，$\mu_{i+\frac{1}{2},j+\frac{1}{2}}$ 取计算区域内部两点的平均值，对于左边界上有

$$\mu_{-\frac{1}{2},j+\frac{1}{2}} = (\mu_{0,j} + \mu_{0,j+1})/2 \tag{12.39}$$

12.6.3 曲率的离散求解

二维问题中曲率可由 Level-Set 函数表示如下

$$\kappa(\Phi) = \frac{\Phi_x^2\Phi_{yy} + \Phi_y^2\Phi_{xx} - 2\Phi_x\Phi_y\Phi_{xy}}{(\Phi_x^2 + \Phi_y^2)^{1.5}} \tag{12.40}$$

上式中的各阶偏导数由中心差分近似得到。

12.6.4 变密度投影法的数值离散

在离散求解式 (12.13) 时，首先需要在流场网格上定义离散变量的散度、梯度以及基于密度加权的矢量场内积。

考虑在网格上定义矢量的散度，对于速度场 $\boldsymbol{u} = (u, v)$，将其散度定义在网格角点 $\boldsymbol{x}_{i+\frac{1}{2},j+\frac{1}{2}}$ 上

$$\begin{aligned}(\nabla\cdot\boldsymbol{u})_{i+\frac{1}{2},j+\frac{1}{2}} =&(u_x)_{i+\frac{1}{2},j+\frac{1}{2}} + (v_y)_{i+\frac{1}{2},j+\frac{1}{2}}\\ =&(u_{i+1,j+1} - u_{i,j+1} + u_{i+1,j} - u_{i,j})/(2h)\\ &+ (v_{i+1,j+1} - v_{i+1,j} + v_{i,j+1} - v_{i,j})/(2h)\end{aligned} \tag{12.41}$$

对定义在网格角点上的标量函数 ϕ 进行梯度运算，将其梯度定义在 $\boldsymbol{x}_{i,j}$ 上

$$(\nabla\phi)_{i,j} = (G_x\phi, G_y\phi)_{i,j}$$

$$\begin{aligned}(G_x\phi)_{i,j} =&(\phi_{i+\frac{1}{2},j+\frac{1}{2}} - \phi_{i-\frac{1}{2},j+\frac{1}{2}} + \phi_{i+\frac{1}{2},j-\frac{1}{2}}\\ &- \phi_{i-\frac{1}{2},j-\frac{1}{2}})/(2h)\end{aligned} \tag{12.42}$$

$$\begin{aligned}(G_y\phi)_{i,j} =&(\phi_{i+\frac{1}{2},j+\frac{1}{2}} - \phi_{i+\frac{1}{2},j-\frac{1}{2}} + \phi_{i-\frac{1}{2},j+\frac{1}{2}}\\ &- \phi_{i-\frac{1}{2},j-\frac{1}{2}})/(2h)\end{aligned} \tag{12.43}$$

对于定义在离散网格中心处上的两个矢量场 $\boldsymbol{V}_1$ 和 $\boldsymbol{V}_2$，定义它们的基于密度加权的矢内积如下

$$((\boldsymbol{V}_1, \boldsymbol{V}_2)_\rho)_{i,j} = \sum_{i=0}^{M-1}\sum_{j=0}^{N-1}((\boldsymbol{V}_1)_{i,j}, (\boldsymbol{V}_2)_{i,j})\rho_{i,j} \tag{12.44}$$

在以上定义的基础上，对定义在离散网格中心点 $\boldsymbol{x}_{i,j}$ 上的矢量$\boldsymbol{V}$，有矢量 $\boldsymbol{V}_d$，以及标量函数 φ，使得 $\boldsymbol{V}=\boldsymbol{V}_d+\nabla\psi/\rho$，其中 $\boldsymbol{V}_d$ 定义在网格中心点 $\boldsymbol{x}_{i,j}$，ϕ 定义在网格角点 $\boldsymbol{x}_{i+\frac{1}{2},j+\frac{1}{2}}$，并且在每个网格中心处满足 $((\boldsymbol{V}_d,\nabla\phi)_\rho)_{i,j}=0$。
展开式 (12.13)，如下

$$-G_x(\rho(G_x\phi))-G_y(\rho(G_y\phi))=G_x(\rho V_2)-G_y(\rho V_1) \tag{12.45}$$

其中，V_1 和 V_2 为式 (12.13) 中$\boldsymbol{V}$的两个分量。

在 12.4 节中已经详细给出表面张力项在变密度投影算法中的处理，其对于式 (12.45) 的贡献为式 (12.22)。对于网格中心点 $\boldsymbol{x}_{i,j}$，离散式 (12.45) 得到

$$\begin{aligned}&-(\rho_{i,j}\phi_{i-\frac{1}{2},j-\frac{1}{2}}+\rho_{i,j+1}\phi_{i-\frac{1}{2},j+\frac{3}{2}}+\rho_{i+1,j}\phi_{i+\frac{3}{2},j-\frac{1}{2}}+\rho_{i+1,j+1}\phi_{i+\frac{3}{2},j+\frac{3}{2}})-(\rho_{i,j}\\&+\rho_{i+1,j}+\rho_{i,j+1}+\rho_{i+1,j+1})\phi_{i+\frac{1}{2},j+\frac{1}{2}})\\=&G_x(\rho\hat{V_2})-G_y(\rho\hat{V_1})-\frac{1}{B}(G_x(k(\varPhi))G_y(H(\varPhi))-G_y(k(\varPhi))G_x(H(\varPhi)))\end{aligned} \tag{12.46}$$

其中，$\hat{V}_1,\hat{V}_2$ 为$\boldsymbol{V}$中除去表面张力后的分量，式 (12.46) 右边的第三项为表面张力的贡献。使用预处理共轭梯度法[13] 求解上式得到 $\phi_{i+\frac{1}{2},j+\frac{1}{2}}$。

利用 ϕ 求出每个网格中心点的 $\boldsymbol{u}_t$

$$\boldsymbol{u}_t=(\phi_y,-\phi_x) \tag{12.47}$$

具体离散形式如下

$$(u_t)_{i,j}=(\phi_{i+\frac{1}{2},j+\frac{1}{2}}-\phi_{i+\frac{1}{2},j-\frac{1}{2}}+\phi_{i-\frac{1}{2},j+\frac{1}{2}}-\phi_{i-\frac{1}{2},j-\frac{1}{2}})/2h \tag{12.48}$$

$$(v_t)_{i,j}=-(\phi_{i+\frac{1}{2},j+\frac{1}{2}}-\phi_{i-\frac{1}{2},j+\frac{1}{2}}+\phi_{i+\frac{1}{2},j-\frac{1}{2}}-\phi_{i-\frac{1}{2},j-\frac{1}{2}})/2h \tag{12.49}$$

12.6.5　时间方向上的离散

采用变密度投影法求出速度关于时间方向上的偏导 $\boldsymbol{u}_t$，再通过时间方向上的离散方法求出速度场。本章在时间方向上皆采用三阶 TVD Runge-Kutta 离散，具体形式如下。

对于半离散格式

$$\frac{\partial W}{\partial t}=R(W) \tag{12.50}$$

时间方向上的三阶精度 TVD Runge-Kutta 方法表示如下

$$W^{(0)}=W^n \tag{12.51}$$

$$W^{(1)}=W^{(0)}+\Delta tR(W^{(0)}) \tag{12.52}$$

$$W^{(2)} = \frac{3}{4}W^{(0)} + \frac{1}{4}W^{(1)} + \frac{1}{4}\Delta t R(W^{(1)}) \tag{12.53}$$

$$W^{(3)} = \frac{1}{3}W^{(0)} + \frac{2}{3}W^{(2)} + \frac{2}{3}\Delta t R(W^{(2)}) \tag{12.54}$$

$$W^{n+1} = W^{(3)} \tag{12.55}$$

其中，Δt 为时间步长。

12.6.6　时间步长与边界条件

构造时间步长 Δt，具体如下

$$\Delta t_{\mathrm{c}} = \min\left(\frac{h}{\sqrt{u^2+v^2}}\right) \tag{12.56}$$

$$\Delta t_{\mathrm{s}} = \sqrt{(\rho_l+\rho_s)B/8\pi h^{\frac{3}{2}}} \tag{12.57}$$

$$\Delta t_{\mathrm{v}} = \min_{\Omega}\left(\frac{3}{14}(\rho Re h^2/\mu)\right) \tag{12.58}$$

$$\Delta t = \frac{1}{2}\min(\Delta t_{\mathrm{c}}, \Delta t_{\mathrm{s}}, \Delta t_{\mathrm{v}}) \tag{12.59}$$

其中，Δt_{c}、Δt_{s}、Δt_{v} 分别表示对流项、表面张力，以及黏性项引起的时间步长，Ω 为整个计算流场，min() 表示求最小值函数。

整个流场的边界条件皆采用固壁滑移边界条件，在边界上满足

$$\boldsymbol{u}\cdot\boldsymbol{n} = 0 \tag{12.60}$$

式 (12.46) 中 ϕ 在四个边界上皆为常数，在边界上采用虚拟网格方法处理边界条件。

12.7　数 值 算 例

12.7.1　收敛分析

首先利用大密度比的气泡上升算例对本章算法进行收敛性分析，验证算法的收敛性。在第一个算例中的雷诺数适中，表面张力较小；第二个算例中的雷诺数较小，但是具有较大的表面张力，通过网格加密方法验证算法的收敛性。

算例 1　计算区域 $[0,6]\times[0,6]$，圆形气泡半径 R=1，起始时刻静止的气泡圆心与下边界的距离为 2，雷诺数 Re=100，B=200，水气的密度比为 1000，黏性比为 100。采用三套网格计算，x 和 y 方向上的网格数分别为 36×36，72×72 和 144×144。图 12.1 给出了在时间为 t=2.0 时刻，利用三套网格计算得到的水气界面位置对比图及相应的局部放大图。由图中可以看出，在三种计算结果中界面的拓

扑结构变化基本一致，由图 12.1(a) 可以看出三种计算结果中气泡的上壁面基本完全重合。图 12.1(b) 为图 12.1(a) 正方形框的局部放大图，由图中可以看出气泡下壁面向上隆起部分的三种计算结果略有差异，但是界面变化的基本趋势是一致的，密网格上的计算结果更能捕捉到界面的细致变化。图 12.2 给出了在时间 t=4.4 时刻，在左右两侧形成的小气泡开始与气泡主体分离时三套网格上的计算结果。由图中可以看出，三种计算结果中小气泡都即将分离，气泡界面的拓扑变化趋势一致，密网格上的计算结果中气泡界面更为光滑，拓扑结构变化更为明显。图 12.3 给出了在时间 t=2.0 时刻，流场中的速度矢量图，由图中可以明显地看到在气泡的下方左右两侧形成两个涡，涡的持续运动最终导致下方出现小气泡并与主体气泡分离。

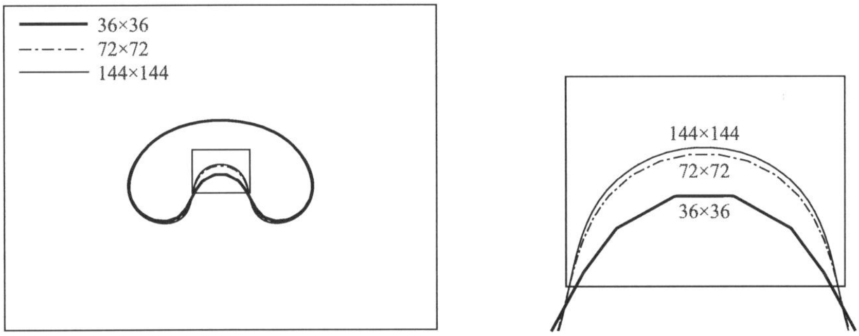

(a) 对比图　(b) 局部放大图

图 12.1　Re=100，B=200，密度比为 1000，黏性比为 100，三套网格计算结果在 t=2.0 时刻的对比图及局部放大图

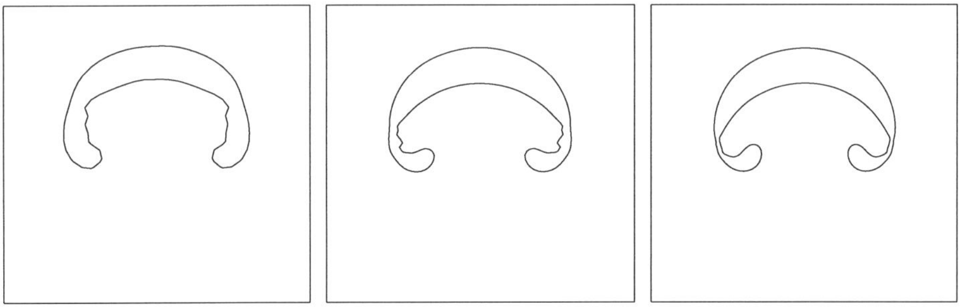

(a) 网格36×36　(b) 网格72×72　(c) 网格144×144

图 12.2　t=4.4 时刻，两个小气泡即将脱落气泡主体时，三套加密网格上的气泡界面图

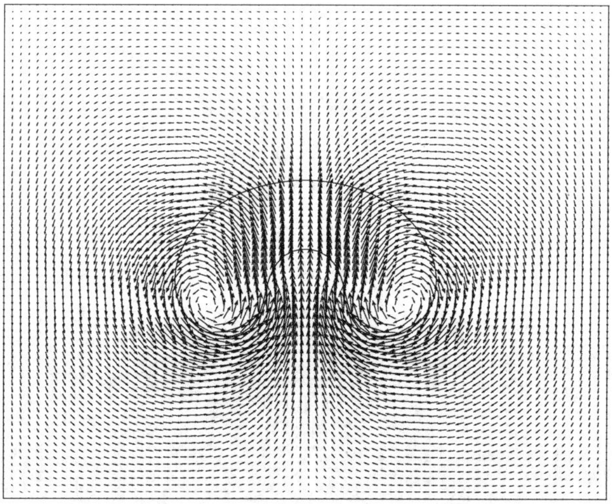

图 12.3　t=2.0 时刻的速度矢量场图

图 12.4 给出了利用三套网格计算，气泡内垂直方向平均速度随时间变化的对比图。由图中可以看出，三种计算结果基本一致，气泡以一定加速度向上运动，在 t=1.2 时刻左右达到最大值，并开始逐渐减小到 0.5 左右，此后出现一定程度的振荡。图 12.5 给出了气泡平均高度随时间变化的对比图。从图中可以看出，三条线基本完全重合，进一步证明了算法的收敛性。

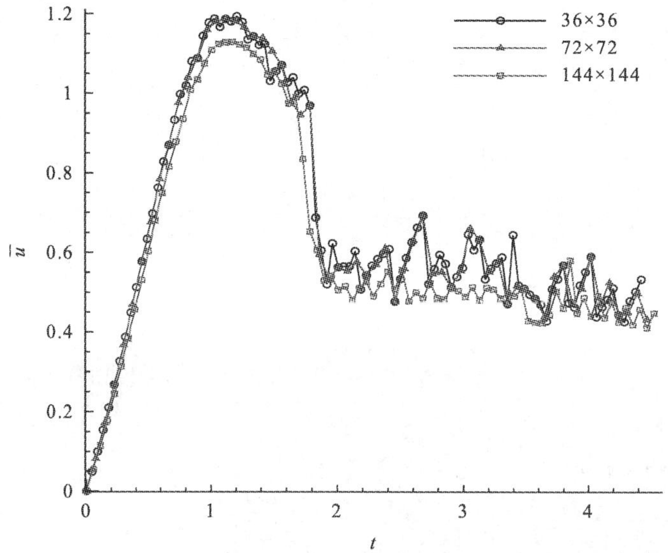

图 12.4　气泡垂直方向平均速度随时间变化在三套网格上的计算结果对比

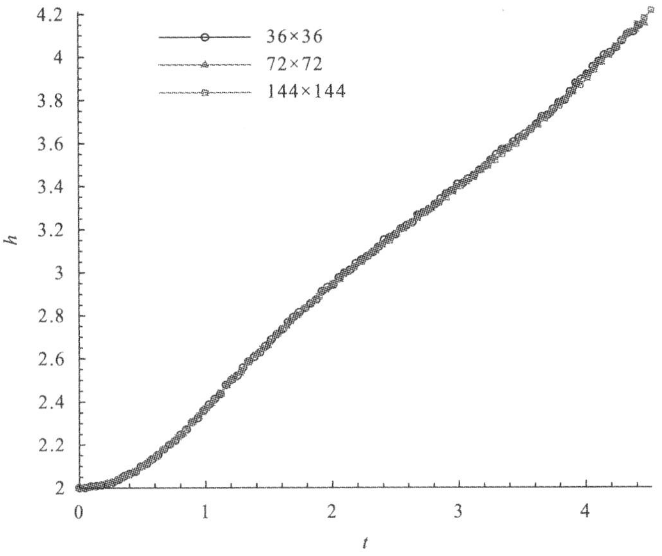

图 12.5　气泡平均高度随时间变化在三套网格上的计算结果对比图

通过 t=2.0 时刻，气泡内的平均速度和平均高度在三套加密网格上的误差计算收敛率，定义误差

$$E_{h,2h} = |f_h - f_{2h}| \tag{12.61}$$

其中，f 表示在 t=2.0 时刻的气泡平均速度。表 12.1 给出了变量误差和相应的收敛率。

表 12.1　变量误差和相应的收敛率

变量	$E_{h,2h}$	$E_{2h,4h}$	$\log_2(E_{h,2h}/E_{2h,4h})$
速度	0.04723	0.009912	2.25
高度	0.00102	0.005833	2.55

图 12.6 给出了计算网格数为 144 × 144 时，不同时刻的气泡界面。由于气泡下方受到的浮力较大，出现一个明显的向上隆起运动，而同时由于下方气体的过快运动会挤压上方气体，使其向左右两侧运动形成两个弧状鼓包。气泡下方界面持续向上运动，而上界面的运动较慢，气泡整体上形成月牙弧形，由于表面张力较小，左右两个气体小鼓包最后从主体气泡中分裂出来，成为两个单独的小气泡，而剩下的气泡主体部分会继续保持一定的速度向上运动。

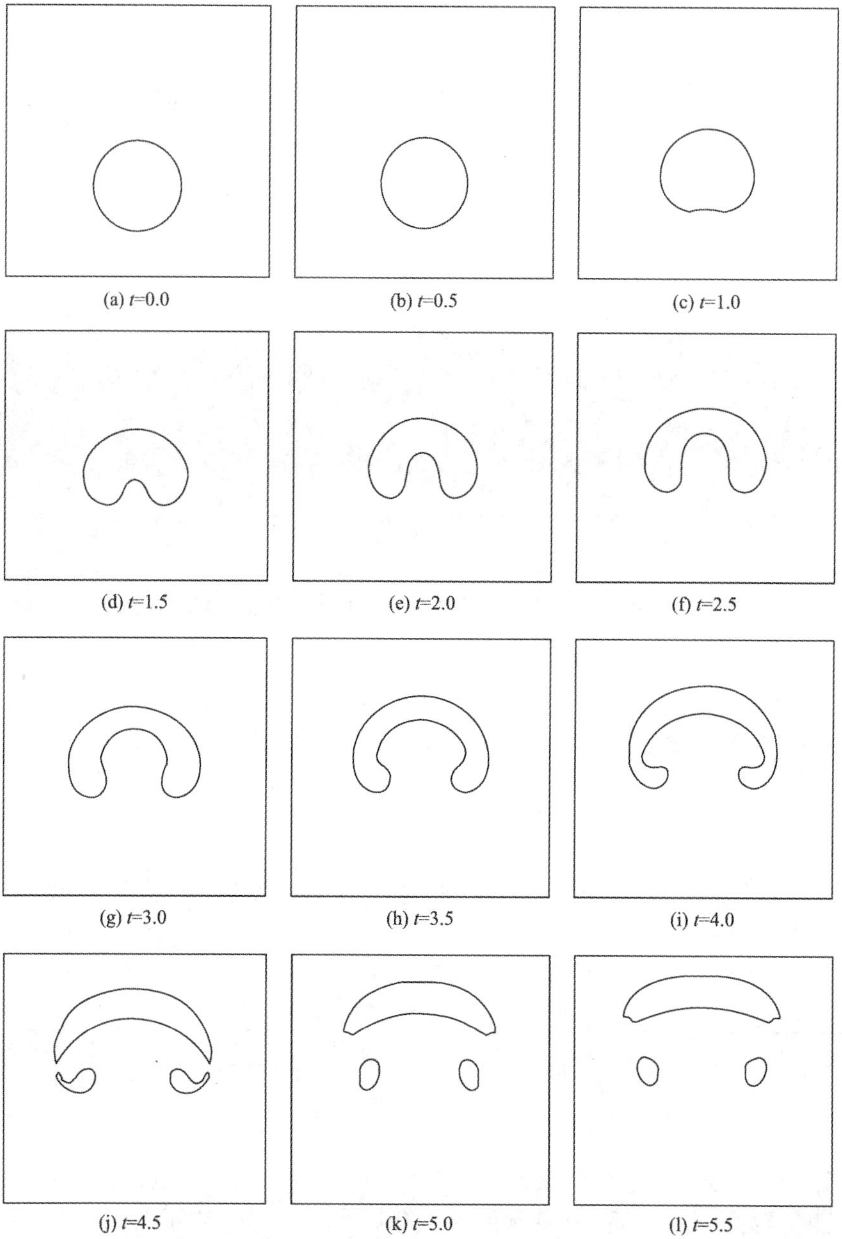

图 12.6　Re=100，B=200，密度比为 1000，黏性比为 100，气泡的界面变化图

算例 2　计算区域为 $[0,6]\times[0,12]$，圆形气泡半径 R=1，起始时刻气泡的圆心与下边界距离为 4，雷诺数 Re=5.0，B=0.4，水气的密度比为 1000，黏性比为 100。采用两套网格计算，x 和 y 方向上的网格数分别为 36×72 和 72×144。图 12.7 给

出了在计算网格数为 72×144 时，不同时刻的气泡界面变化图。从图中可以看出，由于雷诺数很小，黏性力变大，初始时气泡向上运动的速度较小，随着气泡持续向上运动。同时由于下壁面受到的浮力大于上壁面，下壁面的运动速度大于上壁面的速度，气泡逐渐形成扁平的形状。在本算例中用于衡量表面张力的 B 较小，表明气泡壁面受到的表面张力较大，因此气泡的外形没有进一步发生改变，而是保持扁平形状持续向上运动。由于上边界为固壁边界条件，在离界面上方一定距离时，气泡开始减速直到完全静止并附着在上边界。

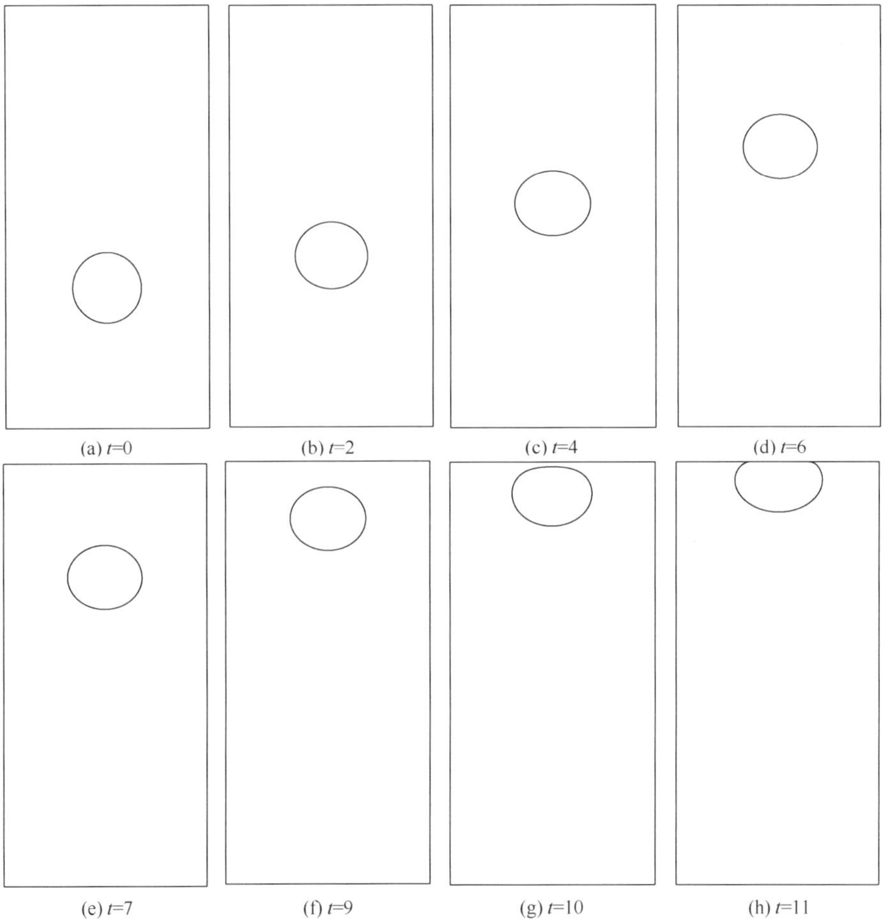

图 12.7　雷诺数 Re=5.0，B=0.4 时，不同时刻的气泡界面变化图

图 12.8 给出了利用两套网格计算得到的气泡垂直方向平均速度随时间变化的对比图。由图中可以看出，在气泡加速上升阶段两种计算结果差距不大，在后期速度稳定后，都出现了一定程度的振荡。与算例 1 相比，本算例中的雷诺数变小，水中的黏性力变大，气泡受到向上运动阻力变大，使得向上的加速度小于算例 1 中

的计算结果。在时刻 t=3.5，速度达到稳定值，此后出现小幅度的振荡，直至运动到界面上方附近时开始减速。图 12.9 给出了利用两套网格计算得到的气泡平均高度随时间变化的对比图。由图中可以看出，计算结果基本重合。

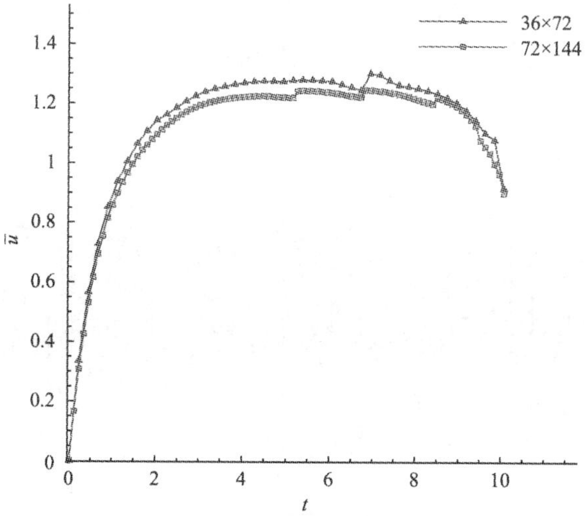

图 12.8　在两套加密网格上，气泡垂直方向平均速度随时间变化的示意图

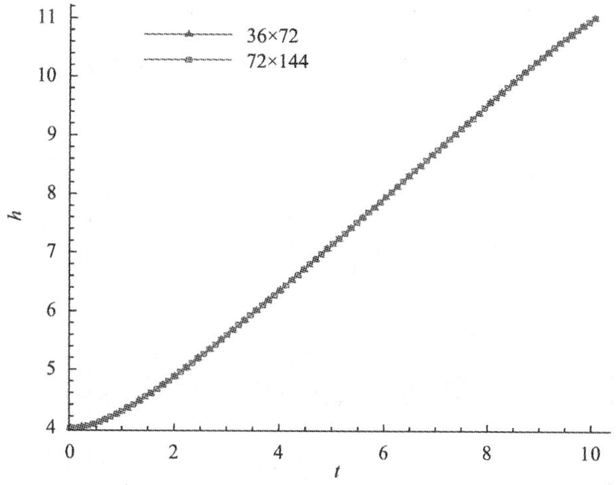

图 12.9　在两套加密网格上，气泡平均高度随时间变化的示意图

12.7.2　表面张力的影响

表面张力是由于在液体表面处的水分子受到的引力不均衡而产生的垂直液体表面的作用力。本节通过调节无量纲参数 B 来改变表面张力的大小，B 越大则表面张力越小，反之亦然。利用本章算法模拟不同表面张力的气泡上升以及水滴下落撞击固壁运动过程，研究表面张力对水气多介质运动问题的影响。

算例 3　计算区域为 $[0,6]\times[0,6]$，圆形气泡半径 $R=1$，起始时刻，气泡的圆心到下边界距离为 4，$Re=100$，$B=20$，水气的密度比为 1000，黏性比为 100，计算网格数为 144×144。本算例与算例 1 相比 B 变小，表面张力变大。图 12.10 给出了在时间 $t=4.0$ 时刻，本算例与算例 1 的气泡界面拓扑结构图。图 12.10(a) 为本算例的计算结果，图 12.10(b) 为算例 1 的计算结果。由图中可以看出，在同一时刻本算例的结果中气泡的两侧并没有形成两个小气泡。这是因为表面张力变大，使气泡保持为原有外形的能力增强，阻止了气泡两侧的变化分离。

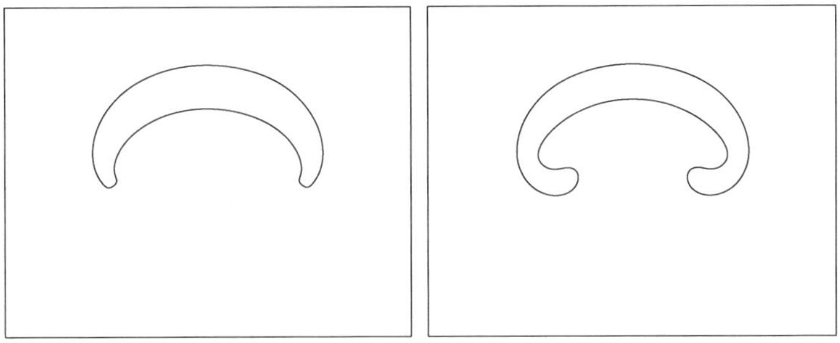

(a) B=20　　(b) B=200

图 12.10　$t=4.0$ 时刻，水中上升气泡的界面对比图

算例 4　计算区域为 $[0,6]\times[0,12]$，圆形水滴半径 $R=1$，起始时刻水滴的圆心与上边界距离为 4，$Re=100.0$，$B=0.01$，水气的密度比为 1000，黏性比为 100，计算网格数为 80×160。图 12.11 给出了水滴下落过程中界面在不同时刻的示意图。由图中可以看出，由于B较小，水滴界面处受到的表面张力较大，在水下落过程中，水滴的外形基本保持不变，直到与下方固壁面发生接触碰撞，由于近地面效应，水滴在接近地面时略微变得扁平。在水滴下部与固壁面发生碰撞后，

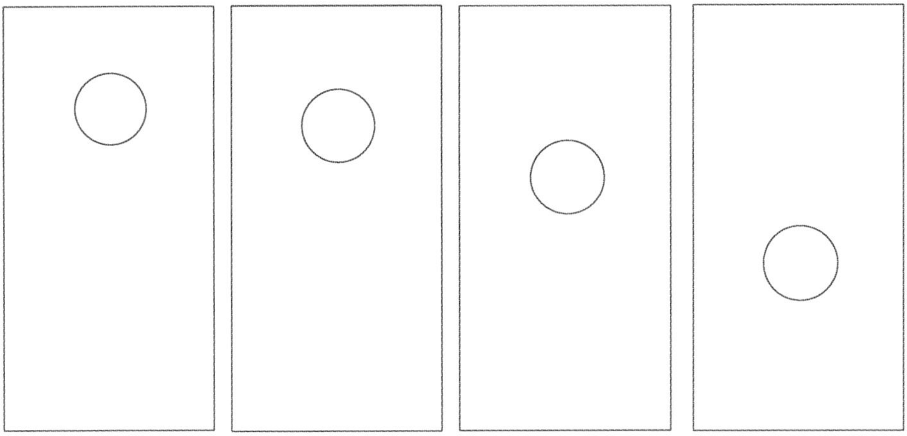

(a) t=0　　(b) t=1　　(c) t=2　　(d) t=3

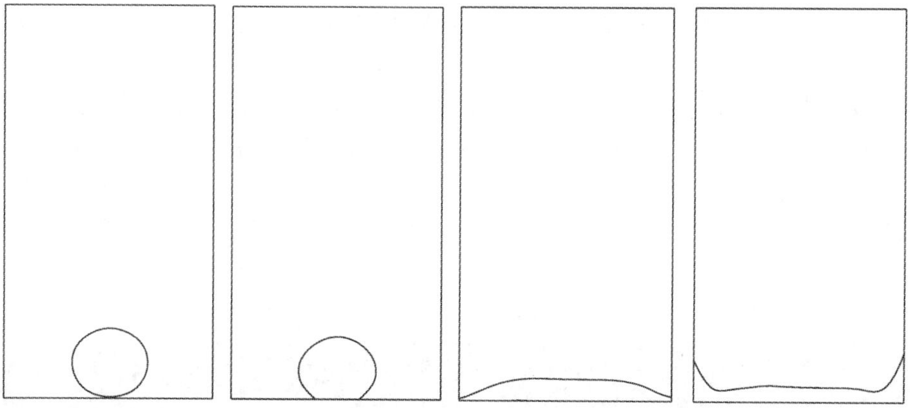

(e) t=4　(f) t=4.1　(g) t=4.3　(h) t=4.35

图 12.11　水滴下落不同时刻的界面示意图 (Re=100，B=0.01)

水滴的上部依旧以一定的速度向下运动，挤压下部水滴，使得水滴产生向左右两侧运动的速度。由于下壁面为滑移边界条件，水滴开始以碰撞接触点为中心向两侧对称分散运动，并且水平方向上的速度持续变大。水滴持续水平方向上的运动直到与左右固壁碰撞，开始产生一个向上的速度，部分液体会沿着左右壁面向上运动。

算例 5　计算区域为 $[0,6]\times[0,12]$，圆形水滴半径 R=1，起始时刻水滴的圆心与上边界距离为 4，Re=100，B 为无穷大，水气的密度比为 1000，黏性比为 100。计算网格数为 80×160。图 12.12 给出了水滴下落过程中界面在不同时刻变化的示意图。B 为无穷大表示界面处没有表面张力，由图中可以看出，在 t=2.0 时刻，水滴界面就已经开始出现变形；在 t=3.0 时刻，水滴变形明显；在 t=4.0 时刻，下部已变为扇形，随后水滴与固壁面发生碰撞后完全摊开，并开始沿着固壁面的水平方向上运动，直到与左右壁面发生碰撞后，一部分液体冲上壁面。本算例中没有考虑水滴表面张力的作用，结果显示在水滴下落过程中，水滴变形明显，表面张力对水滴外形变化有较大的影响。

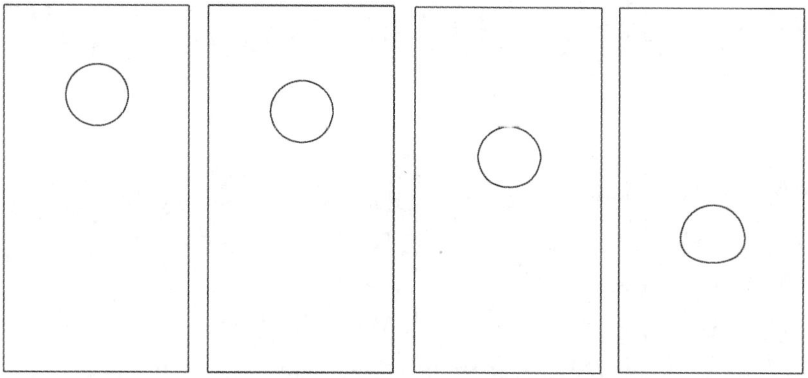

(a) t=0　(b) t=1　(c) t=2　(d) t=3

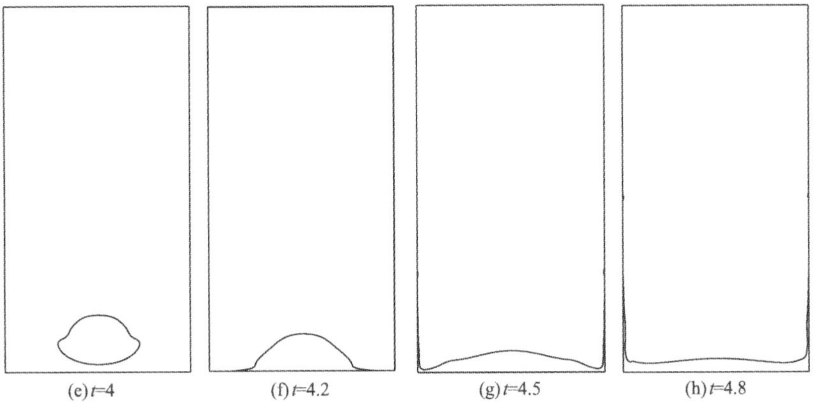

图 12.12　水滴下落不同时刻界面示意图 (Re=100，B 为无穷大)

图 12.13(a) 给出水滴下落过程中的垂直方向平均速度随时间变化示意图。由图中可以看出，在水滴下落阶段垂直方向平均速度以加速度−1减小，直到 t=4.0 时刻，与下方壁面发生碰撞后，速度开始反弹回归为零，速度时间呈曲线关系。图 12.13(b) 给出下落过程中水滴平均高度随时间的变化示意图，由图中可以看出，下落过程的高度 (h)-时间 (t) 曲线为抛物线，这也与物理理论结果相吻合。图 12.14

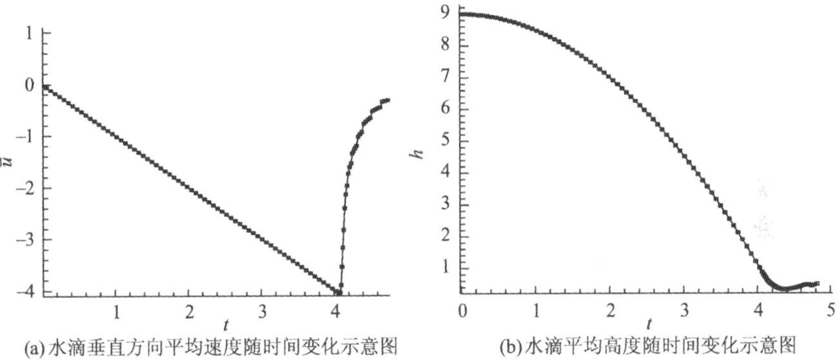

图 12.13　水滴下落，垂直方向平均速度与高度随时间变化示意图

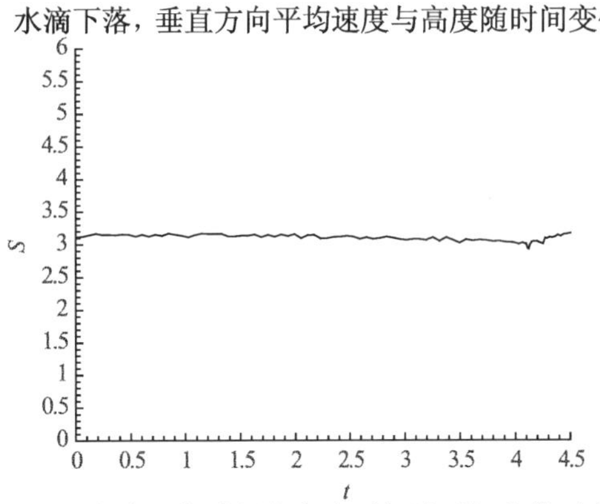

图 12.14　水滴下落过程中水滴面积随时间变化示意图

给出下落碰撞过程中水滴面积随时间的变化示意图。由图看出，在下落过程中水滴的面积基本上保持在 3.14 左右，在水滴与下方固壁面发生碰撞后，有小幅度的振荡。算法不能保证质量守恒性质，但是并没有造成过大的质量损失。

图 12.15 给出在 Re=100，B 为不同值时，在时间 t=4.0 时刻水滴界面的对比图。由图中可以看出随着 B 的不断增大，水滴变形幅度随之变大。在 B 为 1.0 以下时，水滴的变形幅度很小，在 B=10 时，变形开始剧烈，当 B >100 后，水滴的变形幅度基本上相同。

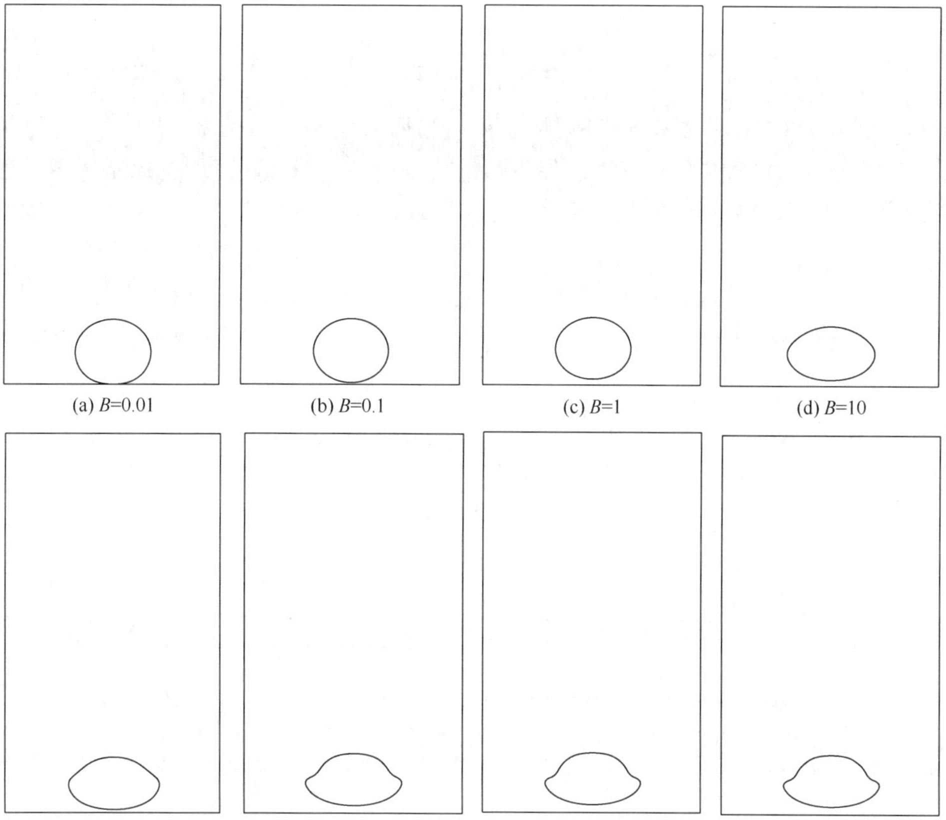

(a) B=0.01　(b) B=0.1　(c) B=1　(d) B=10

(e) B=20　(f) B=100　(g) B=1000　(h) B=inf

图 12.15　Re=100，不同大小的 B 时，在 t=4.0 时刻水滴的界面对比图

12.7.3　黏性力的影响

水滴内部的黏性力远大于空气的黏性力，因此黏性力对于水气界面的影响也十分重要，考察不同大小的黏性力对水滴下落过程中的形变影响。

算例 6　计算区域为 $[0,6]\times[0,12]$，圆形水滴半径 R=1，起始时刻，水滴圆心与上边界距离为 4，B=1.0，水气的密度比为 1000，黏性比为 100，计算网格数

为 80×160，分别模拟 Re=1000 和 Re=10 时的水滴下落过程。图 12.16 给出在时间 t=4.0，两种水滴界面的对比图。其中图 12.16(a) 为 Re=1000 时的计算结果，在较高雷诺数时水滴黏性力较小，在即将与固壁面碰撞时，呈现上部分略窄，下部扁平的形状；图 12.16(b) 为 Re=10 时的计算结果，在黏性力较大时，水滴外形变化很小。由两者比较可知，当黏性力变大时，水滴变形较小，但整体上两种结果相差不大。

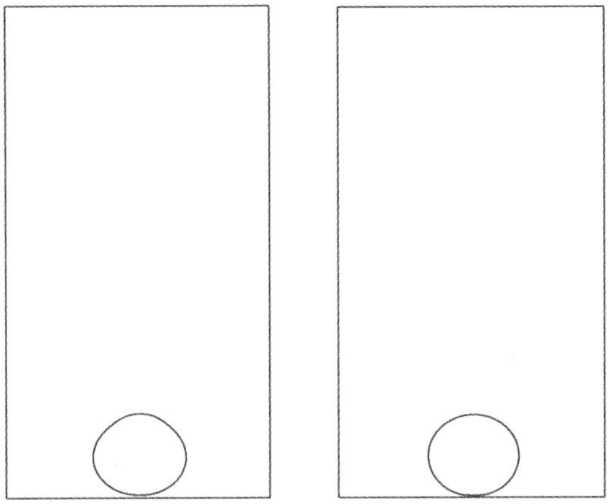

(a) Re=1000　(b) Re=10

图 12.16　在 B=1.0，t=4.0 条件下, 水滴下落

12.7.4　水平方向运动的水滴落地

算例 7　计算区域为 $[0,12] \times [0,12]$，圆形水滴半径 R=1，起始时刻，水滴的圆心与上边界距离为 4，距左边界为 4，Re=100，B=0.1，水气的密度比为 1000，黏性比为 100，计算网格数为 160×160，在水平方向上，水滴有一个向右的初速度 u=1.0。图 12.17 给出水滴运动过程中的界面变化图。由图中可以看出，水滴在保持水平方向平移的同时在重力的作用下做自由落体运动，在 t=4.0 时刻与地面碰撞，然后摊开向左右两侧运动，由于水滴具有向右的速度，摊开后的水滴仍然保持向右运动的趋势，直到与右壁面发生碰撞。

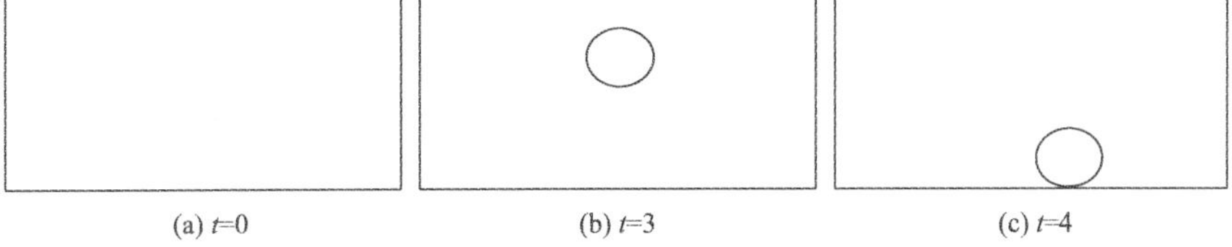

(a) t=0　(b) t=3　(c) t=4

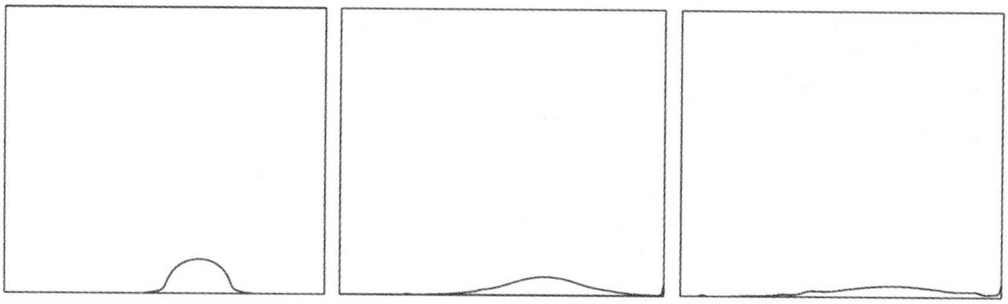

(d) t=4.2　(e) t=4.5　(f) t=4.8

图 12.17　水平方向运动的水滴下落与下壁面发生碰撞过程界面变化示意图

12.7.5　多水滴运动模拟

算例 8　本算例模拟了高度不同的两个水滴，先后落地碰撞后发生的融合等运动现象。计算区域为 $[0,12]\times[0,12]$，两水滴的中心高度分别为 10 和 7，水平方向上的位置都是 6。水滴的 Re=100，B=10，水气的密度比为 1000，黏性比为 100，计算网格为 160×160。图 12.18 给出了两个水滴的界面变化图。两水滴同时做自由落体运动，由于表面张力较小，下方水滴在接近地面时已开始变形，随后水滴与地面发生碰撞并逐渐摊开。下方水滴首先落地平摊，同时上方水滴落下并与下方没有完全摊开的水滴融合在一起。由于上方水滴带有更大的速度，与下方水滴融合后会分别形成两个左右方向快速推进的波浪，直至与左右壁面碰撞后，部分液体沿着壁面向上运动。

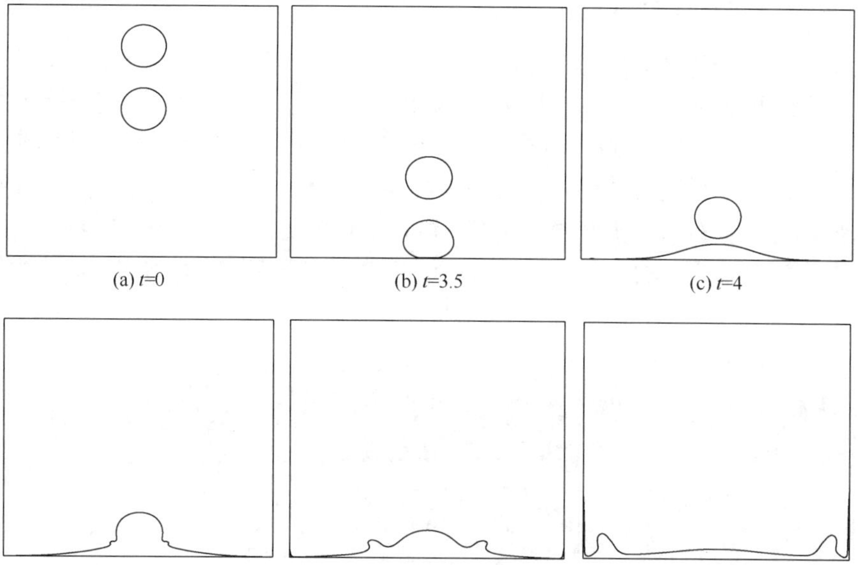

(a) t=0　(b) t=3.5　(c) t=4

(d) t=4.2　(e) t=4.5　(f) t=5

图 12.18　高度不同的两个水滴下落发生碰撞融合界面变化示意图

12.8 小结

本章利用 Level-Set 方法模拟了低速水气运动。通过在界面处引入了一定宽度的带宽光滑过渡密度，消除了由于水气大密度比引起的界面附近非物理振荡，并且在此基础上采用变密度投影算法直接求解多介质流场控制方程，避免了传统投影算法中的求解中间速度场的步骤，提高了计算效率。另外通过 Level-Set 函数计算出界面处的表面张力，并将其耦合进控制方程中，从而可以研究表面张力对于水气界面运动的影响。针对密度比为 1000 的气泡上升算例，采用网格加密方法验证了算法的收敛性。同时以飞行器结冰问题为研究背景，利用算法重点模拟水滴下落与固壁面碰撞问题，通过大量算例给出水滴表面张力和黏性力对界面运动的影响，发现表面张力对水滴下落过程中的变形影响更大，相对而言，黏性力的影响较小。此外利用算法模拟了水平方向运动的水滴自由落体与地面碰撞过程以及多个水滴下落与地面碰撞后发生的融合等现象。数值算例结果证明了算法可以处理界面发生融合分裂现象，为进一步研究航空领域中的大水滴与飞行器部件碰撞问题，模拟计算结冰区域及结冰量提供一定的数值模拟依据。

参考文献

[1] Unverdi S O，Tryggvason G. A front-tracking method for viscous，incompressible，multi-fluid flows. Journal of Computational Physics，1992，100(1)：25–37.

[2] Chorin A J. Numerical solution of the Navier-Stokes equations. Mathematics of Computation，1968，22(104)：745–762.

[3] John B，Phillip C. A second-order projection method for the incompressible Navier-Stokes equation. J. Comput. Phys.，1988，85(2)：257–283.

[4] Joho B，Phillip C，Louis H. An efficient second-order projection method for viscous incompressible flow. AIAA 10th Computational Fluid Dynamics Conference. Honolulu Hawaii，AIAA，1991：360–367.

[5] Bell J B，Marcus D L. A second-order projection method for variable-density flows. Journal of Computational Physics，1992，101(2)：334–348.

[6] Brackbill J U，Kothe D B，Zemach C. A continuum method for modeling surface tension. Journal of computational physics. 1992，100(2)：335–354.

[7] Chang Y C，Hou T Y，Merriman B，et al. A level set formulation of Eulerian interface capturing methods for incompressible fluid flows. Journal of computational Physics，1996，124(2)：449–464.

[8] Fedkiw R P，Aslam T，Merriman B，et al. A non-oscillatory Eulerian approach to interfaces in multimaterial flows(the ghost fluid method). Journal of Computational

Physics，1999，152(2)：457–492.

[9] 阎超. 计算流体力学方法及应用. 北京：北京航空航天大学出版社，2006.

[10] Shu C W，Osher S. Efficient implementation of essentially non-oscillatory shock-capturing schemes. Journal of Computational Physics，1988，77(2)：439–471.

[11] Osher S，Shu C. Efficient implementation of essentially non-oscillatory shock-capturing schemes，II. J. Comput. Phys.，1989，83(1)：32–78.

[12] Sussman M，Smereka P，Osher S. A level set approach for computing solutions to incompressible two-phase flow. Journal of Computational Physics，1994，114(1)：146–159.

[13] Tatebe O. The multigrid preconditioned conjugate gradient method//NASA Conference Publication. NASA，1993：621–621.

第 13 章　大密度比水气运动问题的 Phase Field 方法研究

水气多介质运动问题数值模拟的关键技术是消除由大密度比导致的界面附近非物理振荡。Phase Field 方法认为不可压多介质界面本身是具有一定宽度的过渡区域，且在过渡区域内流体间存在扩散效应和界面应力。在 Phase Field 方法中，相变量是与流场参数相关的物理量，在此基础上，界面控制方程与流场控制方程耦合求解，避免了界面附近由于人为因素导致的物理守恒关系被破坏等问题。

本章首先介绍 Phase Field 方法，在此基础上，发展并改进了两种基于 Phase Field 方法的模型：PF-LBM(phase field-lattice Boltzmann method) 与 PF-PM(phase field-projection method)。

在传统的PF-LBM 模型中，通常是将控制界面的Cahn-Hilliard(C-H) 方程转化为相应的 LBE(lattice Boltzmann equation) 进行求解，但是转化后的 LBE 往往无法准确地恢复到 C-H 方程；同时，由于 LBE 本身的限制，不利于迎风格式的使用，在模拟大密度多介质问题时会引起界面的不稳定现象。针对上述问题，本章对 PF-LBM 模型进行改进，介绍了一种可以处理大密度多介质问题的混合算法。首先，利用 LBM 求解多介质流场获得流场信息，然后采用传统的数值算法直接离散求解 C-H 方程，避免了将其转换 LBE 带来的无法准确恢复问题，同时利用迎风格式离散 C-H 方程中的对流项，从而解决了在模拟大密度比多介质问题时产生的界面不稳定性问题。

在PF-PM 模型中，将 Phase Field 方法与直接求解不可压 N-S 方程的投影法相结合。早期基于 PF-PM 模型发展的算法，主要用于处理流体密度相当的多介质运动问题，其中有较为著名有 H 模型 (H model)[1]。为了模拟大密度比的多介质运动问题，后期发展了修改的 H 模型 (modified H model)[2]。目前，基于该模型的理论分析和机理还在进一步研究中。Antanovskii 等[3] 发展的模型认为在界面处两种流体的质量扩散速度是相等的，在此基础上，推出了传统可压缩流体的连续方程，但是该模型无法保证流场速度散度为零的特性，因此是一种准不可压多介质运动模型。本章对 PF-PM 模型进行分析和改进，认为在不可压多介质问题中，界面过渡区域内两种流体的扩散速度仅是与流体构成有关，而与流体密度无关，即两种流体的体积扩散速度的大小相等，从而保证了流体的质量守恒性质。在此基础上，推导出速度场散度为零的连续性条件和 C-H 方程，从理论上对模型进行了完备。最后，利用两种模型对大密度比水气多介质问题进行了数值模拟与分析。

13.1　Phase Field 方法

在 Phase Field 方法中，首先，在流场内定义某种流体的物理量为相变量 (order parameter)，如流体的浓度或者体积分数等。在界面过渡区域内，相变量光滑过渡；然后，对于多介质流场采用统一的控制方程进行求解，在得到流场速度的基础上通过求解 C-H 方程更新流场中的相变量，达到捕捉界面运动的目的。类似于 VOF 和 Level-Set 方法，Phase Field 方法也是在整个流场区域内求解界面控制方程，因而该法也属于界面捕捉方法，不需要像界面追踪方法 (front tracking) 那样通过标记网格点显式追踪界面，从而大大减少了工作量。

13.1.1　C-H 方程

C-H 方程最初是在一般热动力学及分子动力学的基础上推导而来的，Cahn 和 Hilliard 将其发展为一般的对流扩散方程。本章在对不可压多介质问题分析的基础上，推导得到 C-H 方程。

考虑由两种不可融合且密度不同的流体 A 和 B 组成的混合流体，定义流体 A 的体积分数 C 为流场的相变量，即在流体 A 内 C=1，在流体 B 内 C=0，在界面过渡区域内 $0 \leqslant C \leqslant 1$。则在任意一个体积单元内，流体 A 和 B 的当地密度分别为

$$\bar{\rho}_{\mathrm{A}} = C\rho_{\mathrm{A}},\quad \bar{\rho}_{\mathrm{B}} = (1-C)\rho_{\mathrm{B}} \tag{13.1}$$

其中，ρ_{A} 和 ρ_{B} 分别为流体 A 和流体 B 的密度。

对于任意固定的体积单元，根据质量守恒定律，流体 A 应当满足

$$\frac{\partial \bar{\rho}_{\mathrm{A}}}{\partial t} + \nabla \cdot \boldsymbol{m}_{\mathrm{A}} = 0 \tag{13.2}$$

其中，$\boldsymbol{m}_{\mathrm{A}}$ 为单元内的质量流动速度。在流体 A 内部，仅仅存在由于对流引起的质量流动，而在界面过渡区域内，质量流动由对流和扩散流体共同引起，即在流体 A 区域内部满足

$$\boldsymbol{m}_{\mathrm{A}} = \boldsymbol{u}\rho_{\mathrm{A}} \tag{13.3}$$

而在界面过渡区域内满足

$$\boldsymbol{m}_{\mathrm{A}} = \bar{\rho}_{\mathrm{A}}\boldsymbol{u} + \rho_{\mathrm{A}}\boldsymbol{d}_{\mathrm{A}} \tag{13.4}$$

其中，$\boldsymbol{u}$ 为对流速度，$\boldsymbol{d}_{\mathrm{A}}$ 为界面过渡区域内的流体 A 的扩散流动速度。

将式 (13.4) 代入式 (13.2) 中得到

$$\frac{\partial \bar{\rho}_{\mathrm{A}}}{\partial t} + \nabla \cdot (\bar{\rho}_{\mathrm{A}}\boldsymbol{u} + \rho_{\mathrm{A}}\boldsymbol{d}_{\mathrm{A}}) = 0 \tag{13.5}$$

对于流体 B，同样可推导到下式

$$\frac{\partial \bar{\rho}_{\mathrm{B}}}{\partial t} + \nabla \cdot (\bar{\rho}_{\mathrm{B}} \boldsymbol{u} + \rho_{\mathrm{B}} \boldsymbol{d}_{\mathrm{B}}) = 0 \tag{13.6}$$

其中，$\boldsymbol{d}_{\mathrm{B}}$ 为界面过渡区域内流体 B 的扩散流动速度。

将式 (13.1) 代入式 (13.5) 和式 (13.6) 中分别得到以下两式

$$\frac{\partial C}{\partial t} + \nabla \cdot (C\boldsymbol{u} + \boldsymbol{d}_{\mathrm{A}}) = 0 \tag{13.7}$$

$$\frac{\partial (1-C)}{\partial t} + \nabla \cdot ((1-C)\boldsymbol{u} + \boldsymbol{d}_{\mathrm{B}}) = 0 \tag{13.8}$$

联立式 (13.7) 和式 (13.8)，将两式相加得到

$$\nabla \cdot \boldsymbol{u} = -\nabla \cdot (\boldsymbol{d}_{\mathrm{A}} + \boldsymbol{d}_{\mathrm{B}}) \tag{13.9}$$

同样的方法联立式 (13.5) 和式 (13.6) 得到

$$\frac{\partial \rho}{\partial t} + \nabla \cdot (\rho \boldsymbol{u}) = -\nabla \cdot (\rho_{\mathrm{A}} \boldsymbol{d}_{\mathrm{A}} + \rho_{\mathrm{B}} \boldsymbol{d}_{\mathrm{B}}) \tag{13.10}$$

其中，$\rho = C\rho_{\mathrm{A}} + (1-C)\rho_{\mathrm{B}}$ 为体积单元内的平均密度。

Antanovskii 等[3] 提出的模型认为在界面过渡区域内，两种流体的扩散流动应满足质量流动速率相等，大小相反，即 $\rho_{\mathrm{A}}\boldsymbol{d}_{\mathrm{A}} = -\rho_{\mathrm{B}}\boldsymbol{d}_{\mathrm{B}}$，将其代入式 (13.10) 中可以得到可压缩流体的连续方程

$$\frac{\partial \rho}{\partial t} + \nabla \cdot (\rho \boldsymbol{u}) = 0 \tag{13.11}$$

但是，当流体 A 和流体 B 的密度比差距较大时，则有 $\boldsymbol{d}_{\mathrm{A}} \neq \boldsymbol{d}_{\mathrm{B}}$，将其代入式 (13.9)，则不能满足不可压流场的速度散度为零的条件，因此其发展的模型是针对准不可压多介质运动问题的。

本章考虑流体 A 和流体 B 皆为不可压流体的多介质运动问题，其界面处的扩散效应是对等的，即在任意体积单元内，由于扩散作用引起的一定体积的流体 A 流出该空间，同时应当有同样体积的流体 B 流入该空间，在这种情况下才能保证流体 A 和流体 B 的各自质量守恒，即在界面过渡区域内流体 A 和流体 B 的体积扩散速度大小相等，方向相反

$$\boldsymbol{d}_{\mathrm{B}} = -\boldsymbol{d}_{\mathrm{A}} \tag{13.12}$$

将其代入式 (13.9) 中得到

$$\nabla \cdot \boldsymbol{u} = 0 \tag{13.13}$$

即速度场散度为零，满足了不可压流场的连续性条件。

将式 (13.12) 代入式 (13.7) 得到

$$\frac{\partial C}{\partial t}+\nabla\cdot(C\boldsymbol{u})=\nabla\cdot\boldsymbol{d} \tag{13.14}$$

其中，$\boldsymbol{d}$ 为界面处的体积扩散速度，式 (13.14) 即为用于追踪界面运动变化的 C-H 方程。

在模型中考虑界面处的扩散仅与物质构成相关，而与流体的密度无关，在此基础经过上述推导得到不可压流场的连续性条件和 C-H 方程，从理论上对模型进行了完备。

13.1.2 自由内能

定义流体 A 的体积分数 C 为流场相变量，在界面过渡区域内，C 由 0 光滑过渡到 1，C=0.5 的等值线 (等值面) 即为多介质界面。一般情况下，对于等温的不可融合多介质流体，基于体积分数 C 和其梯度的自由能量密度 (free energy density)[4] 可以写为以下形式

$$f=\varepsilon^{-1}\sigma\alpha\psi(C)+\frac{1}{2}\varepsilon\sigma\alpha\left|\nabla C\right|^{2} \tag{13.15}$$

式中自由能量密度由两部分组成：右边第一项为主体能量密度 (bulk energy density)，其中$\psi(C)=\dfrac{1}{4}C^2(1-C)^2$；第二项为梯度能量密度 (gradient energy density)，是由于在界面处体积分数的不一致引起的。σ 为表面张力系数，ε 为界面宽度参数，α 为常数。函数 $\psi(C)$ 有两个极值 C=0 与 C=1，分别对应两种流体。

流体的化学能 φ 由自由能量关于体积分数 C 的变分求导得到

$$\varphi=\frac{\delta F}{\delta C}=\varepsilon^{-1}\sigma\alpha\psi'(C)-\varepsilon\sigma\alpha\Delta C \tag{13.16}$$

其中，δ 表示变分，$F=\displaystyle\int f\mathrm{d}V$。

van der Waals[4] 认为平衡时界面状态应当使得上述函数 F 具有最小的极值，即上式中 φ 为常数。Cahn 和 Hilliard[5−7] 在 van der Waals 假设的基础上得到结论：界面处的扩散速度与化学能的梯度成一定的比例，即界面处的扩散速度满足

$$\boldsymbol{d}=M\nabla\varphi \tag{13.17}$$

将其代入 C-H 方程 (13.14) 得到

$$\frac{\partial C}{\partial t}+\boldsymbol{u}\cdot\nabla C=\nabla\cdot(M\nabla\varphi) \tag{13.18}$$

其中，M 为渗透率 (mobility)，$M>0$，$M(C)=C(1-C)$。

13.1.3 相变量初始化及表面张力处理

采用式 (13.19)[8] 初始化界面过渡区域内的相变量 C，使得相变量 C 在界面过渡区域光滑过渡

$$C(z) = 0.5 + 0.5\tanh\left(\frac{z}{2\sqrt{2}\varepsilon}\right) \tag{13.19}$$

其中，z 表示相变量 C 的梯度变化方向，垂直于界面切线或者切面的法向方向。通过改变 ε 的值来调节界面的宽度大小。在本章计算中，保证界面的过渡带宽为 3 个网格步长左右。

在全流场给定了相变量 C 的前提下，通过以下公式求得流场当地密度和黏度:

$$\rho = C\rho_{\mathrm{A}} + (1.0 - C)\rho_{\mathrm{B}} \tag{13.20}$$

$$\mu = C\mu_{\mathrm{A}} + (1.0 - C)\mu_{\mathrm{B}} \tag{13.21}$$

由上式可以看出，流场中的当地密度和黏度由两部分构成，分别来自流体 A 以及流体 B。

表面张力是一种由界面两边物质属性差异导致的引力不平衡所产生的作用力，其作用是沿着界面法向保持界面外形不变。在 Sharp Interface 方法中，通常对界面边界条件进行特殊处理从而引入表面张力的影响；而在 Phase Field 方法中，界面是有一定宽度的过渡区域，因此将表面张力连续地分配在过渡区域内，通过相变量 C 的梯度 ∇C 及内能进行分配定义。

表面张力项可由下式表达

$$\boldsymbol{f}_{\mathrm{st}} = \varphi\nabla C \tag{13.22}$$

当界面为平衡状态时，界面的表面张力系数应等于自由能量密度沿着整个界面的积分，具体形式如下

$$\sigma = \varepsilon\alpha\int_{-\infty}^{+\infty}\left(\frac{\mathrm{d}C}{\mathrm{d}z}\right)^2\mathrm{d}z \tag{13.23}$$

在本章计算中，取常数 $\alpha = 6\sqrt{2}$。

13.2 流场模拟和离散方法

本章采用两种方法来求解不可压流场获取流场信息：一为 LBM[9,10]；二为二阶投影方法[11−13]，求解不可压 N-S 方程。

13.2.1 求解不可压多介质流场的 Boltzmann 方法及离散方法

LBM 的最大特点是其代数形式容易实现并易于并行化。与基于 N-S 方程的数值方法相比，LBM 避免了对非线性项以及 Poisson 方程的求解。因此，它是一种简单且高效的流场模拟方法，现已被广泛地用于多介质流动问题的模拟和研究。

针对二维不可压多介质问题问题，空间离散形式的Boltzmann 方程[10] 为

$$\frac{\partial f_\alpha}{\partial t}+(\boldsymbol{e}_\alpha\cdot\nabla)f_\alpha=-\frac{1}{\lambda}(f_\alpha-f_\alpha^{\mathrm{eq}})+(\boldsymbol{e}_\alpha-\boldsymbol{u})\cdot[\nabla\rho c_s^2(\Gamma_\alpha-\Gamma_\alpha(0))-\varphi\nabla C\Gamma_\alpha] \tag{13.24}$$

其中，f_α 是密度分布函数，$\boldsymbol{e}_\alpha$ 是粒子速度，λ 是松弛时间，$\boldsymbol{u}$ 是流体的当地速度，ρ 是流体的当地密度，c_s 是声速，f_α^{eq} 是平衡分布函数，具体形式如下

$$f_\alpha^{\mathrm{eq}}=w_\alpha\left[p+\rho c_s^2\left(\frac{\boldsymbol{e}_\alpha\cdot\boldsymbol{u}}{c_s^2}+\frac{(\boldsymbol{e}_\alpha\cdot\boldsymbol{u})^2-(c_s|\boldsymbol{u}|)^2}{2c_s^4}\right)\right] \tag{13.25}$$

w_α 为权系数，ρc_s^2 是理想气体压强，而 p 是为了确保流体不可压性的动力压强。$\varphi\nabla C$ 是界面处的表面张力。此外，

$$\Gamma_\alpha=w_\alpha\left[1+\frac{\boldsymbol{e}_\alpha\cdot\boldsymbol{u}}{c_s^2}+\frac{(\boldsymbol{e}_\alpha\cdot\boldsymbol{u})^2-(c_s\,|\boldsymbol{u}|)^2}{2c_s^4}\right] \tag{13.26}$$

式 (13.24) 是关于压强和动量的控制方程，对其进行时间离散，可得到格子 Boltzmann 方程

$$f_\alpha(\boldsymbol{x}+\boldsymbol{e}_\alpha\mathrm{d}t,t+\mathrm{d}t)=f_\alpha(\boldsymbol{x},t)-\frac{1}{\tau}[f_\alpha(\boldsymbol{x},t)-f_\alpha^{\mathrm{eq}}(\boldsymbol{x},t)]+F_\alpha\mathrm{d}t \tag{13.27}$$

$$F_\alpha=\left(1-\frac{1}{2\tau}\right)(\boldsymbol{e}_\alpha-\boldsymbol{u})\cdot[\nabla\rho c_s^2(\Gamma_\alpha-\Gamma_\alpha(0))-\varphi\nabla C\Gamma_\alpha] \tag{13.28}$$

式中，$\lambda=(\tau-0.5)\mathrm{d}t$，$\mathrm{d}t$ 为时间步长。采用经典的 Chapman-Enskog 展开[14]，由式 (13.27) 可分别得到压强方程和动量方程[15]

$$\frac{\partial p}{\partial t}+\rho c_s^2\nabla\cdot\boldsymbol{u}=0 \tag{13.29}$$

$$\frac{\partial(\rho\boldsymbol{u})}{\partial t}+\nabla\cdot(\rho\boldsymbol{u}\boldsymbol{u})=-\nabla p-\varphi\nabla C+v\nabla^2\boldsymbol{u} \tag{13.30}$$

其中，流体的运动黏性系数 $v=(\tau-0.5)c_s^2\mathrm{d}t$。在本章的数值模拟中，采用的是 D2Q9 粒子模型，所以 $c_s^2=1/3$，而粒子速度 $\boldsymbol{e}_\alpha$ 和权系数 w_α 分别为

$$\boldsymbol{e}_\alpha=\begin{cases}(0,0), & \alpha=0\\(\pm1,0),(0,\pm1), & \alpha=1\sim4\\(\pm1,\pm1), & \alpha=5\sim8\end{cases} \tag{13.31}$$

$$w_\alpha=\begin{cases}4/9, & \alpha=0\\1/9, & \alpha=1\sim4\\1/36 & \alpha=5\sim8\end{cases} \tag{13.32}$$

采用 LBE 模拟流体运动时，压强和动量的计算方式为

$$p=\sum_{\alpha} f_{\alpha}+\frac{1}{2}\boldsymbol{u}\cdot\nabla\rho c_{s}^{2}\mathrm{d}t \tag{13.33}$$

$$\rho\boldsymbol{u}=\frac{1}{c_{s}^{2}}\sum_{\alpha}\boldsymbol{e}_{\alpha}f_{\alpha}-\frac{1}{2}\varphi\nabla C\mathrm{d}t \tag{13.34}$$

流场的密度由式 (13.20) 得到，进一步计算流场的速度为

$$\boldsymbol{u}=\left(\frac{1}{c_{s}^{2}}\sum_{\alpha}\boldsymbol{e}_{\alpha}f_{\alpha}-\frac{1}{2}\varphi\nabla C\mathrm{d}t\right)\Big/\rho \tag{13.35}$$

通过上述方法即可求出全流场的速度场与压强，然后利用得到的速度场推进式 (13.18)，更新全流场的相变量 C，新的相变量的等值线 C=0.5 即为多介质界面。

离散式 (13.27) 时，在空间方向上采用二阶精度的中心差分格式进行离散。对方程中某个变量 ψ 的一阶及二阶方向偏导进行离散，具体形式如下

$$\mathrm{d}t\boldsymbol{e}_{\alpha}\cdot\nabla\psi(\boldsymbol{x})=\frac{1}{2}\left[\psi(\boldsymbol{x}+\boldsymbol{e}_{\alpha}\mathrm{d}t)-\psi(\boldsymbol{x}-\boldsymbol{e}_{\alpha}\mathrm{d}t)\right] \tag{13.36}$$

$$(\mathrm{d}t\boldsymbol{e}_{\alpha}\cdot\nabla)^{2}\psi(\boldsymbol{x})=\psi(\boldsymbol{x}+\boldsymbol{e}_{\alpha}\mathrm{d}t)-2\psi(\boldsymbol{x})+\psi(\boldsymbol{x}-\boldsymbol{e}_{\alpha}\mathrm{d}t) \tag{13.37}$$

变量 ψ 的一阶和二阶导数可以由其相应的方向导数求解

$$\nabla\psi(\boldsymbol{x})=\frac{1}{c_{s}^{2}\mathrm{d}t}\sum_{\alpha}w_{\alpha}\boldsymbol{e}_{\alpha}(\mathrm{d}t\boldsymbol{e}_{\alpha}\cdot\nabla)\psi(\boldsymbol{x}) \tag{13.38}$$

$$\nabla^{2}\psi(\boldsymbol{x})=\frac{1}{(c_{s}\mathrm{d}t)^{2}}\sum_{\alpha}w_{\alpha}(\mathrm{d}t\boldsymbol{e}_{\alpha}\cdot\nabla)^{2}\psi(\boldsymbol{x}) \tag{13.39}$$

同样采用二阶中心差分方法离散方程 (13.27) 中的表面张力项中的梯度 ∇C。

13.2.2　投影方法

针对不可压多介质流体，通过 13.2.1 节中的推导得到了 C-H 方程以及速度场散度为零条件，使得模型从理论上得到完备，保证了不可压流场的连续性条件。采用二阶投影算法 (projection method)[11−13] 直接求解不可压 N-S 方程，首先将压强梯度从控制方程中解耦，求解控制方程得到中间速度场，然后将其投影到散度为零的矢量场，即得到下一时刻的速度场，再将其代入动量方程，通过求解压强相关的 Poisson 方程进而得到全流场的压强值。

不可压流场的动量方程为

$$\rho\left(\frac{\partial\boldsymbol{u}}{\partial t}+\boldsymbol{u}\cdot\nabla\boldsymbol{u}\right)=-\nabla p+\nabla\cdot\left[\mu(\nabla\boldsymbol{u}+\nabla\boldsymbol{u}^{\mathrm{T}})\right]+\boldsymbol{f} \tag{13.40}$$

其中，$\boldsymbol{f}$ 表示体积力，如重力、表面张力等。

对动量方程进行无量纲化，不失一般性，利用流体 A 的密度 $\rho_{\rm A}$ 和黏度 $\mu_{\rm A}$ 分别作为无量纲参数。流场的密度和黏度由式 (13.20) 和式 (13.21) 计算得到，将其无量纲后为

$$\bar{\rho} = \rho/\rho_{\rm A} = C + (1-C)\frac{\rho_{\rm B}}{\rho_{\rm A}} \tag{13.41}$$

$$\bar{\mu} = \mu/\mu_{\rm A} = C + (1-C)\frac{\mu_{\rm B}}{\mu_{\rm A}} \tag{13.42}$$

对于动量方程采用以下方式进行无量纲化

$$\boldsymbol{x} = L\bar{\boldsymbol{x}}, \quad \boldsymbol{u} = U\bar{\boldsymbol{u}}, \quad t = (L/U)\bar{t}, \quad p = \bar{p}\rho_{\rm A}U^2 \tag{13.43}$$

其中，带有上标 “-” 的表示无量纲后的变量，L 和 U 分别表示特征长度和特征速度。为了简便起见，以下公式中将上标除去。

无量纲后的动量方程的形式为

$$\rho\left[\frac{\partial \boldsymbol{u}}{\partial t} + \boldsymbol{u}\cdot\boldsymbol{u}\right] = -\nabla p + \frac{1}{Re}\nabla\cdot[\mu(\nabla\boldsymbol{u} + \nabla\boldsymbol{u}^{\rm T})] + \boldsymbol{f} \tag{13.44}$$

Re 为雷诺数，$Re = \rho_{\rm A}LU/\mu_{\rm A}$；$\boldsymbol{f}$ 为体积力，如果 $\boldsymbol{f}$ 为表面张力，则无量纲后有

$$\boldsymbol{f} = \frac{\varphi\nabla C}{Bo} \tag{13.45}$$

其中，$Bo = \rho_{\rm A}LU^2/\sigma$。

采用标准的二阶投影算法求解式 (13.44)，首先解耦压强梯度，求解得到中间速度场 $\boldsymbol{u}^*$

$$\frac{\boldsymbol{u}^* - \boldsymbol{u}^n}{{\rm d}t} = -\boldsymbol{u}\cdot\nabla\boldsymbol{u} + \frac{1}{\rho^{n+\frac{1}{2}}}\left(\frac{1}{Re}\nabla\cdot[\mu(\nabla\boldsymbol{u} + \nabla\boldsymbol{u}^{\rm T})] + \boldsymbol{f}\right) \tag{13.46}$$

在上式中 $\rho^{n+\frac{1}{2}}$ 为前后两个时刻流场密度的平均值。得到的中间速度场并不一定能满足连续性条件，需要将其投影到散度为零的速度场上，进一步有

$$\frac{\boldsymbol{u}^{n+1} - \boldsymbol{u}^*}{{\rm d}t} = -\frac{\nabla p^{n+\frac{1}{2}}}{\rho^{n+\frac{1}{2}}} \tag{13.47}$$

$\boldsymbol{u}^{n+1}$ 为下一时刻的速度场，因而有 $\nabla\cdot\boldsymbol{u}^{n+1} = 0$，对式 (13.47) 左右两边求散度，则有

$$\nabla\cdot\left(\frac{\nabla p^{n+\frac{1}{2}}}{\rho^{n+\frac{1}{2}}}\right) = \frac{\nabla\cdot\boldsymbol{u}^*}{{\rm d}t} \tag{13.48}$$

求解上述 Poisson 方程，可以求得压强 $p^{n+\frac{1}{2}}$，利用其求出下一时刻速度场 $\boldsymbol{u}^{n+1}$。

$$\boldsymbol{u}^{n+1} = \boldsymbol{u}^* - \frac{\nabla p^{n+\frac{1}{2}}}{\rho^{n+\frac{1}{2}}}{\rm d}t \tag{13.49}$$

通过上述方法可获得了下一时刻流场的速度和压强值，然后求解方程 (13.18) 更新全流场的相变量 C，得到下一时刻的流场界面位置。

13.2.3　投影方法的离散格式

采用投影算法求解流场时，流场网格采用交错网格形式，利用有限差分格式进行空间离散。流场信息中的标量定义在网格单元中心，速度场定义在网格的边界上。图 13.1 给出了二维情况下交错网格上的变量定义方式，进一步地可以直接将其推广到三维问题。

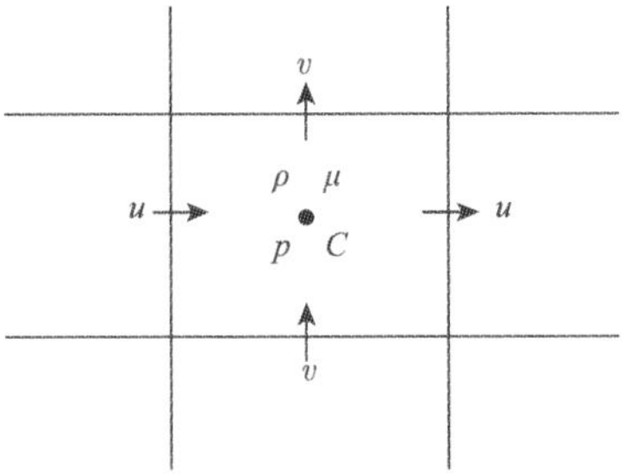

图 13.1　二维情况，交错网格上流场变量的定义方式

如图 13.1 所示，对于二维问题，密度、黏度、压强和相变量都定义在网格中心点上，速度场 $\boldsymbol{u}=(u,v)$，X 方向上的速度 u 定义在水平方向上的网格边界线上，Y 方向上的速度 v 定义在垂直方向上的网格边界线上。针对网格单元 (i,j)，$\rho_{i,j}$、$\mu_{i,j}$、$p_{i,j}$ 和 $C_{i,j}$ 分别表示网格单元中心的密度、黏度、压强和相变量。左右网格边界线上的水平速度值分别为 $u_{i-\frac{1}{2},j}$ 和 $u_{i+\frac{1}{2},j}$，上下网格边界线上的垂直速度值分别为 $v_{i,j-\frac{1}{2}}$ 和 $v_{i,j+\frac{1}{2}}$，网格单元中心点的速度由网格边界上平均求得。

在时间方向上，采用Adams-Bashforth 格式[16] 离散式 (13.46) 中的对流项，采用Crank-Nicolson 半隐式格式[17] 离散黏性项，具体形式如下

$$\frac{\boldsymbol{u}^*-\boldsymbol{u}^n}{\mathrm{d}t}=-\left[\frac{3}{2}(\boldsymbol{u}\cdot\nabla\boldsymbol{u})^n-\frac{1}{2}(\boldsymbol{u}\cdot\nabla\boldsymbol{u})^{n-1}\right]+\frac{1}{\rho^{n+\frac{1}{2}}}\left[\frac{1}{2Re}(\nabla\cdot[\mu^{n+1}(\nabla\boldsymbol{u}^*+\nabla\boldsymbol{u}^{*\mathrm{T}})]\right.$$
$$\left.+\nabla\cdot[\mu^n(\nabla\boldsymbol{u}^n+\nabla\boldsymbol{u}^{n\mathrm{T}})])+\boldsymbol{f}\right] \tag{13.50}$$

然后利用Gauss-Seidel 迭代方法[18] 求出满足上式的中间速度场 $\boldsymbol{u}^*$。

由 13.2.1 节可知，本章提出的模型可以满足守恒特性，为进一步在离散方程组上保持守恒特性，直接离散式 (13.50) 中守恒形式的对流项。由于采用了交错网格，速度场定义在网格边界线上，需要在网格边界上离散求解速度场。

在空间方向上，皆采用二阶中心差分进行离散。对于网格单元 (i,j)，在右边界线上的对流项离散具体形式如下

$$(\boldsymbol{u}\cdot\nabla u)_{i+\frac{1}{2},j}=\frac{(u^2)_{i+1,j}-(u^2)_{i,j}}{\mathrm{d}x}+\frac{(uv)_{i+\frac{1}{2},j+\frac{1}{2}}-(uv)_{i+\frac{1}{2},j-\frac{1}{2}}}{\mathrm{d}y} \tag{13.51}$$

在上边界线上的对流项离散方式如下

$$(\boldsymbol{u}\cdot\nabla v)_{i,j+\frac{1}{2}}=\frac{(uv)_{i+\frac{1}{2},j+\frac{1}{2}}-(uv)_{i-\frac{1}{2},j+\frac{1}{2}}}{\mathrm{d}x}+\frac{(v^2)_{i,j+1}-(v^2)_{i,j}}{\mathrm{d}y} \tag{13.52}$$

其中，$\mathrm{d}x$ 与 $\mathrm{d}y$ 分别为空间步长，网格节点上的速度值皆通过中心差分得到，采用同样的方式可以离散黏性项和体积力。

同样采用中心格式离散式 (13.48)，采用预处理共轭梯度法[18] 求解离散后的方程，可获得压强 p，进而利用式 (13.49) 可求得下一时刻的网格边界线上的速度场。

13.2.4　C-H 方程的离散求解

在 PF-LBM 模型中，一般可通过将 C-H 方程转化为相应的 LBE 进行求解，且与求解流场的 LBE 相耦合，达到获取流场信息、追踪界面运动的目的。但是此类方法都存在不能准确地恢复原始 C-H 方程的问题。Zheng 等[9] 发展了可以恢复到原始 C-H 方程的相位场 LBM 模型，但仍将 C-H 方程转化为相应的 LBE 形式进行求解。LBM 的主要优点之一是不需求解压强相关的 Poisson 方程，从而避免了由于迭代步骤产生的繁琐计算量，但是由式 (13.18) 可知，在对 C-H 方程的求解过程中并不包含求解 Poisson 方程的迭代过程。因此，本章采用传统数值方法直接离散求解 C-H 方程，流场的信息仍通过求解流场的 LBE 获得，这样既能保证界面方程的准确性，也能保持流场模拟的简单性。此外，针对大密度比的多介质问题，由于界面处的密度梯度很大，为了保持数值计算的稳定性，采用迎风格式离散 C-H 方程。在将 C-H 方程转化为相应的 LBE 进行求解时，由于 LBE 本身的限制，不利于迎风格式的使用，而采用传统的离散方法直接求解 C-H 方程时，则很容易采用较成熟的高阶迎风格式。

在 PF-LBM 模型中，直接离散式 (13.18) 即可，而在 PF-PM 模型中，由于流场控制方程进行了无量纲化，相应地对 C-H 方程也需无量纲处理，无量纲后的 C-H 方程为

$$\frac{\partial C}{\partial t}+\boldsymbol{u}\cdot\nabla C=\frac{1}{Pe}\nabla(M\nabla C) \tag{13.53}$$

其中，无量纲参数 $Pe=LU$。

C-H 方程的求解过程中最为复杂的是非线性四阶偏导项的离散，为了消除由

界面两侧大密度比引起的数值不稳定性，以及四阶偏导项引起的计算时间步长限制，本章采用文献 [2] 中的半隐式离散方法，具体形式如下

$$\frac{\frac{3}{2}C^{n+1}-2C^{n}+\frac{1}{2}C^{n-1}}{\mathrm{d}t}=\frac{1}{Pe}(a_1\nabla^2C^{n+1}-a_2\nabla^4C^{n+1})+2A(C^n,\boldsymbol{u}^n)-A(C^{n-1},\boldsymbol{u}^{n-1}) \tag{13.54}$$

其中

$$A(C,\boldsymbol{u})=\frac{1}{Pe}[\nabla\cdot(M\nabla\varphi)-(a_1\nabla^2C-a_2\nabla^4C)]-\nabla\cdot(\boldsymbol{u}C) \tag{13.55}$$

a_1与a_2 为常数，分别为关于非线性渗透率的最佳优化值，可以通过以下方式计算

$$\tau=\frac{1}{2}\max_{0\leqslant C\leqslant 1}(\varphi''(C))=\frac{1}{2},a_1=\frac{\tau}{2}\max_{0\leqslant C\leqslant 1}(M(C))=\frac{1}{16},a_2=\frac{1}{2}\max_{0\leqslant C\leqslant 1}(M(C))=\frac{1}{8} \tag{13.56}$$

式中，函数 max() 表示取函数的最大值。

对式(13.54) 进行空间离散时，采用二阶中心格式离散黏性项，对于四阶偏导项具体离散形式如下

$$\begin{aligned}(\nabla^4C)_{i,j}=&(C_{xxxx}+C_{xxyy}+C_{yyxx}+C_{yyyy})_{i,j}\\=&\frac{(C_{xx})_{i+1,j}-2(C_{xx})_{i,j}+(C_{xx})_{i-1,j}}{\mathrm{d}x^2}+\frac{(C_{xx})_{i,j+1}-2(C_{xx})_{i,j}+(C_{xx})_{i,j-1}}{\mathrm{d}y^2}\\&+\frac{(C_{yy})_{i+1,j}-2(C_{yy})_{i,j}+(C_{yy})_{i-1,j}}{\mathrm{d}x^2}+\frac{(C_{yy})_{i,j+1}-2(C_{yy})_{i,j}+(C_{yy})_{i,j-1}}{\mathrm{d}y^2}\end{aligned} \tag{13.57}$$

$$(\nabla\cdot(M\nabla\varphi))_{i,j}=\frac{(M\nabla\varphi)_{i+1/2,j}-(M\nabla\varphi)_{i-1/2,j}}{\mathrm{d}x}+\frac{(M\nabla\varphi)_{i,j+1/2}-(M\nabla\varphi)_{i,j-1/2}}{\mathrm{d}y} \tag{13.58}$$

式中，网格边界上的值由相邻单元平均得到。

在本章中采用五阶 WENO 格式[19] 离散式 (13.54) 中的对流项$\nabla\cdot(\boldsymbol{u}C)$，利用定义在边界上的速度值确定迎风方向。

C-H 方程的时间方向上采用三阶 TVD Runge-Kutta 方法进行离散。

13.3 边界条件和时间步长

13.3.1 边界条件

在 PF-LBM 模型中，边界的处理采用传统的 LBM 中的 Riemann 边界方法[9]。在 PF-PM 模型中，采用虚拟网格单元的方法直接处理边界条件。

13.3.2 时间步长

本章采用的计算网格为均匀一致网格。在 PF-LBM 模型中，需要使得时间步长与网格步长相等，即 $\mathrm{d}t = \mathrm{d}x$。在 PF-PM 模型中，时间步长需要满足对流项、黏性项以及表面张力项的限制。

13.4 数值算例及分析

13.4.1 PF-LBM 模型数值算例

1. Rayleigh-Taylor 不稳定

为了验证 Phase Field 方法与 LBM 相结合模型模拟多介质运动的准确性，首先对二维瑞利–泰勒 (Rayleigh-Taylor，R-T) 不稳定问题进行了模拟。R-T 不稳定问题作为经典的多介质问题，存在于可压缩和不可压缩流体之中，因而在基础研究和实际应用中都具有重要意义。R-T 不稳定问题包含了剧烈的非线性变化过程，从而导致了复杂的流动现象，并增加了数值模拟的难度。

当一种密度较大的流体处于另一种密度较小的流体上时，界面处的任何微小扰动都会引起 R-T 不稳定现象，并且随着两种流体的密度差的变化，进一步引起不同的流动现象。一般情况下，通过定义无量纲参数 $At = (\rho_1 - \rho_2)/(\rho_1 + \rho_2)$ 反映密度差因素的影响。在模拟中取 $At = 0.5$，即上方流体的密度是下方流体的 3 倍，计算区域为 $d \times 4d$，网格数为 100×400，设置界面的初始位置为 $y(x) = 2d + 0.1d\cos(2\pi x/d)$，并且定义雷诺数 $Re = \sqrt{dg}d/v$，其中 g 为重力加速度，v 为黏性系数。本节中分别模拟和对比了雷诺数 Re=256 和 Re=1280 时的 R-T 不稳定流动现象。左右边界采用周期边界条件，上下边界采用固壁无滑移边界条件。在 R-T 不稳定问题中，表面张力的影响较小，因此该算例中并没有考虑表面张力的作用。

图 13.2 给出雷诺数 Re=256 时，采用 PF-LBM 模型计算得到的不同时刻相变量 C=0.5 的等值线图。由图中可以看出，当给定初始界面一个小扰动后，上方的重流体向下延伸并逐级形成一个尖峰 (spike) 形状的头部；与此同时，在计算区域的左右两侧，下方的轻流体向上移动并形成气泡 (bubble) 的形状。从时间 t=2 开始，重流体的头部两端向上卷起并形成了两个边尖峰。随着时间的推移，边尖峰不

断被拉伸直至最终破裂 (t=5 时)，而左右两侧的下方轻流体持续向上运动。图 13.3 给出 He 等[20] 基于相位场的 LBM 模型的计算结果，其中计算网格为 256×1024。对比图 13.2 和图 13.3 可发现，本章模拟结果与 He 等的结果十分吻合。为了进一步展示量化的对比结果，图 13.4 给出上升和下降流体头部垂直方向上 y 坐标随时间的变化关系，并与 He 等的计算结果进行比较。其结果显示与 He 等结果吻合较好。由此可见，本章中改进的 PF-LBM 模型能准确地描述小密度比多介质运动的流场信息，并能够捕捉界面的运动。

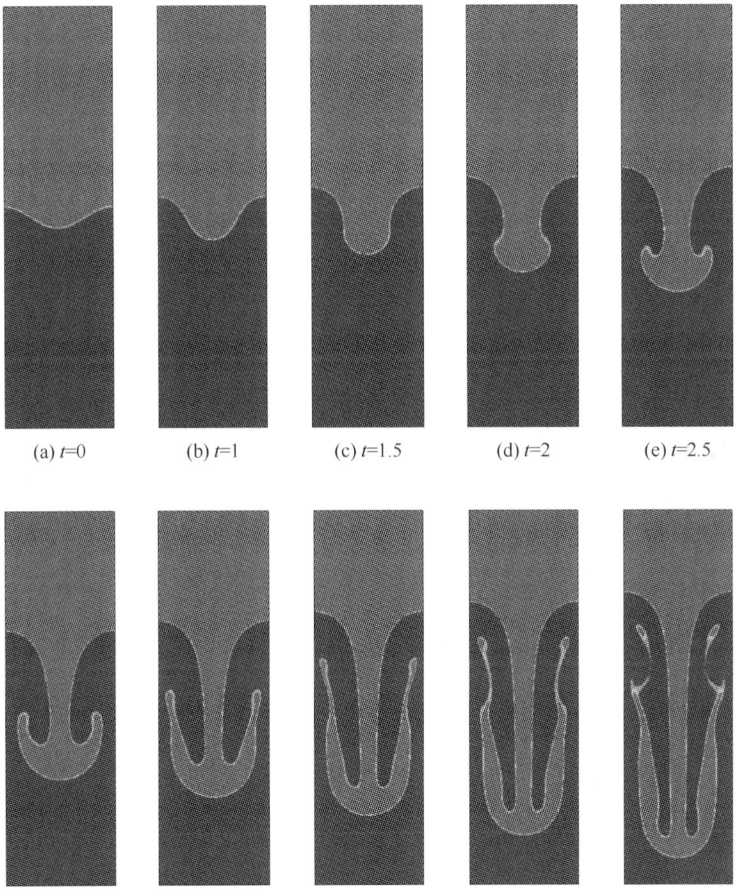

(a) t=0 (b) t=1 (c) t=1.5 (d) t=2 (e) t=2.5

(f) t=3 (g) t=3.5 (h) t=4 (i) t=4.5 (j) t=5

图 13.2 R-T 不稳定问题，Re=256 时，不同时刻 C=0.5 的等值线图

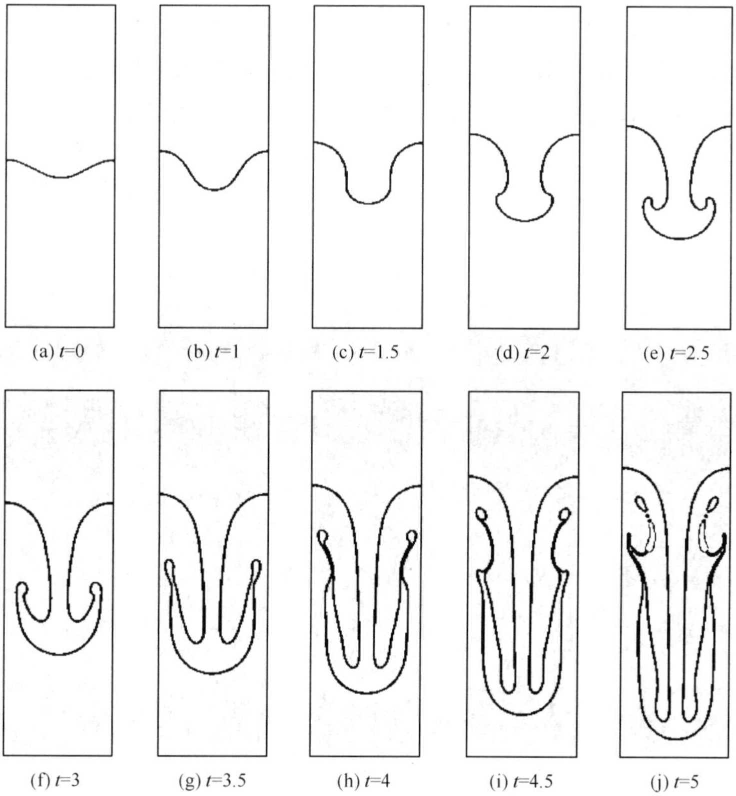

图 13.3　He 等[20] 模拟 R-T 不稳定问题，$Re=256$ 时，不同时刻 $C=0.5$ 的等值线图

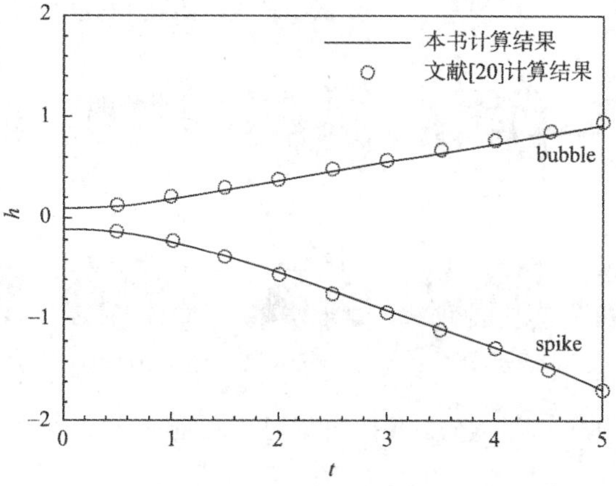

图 13.4　两种方法计算得到的上升和下降流体头部的 y 坐标随时间的变化对比图

图 13.5 给出 Re=1280 时，不同时刻相变量 C=0.5 的等值线变化图，由图可见，在初始阶段 Re=1280 的流场变化与 Re=256 中的结果类似；但是从 t=2 时刻开始，Re=1280 时，重流体的头部两端在形成边尖峰的同时，还产生一对反向旋转的螺旋涡[21]；当 t=3.5 时，产生的螺旋涡开始变得不稳定，然后逐渐与下降的重流体分离，在边尖峰的尾部出现一对二次涡；之后，重流体持续向下运动，直到与底部发生碰撞，而轻流体沿着左右两侧持续向上运动。随着时间的继续推移，流动变得愈加复杂。在此过程中，旋涡的出现是由 Kelvin-Helmholtz 不稳定所导致的，上述现象也是 Re=256 和 Re=1280 的主要区别。从整体上看，高雷诺数时的流动现象要比低雷诺数时的情况更加复杂，流动后期的界面运动变化更加难以捕捉。图 13.6 给出在两种不同雷诺数下，上升和下降流体头部的 y 坐标随时间变化的示意图。结果表明，雷诺数越大，上升和下降头部最终所达到的位置将越深。

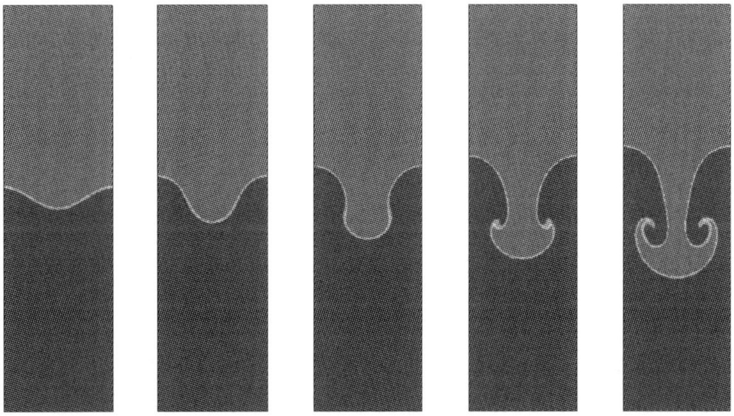

(a) t=0　(b) t=1　(c) t=1.5　(d) t=2　(e) t=2.5

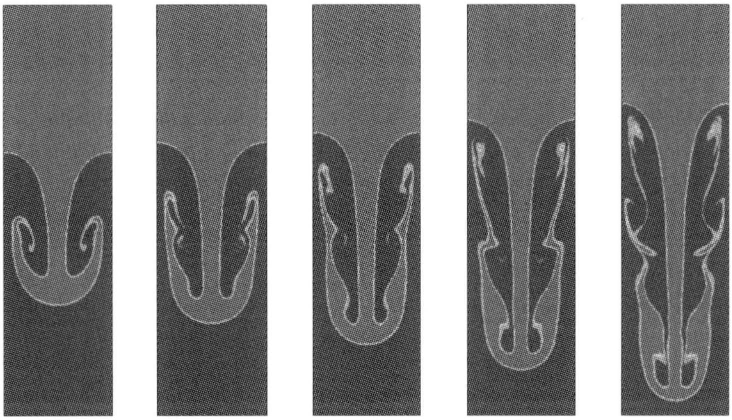

(f) t=3　(g) t=3.5　(h) t=4　(i) t=4.5　(j) t=5

图 13.5　R-T 不稳定问题，Re=1280，不同时刻 C=0.5 的等值线图

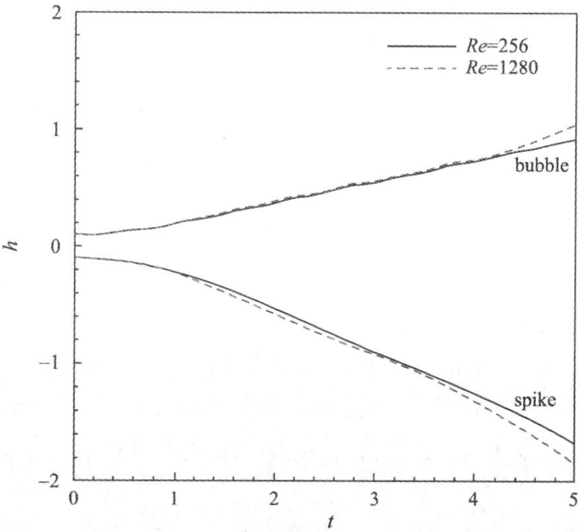

图 13.6　雷诺数分别为 Re=256 和 Re=1280 时，上升和下降流体的头部位置随时间变化对比图

2. 水中气泡的上升

水中气泡在浮力作用下产生上升变形等运动变化，是自然界中一种普遍存在的水气界面运动问题。此类问题中水气两相的密度比很大，本节介绍利用 PF-LBM 模型来解决该问题，验证算法在处理大密度比多介质问题时的能力。

初始时刻气泡处于静止状态，在浮力作用下，气泡开始上升，且在上升过程中气泡的形状会逐步发生改变；随着气泡的上升，气泡的形状和上升速度会最终达到一个平衡状态。影响气泡的最终形状和速度的参数主要包括：水气的密度比、黏性比、Bo 数和 Mo 数。其中 Bo 数和 Mo 数的定义分别为 $Bo = g(\rho_1 - \rho_2)D_0^2/\sigma$ 和 $Mo = g(\rho_1 - \rho_2)\rho_1^2 v^4/\sigma^3$。式中 ρ_1 和 ρ_2 分别表示水和气体的密度，D_0 为气泡的初始直径，g 为重力加速度，v 为水的运动黏性系数，σ 为表面张力系数。Hua 和 Lou[22] 通过数值模拟发现，实际上，相比于水气密度比，水气黏性比对气泡的最终形状和速度的影响非常小，因此本节不考虑黏性比对气泡运动变化的影响。为了与文献 [22] ～ [24] 中的结果进行比较，设置水气的密度比为 $\rho_1/\rho_2 = 1000$，Bo=116；且 Mo 分别取 266、41.1 和 5.51，进而比较 Mo 数对气泡的最终形状和速度的影响。计算网格采用均匀一致网格，网格数为 160×320，初始时刻气泡的直径为 40 个网格步长。上下边界采用固壁滑移边界条件，而左右边界采用周期边界条件。

图 13.7 ～图 13.9 给出了 Bo=116，Mo 分别为 266、41.1 和 5.51 时，气泡上升过程中相变量 C=0.5 在不同时刻的等值线图。从这三个图中可以看出，气泡在浮力作用下由静止开始逐步向上运动；之后，气泡的底部开始变形并向内部凹陷，且

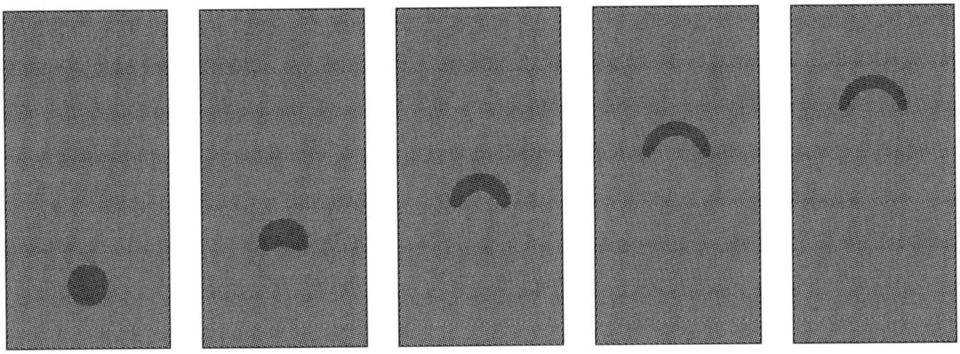

(a) t=0　(b) t=2.554　(c) t=4.469　(d) t=7.024　(e) t=9.578

图 13.7　气泡上升，Bo=116，Mo=266，不同时刻相变量 C=0.5 的等值线图

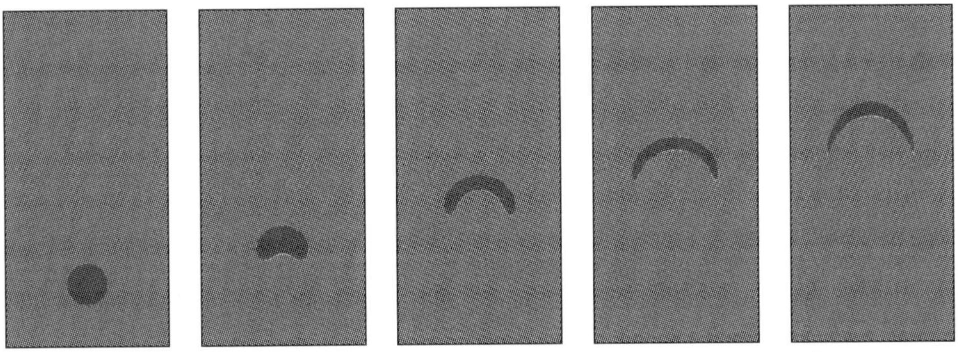

(a) t=0　(b) t=2.037　(c) t=4.074　(d) t=6.111　(e) t=8.147

图 13.8　气泡上升，Bo=116，Mo=41.1，不同时刻相变量 C=0.5 的等值线图

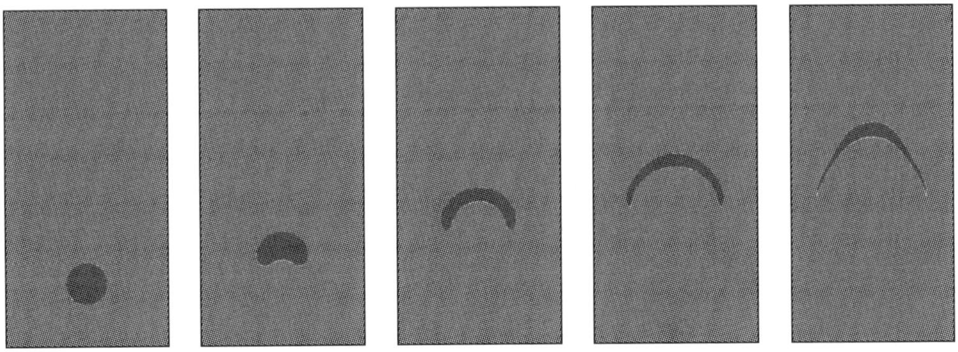

(a) t=0　(b) t=1.683　(c) t=3.366　(d) t=5.049　(e) t=6.732

图 13.9　气泡上升，Bo=116，Mo=5.51，不同时刻相变量 C=0.5 的等值线图

气泡内部的气体受到下部气体的挤压，使得气泡开始向左右两侧拉伸；随着时间的推移，气泡持续上升同时形状也不断改变，最终气泡形成稳定的扁椭圆帽形状，并

在液体中匀速运动。这一现象与 Clift 等[24] 的实验观察结果相吻合。对三种结果进一步进行比较，Mo 不同，气泡的最终形状略显不同。Mo 越小，气泡的外形变化越剧烈。由 Mo 的定义可知，其为黏性力与表面张力之比。当 Mo 数变小时，水的黏性作用也在减小，从而加快了气泡的上升速度，加剧了气泡形状的改变。

表 13.1 给出了不同 Mo 下气泡的最终雷诺数 Re_{t}，并与相关文献的数值模拟结果[22,23] 和实验结果[24] 进行了比较。其中最终雷诺数的定义为 $Re_{\mathrm{t}} = u_{\mathrm{t}}D_0/v$，$u_{\mathrm{t}}$ 为气泡的最终上升速度。对比结果显示，本章 PF-LBM 模型的计算结果与文献中的结果吻合较好。此外，随着 Mo 的减小，Re_{t} 逐渐增大，这样的变化趋势与图 13.7 ～图 13.9 中的结果是一致的。

表 13.1　上升气泡在 $Bo = 116$ 时的最终雷诺数比较

文献	Mo=266 时	Mo=41.1 时	Mo=5.51 时
Hua 和 Lou[22]	3.62	7.00	13.2
Cheng 等[23]	3.62	7.20	13.7
Clift 等[24]	3.48	6.81	13.0
本书结果	3.60	7.05	13.08

3. 移动接触线

当两种介质 (如水气) 的相界面与固体表面接触时，会形成一条气-液-固的三相接触线 (triple contact line)[25]。三相接触线问题是多介质流体力学研究的难点和热点之一。当水滴以一定速度与干燥固壁面发生碰撞时，进而会引起移动接触线 (moving contact line) 现象。在 Phase Field 方法中，对三相接触的普遍处理方法是引入一个固壁自由能，从而使得在边界线上化学能 μ_C 和相变量 C 满足如下的条件[10]

$$\boldsymbol{n} \cdot \nabla \mu_C\big|_s = 0, \quad \boldsymbol{n} \cdot \nabla C\big|_s = \frac{\phi_C}{\kappa}\left(C_s - C_s^2\right) \tag{13.59}$$

其中，$\boldsymbol{n}$ 为固壁界处的单位外法向向量，$\phi_C = \Omega_C\sqrt{\kappa/2}$，$\kappa = \varepsilon\sigma\alpha$。其中

$$\Omega_C = -\cos\theta^{\mathrm{eq}}, \tag{13.60}$$

θ^{eq} 是三相接触达到平衡时相界面与固壁的接触角，如图 13.10 所示。

本节利用 PF-LBM 模型对二维移动接触线问题进行模拟。实际上，在二维情况下，三相接触线退化为接触点。在移动接触线问题中，主要有 3 个参数对其产生影响，分别为平衡接触角 θ^{eq}，韦伯数 $We = \rho_1 U_0^2 D_0/\sigma$ 和雷诺数 $Re = U_0 D_0/v_1$。其中 ρ_1 是水滴的密度，U_0 是水滴的初始撞击速度，D_0 是水滴的初始直径，在这一问题中假定初始时刻水滴为圆形，v_1 为水滴的运动黏性系数，σ 为表面张力系数。由韦伯数的定义可知，实际上其为表示惯性力与表面张力之比的参数，雷诺数表示

惯性力与黏性力之比。在本节的模拟中，分别考察了 $\theta^{\rm eq}=60°$ 和 $120°$，We=15 和 105，Re=250 时的流动现象。水滴与周围空气的密度比为 $\rho_1/\rho_2=1000$，黏性比为 $v_1/v_2=1/50$。计算网格为 200×100，水滴的初始直径为 50 个网格步长。上边界为自然边界，下边界为固壁滑移边界，左右边界为周期边界。

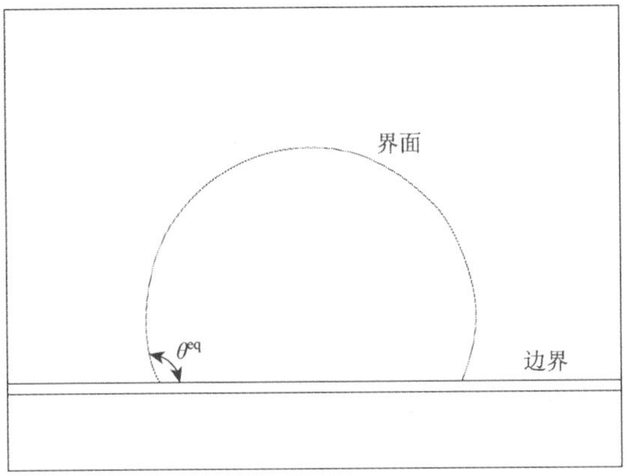

图 13.10　平衡接触角示意图

给定 We=15 和 Re=250，图 13.11 和图 13.12 分别给出了平衡接触角 $\theta^{\rm eq}=60°$ 和 $\theta^{\rm eq}=120°$ 条件下，水滴撞击干燥壁面引起的移动接触线现象。

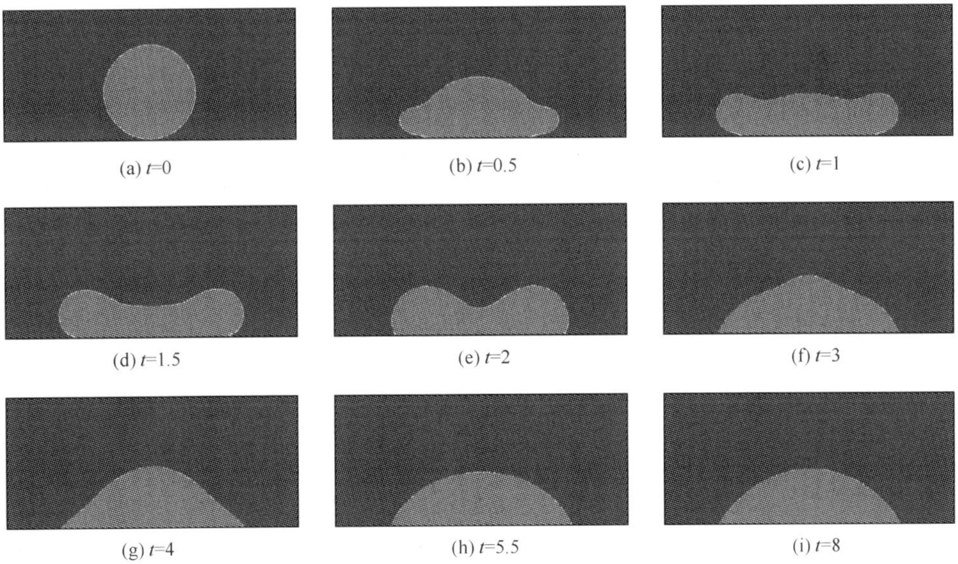

图 13.11　移动接触线，We=15，Re=250，$\theta^{\rm eq}=60°$，不同时刻相变量 C=0.5 的等值线图

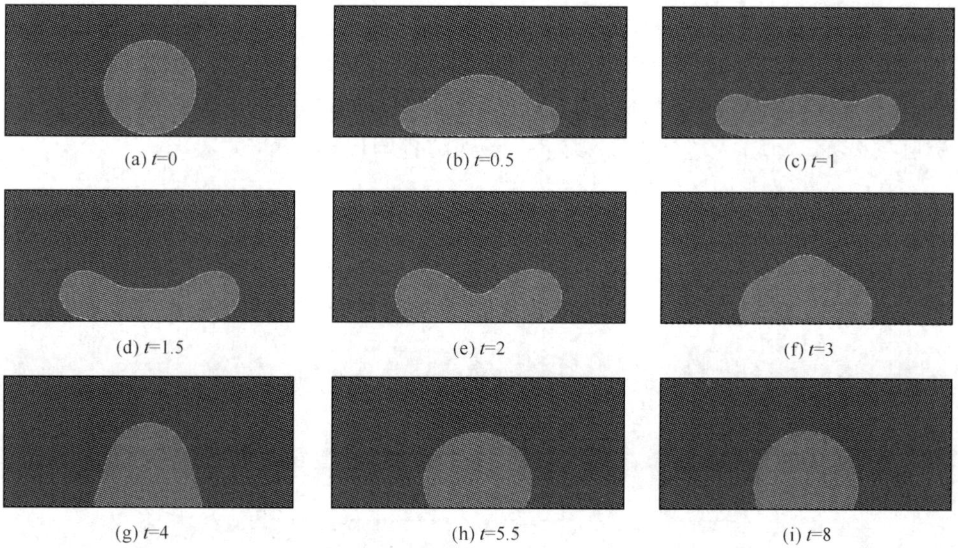

图 13.12 移动接触线，We=15，Re=250，$\theta^{\rm eq}=120°$，不同时刻相变量 C=0.5 的等值线图

由图 13.11 和图 13.12 可以看出，在撞击的初始阶段，左右对称的两个三相接触点沿着相反方向逐渐向两侧运动；同时，水滴的顶部不断下落，进一步挤压水滴向左右两侧运动，并在某一个时刻达到最低位置 (t=2.0 时刻左右)。比较上述两图可以发现，在水滴顶部下落到最低位置之前，平衡接触角 $\theta^{\rm eq}=60°$ 和 120° 水滴形态变化差别很小。但是，随着时间的推进，不同平衡接触角对界面运动变化的影响开始变得显著，主要体现在接触点所能到达的极值位置。比较这两图可知，平衡接触角 $\theta^{\rm eq}=60°$ 时接触点移动的距离更长，从而导致了水滴形状有所不同。最终，水滴达到了各自的平衡位置。Lee 和 Liu[10] 采用多介质 LBM 在近似参数条件下模拟了三维液滴的撞击过程，其结果与本章计算结果很相似。图 13.13 对比了两种平衡角 $\theta^{\rm eq}=60°$ 和 120° 问题中相应的接触角随时间的变化关系。对比结果显示，接触角从 t=2 时刻开始产生显著差别，并且最后分别达到 61.1° 和 118.2°，与理论平衡接触角的误差很小。

不同的 We 数值对移动接触线现象会产生不同的影响。图 13.14 比较平衡接触角 $\theta^{\rm eq}=120°$ 时，We 分别取 15 和 105 时，水滴与地面发生撞击过程中形状的变化。由图 13.14 可见，在撞击开始后不久，水滴的形状就呈现出不同的变化趋势，即大韦伯数使得水滴更容易变形，接触点运动的位置更远，且水滴恢复到平衡位置的过程更缓慢。上述结论，可以从图 13.15 中给出的接触角随时间变化关系中得到证实。We=105 所达到的最小接触角要更小，而到达平衡位置所需的时间则更长 (t 为 6.5 左右)。

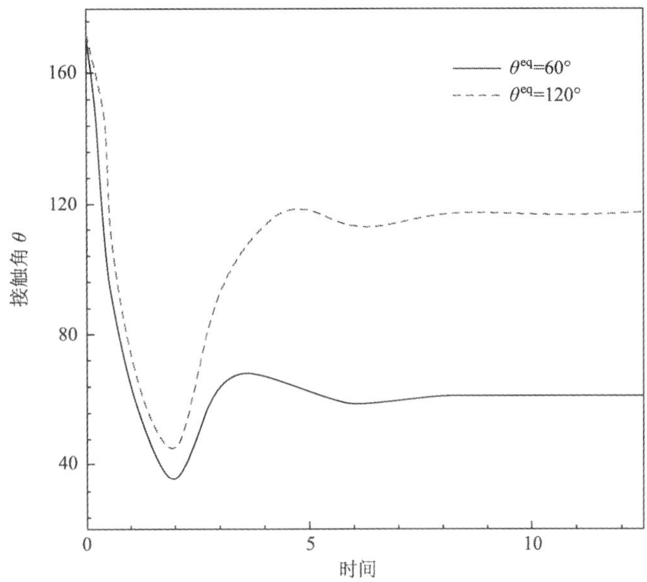

图 13.13　平衡角 $\theta^{eq} = 60°$ 和 120° 时接触角随时间的变化示意图

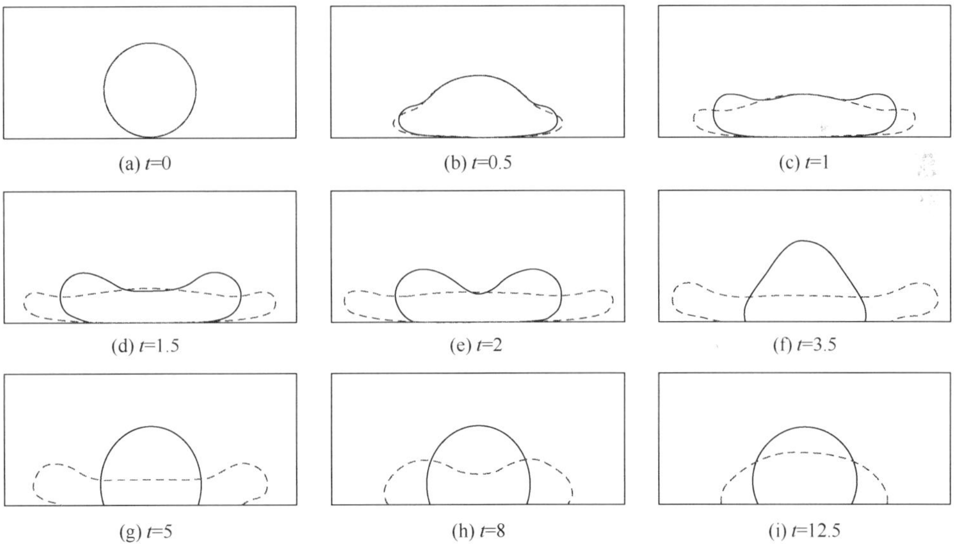

图 13.14　在 $\theta^{eq} = 120°$ 时不同 We 值下的水滴界面变化过程，

实线：We=15；虚线：We=105

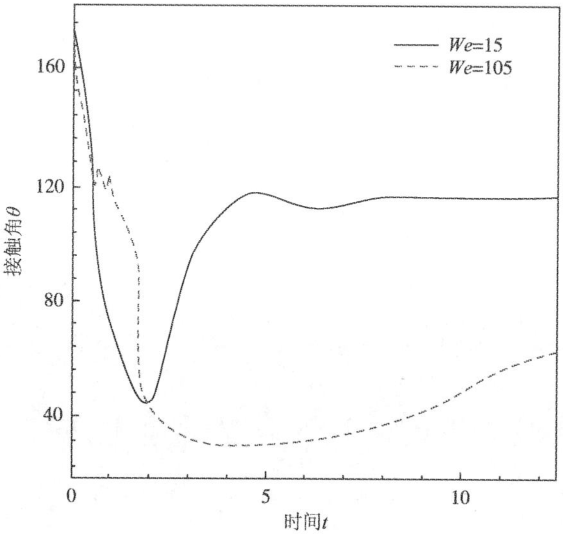

图 13.15　在 $\theta^{\mathrm{eq}} = 120°$，不同 We 值时，接触角 θ 随时间 t 的变化示意图

13.4.2　PF-PM 模型数值算例

在 PF-PM 模型中，利用 Phase Field 方法追踪界面运动变化，并采用投影算法求解不可压 N-S 方程获得求解流场信息。首先，开展不同雷诺数情况下的 RT 不稳定问题的数值模拟，以验证 PF-PM 模型的准确性。在此基础上，模拟大密度比水气多介质问题，主要包括水中气泡上升、水滴下落与固壁碰撞、水滴滴入水池以及 Standing Wave 等问题。最后，开展相应的三维问题的模拟研究，进一步验证了该模型处理大密度比水气多介质问题的有效性。

1. Rayleigh-Taylor 不稳定

定义无量纲参数 At，取 $At = 0.5$，即有 $\rho_1/\rho_2 = 3$。计算区域为 $d \times 4d$，计算网格为 100×400，设置界面的初始位置为 $y(x) = 2d + 0.1d\cos(2\pi x/d)$，分别模拟雷诺数 Re=256 和 Re=1280 时的 R-T 不稳定现象。图 13.16 给出了 Re=1280 时，不同时刻等值线 C=0.5 变化的示意图。

对比图 13.16 中的计算结果，以及利用 PF-LBM 模型得到的计算结果和He 等的计算结果，可以发现三者的流场现象基本一致。为从定量上对比三种结果，图 13.17 给出了在 Re=256 时，三种计算结果中上升和下降流体头部的 y 坐标随时间变化的对比图。从图中可以看出这三种结果的曲线一致吻合，这进一步验证了 PF-PM 模型的准确性。图 13.18 显示了雷诺数 Re=1280 时，本节计算结果与上节结果中上升和下降流体头部的 y 坐标随时间变化的对比图。

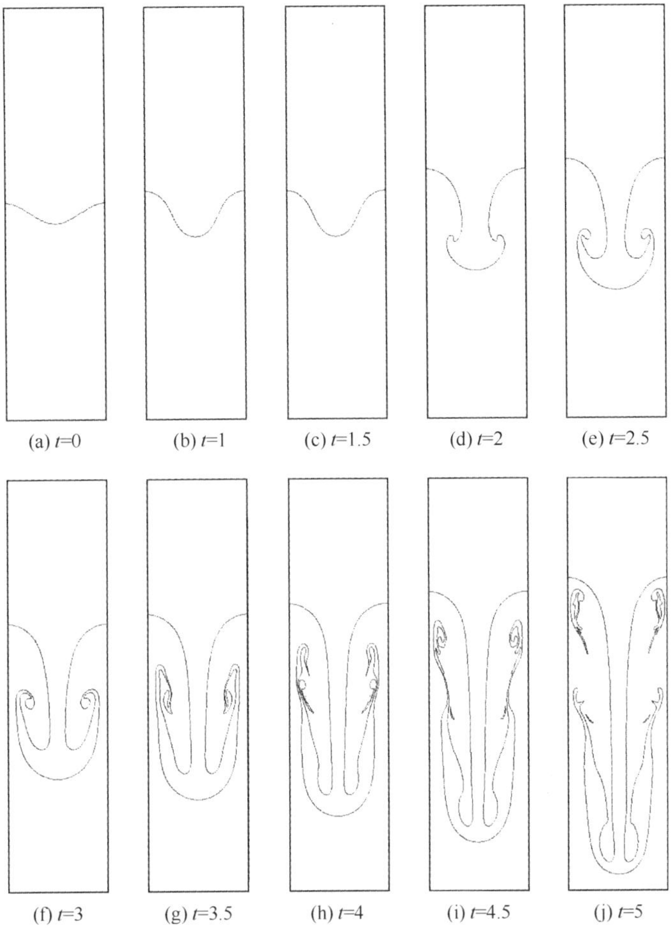

图 13.16　R-T 不稳定问题，Re=1280 时，不同时刻的相变量 C =0.5 的等值线图

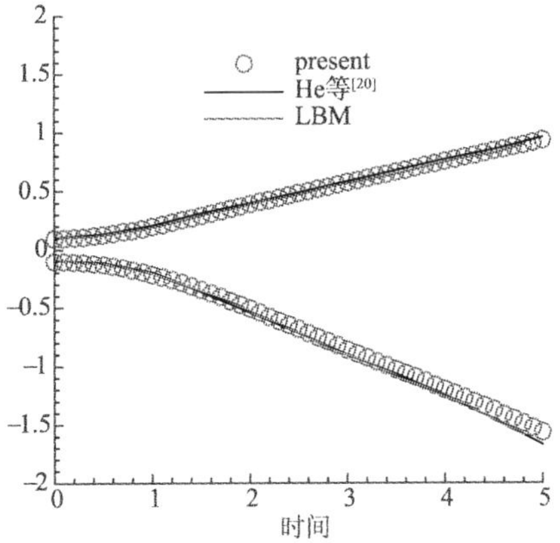

图 13.17　Re=256 时上升和下降流体的头部 y 坐标随时间的变化对比图

present 表示本节计算结果；He 等[20] 表示文献 [20] 计算结果；LBM 表示 13.4.1 节计算结果

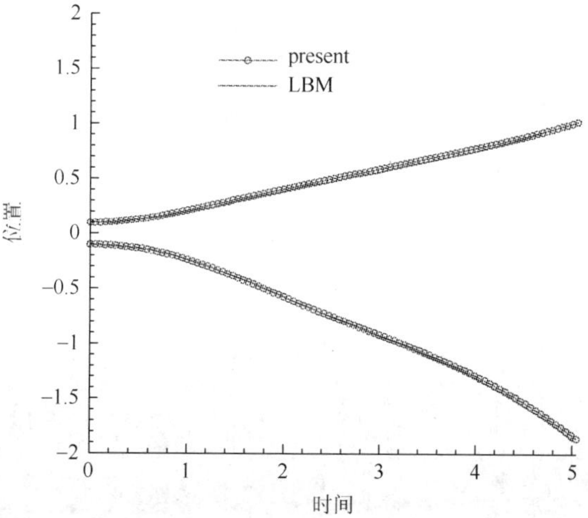

图 13.18　Re=1280 时上升和下降流体的头部 y 坐标随时间的变化对比图

present 表示本节计算结果；LBM 表示 13.4.1 节计算结果

为明确密度比对 RT 问题的影响，模拟了 Re=615、At=0.9(即 $\rho_1/\rho_2 = 19$) 时的 R-T 不稳定现象。图 13.19 给出了不同时刻相变量 C=0.5 的等值线随时间变化图，计算结果与文献 [20] 中计算结果基本一致。当密度比变大时，上层的重流体以极快的速度向下运动直到与下方壁面发生碰撞；且与小密度比的 RT 问题相比，两侧的涡卷起的时间相对较晚。

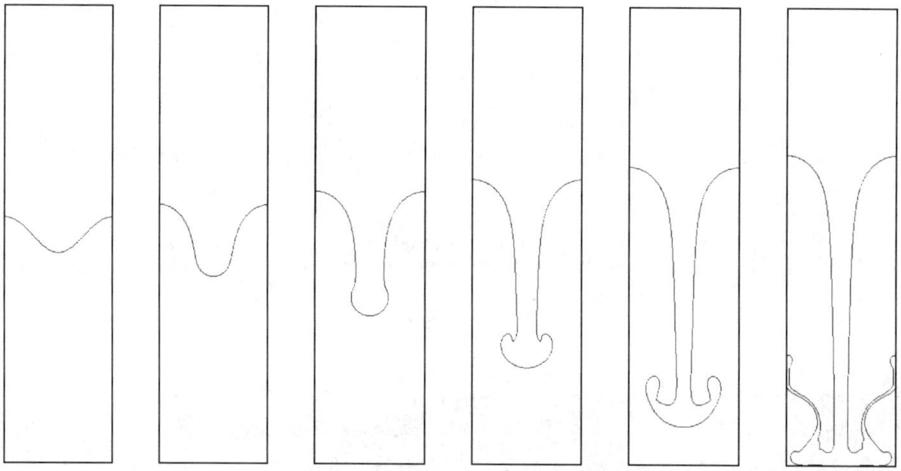

(a) t=0.5　(b) t=1　(c) t=1.5　(d) t=2　(e) t=2.5　(f) t=3

图 13.19　R-T 不稳定问题，Re=615，At=0.9，不同时刻的相变量 C =0.5 的等值线图

为进一步验证模型对三维不可压多介质问题的有效性，开展了三维 RT 问题的数值模拟。计算区域为 $d \times d \times 4d$，初始界面为 $z(x,y) = 2d + 0.1d\cos(2\pi x/d) +$

$0.1d\cos(2\pi y/d)$，计算网格为 $100\times100\times400$，$At=0.5$，雷诺数 Re=256。图 13.20 给出了不同时刻相变量 C=0.5 的等值面图。

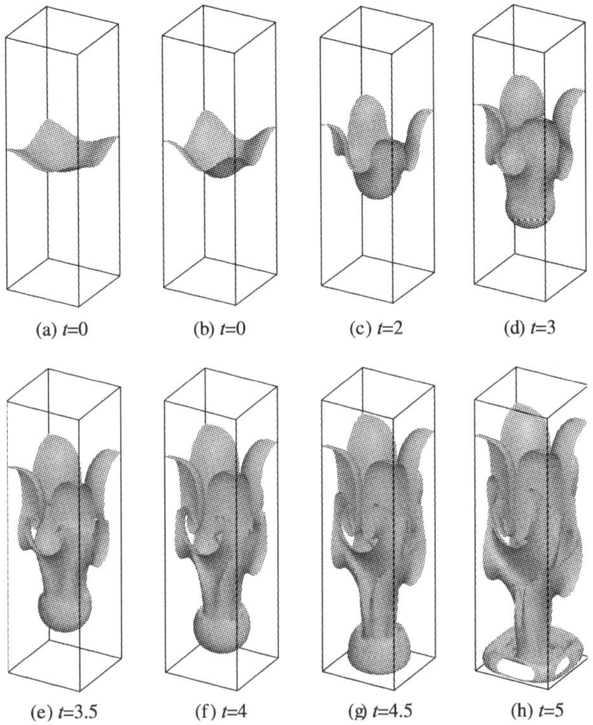

图 13.20　三维 R-T 问题，At=0.5，Re=256，不同时刻相变量 C=0.5 的等值面图

2. 水滴滴入水池

针对水滴滴入水池问题，国内外学者对其所产生的物理现象从数值模拟和试验研究两个方面开展了大量研究。研究结果发现当水滴以一定速度滴入水池后，会引起池内液体溅起，产生类似西方古代“皇冠”的几何形状。图 13.21 给出了西方的“皇冠”外形，以及文献 [26] 中数值模拟的水滴滴入水池时产生的飞溅外形。本节利用 PE-PM 模型模拟了水滴以自由落体方式进入下方充满相同液体的水池中所产生的物理现象。计算区域取为 $15R\times10R$，R 为水滴半径 (R=1)，水滴圆心离地面的高度为 $7R$，下方水池深度为 $3R$，水与周围空气的密度比为 1000，黏性比为 100。雷诺数 Re=100，Bo=10，计算网格为 300×200。水滴从静止开始在重力加速度作用下向下做加速运动，直到与下方水滴发生碰撞，进而融合到一起。由于水滴的惯性作用，融合之后会继续向下运动，使得水池出现一个大的凹坑。同时两侧的液体由于受到水滴冲击的挤压，会有部分液体飞溅起来，飞溅部分的液体没有与下方水池内的液体脱离，而是持续向两侧扩散运动。图 13.22 给出了在不同时刻相变

量 C=0.5 的等值线图。

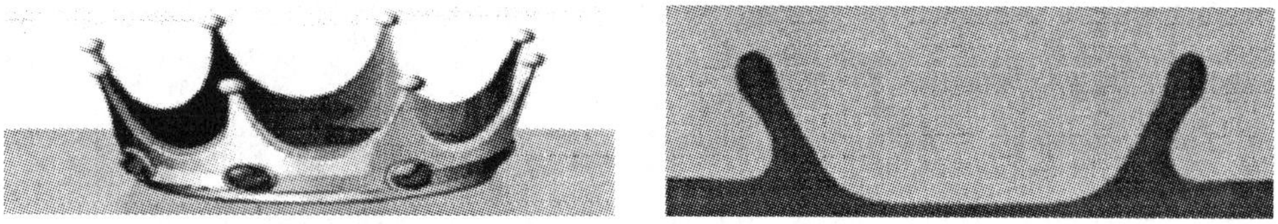

(a) 西方皇冠外形　　(b) 文献[26]模拟计算结果

图 13.21　水滴滴入水池时产生的飞溅外形

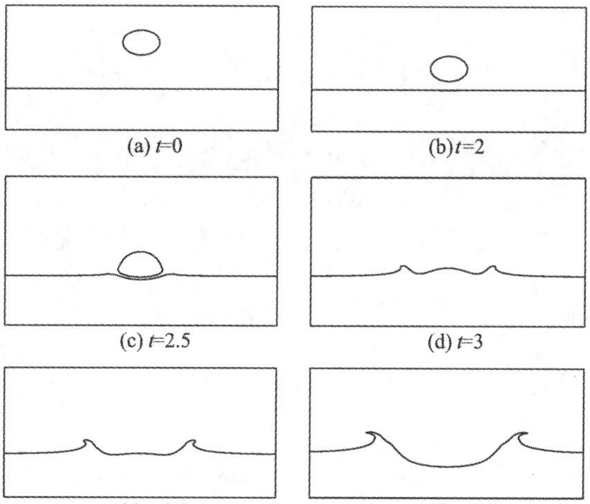

(a) t=0　(b) t=2

(c) t=2.5　(d) t=3

(e) t=3.3　(f) t=4.3

图 13.22　水滴滴入水池，Re=100，Bo=10，不同时刻相变量 C=0.5 的等值线图

采用 PF-PM 模型模拟三维水滴自由落体滴入水池产生的相互融合和飞溅现象，并与相应的试验结果进行对比。计算区域为 $10R\times10R\times15R$，其中 R 为水滴的半径 (R=1)，水滴圆心的初始位置在 xy 相平面的中心，z 方向上的高度为 $10R$，Re=100，Bo=1.0，计算网格为 $100\times100\times150$。图 13.23 给出在不同时刻等值面 C=0.5 代表的水滴界面位置图。从图中可以看出，水滴与下方水池接触后相融合，同时由于水滴具有一定的初始速度，造成周围一圈的液体受到挤压出现一定程度的飞溅现象，本章计算结果与试验结果相近。

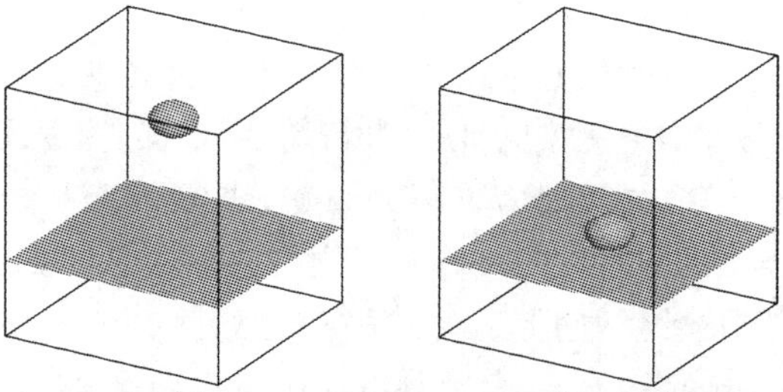

(a) t=0　(b) t=3.66

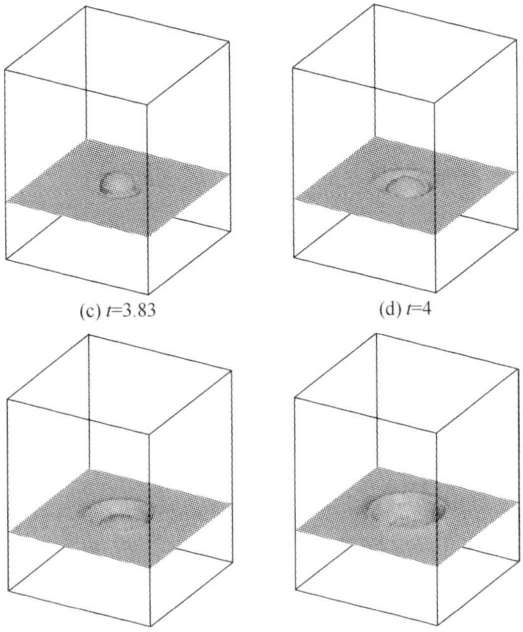

(c) t=3.83　　(d) t=4

(e) t=4.16　　(f) t=4.5

图 13.23　三维水滴滴入水池，不同时刻相变量 C=0.5 的等值面图

13.5　小　　结

本章针对低速大密度水气多介质问题，基于 Phase Field 方法，介绍了两种的多介质运动模型，即 PF-LBM 模型和 PF-PM 模型。

在 PF-LBM 模型中，采用 Phase Field 方法捕捉界面，而流场信息的计算则采用 LBM。本章从 C-H 方程的特性出发，考虑其不需要求解 Poisson 方程，因此可采用传统的离散方法直接求解，从而在保证流场计算的高效且准确前提下，也可准确捕捉界面位置。大密度比水气问题中，界面处密度梯度很大，极容易造成数值振荡。将 C-H 方程转化为 LBE，则不利于迎风格式的使用，直接求解 C-H 方程，可以采用较成熟的迎风格式，进而保证计算的稳定性。首先采用改进的 PF-LBM 模型模拟二维 R-T 问题，通过与其他模拟结果的对比和分析，验证了模型处理不可压多介质问题的有效性。在此基础上，将模型应用于大密度比水气多介质问题，模拟水中气泡上升变形运动，分析了表面张力对气泡上升运动的影响。此外，对具有气-液-固三相接触面的移动接触线现象进行模拟，进一步验证了模型处理大密度比的水气多介质问题的能力。结果表明，PF-LBM 模型在模拟水滴下落与地面发生碰撞等问题时会出现一定程度的问题，对于产生问题的原因有待进一步分析。

在 PF-PM 模型中，依然采用 Phase Field 方法捕捉界面，但流场信息则通过投影算法求解不可压 N-S 方程获得。早期基于此模型提出的算法仅能用于处理密度相当的多介质问题，本章对模型做进一步分析和改进，认为界面处的扩散流动应满足空间扩散速度一致，即只与界面处流体的构成有关，而与密度无关。在此基础上，通过推导得到 C-H 方程和不可压流场的连续性条件，从理论上对模型进行完善。首先，利用 PF-PM 模型对 R-T 不稳定问题进行模拟，通过对比验证模型处理小密度比多介质问题的准确性。其次，通过对水中气泡运动模拟验证模型处理具有大密度比的水气多介质问题能力，并考察了模型的收敛性和守恒性，数值算例结果证明模型具有良好的守恒性质。此外，对二维和三维的水滴以自由落体方式滴入水池问题进行模拟，结果表明此模型可以处理界面拓扑结构发生复杂变化的问题，且易于在三维问题中实现，并具有良好的鲁棒性。最后，通过二维 Standing Wave 算例，考察了模型的耗散性，结果表明该模型具有较大的耗散性。

参 考 文 献

[1] Gurtin M E，Polignone D，Viñals J. Two-phase binary fluids and immiscible fluids described by an order parameter. Mathematical Models and Methods in Applied Sciences，1996，6(6)：815–831.

[2] Jacqmin D. Calculation of two-phase Navier-Stokes flows using phase-field modeling. J. Comput. Phys.，1999，155(1)：96–127.

[3] Antanovskii L K. A phase field model of capillarity. Physics of Fluids(1994 ~ present)，1995，7(4)：747–753.

[4] Van D W. The thermodynamic theory of capillarity under the hypothesis of a continuous variation of density. Journal of Statistical Physics，1979，20(2)：200–244.

[5] Cahn J W，Hilliard J E. Free energy of a nonuniform system. Ⅰ. Interfacial free energy. The Journal of Chemical Physics，2004，28(2)：258–267.

[6] Cahn J W. Free energy of a nonuniform system. Ⅱ. thermodynamic basis. The Journal of Chemical Physics，2004，30(5)：1121–1124.

[7] Cahn J W，Hilliard J E. Free energy of a nonuniform system. Ⅲ. nucleation in a two-component incompressible fluid. The Journal of Chemical Physics，2004，31(3)：688–699.

[8] Ding H，Peter D M S，Shu C. Diffuse interface model for incompressible two-phase flows with large density ratios. Journal of Computational Physics，2007，226(2)：2078–2095.

[9] Zheng H W，Shu C，Chew Y T. A lattice Boltzmann model for multiphase flows with large density ratio. Journal of Computational Physics，2006，218(1)：353–371.

[10] Lee T，Liu L. Lattice Boltzmann simulations of micron-scale drop impact on dry surfaces. Journal of Computational Physics，2010，229(20)：8045–8062.

[11] Guermond J L，Minev P，Shen J. An overview of projection methods for incompressible

flows. Computer Methods in Applied Mechanics and Engineering, 2006, 195(44): 6011–6045.

[12] Lee L. A class of high-resolution algorithms for incompressible flows. Computers & Fluids, 2010, 39(6): 1022–1032.

[13] Ni M J, Komori S, Morley N. Projection methods for the calculation of incompressible unsteady flows. Numerical Heat Transfer: Part B: Fundamentals, 2003, 44(6): 533–551.

[14] Chapman S, Cowling T G. The Mathematical Theory of Non-uniform Gases. 3rd edition. Cambridge: Cambridge University Press, 1970.

[15] Guo Z, Zheng C, Shi B. Force imbalance in lattice Boltzmann equation for two-phase flows. Physical Review E, 2011, 83(3): 036707.

[16] 张显库, 姚桂兰. Adams-Bashforth 离散算法改进. 系统仿真技术, 2006, 2(3): 159–161.

[17] 戴嘉尊, 邱建贤. 微分方程数值解法. 南京: 东南大学出版社, 2002.

[18] 李庆杨. 数值计算原理. 北京: 清华大学出版社, 2000.

[19] Shu C W. High order weighted essentially non-oscillatory schemes for convection dominated problems. SIAM Review, 2009, 51(1): 82–126.

[20] He X Y, Chen S, Zhang R Y. A lattice Boltzmann scheme for incompressible multiphase flow and its application in simulation of Rayleigh-Taylor instability. Journal of Computational Physics, 1999, 152(2): 642–663.

[21] Daly B J. Numerical study of two fluid Rayleigh-Taylor instabilities. Physics of Fluids, 1967, 10(2): 297–307.

[22] Hua J, Lou J. Numerical simulation of bubble rising in viscous liquid. Journal of Computational Physics, 2007, 222(2): 769–795.

[23] Cheng M, Hua J, Lou J. Simulation of bubble-bubble interaction using lattice Boltzmann method. Computer & Fluids, 2010, 39(2): 260–270.

[24] Clift R, Crace J R, Weber M E. Bubbles, Drops and Particles. New York: Academic Press, 1978.

[25] De Gennes P G. Wetting: statics and dynamics. Reviews of Modern Physics, 1985, 57(3): 827–863.

[26] 宋云超. 气液两相流动相界面追踪方法及液滴撞击壁面运动机制研究. 博士学位论文. 北京: 北京交通大学, 2012.

第 14 章 针对水气多介质问题的界面处理方法

在第 12 章和第 13 章中分别介绍了采用 Level-Set 方法和 Phase Field 方法对水气运动模拟的数值方法，其中水气皆作为不可压缩流体处理，忽略了气体的可压缩性质，因而发展的模型仅适用于低速问题，不能用来处理高速射流或有激波存在的多介质问题。针对这一问题，为了充分考虑水气不同的物质属性，本章将水作为不可压黏性流体处理，气体作为可压缩无黏流体处理，采用不同的流场控制方程，进行水气运动模拟。

事实上，早期在处理高速水气运动问题时，大部分方法将水气皆作为可压缩流体处理，为了消除界面处产生的非物理现象，采用虚拟流体方法 (GFM)[1] 定义界面边界条件，将多介质问题转化为单介质问题求解。在此基础上产生了一系列定义界面边界条件的方法，其中较为成熟的有 MGFM[2,3] 和 RGFM[4,5]。这两种方法都是在界面附近构造气气 Riemann 问题 [6,7]，并利用得到的解，采用不同方式定义界面边界条件。但是在将水作为不可压流体处理时，上述方法皆不适用。Fedkiw 等针对水气运动问题提出 new GFM[8,9]，认为界面处的速度由刚性较强的水决定，压强是由界面附近的气体决定。数值实验结果表明 new GFM 具有一定的可行性，但是该方法对界面边界条件的处理过于简单，没有考虑两边物质属性对界面处流动状态的非线性影响，且缺乏相应的理论支撑。

本章针对不可压-可压缩水气多介质问题，介绍了一种新的水气界面处理方法。首先在界面处定义水气 Riemann 问题，然后将水视为声速趋向于无穷大的可压缩流体，求解 Riemann 问题，得到水气界面处流体的准确流动状态。最后利用 Level-Set 方法[10]捕捉水气界面，分别采用 MGFM 和 RGFM 定义水气界面边界条件，通过大量数值算例的模拟及对比分析，验证该方法的有效性。

14.1 数 值 方 法

本章将水作为不可压黏性流体处理，采用二阶投影方法[11−13] 求解不可压黏性 N-S 方程，采用交错网格形式定义不可压区域内的流体变量，变量的定义方式与第 13 章内容相同。不可压流体控制方程和求解过程已在第 13 章中给出，这里就不再做过多叙述。以下给出利用投影法求解一维 N-S 方程的具体过程。

在一维问题中，对不可压流体的控制方程进行简化，速度满足散度为零，即

$$u_x = 0 \tag{14.1}$$

式 (14.1) 表明在一维不可压缩流体区域内，流场速度保持一致，动量方程中的黏性项和对流项皆为零，动量方程简化为以下形式

$$u_t + \frac{p_x}{\rho} = 0 \tag{14.2}$$

在用投影法求解一维不可压 N-S 方程时，黏性项和对流项皆为零，所以在投影法中求出的中间速度场 u^* 满足

$$u^* = u^n \tag{14.3}$$

同样有 $u_x^* = 0$，求解压强的 Poisson 方程简化为以下形式

$$p_{xx} = 0 \tag{14.4}$$

即在不可压区域内 p_x 为常数，压强为线性函数，离散式 (14.2) 有

$$\frac{u^{n+1} - u^n}{\mathrm{d}t} + \frac{p^{\mathrm{r}} - p^{\mathrm{l}}}{\rho L} = 0 \tag{14.5}$$

其中，$\mathrm{d}t$ 为时间步长，L 为不可压流体区域长度，p^{l} 和 p^{r} 分别为左右两个端点的压强值。

区域内任意一点 x_i 处的压强值为

$$p(x_i) = p^{\mathrm{l}} + \frac{p^{\mathrm{r}} - p^{\mathrm{l}}}{L}(x_i - x_{\mathrm{l}}) \tag{14.6}$$

其中，x_{l} 为不可压缩流场的左端点。

14.2　水气 Riemann 问题的解

本章将气体作为可压缩无黏流体处理，同时水作为不可压黏性流体处理，分别采用 Euler 方程和不可压 N-S 方程作为控制方程，控制方程的不同选取反映了水气巨大的物质属性差异。在界面处构造水气 Riemann 问题，在气气 Riemann 问题解 [6] 的基础上进行推导得到水气 Riemann 问题的解，解反映出水气界面处真实的流动状态。

Agemi 等[14]得到以下结论：随着流场马赫数逐渐趋向于零，可压缩 Euler 方程的解收敛到有相同初始状态的无黏不可压方程的解。此外，Schochet 等 [15] 证明了以下结论：非等熵可压缩 Euler 方程在马赫数极小时的解接近相应的不可压流体方程的解。基于以上结论，考虑水气 Riemann 问题，假定水为声速无穷大的可压缩流体，并在这一假设基础上，根据可压缩气气 Riemann 问题的解推导出水气 Riemann 问题的解。本节中，下标 “g” 代表气体状态，下标 “w” 代表水的状态。

水作为可压缩流体处理，其声速的具体表达形式如下

$$a_{\mathrm{w}}=\sqrt{\frac{\gamma_{\mathrm{w}}p_{\mathrm{w}}}{\rho_{\mathrm{w}}}} \tag{14.7}$$

假定水中声速无穷大，由于水中压强和密度都为有限值，所以有

$$a_{\mathrm{w}}\to+\infty\Rightarrow\gamma_{\mathrm{w}}\to+\infty \tag{14.8}$$

不失一般性，定义水气 Riemann 问题中左侧为气体，右侧为水，左边初始状态为 $\boldsymbol{W}_{\mathrm{g}}=(\rho_{\mathrm{g}},u_{\mathrm{g}},p_{\mathrm{g}})^{\mathrm{T}}$，右边状态为 $\boldsymbol{W}_{\mathrm{w}}=(\rho_{\mathrm{w}},u_{\mathrm{w}},p_{\mathrm{w}})^{\mathrm{T}}$。在水为声速无穷大的可压缩流体的假设前提下，有

$$f(p,\boldsymbol{W}_{\mathrm{g}},\boldsymbol{W}_{\mathrm{w}})=f_{\mathrm{g}}(p,\boldsymbol{W}_{\mathrm{g}})+f_{\mathrm{w}}(p,\boldsymbol{W}_{\mathrm{w}})+u_{\mathrm{w}}-u_{\mathrm{g}}=0 \tag{14.9}$$

在 $\gamma_{\mathrm{w}}\to+\infty$ 时，对式 (14.9) 中的 $f_{\mathrm{w}}(p,\boldsymbol{W}_{\mathrm{w}})$ 求极限，有

$$\lim_{\gamma_{\mathrm{w}}\to+\infty}f_{\mathrm{w}}(p,\boldsymbol{W}_{\mathrm{w}})=\lim_{\gamma_{\mathrm{w}}\to+\infty}\begin{cases}(p-p_{\mathrm{w}})\left(\dfrac{A_{\mathrm{w}}}{p+B_{\mathrm{w}}}\right)^{\frac{1}{2}},p>p_{\mathrm{w}}(\text{激波})\\ \dfrac{2a_{\mathrm{w}}}{\gamma_{\mathrm{w}}-1}\left[\left(\dfrac{p}{p_{\mathrm{w}}}\right)^{\frac{\gamma_{\mathrm{w}}-1}{2\gamma_{\mathrm{w}}}}-1\right],p\leqslant p_{\mathrm{w}}(\text{稀疏波})\end{cases} \tag{14.10}$$

进一步有

$$\lim_{\gamma_{\mathrm{w}}\to+\infty}A_{\mathrm{w}}=\lim_{\gamma_{\mathrm{w}}\to+\infty}\frac{2}{(\gamma_{\mathrm{w}}+1)\rho_{\mathrm{w}}}=0 \tag{14.11}$$

$$\lim_{\gamma_{\mathrm{w}}\to+\infty}B_{\mathrm{w}}=\lim_{\gamma_{\mathrm{w}}\to+\infty}\frac{(\gamma_{\mathrm{w}}-1)}{(\gamma_{\mathrm{w}}+1)}p_{\mathrm{w}}=p_{\mathrm{w}} \tag{14.12}$$

$$\lim_{\gamma_{\mathrm{w}}\to+\infty}\frac{2a_{\mathrm{w}}}{\gamma_{\mathrm{w}}-1}=\lim_{\gamma_{\mathrm{w}}\to+\infty}\frac{2\sqrt{\dfrac{\gamma_{\mathrm{w}}p}{\rho}}}{\gamma_{\mathrm{w}}-1} \tag{14.13}$$

$$\lim_{\gamma_{\mathrm{w}}\to+\infty}\left[\left(\frac{p}{p_{\mathrm{w}}}\right)^{\frac{\gamma_{\mathrm{w}}-1}{2\gamma_{\mathrm{w}}}}-1\right]=\lim_{\gamma_{\mathrm{w}}\to+\infty}\left[\left(\frac{p}{p_{\mathrm{w}}}\right)^{\frac{1}{2}}-1\right] \tag{14.14}$$

对式 (14.13) 采用洛必达法则求极限，有

$$\lim_{\gamma_{\mathrm{w}}\to+\infty}\frac{2\sqrt{\dfrac{\gamma_{\mathrm{w}}p}{\rho}}}{\gamma_{\mathrm{w}}-1}=\lim_{\gamma_{\mathrm{w}}\to+\infty}\sqrt{\frac{p}{\rho\gamma_{\mathrm{w}}}}=0 \tag{14.15}$$

将式 (14.11) ～式 (14.15) 代入式 (14.10) 得到

$$\lim_{\gamma_{\mathrm{w}}\to+\infty}f_{\mathrm{w}}(p,\boldsymbol{W}_{\mathrm{w}})=0 \tag{14.16}$$

经过上述推导可见无论在水中产生激波或稀疏波，式 (14.9) 中的 $f_{\mathrm{w}}(p, \boldsymbol{W}_{\mathrm{w}})$ 皆为零，$f_{\mathrm{g}}(p, \boldsymbol{W}_{\mathrm{g}})$ 保持不变。所以，水气 Riemann 问题解中接触间断处压强 p^{I} 可以通过以下方程求得

$$f(p, \boldsymbol{W}_{\mathrm{g}}, \boldsymbol{W}_{\mathrm{w}}) = f_{\mathrm{g}}(p, \boldsymbol{W}_{\mathrm{g}}) + u_{\mathrm{w}} - u_{\mathrm{g}} = 0 \tag{14.17}$$

利用迭代求解上式得到压强值。类似地，接触间断处的速度值 u^{I} 由下式求得

$$u^{\mathrm{I}} = \frac{1}{2}(u_{\mathrm{g}} + u_{\mathrm{w}}) - \frac{1}{2} f_{\mathrm{g}}(p^{\mathrm{I}}) \tag{14.18}$$

由文献 [6] 中气气 Riemann 问题解的推导可知，无论气体中产生稀疏波或是激波，接触间断处的速度皆满足以下关系式

$$u^{\mathrm{I}} = u_{\mathrm{g}} - f_{\mathrm{g}}(p^{\mathrm{I}}, \boldsymbol{W}_{\mathrm{g}}) \tag{14.19}$$

联立式 (14.18) 和式 (14.19)，得到

$$u^{\mathrm{I}} = u_{\mathrm{w}} \tag{14.20}$$

式 (14.20) 表明接触间断处的速度与刚性较强的水的速度一致，这与 new GFM 中对界面速度的定义一致。

当水气 Riemann 问题的解在水中产生激波时，激波与接触间断区域内的密度为

$$\lim_{\gamma_{\mathrm{w}} \to +\infty} \rho_{\mathrm{w}}^{\mathrm{I}} = \lim_{\gamma_{\mathrm{w}} \to +\infty} \left\{ \rho_{\mathrm{w}} \left[\frac{\left(\dfrac{\gamma_{\mathrm{w}} - 1}{\gamma_{\mathrm{w}} + 1}\right) + \left(\dfrac{p^{\mathrm{I}}}{p_{\mathrm{w}}}\right)}{\left(\dfrac{\gamma_{\mathrm{w}} - 1}{\gamma_{\mathrm{w}} + 1}\right)\left(\dfrac{p^{\mathrm{I}}}{p_{\mathrm{w}}}\right) + 1} \right] \right\} = \rho_{\mathrm{w}} \left[\frac{1 + \left(\dfrac{p^{\mathrm{I}}}{p_{\mathrm{w}}}\right)}{\left(\dfrac{p^{\mathrm{I}}}{p_{\mathrm{w}}}\right) + 1} \right] = \rho_{\mathrm{w}} \tag{14.21}$$

当水气 Riemann 问题的解在水中产生稀疏波时，稀疏波与接触间断之间的密度为

$$\rho_{\mathrm{w}}^{\mathrm{I}} = \lim_{\gamma_{\mathrm{w}} \to +\infty} \rho_{\mathrm{w}} \left(\frac{p^{\mathrm{I}}}{p_{\mathrm{w}}}\right)^{\frac{1}{\gamma_{\mathrm{w}}}} = \rho_{\mathrm{w}} \tag{14.22}$$

由式 (14.21) 与式 (14.22) 可知，无论在水中产生激波或是稀疏波，波与接触间断之间区域的密度皆为水的初始密度值。这一结论与水作为不可压缩流体、密度保持不变的性质相一致，证明了理论推导的合理性。

上述给出了水气 Riemann 问题的精确解的推导过程。实际上，在气气 Riemann 问题精确解的求解过程中，需要首先判断波的类型，进而选取不同的计算公式求解接触间断处的压强。在大多数实际计算中皆采用近似方法进行求解，其中较著名的方法有双激波近似和双稀疏波近似求解 Riemann 问题[6]。利用 Riemann 问题的双激波近似解定义界面边界条件能准确地捕捉各类间断，且计算量小。本章也采用双激波近似方法求解水气 Riemann 问题。

双激波近似即认为在 Riemann 问题中产生的左右两个非线性波皆为激波，在此基础上求解两个激波之间区域内的流体状态值，其中星状区域内压强的求解公式为

$$f_{\mathrm{g}}(p, \boldsymbol{W}_{\mathrm{g}}) + u_{\mathrm{w}} - u_{\mathrm{g}} = (p - p_{\mathrm{g}})\left(\frac{A_{\mathrm{g}}}{p + B_{\mathrm{g}}}\right)^{\frac{1}{2}} + u_{\mathrm{w}} - u_{\mathrm{g}} = 0 \tag{14.23}$$

其中，$A_{\mathrm{g}} = \dfrac{2}{(\gamma_{\mathrm{g}}+1)\rho_{\mathrm{g}}}$，$B_{\mathrm{g}} = \dfrac{(\gamma_{\mathrm{g}}-1)}{(\gamma_{\mathrm{g}}+1)}p_{\mathrm{g}}$。根据式 (14.20) 与式 (14.21) 可知，接触间断处的速度 $u^{\mathrm{I}} = u_{\mathrm{w}}$，接触间断处水的密度保持不变。

气体内产生的激波与接触间断之间区域内流体的密度值可以通过下式求得

$$\rho_{\mathrm{g}}^{\mathrm{I}} = \rho_{\mathrm{g}}\left[\frac{\left(\dfrac{\gamma_{\mathrm{g}}-1}{\gamma_{\mathrm{g}}+1}\right) + \left(\dfrac{p^{\mathrm{I}}}{p_{\mathrm{g}}}\right)}{\left(\dfrac{\gamma_{\mathrm{g}}-1}{\gamma_{\mathrm{g}}+1}\right)\left(\dfrac{p^{\mathrm{I}}}{p_{\mathrm{g}}}\right) + 1}\right] \tag{14.24}$$

综上所述，在基于水为声速无穷大的可压缩流体假设基础上，得到了水气 Riemann 问题的精确解，以及双激波近似解。在解中接触间断处的速度为水的初始速度，并且无论水中产生的波为稀疏波或激波，波后的密度值都与水的密度值相等。这一结果充分符合水作为不可压缩流体具有较强刚性及密度不变的性质。从质量守恒角度出发，跨过水中产生的波，速度和密度保持不变，可以保证水的质量守恒。另一方面，接触间断处的压强由式 (14.23) 求出，反映出水气对接触间断处流动状态的非线性影响。由此可见，水气 Riemann 问题解更好地给出接触间断处真实流动的状态，为进一步给定更合理的水气界面边界条件提供了理论基础。

14.3　水气多介质问题的界面处理方法

针对水气多介质问题，Fedkiw 等[8]提出了 new GFM 定义界面边界条件。在new GFM 中，界面处流体的速度直接取刚性较强的水的速度值，而压强由气体决定。通过简单的插值直接定义水气界面边界条件，保证了在界面处满足速度和压强的连续性条件。但是在临界问题中，初始时刻界面处并不满足速度和压强连续的条件，例如，水滴以高速在静止的空气中运动的初始瞬间、强激波与水气界面接触的瞬间。此时 new GFM 定义的界面边界条件不能反映出界面处真实的流动状态。实际上，界面处的流动状态往往是物质属性相关的[5]，特别是物质属性差异较大时，真实的流动状态受到界面两边流体物质属性的非线性影响。new GFM 简单地采用线性插值定义界面边界条件显然不能满足上述条件，给出界面边界条件缺乏必要的理论基础。

在水气 Riemann 问题解中，跨过水中产生的波速度与密度皆不变，这一结论与一维不可压流体中的密度值和速度值保持不变的性质相符合。针对本章采用的

流场模型，界面处的水气 Riemann 问题的解更合理地反映出界面处真实的流动状态，并且满足水作为不可压流体的各种流体属性。因此利用水气 Riemann 问题的解定义界面边界条件，更好地反映出水气巨大的物质属性差异对于界面流动状态的非线性影响。

本章采用 Level-Set 方法捕捉水气界面，同时利用 GFM 分别定义水气界面边界条件。GFM 是在界面附近定义一定的虚拟流体点，并给定相应的流体状态，每种流体介质连同虚拟流体点分别求解，这样将多介质问题转换为单介质问题求解。在 GFM 思想的基础上产生了一系列界面定义方法，其中较为成熟的有 MGFM 和 RGFM。这两种方法都是在界面处定义并求解 Riemann 问题，并利用解定义界面附近真实流体和虚拟流体点的状态值。在本章得到的水气 Riemann 问题解的基础上，分别采用 MGFM 和 RGFM 两种方式定义界面边界条件。以下分别给出在一维和二维问题中，利用两种方法定义水气界面边界条件的方式。

14.3.1　一维问题中定义界面边界条件

假设界面在网格点 i 与 $(i+1)$ 之间，气体在界面左侧，水在界面的右侧。水气 Riemann 问题的初始值为 $\boldsymbol{W}_1 = \boldsymbol{W}_{i-1}$ 和 $\boldsymbol{W}_r = \boldsymbol{W}_{i+2}$，接触间断左侧状态为 $(\rho_{\mathrm{L}}^{\mathrm{I}}, u^{\mathrm{I}}, p^{\mathrm{I}})$，右侧状态为 $(\rho_{\mathrm{R}}^{\mathrm{I}}, u^{\mathrm{I}}, p^{\mathrm{I}})$。

图 14.1 给出 MGFM 中对气体定义界面边界条件的方式。对气体定义界面边界条件，利用左侧状态 $(\rho_{\mathrm{L}}^{\mathrm{I}}, u^{\mathrm{I}}, p^{\mathrm{I}})$ 定义网格点 $(i+1)$ 上的虚拟流体点的速度和压强，网格点 $(i+2)$ 和 $(i+3)$ 处的速度和压强取当地真实流体点的值。为了防止产生非物理振荡，利用左侧状态求得界面左侧熵值 S_{L}，利用等熵修正得到网格点 i 上真实流体以及网格点 $(i+1)$、$(i+2)$ 和 $(i+3)$ 上虚拟流体的密度值。采用类似方法定义水的界面边界条件，因为接触间断处的速度为初始状态中水的速度，右侧状态中的密度为水的密度，所以不需要等熵修正步骤，虚拟点上的密度都为水的密度。MGFM 利用 Riemann 问题的解定义了界面附近虚拟流体点上的状态，而对于

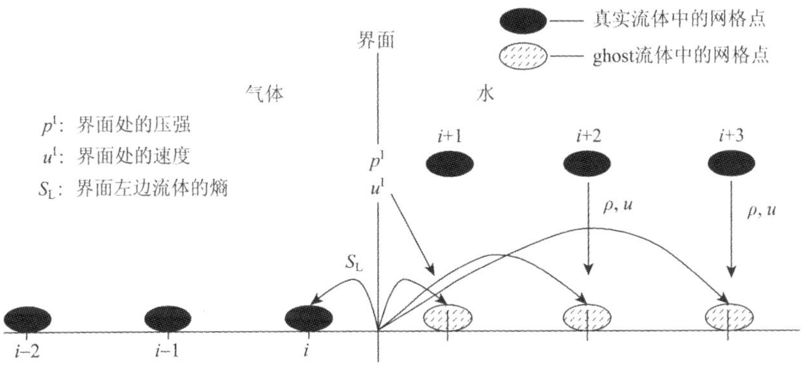

图 14.1　利用 MGFM 对气体定义界面边界条件

真实流体点，仅仅通过等熵修正改变其密度值。因此 MGFM 并不能保证跨过界面速度和压强保持连续，即不能满足接触间断性质，导致产生较大的守恒误差。

RGFM 利用 Riemann 问题的解重新定义真实流体点的状态值，将其外推到另一侧的虚拟流体点上，保证了界面处速度和压强的连续性。图 14.2 给出 RGFM 对气体定义界面边界条件的方式。利用 Riemann 问题解左侧状态 $(\rho_{\mathrm{L}}^{\mathrm{I}}, u^{\mathrm{I}}, p^{\mathrm{I}})$ 直接定义网格点 $(i+1)$、$(i+2)$ 和 $(i+3)$ 上的虚拟流体状态及网格点 i 上的真实流体状态，上述即给定了气体的界面边界条件。对于水可进行类似操作，同样地，不需要对真实流体点和虚拟流体点的密度值做修正。

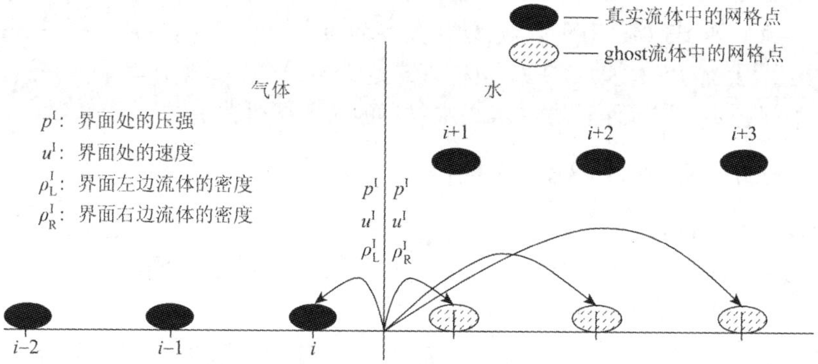

图 14.2　利用 RGFM 对气体定义界面边界条件

14.3.2　二维问题中定义界面边界条件

一维问题界面边界条件的定义方法相对比较简单，推广到高维问题时要相对复杂。在二维问题中，界面是曲线，跨过界面需要选取合适的网格点状态定义 Riemann 问题，另外还需要考虑到对切向速度的处理以及合适的外推方法 [4]。本节将详细叙述二维问题中，分别利用 MGFM 与 RGFM 定义水气界面边界条件的具体方式。

在本章中定义不可压流体区域内的 Level-Set 函数值为负值，在可压缩流体区域内的 Level-Set 函数值为正值，则界面附近的单位法方向由不可压流体指向可压缩流体，单位外法向定义如下

$$\boldsymbol{N} = \frac{\nabla \varPhi}{|\nabla \varPhi|} \tag{14.25}$$

利用单位外法向进一步定义界面附近网格点上的法向速度，具体形式如下

$$u_{\mathrm{N}} = \boldsymbol{U} \cdot \boldsymbol{N} \tag{14.26}$$

其中，$\boldsymbol{U}$ 为网格点上的速度场。在不可压区域内采用的是交错网格，速度场定义在网格边界上，通过二阶中心差分得到网格中心点的速度值。

因忽略了黏性力的作用，不能保证水气界面两侧切向速度的连续性，所以在利用上述两种方法定义界面边界条件时，虚拟流体点上的切向速度全部由界面另一侧真实流体点上的值外推得到，避免了界面处切向速度间断引起的非物理振荡。

图 14.3 给出了二维水气界面示意图。考虑计算水时界面边界条件的定义，首先需要在界面处选取合适的网格点定义 Riemann 问题。考虑水中临近界面的网格点 A，与其相邻的网格点为气体中的点，已知 A 点的流体状态为 $\boldsymbol{W}^A=(\rho^A,u_{\mathrm{N}}^A,p^A)^{\mathrm{T}}$，在界面另一侧寻找临近界面的网格点 B，使得直线 AB 与网格点 A 的法向夹角最小，B 点的流体状态为 $\boldsymbol{W}^B=(\rho^B,u_{\mathrm{N}}^B,p^B)^{\mathrm{T}}$，其中 $\rho^A(\rho^B)$、$p^A(p^B)$ 及 $u_{\mathrm{N}}^A(u_{\mathrm{N}}^B)$ 分别表示 $A(B)$ 点的密度、压强及法向速度。由此在界面处得到了一个沿界面法向方向的 Riemann 问题初始条件

$$\boldsymbol{W}_0=\begin{cases}\boldsymbol{W}^A\\ \boldsymbol{W}^B\end{cases}\tag{14.27}$$

利用前面介绍的方法求解水气 Riemann 问题，得到了界面处的速度 u^{I}、压强 p^{I} 以及气体的密度 $\rho_{\mathrm{g}}^{\mathrm{I}}$。

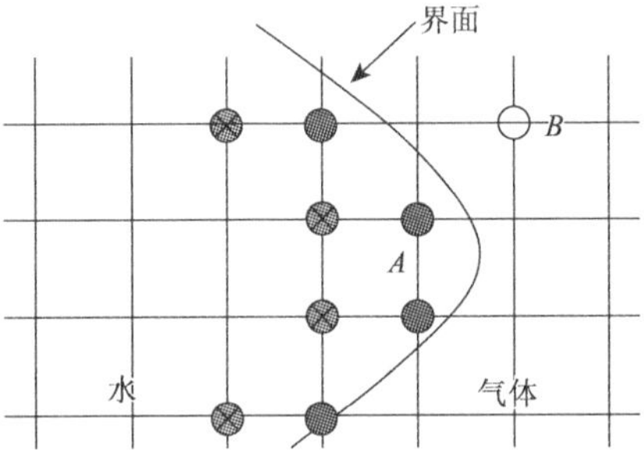

图 14.3　二维水气界面示意图

利用 MGFM 对水定义界面边界条件时，通过上述方式对水中临近界面的每个网格点建立水气 Riemann 问题，求得相应的解，将解中接触间断处的速度 u^{I} 和压强 p^{I} 值直接赋给界面另一侧的虚拟流体点，水中的真实流体点不需要做任何改变。对气体定义界面边界条件时，对气体内临近界面附近的每个网格点建立水气 Riemann 问题，将 Riemann 问题解中气体一侧的熵值直接赋给气体内的真实流体点，通过等熵修正方法修改真实流体点的密度，然后将接触间断处的速度和压强直接赋给界面另一边的虚拟流体点。对气体内所有的临近界面的网格点完成上述操作后，利用外推方程 (14.28) 将真实流体点上的熵沿着法向方向外推到另一侧的虚拟流体点上，通过等熵修正得到虚拟流体点上的密度。

利用 RGFM 对水定义界面边界条件时，对水内临近界面的每个网格点建立并求解水气 Riemann 问题，利用解中接触间断处的速度 u^{I} 和压强 p^{I} 修改水中真实

流体点的相应状态值，在对水内所有临近界面的网格点完成上述操作后，利用方程 (14.28) 将法向速度和压强外推到界面另一侧的虚拟流体点上，即给定了水的界面边界条件。在对气体定义界面边界条件时，对于气体内临近界面的每个网格点，建立并求解水气 Riemann 问题，利用 Riemann 问题的解直接修改气体内真实流体点上的密度、压强和法向速度。同样地，在对气体内临近界面所有网格点完成上述操作后，采用外推方程 (14.28) 将密度、压强和法向速度外推到界面另一侧的虚拟流体点上，即完成了气体界面边界条件的定义。

外推方程如下

$$I_t \pm \boldsymbol{N} \cdot \nabla I = 0 \tag{14.28}$$

其中，I 为需要外推的变量，$\boldsymbol{N}$ 为界面处的单位外法向。当真实流体点上的 Level-Set 函数值为负时，将其变量外推到 Level-Set 函数值为正的虚拟流体点，上述方程取正号。在外推过程中，保持 Level-Set 函数值为负的网格点上的变量值不变。同样地，当真实流体点上的 Level-Set 函数值为正时，将其变量外推向 Level-Set 函数值为负的虚拟流体点时，上述方程取负号，在外推过程中，保持 Level-Set 函数值为正的网格点上的变量值不变。在离散方程 (14.28) 时，时间上采用一阶 Euler 格式，空间上采用一阶迎风格式，利用法向方向判断迎风方向。

上述给出了二维问题中分别利用 MGFM 和 RGFM 两种方法定义界面边界条件的具体方式。对于三维问题中的速度场，可以将其分解为法向速度与切平面速度，速度场 $\boldsymbol{V} = (u, v, w)$，法向速度分量为 $V_{\mathrm{N}} = \boldsymbol{V} \cdot \boldsymbol{N}$，切平面速度为 $\boldsymbol{V} - V_{\mathrm{N}}\boldsymbol{N}$。在界面处定义水气 Riemann 问题时，Riemann 问题初始状态中的速度取法向速度值，而对于虚拟流体点上的切平面速度由真实流体点外推得到，其他操作类似于二维情况。

14.4 表面张力与时间步长

14.4.1 表面张力

在利用投影算法求解不可压流体的 N-S 方程过程中，需要求解压强相关的 Poisson 方程。本章通过在界面附近定义水的虚拟流体点上的压强值直接给出狄利克雷 (Dirichlet) 边界条件 [16]。

本章的二维问题考虑了水气界面处表面张力的作用，因表面张力对气体的作用极小，所以仅考虑其对水的影响。表面张力主要作用在界面处，可以通过修改界面处的压强边界条件将表面张力耦合入流场控制方程中，具体修正方式[8] 如下

$$p^* = p + \sigma\kappa \tag{14.29}$$

其中，p^* 为修改后的压强值，σ 为表面张力系数，κ 为网格点处的曲率。

在界面附近为保证 Level-Set 函数为界面的距离符号函数，可以通过网格点上的 Level-Set 函数值计算曲率，具体形式如下

$$\kappa(\Phi) = \nabla \cdot \left(\frac{\nabla \Phi}{|\nabla \Phi|} \right) \bigg|_{\Phi=0} \tag{14.30}$$

其中，Φ 为 Level-Set 函数值。

14.4.2　时间步长

离散求解气体 Euler 方程时，在时间方向上的离散采用三阶 Runge-Kutta 方法[17]。在非定常问题中需要采用全局时间步长[8]，它由求解气体和水的时间步长限制共同决定。全局时间步长 Δt 由下式给出

$$\Delta t = \mathrm{CFL} \min(\Delta t^{\mathrm{C}}, \Delta t^{\mathrm{I}}) \tag{14.31}$$

其中，Δt^{C} 为气体内的时间步长，Δt^{I} 为水内的时间步长，CFL 取 0.5。因为水作为不可压缩黏性流体处理，所以避免了其作为可压缩流体时由于声速过大引起的计算时间步长过小。

对于二维问题，气体内每个网格点需要满足以下条件

$$\Delta t^{\mathrm{C}} \leqslant 1 \bigg/ \left(\frac{|u| + a}{\Delta x} + \frac{|v| + a}{\Delta y} \right) \tag{14.32}$$

其中，$a = \sqrt{\dfrac{\gamma p}{\rho}}$ 为每个网格点上的声速，Δx 和 Δy 分别为 x，y 方向上的空间步长。

水内的每个网格点需要满足

$$\Delta t^{\mathrm{I}} \left[\frac{(C_{\mathrm{cfl}} + V_{\mathrm{cfl}}) + \sqrt{(C_{\mathrm{cfl}} + V_{\mathrm{cfl}})^2 + 4(S_{\mathrm{cfl}})^2}}{2} \right] \leqslant 1 \tag{14.33}$$

其中，C_{cfl}，V_{cfl}，S_{cfl} 分别对应不可压 N-S 方程中对流项、黏性项和表面张力项对时间步长的限制。

$$C_{\mathrm{cfl}} = \frac{|u|}{\Delta x} + \frac{|v|}{\Delta y} \tag{14.34}$$

$$V_{\mathrm{cfl}} = \frac{\mu}{\rho} \left[\frac{2}{(\Delta x)^2} + \frac{2}{(\Delta y)^2} \right] \tag{14.35}$$

$$S_{\mathrm{cfl}} = \sqrt{\frac{\sigma \kappa}{\rho(\min(\Delta x, \Delta y))}} \tag{14.36}$$

14.5 算法小结

初始时刻，在全流场定义 Level-Set 函数，Level-Set 的零等值面为水气界面，并且保证其为水气界面的距离符号函数，在本章中定义水的 Level-Set 函数值为负，气体内为正。气体的所有变量都定义在网格中心，而对于不可压流体水则采用交错网格。密度、黏性和压强定义在网格中心，速度场定义在网格边界上。算法由以下步骤组成。

步骤 1：对于气体，在界面处建立并求解水气 Riemann 问题，利用 MGFM 或者 RGFM 定义界面附近真实流体点和虚拟流体点的状态值，得到气体的界面边界条件。对于水采用类似的方法定义界面边界条件 (在二维问题中需要考虑表明张力作用引起的压强修正)。

步骤 2：针对气体，在空间方向上，利用二阶 ENO 格式离散求解气体的 Euler 方程；在时间方向上，采用三阶 TVD Runge-Kutta 方法进行离散。

步骤 3：针对水，利用二阶投影算法求解不可压 N-S 方程。

步骤 4：在得到流场速度场的基础上，更新全流场的 Level-Set 函数值，得到下一时刻的界面位置，利用重新初始化方程保证在界面附近 Level-Set 函数为界面的距离符号函数。

步骤 5：利用更新后的 Level-Set 函数，判断流体点的真实流体状态，重复步骤 1 ～步骤 4。

14.6 数值算例

利用本章提出的算法分别对一维和二维算例进行数值模拟，验证算法的有效性，并对算法的收敛性进行讨论分析。在一维算例中，没有考虑黏性力和表面张力的作用。在二维算例中，考虑了表面张力和黏性力对不可压流体的作用，其中黏性力系数 $\mu = 0.001137\text{kg/ms}$，表面张力系数 $\sigma = 0.0728\text{kg/s}^2$。

14.6.1 一维算例

算例 1　考虑在一维问题中，长度为 1m 的计算区域中，计算网格数为 200，区域中心处有长为 0.2m 的水被周围静止的气体包围，其中气体的状态为 $\gamma = 1.4$，$\rho = 1.226\text{kg/m}^3$，$u = 0\text{m/s}$，$p = 1.0 \times 10^5\text{Pa}$。水的状态为 $\rho = 1000\text{kg/m}^3$，$u = 100\text{m/s}$，$p = 1.0 \times 10^5\text{Pa}$。由于水的刚性较强，水以较大的速度向右运动，进而挤压右侧的空气，导致其中产生较强的右行激波，而在水的左侧空气中产生稀疏波。利用本章提出的新的水气界面处理方法，采用 MGFM 和 RGFM 两种方式定义界面边界条件，进一步对两种方法进行比较。图 14.4 给出了在时间 $t = 0.00075\mathrm{s}$ 时，利用 MGFM 和 RGFM 两种方法计算得到的流场状态图。从图中可以看出，两种方法的结果都可以一致地捕捉到界面和激波的位置。在密度图中，由于密度变化过小而很难在图中分辨激波位置。在水左侧空气中产生的稀疏波中，从左至右密度和压强逐渐变小，而速度逐渐变大，同样由于密度变化幅度极小很难在图中体现。

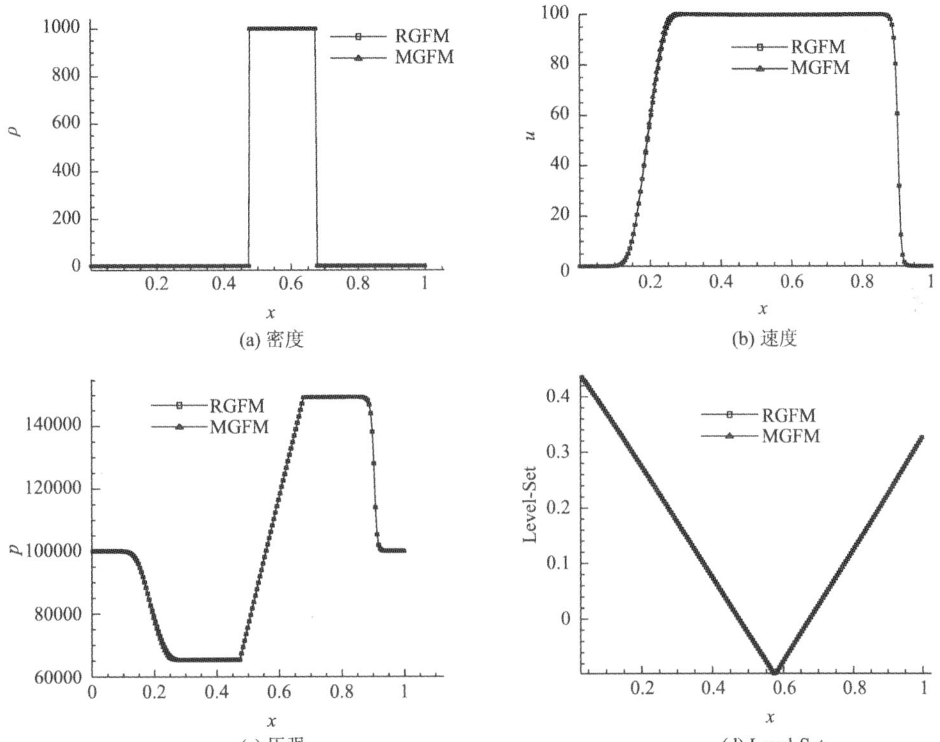

(a) 密度　(b) 速度

(c) 压强　(d) Level-Set

图 14.4　水密度为 $1000\mathrm{kg/m^3}$，$t = 0.00075\mathrm{s}$，MGFM 和 RGFM 计算得到的流场状态图

为了验证本章算法的有效性和准确性，进一步与 new GFM 的计算结果做比较。图 14.5 给出了利用 RGFM、MGFM 和 new GFM 三种方法计算上述算例，在时间 $t = 0.00075\mathrm{s}$ 时的速度、压强对比图以及相应的细节对比图。由对比结果可以看出，这三种方法都能较准确地捕捉到界面和激波位置。三种结果中对于界面位置的捕捉结果基本相同，这是由于 Riemann 问题的解给出的界面处的速度为界面附近水的速度，这与 new GFM 中对界面速度的定义完全相同。MGFM 和 RGFM 方法计算的结果，激波位置比 new GFM 的结果领先了一个网格步长，这是由于界面处的压强是由水气 Riemann 问题得到，而没有简单地取界面附近的气体的压强值，充分考虑了界面两边水气物质属性差异对于界面处状态的非线性影响。

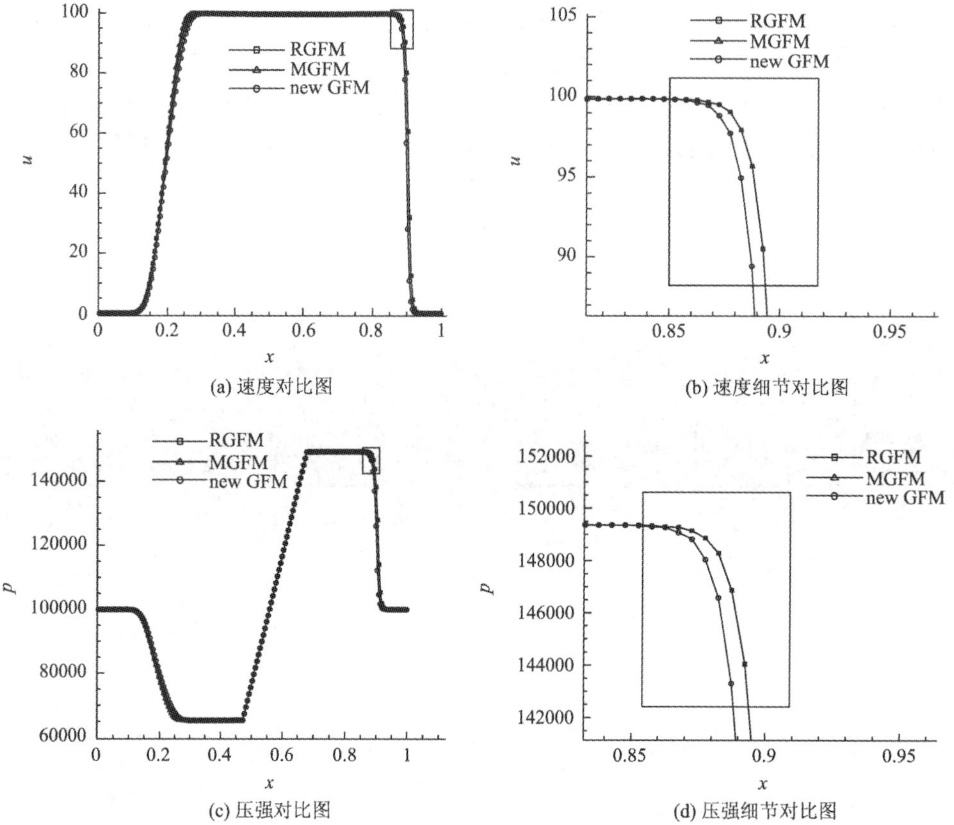

(a) 速度对比图　(b) 速度细节对比图

(c) 压强对比图　(d) 压强细节对比图

图 14.5　水密度为 $1000\mathrm{kg/m^3}$，$t = 0.00075\mathrm{s}$，三种方法计算结果的速度、压强对比图

采用 RGFM 定义界面边界条件，计算网格分别为 200、400 和 800，计算时间为 $t = 0.00075\mathrm{s}$，利用在不同密度网格上得到的水的速度值计算收敛速度，具体可见表 14.1。

表 14.1　水密度为 $1000\mathrm{kg/m^3}$，$t= 0.00075\mathrm{s}$，三种网格上计算得到的水的速度值

表网格数	200	400	800
速度值	99.6931m/s	99.6889m/s	99.6868m/s

利用表 14.1 中的速度值，定义 $E_{n,2n}$ 如下

$$E_{n,2n} = |u_n - u_{2n}|$$

其中，n 表示网格数，u_n 表示网格数为 n 时水的速度值，计算收敛速度

$$\log_2(E_{200,400}/E_{400,800}) = 0.9927$$

图 14.6 给出了网格数为 800，采用 RGFM 定义界面边界条件时，在时间 $t=0.00075\mathrm{s}$ 时的计算结果，由图中可以看出计算结果与网格数为 200 时基本一致，进一步证明了算法的收敛性。

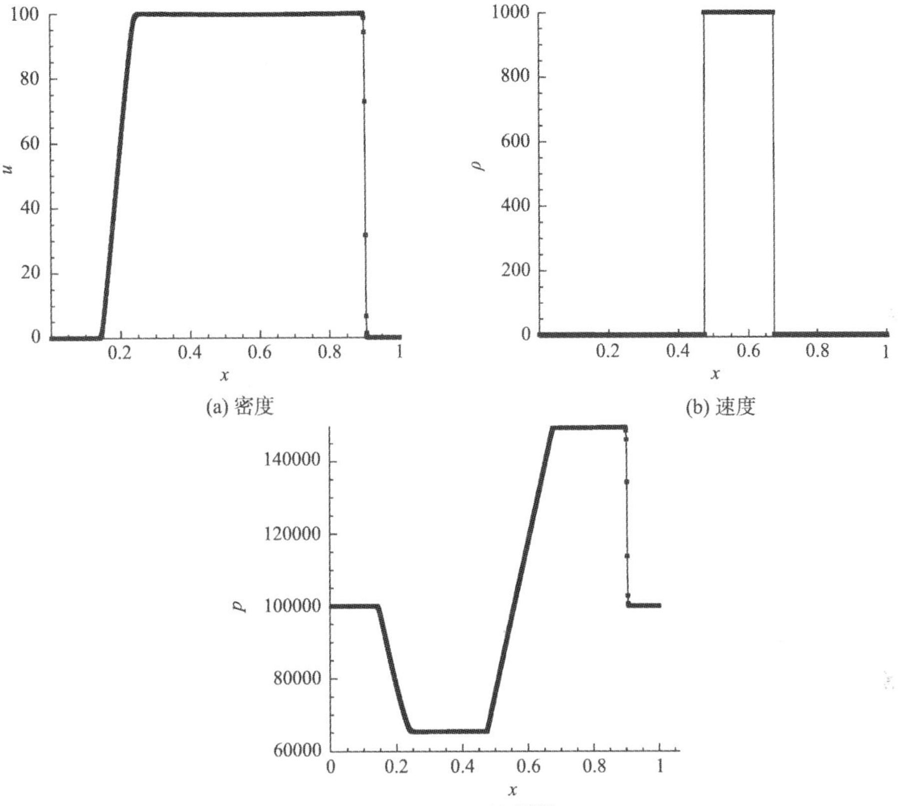

(a) 密度　(b) 速度　(c) 压强

图 14.6　网格数为 800，时间 $t=0.00075\mathrm{s}$，利用 RGFM 计算的流场状态图

算例 2　本算例主要考察气体中的激波与水气界面相互作用后产生一系列复杂的流动现象。计算区域为 1m，区域中心处有一段长度为 0.2m 的处于静止状态的水，水的状态为 $\rho=1000\mathrm{kg/m^3}$，$u=0\mathrm{m/s}$，$p=98066.5\mathrm{Pa}$。周围的气体状态为 $\rho=1.58317\mathrm{kg/m^3}$，$u=0\mathrm{m/s}$，$p=98066.5\mathrm{Pa}$。在 0.1m 处的气体中有一向右运动的激波，其波后状态为 $\rho=2.124\mathrm{kg/m^3}$，$u=89.981\mathrm{m/s}$，$p=148407.3\mathrm{Pa}$。图 14.7 给出了利用 MGFM 和 RGFM 计算，时间 $t=0.00175\mathrm{s}$ 时的流场状态示意图。从图中可以看出，气体中的激波与水气界面发生碰撞后，由于水的刚性较强会产生一个反射激波，以及一个较弱的入射波，入射波以很快的速度穿过水的区域，进入右侧

的空气中，由于入射波强度太小而很难在图中分辨。激波和界面位置完全重合，两种方法计算的结果基本一致。

为了进一步验证算法的有效性，将计算结果与利用 new GFM 计算得到的结果相对比。图 14.8 给出了在时间 $t = 0.00175\text{s}$ 时这三种结果中速度、压强以及细节对比图，从图中可以看出，三种结果基本一致，其中 MGFM 和 RGFM 的结果基本一致，激波的位置领先 new GFM 结果中激波位置一个网格步长。由于激波的作用会使得水中产生一个入射激波，入射激波以极快的速度瞬间穿过水进入右侧气体内，这一现象符合不可压流体中波速无穷大的性质。由于入射激波的作用，水产生向右的速度，利用在不同网格上计算得到的水的速度值来计算收敛速度。表 14.2 给出了利用 RGFM，在三套网格上计算得到的时间 $t = 0.00175\text{s}$ 时水的速度值。

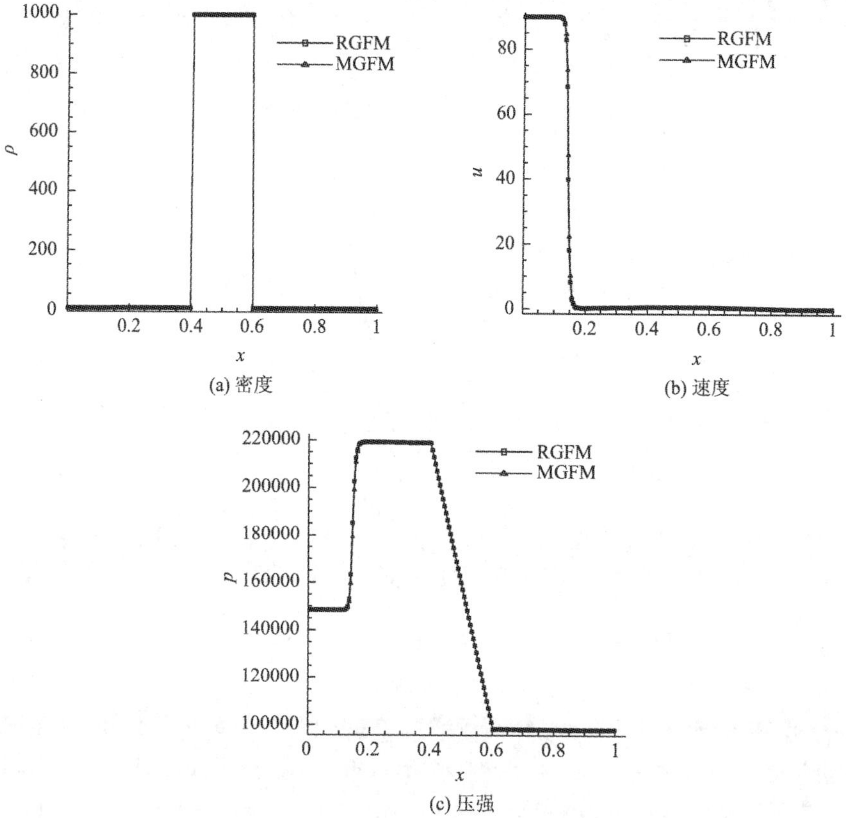

(a) 密度　(b) 速度　(c) 压强

图 14.7　水密度为 1000kg/m^3，$t = 0.00175\text{s}$，MGFM 和 RGFM 计算得到的流场状态图

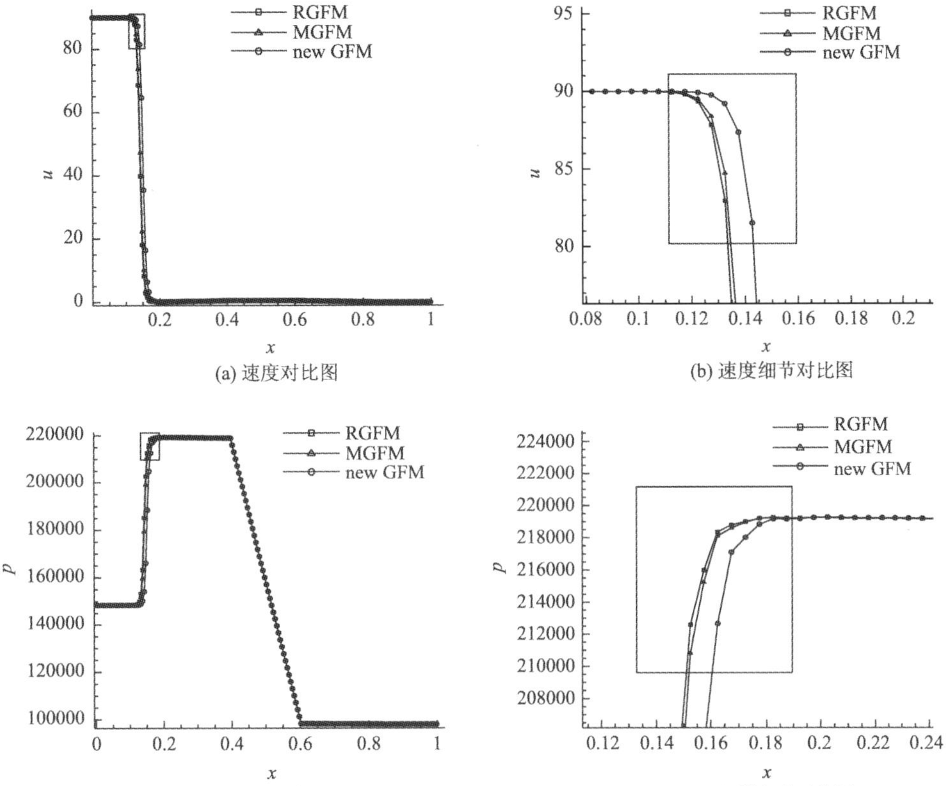

(a) 速度对比图　(b) 速度细节对比图

(c) 压强对比图　(d) 压强细节对比图

图 14.8　水密度为 1000kg/m^3，$t = 0.00175\text{s}$，三种方法计算结果的速度、压强对比图

表 14.2　水密度为 1000kg/m^3，$t = 0.00175\text{s}$，三套网格上计算得到的水的速度值

网格数	200	400	800
速度值	0.5316m/s	0.5381m/s	0.5415m/s

类似于上述方法，计算收敛速度如下：

$$\log_2(E_{200,400}/E_{400,800}) = 0.9835$$

14.6.2　二维算例

算例 3　考虑二维问题，计算区域为 $[0\text{m}, 1\text{m}] \times [0\text{m}, 1\text{m}]$，计算网格数为 200×200。在区域中心处有一半径为 0.2m 的圆形水滴，水滴的初始状态为密度 $\rho = 1000\text{kg/m}^3$，水平方向速度 $u = 100\text{m/s}$，垂直方向速度 $v = 0\text{m/s}$，压强 $p = 100000\text{Pa}$。水滴周围的气体状态为密度 $\rho = 1.226\text{kg/m}^3$，$u = 0\text{m/s}$，$v = 0\text{m/s}$，压强 $p = 100000\text{Pa}$。在静止的空气中，水滴以 100m/s 的速度突然向右运动，进而在

右侧的空气中形成一个激波，在左侧的空气中形成一个稀疏波。图 14.9 给出利用 MGFM 和 RGFM 方法计算，时间 $t = 0.0005\text{s}$ 时，在区域中心高度为 0.5m 处水平方向的一维横截线上的状态图。由图中可以看出两种方法都可以有效地捕捉到产生的物理现象，并且在激波位置等方面差异极小。同样地，跨越右侧激波密度变化极小，很难在图中分辨出。由于在水气界面处并没有考虑黏性力的作用，则在忽略数值误差的前提下，横线上点的垂直方向速度基本零。

图 14.10(a) 给出时间 $t = 0.0005\text{s}$ 时，流场中的压强等值线图，由图中可以清楚地看到，压强等值线上下对称，并且在水滴内部压强等值线左右层次分明。图 14.10(b) 给出时间 $t = 0.0005\text{s}$ 时，流场中的速度矢量图。由图中可以看到，水滴向右运动，周围空气也随之运动。

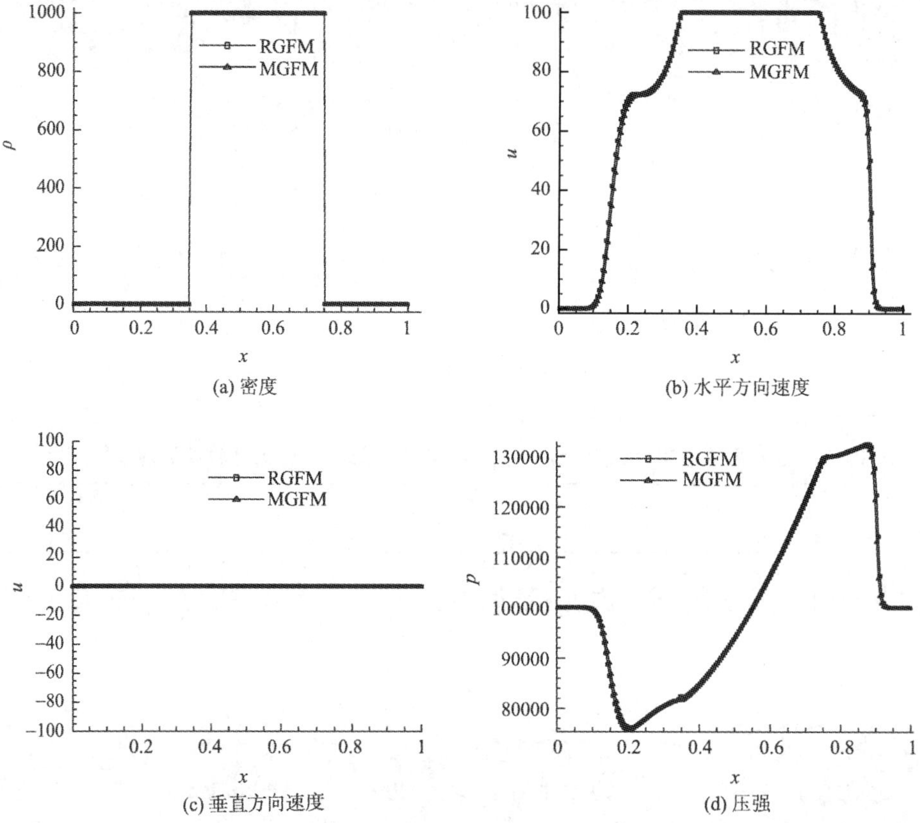

图 14.9　水密度为 1000kg/m^3，$t = 0.0005\text{s}$，MGFM 和 RGFM 计算得到的区域中心高度处水平横截线上的流场状态图

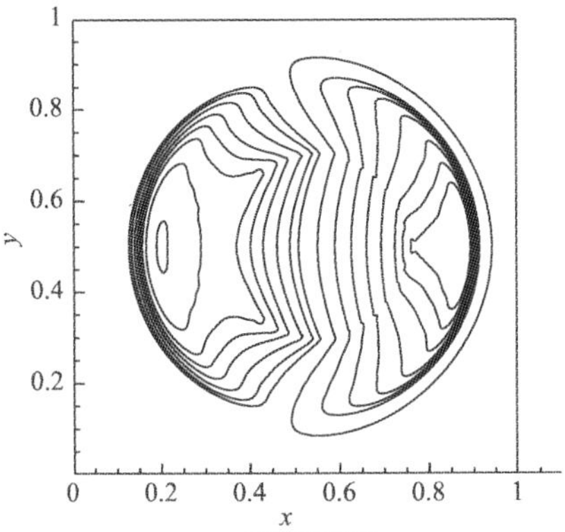

(a) 压强等值线

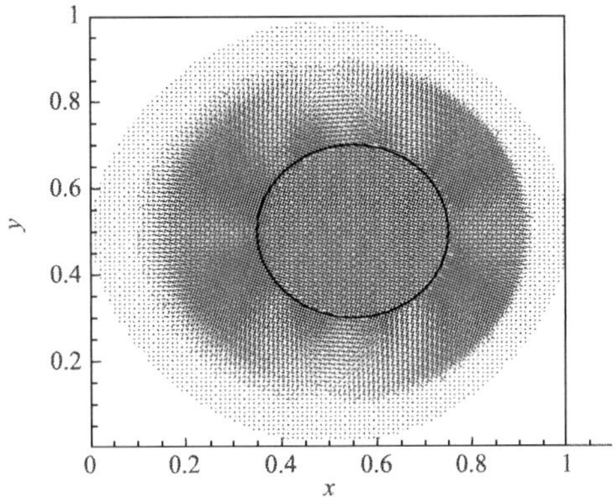

(b) 速度矢量

图 14.10　水滴密度为 1000kg/m^3，$t = 0.0005$s 时，流场状态图

由于 Level-Set 方法采用重新初始化步骤，在计算过程中不能保证流体的质量守恒，因此有必要考察计算过程中水滴的损失率。计算初始阶段水滴的面积为 0.04π，利用 RGFM 计算，网格数分别为 50×50、100×100 和 200×200。表 14.3 给出时间 $t = 0.0025$s 时，不同计算网格上计算得到的水滴损失率，由表中可以看出，随着计算网格密度增大，水滴的损失率也逐步减小。

表 14.3　水滴密度为 1000kg/m^3，不同计算网格对应的水滴损失率

表网格数	50×50	100×100	200×200
损失率	0.63%	0.15%	0.09%

图 14.11 给出初始水滴界面和时间 $t = 0.0025$s 时水滴界面的对比图，其中计

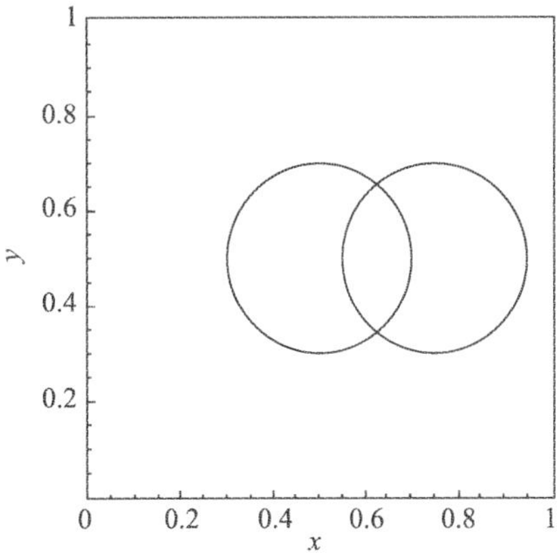

图 14.11　水滴密度为 1000kg/m^3，初始时刻与 $t = 0.0025$s 时的水滴界面对比图

算网格分别为 50×50、100×100 和 200×200。由图中可以看出，水滴变形很小，三套网格的计算结果也基本重合，进一步验证了算法的收敛性。

算例 4　在本算例中考察二维问题，利用本章算法模拟激波与水气界面相互作用产生的复杂物理现象。计算区域为 $[0\text{m}, 1\text{m}] \times [0\text{m}, 1\text{m}]$，区域中心处有一半径为 0.2m 的圆形水滴，水滴的初始状态为：密度 $\rho = 1000\text{kg/m}^3$，水平方向速度 $u = 0\text{m/s}$，垂直方向速度 $v = 0\text{m/s}$，压强 $p = 98066.5\text{Pa}$。初始时刻水滴被静止的气体包围，气体状态为：$\rho = 1.58317\text{kg/m}^3$，$u = 0\text{m/s}$，$v = 0\text{m/s}$，$p = 98066.5\text{Pa}$。在 $x = 0.2\text{m}$ 处的气体中有一向右运动的激波，其波后状态为 $\rho = 2.124\text{kg/m}^3$，$u = 89.981\text{m/s}$，$v = 0\text{m/s}$，$p = 148407.3\text{Pa}$。激波与水滴发生碰撞后，会产生一个向左的反射激波以及一个进入水滴的入射激波，入射激波以无穷大的速度穿过水滴进入另一侧的气体中。

图 14.12 给出了利用 RGFM 定义界面边界条件，计算网格为 200×200，在时间 $t = 0.0005\text{s}$ 时区域中心高度处横截线上流场的状态值。在密度图中，反射激波以

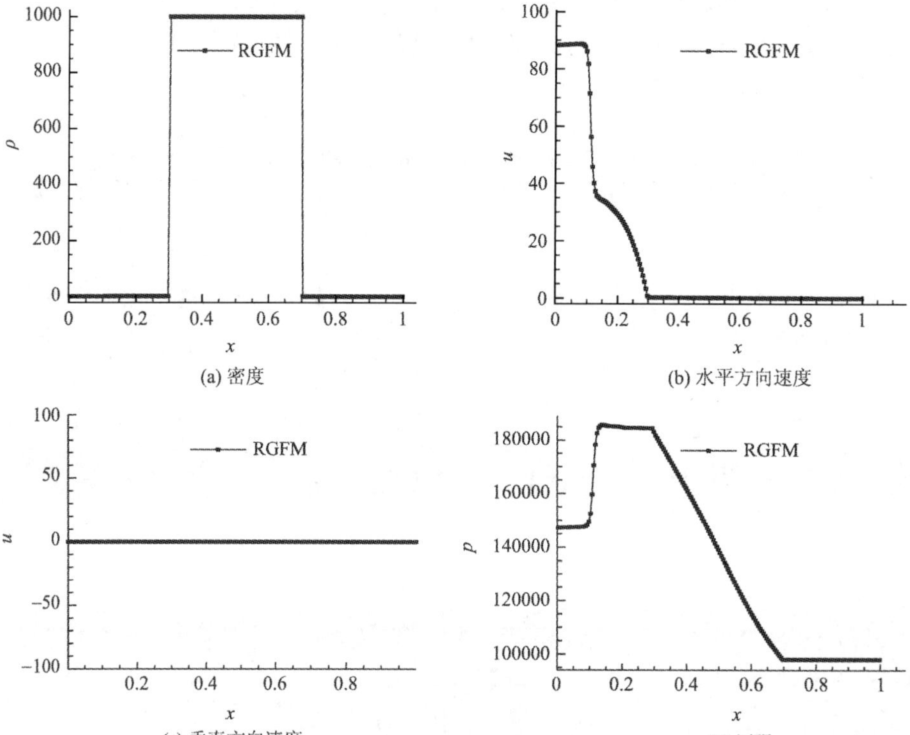

(a) 密度　(b) 水平方向速度　(c) 垂直方向速度　(d) 压强

图 14.12　水滴密度为 1000kg/m^3，时间 $t = 0.00125\text{s}$，水平方向横截线上网格点状态

及穿过水滴的入射波由于强度过小，很难在图中分辨。图 14.13 为时间 $t = 0.00125\text{s}$ 时的速度场矢量图。由于水滴密度较大，激波对其作用产生的速度较小，在图中很难分辨。

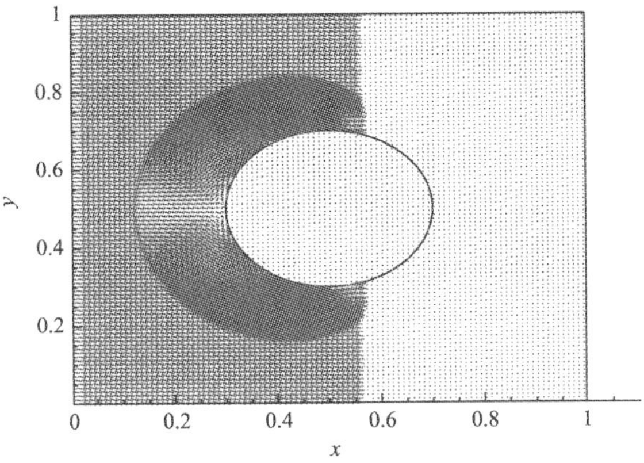

图 14.13　水滴密度为 1000kg/m^3，时间 $t = 0.00125\text{s}$，激波打击水滴的速度矢量场图

算例 5　水下爆炸问题是工程和军事上的常见问题，利用数值模拟方法对其进行模拟具有重要意义。早期针对水下爆炸问题的数值模拟方法中大多认为在高速问题中可以将水作为刚性较强的可压缩流体处理，忽略水作为不可压缩流体的密度不变等性质。在本章提出的算法中，将水作为不可压缩流体处理，给出新的水气界面处理方法，对水下爆炸问题进行模拟分析。

计算区域为 4m×6m，在 4m 以上的区域内为气体，气体状态为：密度 $\rho = 1.226\text{kg/m}^3$，水平方向速度 $u = 0\text{m/s}$，垂直方向速度 $v = 0\text{m/s}$，压强 $p = 100000\text{Pa}$。下方区域为含有高压气泡的水池，其中水的状态为：密度为 1000kg/m^3，水平方向和垂直方向速度皆为 0m/s，压强为 10^5Pa。在高度 2m 的区域处有一半径为 0.5m 的高压气泡，气泡内的状态为：密度为 1.226kg/m^3，水平方向和垂直方向速度皆为 0m/s，压强为 10^7Pa。由于水下气泡压强极大，水气界面处压强梯度极大，在界面处产生强冲击波，冲击波以极快的速度穿过水池进入上方气体内。由于冲击波的作用水池内的水产生一定的速度，产生向上运动的隆起现象，同时气泡逐渐向外扩张变大。图 14.14 给出利用 RGFM 定义界面边界条件，网格数为 400×600，不同时刻的水气界面图。图 14.15 给出在时间 $t = 0.00148\text{s}$ 时的压强等值线图。由图中可以看出，爆炸产生的冲击波瞬间传遍整个水域，造成整个水域压强连续变化，符合水中波速传播无穷大的性质。图 14.16 为爆炸过程中水的损失率随时间的变化示意图。由图中可以看出，在整个计算过程中，水的损失率较小。

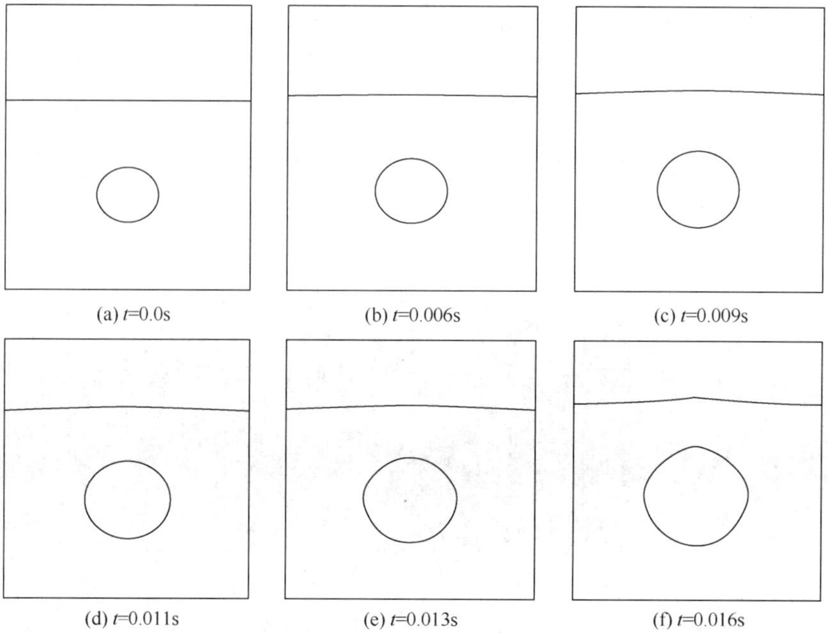

图 14.14　水下爆炸问题，不同时刻的水气界面图

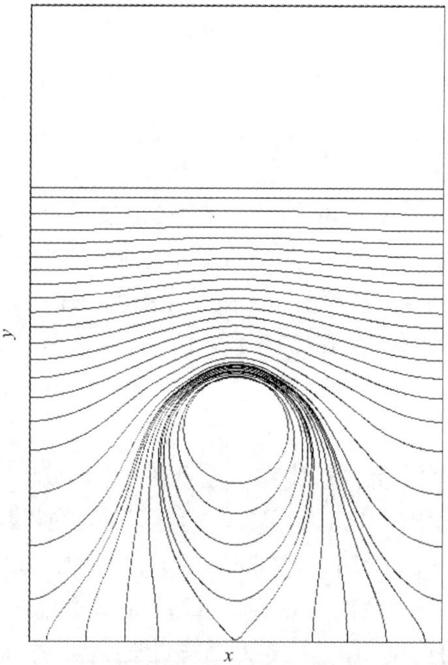

图 14.15　水下爆炸问题，时间 $t = 0.00148\text{s}$ 时的压强等值线图

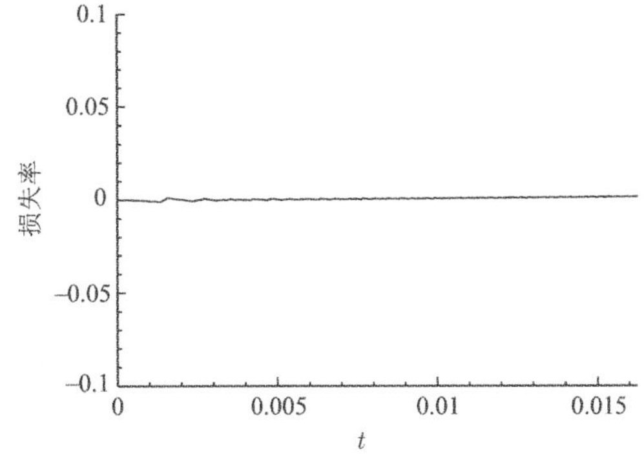

图 14.16　水下爆炸过程中，水的损失率随时间的变化示意图

14.7 小　结

针对水气多介质问题，将气体作为可压缩无黏流体处理，水作为不可压缩黏性流体处理，分别采用不同的流场控制方程，进而保证了水具有密度不变和波速传播极大的性质，同时气体中允许强激波存在。在水气界面处构造了新的水气 Riemann 问题，认为水为声速趋向无穷大的可压缩流体，在此基础上通过推导气气 Riemann 问题的解得到水气 Riemann 问题的解。Riemann 问题的解中接触间断处的速度与临近界面处水的速度值相同，这一结论表面界面处的速度由刚性较强的水决定，而同时 Riemann 问题的解中接触间断水一侧的密度值保持不变，满足了水密度不变的性质，接触间断处的压强由非线性方程迭代求出，反映出两侧流体对接触间断处状态的非线性影响。Riemann 问题的解反映出水气界面处真实的流动状态，进而得到针对水气多介质问题的界面处理方法。在得到水气 Riemann 问题解的基础上，本章分别采用 MGFM 和 RGFM 两种虚拟流体方法定义水气界面边界条件，将多介质问题转换为单介质问题，分别模拟了一维和二维水气多介质问题，包括强激波与水气界面相互作用、水下爆炸等问题。在一维问题中，针对算法的收敛速度进行测试，在二维问题中，考察算法的守恒性质。此外，还介绍了不同大小的水气密度比产生的物理现象。本章的模型中分别考虑了水的不可压缩性质以及气体的可压缩性质，适合处理水气的运动状态具有较大差异的问题，例如，在空气处于高速运动或者有强激波存在时，水处于低速运动状态，此时水的不可压性质不能被忽略。

参考文献

[1] Fedkiw R P，Aslam T，Merriman B，et al. A non-oscillatory Eulerian approach to interfaces in multimaterial flows(the ghost fluid method). Journal of Computational Physics，1999，152(2)：457–492.

[2] Liu T G，Khoo B C，Yeo K S. Ghost fluid method for strong shock impacting on material interface. Journal of Computational Physics，2003，190(2)：651–681.

[3] Liu T G，Khoo B C，Wang C W. The ghost fluid method for compressible gas-water simulation. Journal of Computational Physics，2005，204(1)：193–221.

[4] Wang C W，Liu T G，Khoo B C. A real ghost fluid method for the simulation of multimedium compressible flow. SIAM Journal on Scientific Computing，2006，28(1)：278–302.

[5] Wang C，Shu C W. An interface treating technique for compressible multi-medium flow with Runge-Kutta discontinuous Galerkin method. Journal of Computational Physics，2010，229(23)：8823–8843.

[6] Toro E F. Riemann Solvers and Numerical Methods for Fluid Dynamics：A Practical Introduction. Berlin，New York：Springer，1997.

[7] Toro E F，Spruce M，Speares W. Restoration of the contact surface in the HLL Riemann solver. Shock Waves，1994，4：25–34.

[8] Caiden R，Fedkiw R P，Anderson C. A numerical method for two-phase flow consisting of separate compressible and incompressible regions. Journal of Computational Physics，2001，166(1)：1–27.

[9] Fedkiw R P. Coupling an Eulerian fluid calculation to a Lagrangian solid calculation with the ghost fluid method. Journal of Computational Physics，2002，175(1)：200–224.

[10] Osher S，Shu C. Efficient implementation of essentially non-oscillatory shock-capturing schemes，II. J. Comput. Phys.，1989，83(1)：32–78.

[11] Guermond J L，Minev P，Shen J. An overview of projection methods for incompressible flows. Computer Methods in Applied Mechanics and Engineering，2006，195(44)：6011–6045.

[12] Lee L. A class of high-resolution algorithms for incompressible flows. Computers & Fluids，2010，39(6)：1022–1032.

[13] Ni M J，Komori S，Morley N. Projection methods for the calculation of incompressible unsteady flows. Numerical Heat Transfer：Part B：Fundamentals，2003，44(6)：533–551.

[14] Agemi R. The incompressible limit of compressible fluid motions in a bounded domain. Proceedings of the Japan Academy，Series A，Mathematical Sciences，1981，57(6)：291–293.

[15] Schochet S. The compressible Euler equations in a bounded domain：existence of solutions and the incompressible limit. Communications in Mathematical Physics，1986，104(1)：49–75.

[16] 戴嘉尊，邱建贤. 微分方程数值解法. 南京：东南大学出版社，2002.

[17] 阎超. 计算流体力学方法及应用. 北京：北京航空航天大学出版社，2006.

第四部分

界面追踪方法

第 15 章 界面追踪方法介绍

15.1 多介质流体界面追踪方法的研究现状

计算流体力学发展到现在，其重要的研究课题之一是对多介质流体界面的研究。前两个部分已经介绍了处理多介质流体界面的 ALE 方法和界面捕捉方法。本部分主要介绍界面追踪 (front tracking) 方法。

界面追踪方法具有界面模拟准确的特点，能较好地处理界面相交、变形与边界的相互作用等问题，而且能够避免弱界面的消失和虚假界面的产生，当然计算的复杂性也比较高。美国著名数学物理学家 Glimm[1] 首次提出利用界面追踪方法模拟多介质流体界面问题，其基本思想是在所研究的流场范围内利用精确的 Riemann 解追踪全部的波系界面 (包括激波、稀疏波和接触间断等) 的发展，而在除波系外的部分利用高分辨差分格式得到整个流场的信息。1998 年，Glimm 研究小组发展了三维界面追踪方法和计算软件，并实施并行计算 [2]。为克服原始界面追踪方法计算实现过于复杂的问题，他们于 2001 年提出了简化界面追踪 (simple front tracking) 方法 [3]，该方法只是追踪接触间断，把间断作为移动的内边界来处理，同时在界面的法线上构造 Riemann 问题，分别在法线和切线方向上移动界面，克服了原始方法界面几何扭曲和追踪全部波系的困难。随后，他们又将直角坐标系下的界面追踪方法推广到聚变研究经常采用的柱坐标系之中 [4,5]。另外，还对界面追踪方法的通量守恒问题进行了研究 [6−8]。目前 Glimm 研究小组在界面追踪方法及应用软件 (Frontier 软件) 研究中已经取得了系统性的研究成果。

在美国除 Glimm 研究小组的工作以外，Tryggvason 研究小组也开展了界面追踪方法及其应用的研究 [9−12]。Tryggvason 提出的界面追踪方法，不需要在界面处构造 Riemann 问题，该方法首先用于求解不可压缩 Navier-Stokes (N-S) 方程，对两种不可混合的流体建立一组守恒型方程组，界面处密度、表面张力等的离散采用浸入边界方法 [13−17]。之后，Hao 和 Prosperetti[18] 将 Tryggvason 的界面追踪方法应用于求解不可压缩液体与可压缩气体的多相流问题，界面边界条件的构造采用 Fedkiw 等提出的虚拟流体方法 (ghost fluid method)[19]。与 Hao 和 Prosperetti 的方法不同的是 Terashima 等 [20]，他将 Tryggvason 的方法用于求解可压缩多介质流动问题，得到了较理想的结果。Glimm 的界面追踪方法离不开在界面处求解精确或近似 Riemann 问题，类似的方法还有 Cocchi 和 Saurel[21] 提出的基于 Riemann 问题的界面追踪方法，该方法首先用高分辨率格式求解整个流场，然后再用 Riemann

问题的解对邻近界面流体状态进行修正。

Glimm 的界面追踪方法以及 GFM 类型方法 [22−25]，因界面两侧使用不同的数值通量，所以方法不守恒。然而非线性双曲型方程组使用守恒型格式计算是非常重要的。高精度格式 (如 TVD、ENO、WENO，RKDG 等)[26−32] 都非常成功地用于了单介质流动问题的数值模拟，但对于多介质可压缩流动问题，如果采用单介质流体的间断捕捉方法，即使方法守恒，仍然得不到理想的或正确的计算结果。为此，不少研究者提出了守恒型界面处理方法。Chertock 等 [33] 采用界面两侧不同介质的状态构造 Riemann 问题，来修正混合网格边界的流体状态值，再将靠近界面的流体状态值重新修正以达到守恒目的。Wang 等 [34] 将 Chertock 的方法推广用于间断有限元方法，取得了较好的数值结果。Hu 等 [35] 针对切割网格，对结构网格上的有限体积格式进行修正使方法守恒。Chern 和 Colella[36] 在跟踪法中采用流通量再装配法来保持守恒性。Glimm 等 [5] 和 Liu 等 [37] 根据界面两侧物理量满足 Rankine-Hugoniot 跳跃条件，来确定界面处的物理通量，使得方法守恒。马东军等 [38] 在界面附近采用守恒数值离散，来处理一般状态方程的多介质可压缩流动问题。Qiu 等 [39] 和 Zhu 等 [40] 分别采用含有 TVB 限制器和 WENO(HWENO) 限制器的间断有限元方法来构造守恒界面。另外，关于守恒型界面处理方法的研究，还有 Leveque 和 Shyue[41] 提出的基于波分解的追踪方法，以及 Mao[42] 的基于解的守恒性质的间断跟踪方法。但是，目前这些守恒界面方法的构造很多只局限于一维守恒 Euler 方程，二维守恒界面的构造方法还有待于研究工作者的进一步深入研究。

在界面附近，对边界处理的一种行之有效的方法是虚拟流体方法，在这类方法的应用中多数用 Level-Set 方法捕捉界面，该算法也相对成熟。界面追踪方法因其需要显式追踪界面，在高维问题中算法比较复杂，所以在虚拟流体方法的应用中较少被采用。但界面追踪方法因具有准确描述界面的优点而备受关注，在多介质流体界面的数值模拟中具有良好的应用前景。多介质流动问题的数值模拟方法是非常复杂且极具挑战性的研究课题。对于多介质流动问题，同一个网格会有多种流体出现 (这种网格被称为混合网格)，介质之间的界面很难精确地描述出来。这使得多介质流动问题的数值模拟面临如下问题：混合网格内物理量的计算、通过混合网格边界输运量的计算、界面边界条件的定义、精准界面位置的获得、多介质流动问题的守恒性、数值方法的误差控制技术等。这些都是多介质 Euler 方法亟待解决的关键问题，也是处理多介质流动问题的困难所在。

15.2　第 16 ~ 19 章的主要内容

本部分针对多介质可压缩流体界面问题，以界面追踪方法为研究对象，介绍界面追踪方法中的关键技术；对算法进行误差分析，以提高流体运动界面问题数值模拟的精确度，为可压缩多介质复杂运动界面问题数值模拟方法的定量化分析建立理论分析基础。本部分只考虑非常棘手的接触间断 (流体界面)。首先，介绍界面追踪方法中的激波限制器，讨论激波限制器对数值计算误差的影响。其次，介绍二维多介质可压缩流动问题的界面追踪方法。最后，介绍守恒型界面追踪方法。具体如下：

第 16 章介绍气气界面和气水界面的激波限制器。界面追踪方法将界面看作一个可移动的内边界，在界面处构造 Riemann 问题。为获得精度较高的 Riemann 问题的初始状态，需引入激波限制器。从一维问题出发，首先采用界面修正方法，针对气气界面和气水界面问题，构造了两种激波限制器，从平均守恒误差、L_1 误差以及激波强度随参数的变化情况，对两种激波限制器进行比较，确定参数的变化范围，从而选择合适的参数，使得数值计算误差相对较小。其次，将激波限制器用于 Riemann 问题初始状态的选取，考察界面处合理选择 Riemann 问题的初始状态的重要性。最后，用数值算例验证并分析激波限制器与界面追踪方法误差的关系。

第 17 章和第 18 章分别介绍两种二维多介质可压缩流动问题的界面追踪方法。由于界面追踪方法显式跟踪界面，对于高维问题，界面处理要比一维问题复杂得多。针对二维多介质可压缩流动问题，采用基于计算网格的界面拓扑结构对界面重构。界面边界条件的构造采用 RGFM，通过求解外插方程将界面处的状态外推到运动界面的带状区域，带状区域网格点的法向用面积加权的方法获得。把界面追踪方法和 RKDG 方法相结合处理多介质界面问题。

第 19 章介绍守恒型界面追踪方法。对于可压缩多介质流动问题，要使方法守恒，必须对界面处的数值通量和界面边界作特殊的处理。本章针对一维问题的可压缩多介质流动问题，发展了一种守恒型界面追踪方法。首先，在固定的网格上采用守恒的高精度有限体积格式计算，在界面处构造 Riemann 问题，获得界面处的通量，用统一的格式对整个流场进行计算。其次，根据界面的新旧位置，对守恒变量进行守恒插值和在新网格上的重新分配，保证方法的守恒性。最后将该方法应用于一维多介质可压缩流动的模拟，考察数值方法的精度和守恒性，并和非守恒界面追踪方法进行比较。

参 考 文 献

[1] Glimm J. Tracking of interfaces for fluid flow: accurate methods for piecewise smooth problems. Transonic, Shock, and Multidimensional Flows: Advances in Scientific Computing, 1982, 1: 259–287.

[2] Glimm J, Grove J, Li X, et al. Three dimensional front tracking. SIAM Journal on

Scientific Computing, 1998, 19(3): 703–727.

[3] Glimm J, Grove J, Li X, et al. Simple front tracking. Contemporary Mathematics, 1999, 238(2): 133–149.

[4] Glimm J, Grove J, Dutta S, et al. Numerical study of axisymmetric Richtmyer-Meshkov instability and azimuthal effect on spherical mixing. Journal of Statistical Physics, 2002, 107(1-2): 241–260.

[5] Glimm J, Grove J, Zhang Y. Interface tracking for axisymmetric flows. SIAM Journal on Scientific Computing, 2002, 24(1): 208–236.

[6] Glimm J, Li X L, Liu Y J, et al. Conservative front tracking and level set algorithms. Proceedings of the National Academy of Sciences, 2001, 98(25): 14198–14201.

[7] Glimm J, Li X L, Liu Y J. Conservative front tracking in higher space dimensions. Transactions of Nanjing University of Aeronautics and Astronautics, 2001, 18: 1–15.

[8] Glimm J, Li X, Liu Y, et al. Conservative front tracking with improved accuracy. SIAM Journal on Numerical Analysis, 2003, 41(5): 1926–1947.

[9] Tryggvason G, Bunner B, Esmaeeli A, et al. A front tracking method for the computations of multiphase flow. Journal of Computational Physics, 2001, 169(2): 708–759.

[10] Tryggvason G, Bunner B, Ebrat O, et al. Computations of multiphase flows by a finite difference/front tracking method. Ⅰ. Multi-fluid flows. Lecture Series-Von Karman Institute for Fluid Dynamics, 1998.

[11] Unverdi S O, Tryggvason G. A front-tracking method for viscous, incompressible, multi-fluid flows. Journal of Computational Physics, 1992, 100(1): 25–37.

[12] Tryggvason G, Unverdi S O. Computations of three-dimensional Rayleigh-Taylor instability. Physics of Fluids A: Fluid Dynamics(1989-1993), 1990, 2(5): 656–659.

[13] Lai M C, Peskin C S. An immersed boundary method with formal second-order accuracy and reduced numerical viscosity. Journal of Computational Physics, 2000, 160(2): 705–719.

[14] Peskin C S, McQueen D M. A three-dimensional computational method for blood flow in the heart. Ⅰ. immersed elastic fibers in a viscous incompressible fluid. Journal of Computational Physics, 1989, 81(2): 372–405.

[15] McQueen D M, Peskin C S. A three-dimensional computational method for blood flow in the heart. Ⅱ. contractile fibers. Journal of Computational Physics, 1989, 82(2): 289–297.

[16] Roma A M, Peskin C S, Berger M J. An adaptive version of the immersed boundary method. Journal of Computational Physics, 1999, 153(2): 509–534.

[17] Zhu L D, Peskin C S. Simulation of a flapping flexible filament in a flowing soap film by the immersed boundary method. Journal of Computational Physics, 2002, 179(2): 452–468.

[18] Hao Y, Prosperetti A. A numerical method for three-dimensional gas-liquid flow computations. Journal of Computational Physics, 2004, 196(1): 126–144.

[19] Fedkiw R, Aslam T, Xu S J. The ghost fluid method for deflagration and detonation discontinuities. Journal of Computational Physics, 1999, 154(2): 393–427.

[20] Terashima H, Tryggvason G. A front-tracking/ghost-fluid method for fluid interfaces in compressible flows. Journal of Computational Physics, 2009, 228(11): 4012–4037.

[21] Cocchi J P, Saurel R. A Riemann problem based method for the resolution of compressible multimaterial flows. Journal of Computational Physics, 1997, 137(2): 265–298.

[22] Liu T G, Khoo B C, Yeo K S. Ghost fluid method for strong shock impacting on material interface. Journal of Computational Physics, 2003, 190(2): 651–681.

[23] Liu T G, Khoo B C, Wang C W. The ghost fluid method for compressible gas-water simulation. Journal of Computational Physics, 2005, 204(1): 193–221.

[24] Hu X Y, Khoo B C. An interface interaction method for compressible multifluids. Journal of Computational Physics, 2004, 198(1): 35–64.

[25] Wang C W, Liu T G, Khoo B C. A real-ghost fluid method for the simulation of multi-medium compressible flow. SIAM Journal on Scientific Computing, 2006, 28(1): 278–302.

[26] Shu C W. TVB uniformly high-order schemes for conservation laws. Mathematics of Computation, 1987, 49(179): 105–121.

[27] Shu C W, Zang T A. High order ENO schemes applied to two-and three-dimensional compressible flow. Applied Numerical Mathematics, 1992, 9(1): 45–71.

[28] Cockburn B, Hou S, Shu C W. The Runge-Kutta local projection discontinuous Galerkin finite element method for conservation laws IV: the multidimensional case. Mathematics of Computation, 1990, 54(190): 545–581.

[29] Cockburn B, Lin S Y, Shu C W. TVB Runge-Kutta local projection discontinuous Galerkin finite element method for conservation laws III: one dimensional systems. Journal of Computational Physics, 1989, 84(1): 90–113.

[30] Cockburn B, Shu C W. TVB Runge-Kutta local projection discontinuous Galerkin finite element method for conservation laws II: general framework. Mathematics of Computation, 1989, 52(186): 411–435.

[31] Shi J, Zhang Y T, Shu C W. Resolution of high order WENO schemes for complicated flow structures. Journal of Computational Physics, 2003, 186(2): 690–696.

[32] Borges R, Carmona M, Costa B, et al. An improved weighted essentially non-oscillatory scheme for hyperbolic conservation laws. Journal of Computational Physics, 2008, 227(6): 3191–3211.

[33] Chertock A, Karni S, Kurganov A. Interface tracking method for compressible multifluids. ESAIM: Mathematical Modelling and Numerical Analysis, 2008, 42(06): 991–1019.

[34] Wang C W，Shu C W . An interface treating technique for compressible multi-medium flow with Runge-Kutta discontinuous Galerkin method. Journal of Computational Physics，2010，229(23)：8823–8843.

[35] Hu X Y，Khoo B C，Adams N A，et al. A conservative interface method for compressible flows. Journal of Computational Physics，2006，219(2)：553–578.

[36] Chern I L，Colella P. A conservative front tracking method for hyperbolic conservation laws. LLNL Rep. No. UCRL-97200，Lawrence Livermore National Laboratory，1987.

[37] Liu T G，Khoo B C，Yeo K S. The simulation of compressible multi-medium flow.I. A new methodology with test applications to 1D gas-gas and gas-water cases.Computers& Fluids，2001，30(3)：291–314.

[38] 马东军，孙德军，尹协远. 一维多介质可压缩流动数值方法. 计算物理，2003，20(2)：183–187.

[39] Qiu J，Liu T G，Khoo B C. Runge-Kutta discontinuous Galerkin methods for compressible two-medium flow simulations：one-dimensional case. Journal of Computational Physics，2007，222(1)：353–373.

[40] Zhu J，Qiu J X，Liu T G，et al. RKDG methods with WENO type limiters and conservative interfacial procedure for one-dimensional compressible multi-medium flow simulations. Applied Numerical Mathematics，2011，61(4)：554–580.

[41] LeVeque R J，Shyue K M. One-dimensional front tracking based on high resolution wave propagation methods. SIAM Journal on Scientific Computing，1995，16(2)：348–377.

[42] Mao D K. A shock tracking technique based on conservation in one space dimension. SIAM Journal on Numerical Analysis，1995，32(5)：1677–1703.

第 16 章　界面追踪方法中的激波限制器的研究

多介质流体运动界面问题的数值模拟中最为关键的是运动界面的精确描述，而界面追踪方法的最大特点就是能够精确捕捉到界面的发展，且不会出现非物理现象。Glimm 的界面追踪方法 [1] 离不开在界面处求解精确或近似 Riemann 问题，由 Riemann 问题的解得到新界面的位置，同时采用虚拟流体方法，将多介质流动问题转化为单介质计算，对不同的流体分别用标准的求解 Euler 方程的高分辨率格式进行求解。Cocchi 和 Saurel[2] 提出的求解可压缩多介质流动的界面追踪方法也是基于 Riemann 问题。虚拟流体方法是处理多介质流动问题简单而有效的方法，近年来针对气气、气水等各种不同情形的多介质流动问题，发展了多种虚拟流体的构造方法，其中有不少是基于求解 Riemann 问题的，如 MGFM[3,4]、RGFM[5] 等。上述所提到方法的构造都离不开 Riemann 问题的求解，因此在界面处 Riemann 问题的构造和 Riemann 问题初始状态的确定等问题都有待进一步研究。

对求解多介质可压缩流动问题的界面追踪方法，在界面处构造 Riemann 问题，为获得精度较高的 Riemann 问题的初始状态，考虑用线性插值，但当激波正在接近界面时，直接插值与物理现象不符，为此需引入激波限制器，或称为强波探测开关[1]。文献[6]曾针对理想气体状态引入了两种激波限制器，并给出了参数的范围，但对激波限制器的应用讨论甚少。

本章针对气气和气水的界面问题，介绍两种激波限制器。首先从平均守恒误差、L_1 误差以及激波强度随参数的变化情况，对这两种激波限制器进行比较，最后确定合适的参数。将其中较好的一种激波限制器用于界面追踪方法中，通过多个气气和气水的界面问题的数值模拟，来测试激波限制器的有效性。

16.1　Euler 方程的离散

一维 Euler 方程的半离散守恒差分格式为

$$\frac{\mathrm{d}\boldsymbol{U}_j(t)}{\mathrm{d}t} = L(\boldsymbol{U}^n) \tag{16.1}$$

其中，$L(\boldsymbol{U}^n) = -\left(\boldsymbol{F}^n_{j+\frac{1}{2}} - \boldsymbol{F}^n_{j-\frac{1}{2}}\right)/\Delta x$，$\Delta x$ 是空间步长。在这里，数值通量 $\boldsymbol{F}_{j+\frac{1}{2}}$ 采用拉克斯 - 弗里德里希斯 (Lax-Friedrichs，L-F) 通量

$$\boldsymbol{F}_{j+\frac{1}{2}} = \frac{1}{2}\left[F\left(\boldsymbol{U}^{\mathrm{L}}_{j+\frac{1}{2}}\right) + F\left(\boldsymbol{U}^{\mathrm{R}}_{j+\frac{1}{2}}\right) - \lambda_{j+\frac{1}{2}}\left(\boldsymbol{U}^{\mathrm{R}}_{j+\frac{1}{2}} - \boldsymbol{U}^{\mathrm{L}}_{j+\frac{1}{2}}\right)\right] \tag{16.2}$$

其中，$\lambda_{j+\frac{1}{2}}$ 表示矩阵 $\dfrac{\partial \boldsymbol{F}}{\partial \boldsymbol{U}}$ 的最大特征值。式 (16.2) 的左右状态使用 MUSCL 方法[9]获得，具体如下

$$\begin{aligned}\boldsymbol{U}^{\mathrm{R}}_{j+\frac{1}{2}} &= \boldsymbol{U}_{j+1} - \frac{1}{4}\left[(1-k)\,\overline{\Delta}_{j+\frac{3}{2}}\boldsymbol{U} + (1+k)\,\overline{\overline{\Delta}}_{j+\frac{1}{2}}\boldsymbol{U}\right]\\ \boldsymbol{U}^{\mathrm{L}}_{j+\frac{1}{2}} &= \boldsymbol{U}_{j} + \frac{1}{4}\left[(1-k)\,\overline{\overline{\Delta}}_{j-\frac{1}{2}}\boldsymbol{U} + (1+k)\,\overline{\Delta}_{j+\frac{1}{2}}\boldsymbol{U}\right]\end{aligned} \tag{16.3}$$

其中

$$\begin{aligned}&\overline{\Delta}_{j+\frac{1}{2}}\boldsymbol{U} = \min\ \mathrm{mod}\left(\Delta_{j+\frac{1}{2}}\boldsymbol{U}, \Delta_{j-\frac{1}{2}}\boldsymbol{U}\right)\\ &\overline{\overline{\Delta}}_{j+\frac{1}{2}}\boldsymbol{U} = \min\ \mathrm{mod}\left(\Delta_{j+\frac{1}{2}}\boldsymbol{U}, \Delta_{j+\frac{3}{2}}\boldsymbol{U}\right)\\ &\Delta_{j+\frac{1}{2}}\boldsymbol{U} = \boldsymbol{U}_{j+1} - \boldsymbol{U}_j\\ &\min\mathrm{mod}(x,y) = \mathrm{sgn}(x)\max\{0, \min[|x|, y\mathrm{sgn}(x)]\}\end{aligned}$$

k 是 MUSCL 格式的参数，本书取 $k=\dfrac{1}{3}$。

时间离散采用三阶 TVD Runge-Kutta 方法 [10]。

16.2　界面追踪方法

16.2.1　界面位置的确定

初始时刻界面位于 x_0 处，初始状态为

$$\boldsymbol{U} = \begin{cases}\boldsymbol{U}_{\mathrm{L}}, & x < x_0\\ \boldsymbol{U}_{\mathrm{R}}, & x > x_0\end{cases} \tag{16.4}$$

假定在 t^n 时刻，界面 x_{I}^n 位于 $[x_i, x_{i+1}]$，$\boldsymbol{S}_{\mathrm{L}}^0$ 和 $\boldsymbol{S}_{\mathrm{R}}^0$ 为界面两侧流体的状态，其值通过求解 Riemann 问题得到，如图 16.1 所示。求解 Riemann 问题的方法很多，本章因仅考虑界面处的状态，所以选择双激波近似求解 Riemann 问题 [4]。在 t^n 时刻，界面 x_{I}^n 的速度为 u_{I}，由这个速度便可以预估新界面的位置 $x_{\mathrm{I}}^{n+1} = x_{\mathrm{I}}^n + u_{\mathrm{I}}(t^{n+1} - t^n)$。从 x_{I}^{n+1} 出发，引两条斜率分别为 $\mathrm{d}x/\mathrm{d}t = u_{\mathrm{I}} + c_{\mathrm{IL}}$ 和 $\mathrm{d}x/\mathrm{d}t = u_{\mathrm{I}} - c_{\mathrm{IR}}$ 的特征线，与 t^n 时刻的坐标线分别相交于 x_{L3} 和 x_{R1}，其值为

$$\begin{aligned}x_{\mathrm{L3}} &= x_{\mathrm{I}}^n - (u_{\mathrm{I}} + c_{\mathrm{IL}})\Delta t\\ x_{\mathrm{R1}} &= x_{\mathrm{I}}^n - (u_{\mathrm{I}} - c_{\mathrm{IR}})\Delta t\end{aligned} \tag{16.5}$$

这两点所对应的流体状态分别为 $\boldsymbol{S}_{\mathrm{L3}}$ 和 $\boldsymbol{S}_{\mathrm{R1}}$，这两个状态的确定方法将在 16.4 节讨论。以 $\boldsymbol{S}_{\mathrm{L3}}$ 和 $\boldsymbol{S}_{\mathrm{R1}}$ 为 Riemann 问题的初始值，求解 Riemann 问题，可以得到

界面处的速度 $u_{\rm I}^*$、压强 $p_{\rm I}^*$ 以及界面左右两边的密度 $\rho_{\rm IL}^*$ 和 $\rho_{\rm IR}^*$。进一步，可求得 t^{n+1} 时刻界面的位置 $x_{\rm I}^{n+1}=x_{\rm I}^n+u_{\rm I}^*\Delta t$。

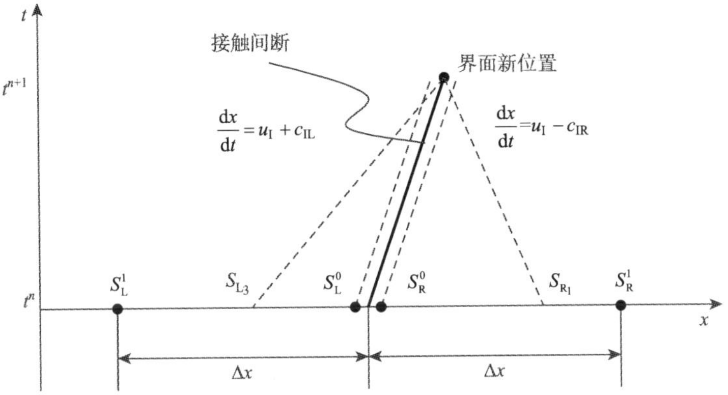

图 16.1　界面两侧流体状态

16.2.2　预估校正方法

采用预估校正方法实现对界面的处理和流场的计算，其方法的实现过程和文献[2]类似，具体可以划分为以下 2 个步骤。

步骤 1：预估步。对流体力学方程组用式 (16.1) 进行时间推进到 t^{n+1} 时刻。

步骤 2：校正步。假定在 t^n 时刻，界面 $x_{\rm I}^n$ 位于 $[x_i,x_{i+1}]$，根据界面两边的状态求解 Riemann 问题的解，得到界面处的速度 u^*，当然也得到 t^{n+1} 时刻界面左右两侧的流体状态。因为 CFL 条件的限制，在时间步长 Δt 内流体质点的运动长度不会超过 Δx，所以 t^{n+1} 时刻的新界面位置只有如图 16.2 和图 16.3 所示的两种情况 (界面向右运动)。

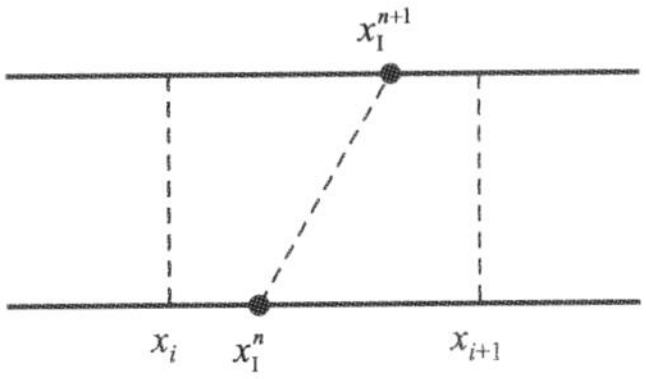

图 16.2　界面未越过网格点的情形

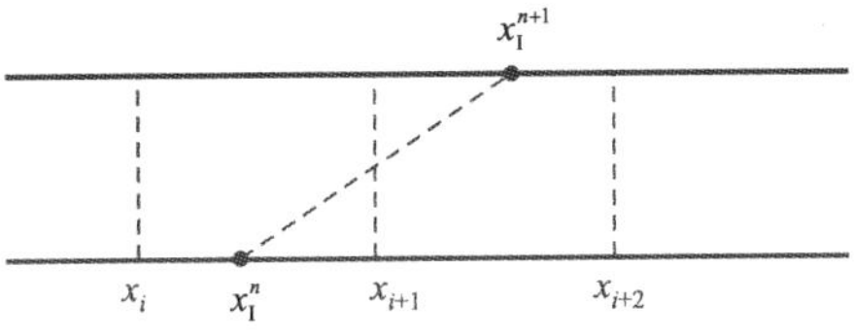

图 16.3　界面越过网格点的情形

如图 16.2 所示，若 t^{n+1} 时刻界面 x_{I}^{n+1} 仍位于 x_i 及 x_{i+1} 两点之间，则

$$\begin{aligned} \boldsymbol{U}_i^{n+1} &= \boldsymbol{U}_{\mathrm{IL}} + \frac{x_i - x_{\mathrm{I}}^{n+1}}{x_{\mathrm{I}}^{n+1} - x_{i-1}}(\boldsymbol{U}_{\mathrm{IL}} - \boldsymbol{U}_{i-1}^{n+1}) \\ \boldsymbol{U}_{i+1}^{n+1} &= \boldsymbol{U}_{\mathrm{IR}} + \frac{x_{i+1} - x_{\mathrm{I}}^{n+1}}{x_{\mathrm{I}}^{n+1} - x_{i+2}}(\boldsymbol{U}_{\mathrm{IR}} - \boldsymbol{U}_{i+2}^{n+1}) \end{aligned} \tag{16.6}$$

其中，$\boldsymbol{U}_{\mathrm{IL}}$、$\boldsymbol{U}_{\mathrm{IR}}$ 分别表示 t^{n+1} 时刻界面处左右两侧的守恒变量。

如图 16.3 所示，若 t^{n+1} 时刻界面 x_{I}^{n+1} 移动到区间 $[x_i，x_{i+1}]$ 之外，且 x_{I}^{n+1} 位于 $[x_{i+1}，x_{i+2}]$，有

$$\begin{aligned} \boldsymbol{U}_{i+1}^{n+1} &= \boldsymbol{U}_{\mathrm{IL}} \\ \boldsymbol{U}_{i+2}^{n+1} &= \boldsymbol{U}_{\mathrm{IR}} + \frac{x_{i+2} - x_{\mathrm{I}}^{n+1}}{x_{\mathrm{I}}^{n+1} - x_{i+3}}(\boldsymbol{U}_{\mathrm{IR}} - \boldsymbol{U}_{i+3}^{n+1}) \end{aligned} \tag{16.7}$$

同样，若 x_{I}^{n+1} 位于 $[x_{i-1}，x_i]$，则有

$$\begin{aligned} \boldsymbol{U}_{i-1}^{n+1} &= \boldsymbol{U}_{\mathrm{IL}} + \frac{x_{i-1} - x_{\mathrm{I}}^{n+1}}{x_{\mathrm{I}}^{n+1} - x_{i-2}}(\boldsymbol{U}_{\mathrm{IL}} - \boldsymbol{U}_{i-2}^{n+1}) \\ \boldsymbol{U}_i^{n+1} &= \boldsymbol{U}_{\mathrm{IR}} \end{aligned} \tag{16.8}$$

至此，t^{n+1} 时刻所有点的值都已经赋新值，即已完成一次时间推进。重复以上步骤，直到达到给定的时刻结束计算。

16.3　激波限制器

16.3.1　界面处 Riemann 问题初始值的确定

在界面的两侧分别向外延伸 Δx，得到两点 x_{L}^1 及 x_{R}^1，其上的状态分别为 $\boldsymbol{S}_{\mathrm{L}}^1$ 和 $\boldsymbol{S}_{\mathrm{R}}^1$(图 16.1)。为了获得具有高精度的 $\boldsymbol{S}_{\mathrm{L}}^1(\boldsymbol{S}_{\mathrm{R}}^1)$ 的值，需用该点左右两侧网格点状态的线性插值作为该点的状态值。在数值计算过程中，当激波接近界面时，并不是一步就与界面作用并穿过，因此线性插值与物理现象是不符合的，为此需引入激波限制器。下面将介绍两种不同激波限制器的构造方法，它们均以不同形式表示了状态间存在强间断。

激波限制器 I

$$\varPhi(1) = \begin{cases} 1, & |p_{\mathrm{L}} - p_{\mathrm{R}}| > a_1 |u_{\mathrm{L}} - u_{\mathrm{R}}| \sqrt{\gamma\rho_{\mathrm{L}}(p_{\mathrm{L}} + B)} \\ & \text{或}\, |p_{\mathrm{L}} - p_{\mathrm{R}}| > a_1 |u_{\mathrm{L}} - u_{\mathrm{R}}| \sqrt{\gamma\rho_{\mathrm{R}}(p_{\mathrm{R}} + B)} \\ 0, & \text{其他} \end{cases} \tag{16.9}$$

激波限制器 II

$$\Phi(2)=\begin{cases} 1, & (p_{\rm R}-p_{\rm L})^2>0.5a_2[(\gamma-1)p_{\rm L}+(\gamma+1)p_{\rm R}+\gamma B]\rho_{\rm L}(u_{\rm R}-u_{\rm L})^2 \\ & \text{或 } (p_{\rm R}-p_{\rm L})^2>0.5a_2[(\gamma-1)p_{\rm R}+(\gamma-1)p_{\rm L}+\gamma B]\rho_{\rm R}(u_{\rm R}-u_{\rm L})^2 \\ 0, & \text{其他} \end{cases} \tag{16.10}$$

式 (16.9) 和式 (16.10) 中 a_1 和 a_2 是待定参数，$\rho_{\rm L},u_{\rm L},p_{\rm L}$ 和 $\rho_{\rm R},u_{\rm R},p_{\rm R}$ 分别表示待求点的左、右两侧点处的密度、速度和压强。γ 和 B 为常数，当 γ=1.4，B=0 时，为理想气体；当 γ=7.15，B=3309 时，为水 [7,8]。

如果激波正在通过该点所在的网格，则限制器开关状态设为开 (即 $\Phi=1$)，并判断其左右两侧网格点哪一点处的状态为波后状态，将波后的状态值赋给该点；如果激波没有经过该网格，则限制器开关状态设为关 (即 $\Phi=0$)，该点的状态值通过线性插值来得到。例如，点 $x_{\rm L_3}$ 处的状态值可表示为

$$S_{\rm L_3}=\begin{cases} \boldsymbol{S}_{\rm L}^1, & \Phi=1 \text{ 且 } p_{\rm L}^0<\dfrac{p_{\rm L}^1+p_{\rm L}^2}{2} \\ \boldsymbol{S}_{\rm L}^0, & \Phi=1 \text{ 且 } p_{\rm L}^0>\dfrac{p_{\rm L}^1+p_{\rm L}^2}{2} \\ \boldsymbol{S}_{\rm L}^1+\dfrac{x_{\rm L_3}-x_{\rm L}^1}{\Delta x}(\boldsymbol{S}_{\rm L}^0-\boldsymbol{S}_{\rm L}^1), & \Phi=0 \end{cases} \tag{16.11}$$

其中，$p_{\rm L}^1$ 和 $p_{\rm L}^0$ 分别表示点 $x_{\rm L}^1$ 及界面处的压强，$p_{\rm L}^i$ 为向界面左侧延伸 $i\Delta x$ 处的压强。同样，由 $\boldsymbol{S}_{\rm R}^1$ 和 $\boldsymbol{S}_{\rm R}^0$ 求 $\boldsymbol{S}_{\rm R_1}$ 的值时，也需引入相应的限制器。其余待求点可做类似处理。

实际上，在界面追踪方法中，用式 (16.11) 来确定 $\boldsymbol{S}_{\rm L_3}$ 和 $\boldsymbol{S}_{\rm R_1}$ 处的值是至关重要的。文献 [1] 曾用 van Leer 限制器求斜率，利用 $x_{\rm L_3}$ 左右两侧点的值线性插值得到 $\boldsymbol{S}_{\rm L_3}$，求 $\boldsymbol{S}_{\rm R_1}$ 时类似。但这种方法并不适用于所有情况，当有激波通过时，便存在波前波后状态的选择问题。若 Riemann 问题的初始值选择不当，会得到不正确的数值结果，甚至无法计算。这里以常数插值为例，选择两种初始状态加以验证。

初始状态 I：取 $\boldsymbol{S}_{\rm L_3}=\boldsymbol{U}_{i-1}$；$\boldsymbol{S}_{\rm R_1}=\boldsymbol{U}_{i+2}$。

初始状态 II：取 $\boldsymbol{S}_{\rm L_3}=\boldsymbol{S}_{\rm L}^0$；$\boldsymbol{S}_{\rm R_1}=\boldsymbol{S}_{\rm R}^0$。

问题 1 (文献 [11])　计算区间为 $[0,1]$，网格数为 1600，激波位于 $x=0.05$ 处，从左侧入射，初始时刻界面位于 $x_{\rm I}$ =0.5 处。初始状态为

$$(\rho,u,p,\gamma)=\begin{cases} (1.3333, 0.3535\sqrt{10^5}, 1.5\times10^5, 1.4), & x<0.05 \\ (1.0, 0, 1.0\times10^5, 1.4), & 0.05\leqslant x<0.5 \\ (0.1379, 0, 1.0\times10^5, 1.667), & x\geqslant 0.5 \end{cases}$$

计算得到 t=0.00116 时刻的流场状态。当 $\boldsymbol{S}_{\rm L_3}$ 和 $\boldsymbol{S}_{\rm R_1}$ 选择初始状态 I 时，密度如图 16.4(a) 所示；选择初始状态 II 时，密度如图 16.4(b) 所示 (点表示数值解，实线表示精确解)。可见当 $\boldsymbol{S}_{\rm L_3}$ 和 $\boldsymbol{S}_{\rm R_1}$ 取初始状态 II 时，得到错误的数值计算结果。

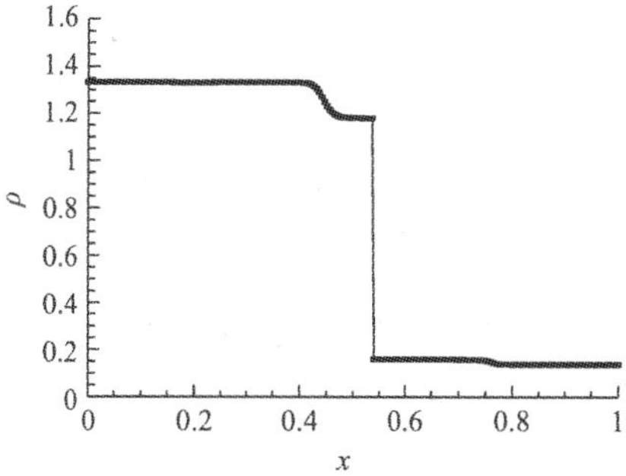

(a) 初始状态 I

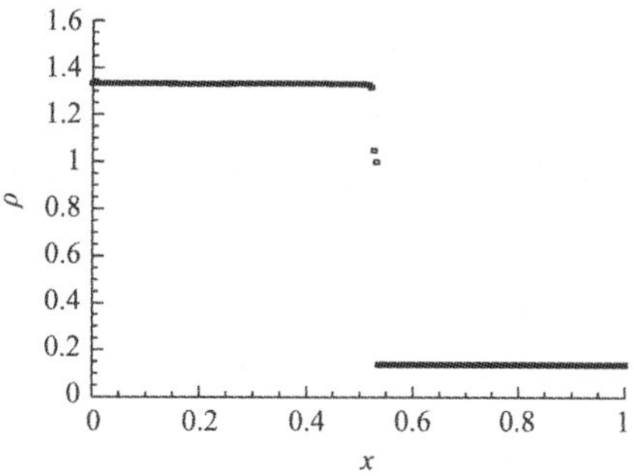

(b) 初始状态 II

图 16.4 问题 1：密度

问题 2 (文献 [5]) 取界面左右两边流体的初始状态为 $\gamma_{\mathrm{L}}=1.667$，$\gamma_{\mathrm{R}}=1.2$；$\rho_{\mathrm{L}}=0.82369077$，$\rho_{\mathrm{R}}=1$；$p_{\mathrm{L}}=p_{\mathrm{R}}=1$；$u_{\mathrm{L}}=u_{\mathrm{R}}=0$。激波位于界面左边流体中，激波强度为 $p_{\mathrm{S}}/p_{\mathrm{L}}=100$，激波的位置与界面相同为 $x_{\mathrm{I}}=0.2$。激波的波后状态为

$$\begin{cases} u_{\mathrm{S}}=u_{\mathrm{L}}+\dfrac{p_{\mathrm{S}}-p_{\mathrm{L}}}{\rho_{\mathrm{L}}c_{\mathrm{L}}\sqrt{\dfrac{(\gamma_{\mathrm{L}}+1)p_{\mathrm{S}}}{2\gamma_{\mathrm{L}}p_{\mathrm{L}}}+\dfrac{\gamma_{\mathrm{L}}-1}{2\gamma_{\mathrm{L}}}}}, \quad p_{\mathrm{S}}=100 \\ \rho_{\mathrm{S}}=\dfrac{\rho_{\mathrm{L}}(p_{\mathrm{L}}-p_{\mathrm{S}})}{\rho_{\mathrm{L}}(u_{\mathrm{L}}-u_{\mathrm{S}})^2+p_{\mathrm{L}}+p_{\mathrm{S}}} \end{cases}$$

计算区间为 $[0,1]$，网格数为 200，计算到时间 $t=0.06$。当 $\boldsymbol{S}_{\mathrm{L}_3}$ 和 $\boldsymbol{S}_{\mathrm{R}_1}$ 选择初始状态 I 时，密度、速度和压强由图 16.5(a) 所示，很明显在界面左侧产生伪反射波，界面右侧质量损耗严重；选择初始状态 II 时，密度、速度和压强由图 16.5(b) 所示，可见当 $\boldsymbol{S}_{\mathrm{L}_3}$ 和 $\boldsymbol{S}_{\mathrm{R}_1}$ 取初始状态 II 时，得到较好的结果。

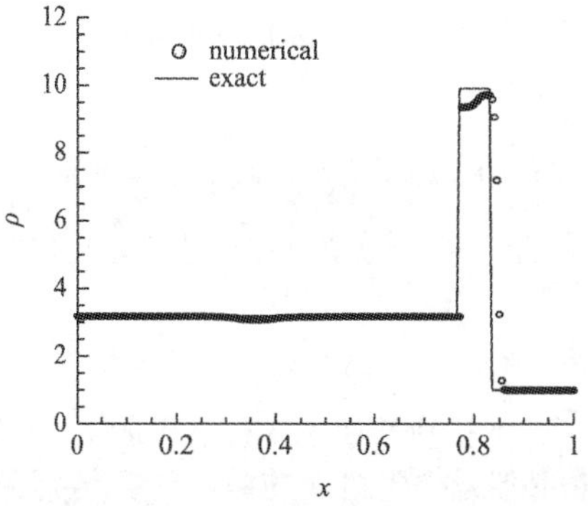

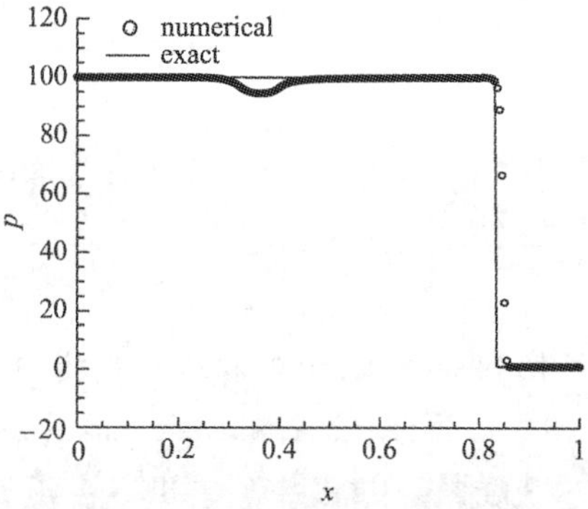

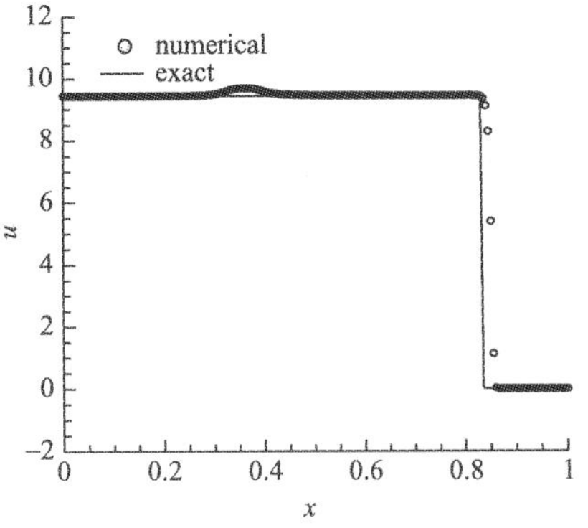

(a) 使用初始状态 I 的计算结果

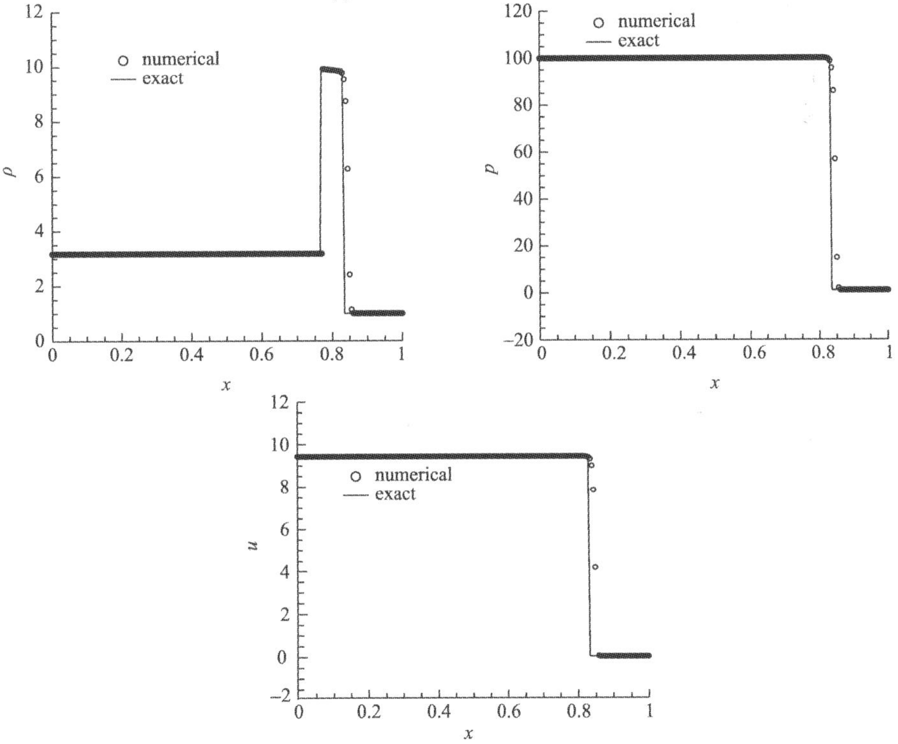

(b) 使用初始状态 Ⅱ 的计算结果

图 16.5　问题 2：使用初始状态 I 和初始状态 II 的计算结果比较

问题 1 和问题 2 选择不同的 Riemann 问题初始值得到不同的数值结果，这说明在整个数值计算过程中，Riemann 问题初始值的选取是非常重要的。

16.3.2　激波限制器中参数的确定

因激波限制器的表达式含有参数，所以需调节参数使其应用效果达到最优。守恒误差对激波管问题的结果影响不是很大，但对于强激波作用于界面问题，守恒误差的存在往往会得到不正确的激波和界面位置 [4]。另外，参数的选择也同时会影响所求问题的精确程度。下面比较平均守恒误差和 L_1 误差随参数的变化情况，以确定参数的范围。

假设问题的计算区间为 $[x_{\mathrm{A}}, x_{\mathrm{B}}]$，RHSL$(n)$ 和 RHSR(n) 分别表示第 n 个时间步界面左边和右边流体的守恒误差，RHST(n) 为第 n 个时间步整个区间总的守恒误差。RHSL(n)，RHSR(n) 和 RHST(n) 可以分别表示为

$$\mathrm{RHSL}(n)=\frac{1}{\Delta x}\left[\int_{x_{\mathrm{A}}}^{x_{\mathrm{I}}^{n+1}}\boldsymbol{U}^{n+1}\mathrm{d}x-\int_{x_{\mathrm{A}}}^{x_{\mathrm{I}}^{n}}\boldsymbol{U}^{n}\mathrm{d}x+\int_{t^n}^{t^{n+1}}(\boldsymbol{F}_{\mathrm{IL}}-u_{\mathrm{I}}\boldsymbol{U}_{\mathrm{IL}}-\boldsymbol{F}_{\mathrm{A}})\mathrm{d}t\right] \tag{16.12}$$

$$\mathrm{RHSR}(n)=\frac{1}{\Delta x}\left[\int_{x_{\mathrm{I}}^{n+1}}^{x_{\mathrm{B}}}\boldsymbol{U}^{n+1}\mathrm{d}x-\int_{x_{\mathrm{I}}^{n}}^{x_{\mathrm{B}}}\boldsymbol{U}^{n}\mathrm{d}x+\int_{t^n}^{t^{n+1}}(\boldsymbol{F}_{\mathrm{B}}-\boldsymbol{F}_{\mathrm{IR}}+u_{\mathrm{I}}\boldsymbol{U}_{\mathrm{IR}})\mathrm{d}t\right] \tag{16.13}$$

$$\mathrm{RHST}(n)=\frac{1}{\Delta x}\left[\int_{x_{\mathrm{A}}}^{x_{\mathrm{B}}}\boldsymbol{U}^{n+1}\mathrm{d}x-\int_{x_{\mathrm{A}}}^{x_{\mathrm{B}}}\boldsymbol{U}^{n}\mathrm{d}x+\int_{t^n}^{t^{n+1}}(\boldsymbol{F}_{\mathrm{B}}-\boldsymbol{F}_{\mathrm{A}})\mathrm{d}t\right] \tag{16.14}$$

其中，$\boldsymbol{F}_{\mathrm{A}}$ 和 $\boldsymbol{F}_{\mathrm{B}}$ 分别为边界点 x_{A} 和 x_{B} 处的数值通量，$\boldsymbol{F}_{\mathrm{IL}}$ 和 $\boldsymbol{F}_{\mathrm{IR}}$ 分别为界面左边和右边的数值通量。式 (16.12) 和式 (16.13) 相加便得到式 (16.14)。理论上，$\boldsymbol{F}_{\mathrm{IL}}$ 和 $\boldsymbol{F}_{\mathrm{IR}}$ 应满足

$$\boldsymbol{F}_{\mathrm{IL}}-u_{\mathrm{I}}\boldsymbol{U}_{\mathrm{IL}}=\boldsymbol{F}_{\mathrm{IR}}-u_{\mathrm{I}}\boldsymbol{U}_{\mathrm{IR}}=(0,p_{\mathrm{I}},p_{\mathrm{I}}u_{\mathrm{I}})^{\mathrm{T}} \tag{16.15}$$

对于守恒方法，式 (16.12) ～式 (16.14) 的值为 0。

第 n 个时间步界面左边的守恒误差具体可表示为

$$\begin{aligned}\mathrm{RHSL}(n)=&\left(\sum_{j=0}^{M^{n+1}}\boldsymbol{U}_j^{n+1}+\lambda^{n+1}\boldsymbol{U}_{\mathrm{I}}^{n+1}\right)-\left(\sum_{j=0}^{M^{n}}\boldsymbol{U}_j^{n}+\lambda^{n}\boldsymbol{U}_{\mathrm{I}}^{n}\right)\\&+\left[(0,p_{\mathrm{I}}^n,p_{\mathrm{I}}^n u_{\mathrm{I}}^n)^{\mathrm{T}}-\boldsymbol{F}_A^n\right]\Delta t/\Delta x\end{aligned} \tag{16.16}$$

其中，M 表示第 n 个时间步界面左边控制单元长度为 Δx 的单元数目，λ 表示靠近界面的单元的长度与 Δx 之比。同理可以写出 RHSR(n) 和 RHST(n)。

设激波限制器 I [式 (16.12)] 和激波限制器 II [式 (16.13)] 中的参数为 $a_1(i)=a_2(i)=0.1i(i=0,1,2,\cdots,30)$，对应的总 "平均守恒误差" 为

$$C_n(i)=\frac{1}{K(i)}\sum_{l=1}^{K(i)}|\mathrm{RHST}(l)|\quad(i=0,1,2,\cdots,30;n=1,2) \tag{16.17}$$

其中，$K(i)$ 表示总的时间步数。

下面从具体问题出发，来分析激波限制器参数与误差的关系。计算区间均为 $[0,1]$，网格数为 1600。

问题 3　界面位于 $x_{\mathrm{I}}=0.5$ 处，界面两边流体的初始状态为 $p_{\mathrm{L}}=3.528$，$p_{\mathrm{R}}=0.571$；$\rho_{\mathrm{L}}=0.445$，$\rho_{\mathrm{R}}=0.5$；$u_{\mathrm{L}}=0.698$，$u_{\mathrm{R}}=0$；$\gamma_{\mathrm{L}}=\gamma_{\mathrm{R}}=1.4$。计算到 $t=0.16$。

问题 4　界面位于 $x_{\mathrm{I}}=0.5$ 处，界面两边流体的初始状态为 $p_{\mathrm{L}}=8000$，$p_{\mathrm{R}}=1$；$\rho_{\mathrm{L}}=1.27$，$\rho_{\mathrm{R}}=1$；$u_{\mathrm{L}}=u_{\mathrm{R}}=0$；$\gamma_{\mathrm{L}}=1.4$，$\gamma_{\mathrm{R}}=7.15$。计算到 $t=0.0019$。

问题 5　激波的位置与界面的初始位置相同，并且界面位于 $x_{\mathrm{I}}=0.5$ 处。界面左右状态为 $\gamma_{\mathrm{L}}=1.4$，$\gamma_{\mathrm{R}}=7.15$；$\rho_{\mathrm{L}}=0.001$，$\rho_{\mathrm{R}}=1$；$p_{\mathrm{L}}=1$，$p_{\mathrm{R}}=1$；$u_{\mathrm{L}}=u_{R}=0$，激波强度为 $p_{\mathrm{S}}/p_{\mathrm{L}}=1000$。计算到 $t=0.0007$。

对问题 2 ～ 5 分别使用激波限制器 I 和 II，随着参数的变化，平均守恒误差和 L_1 误差的变化情况如图 16.6 ～图 16.9 所示。从这些图中可以看出，对于气气激波管 (问题 3，图 16.7) 及激波打击气气界面问题 (问题 2，图 16.6)，当参数越大时，平均守恒误差越小，L_1误差越大。因为平均守恒误差的变化幅度不大，所以应选择使 L_1误差较小的参数，即 $a_1\in(0,1)$，$a_2\in(0,1)$，在这个范围内，使用两种激波限制器后，守恒误差和 L_1误差的变化趋势一致且 L_1 误差较小。对于气液激波管 (问题 4，图 16.8) 和激波打击气液界面问题 (问题 5，图 16.9)，在 $a_1=0.3$ 附近，激波限制器 I 的平均守恒误差和 L_1 误差取到最小值；而随着参数的变化，激波限制器 II 的守恒误差和 L_1 误差基本没有什么变化。同时，由图 16.8 和图 16.9 可以看出，在参数 0.3 的附近，选择激波限制器 I 得到相对于激波限制器 II 较小的 L_1 误差。综上，无论是气气问题还是气水问题，都可以选择激波限制器 I，并且参数在 $a_1=0.3$ 附近选取较好。

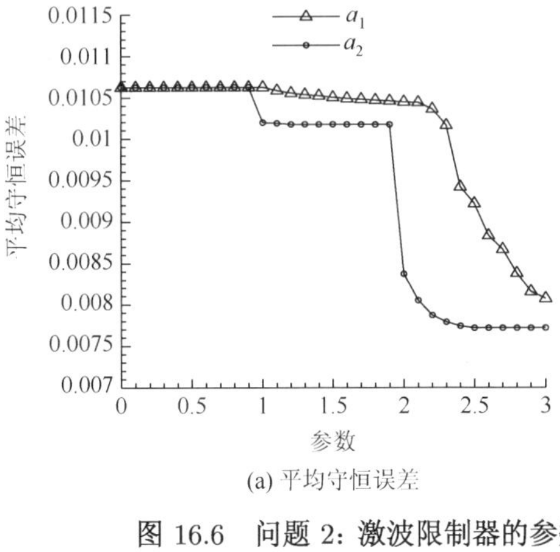

(a) 平均守恒误差

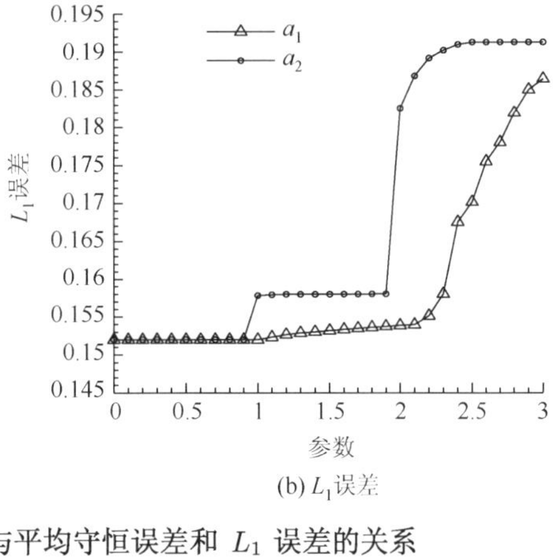

(b) L_1误差

图 16.6　问题 2：激波限制器的参数与平均守恒误差和 L_1 误差的关系

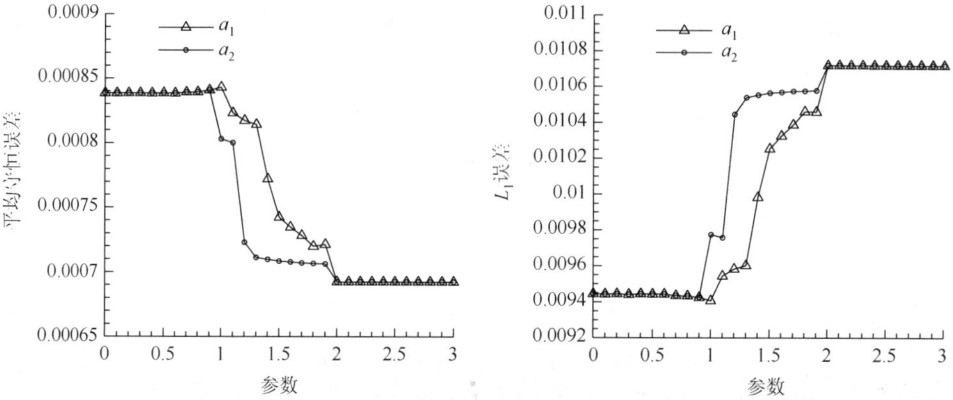

(a) 平均守恒误差　　(b) L_1误差

图 16.7　问题 3：激波限制器的参数与平均守恒误差和 L_1 误差的关系

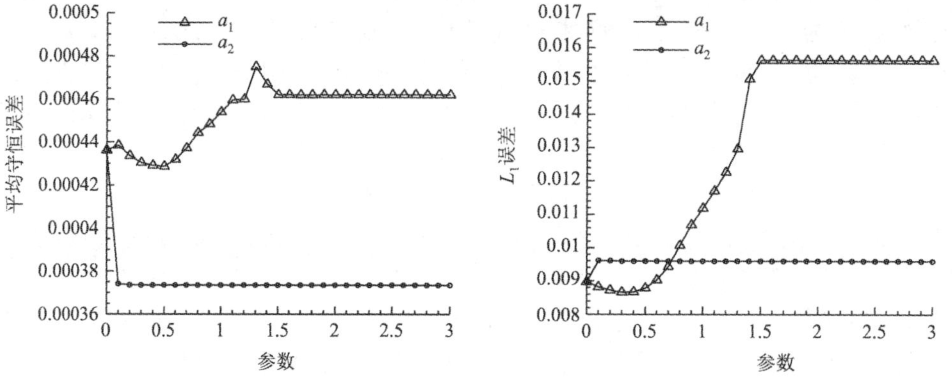

(a) 平均守恒误差　　(b) L_1误差

图 16.8　问题 4：激波限制器的参数与平均守恒误差和 L_1 误差的关系

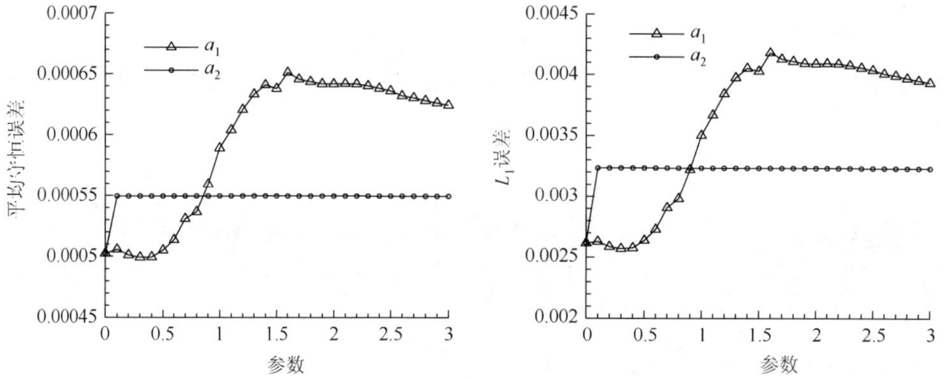

(a) 平均守恒误差　　(b) L_1误差

图 16.9　问题 5：激波限制器的参数与平均守恒误差和 L_1 误差的关系

16.3.3　激波限制器的开关状态

对于初始时刻界面为强间断的情况，压强、法向速度和熵在界面附近存在跳跃，经过有限个时间步，压强和法向速度通过界面是连续的，界面沿着法向运动。但是在初始有限的时间步内，如果界面处 Riemann 问题初始值的选择不恰当，会给求解 Riemann 问题带来较大的数值误差，甚至中止计算。

图 16.10 给出问题 2 ～问题 5 中的激波限制器的开关状态随时间 t 的变化规律。图中实线和虚线分别表示对点 x_{L_3} 和 x_{R_1}(图 16.1) 进行插值时，激波限制器的开关情况。当 $y=0$ 时，表示激波限制器的状态为关，Riemann 问题初始状态由线性插值得到；当 $y=1$ 时，表示激波限制器的状态为开，需要将波后的状态作为 Riemann 问题初始状态。从图中可以看出，问题 2 中激波限制器的状态始终为开的状态；问题 3、问题 4 和问题 5 为先开后关。这说明激波限制器不可能开或关反复交替出现，一旦开始线性插值，激波限制器的状态便始终为关闭状态。而在通常情况下，守恒误差只是在开始的有限时间步内产生，之后守恒误差逐渐趋于零 [3]。这些现象也说明了守恒误差较大时，激波限制器的状态为开。

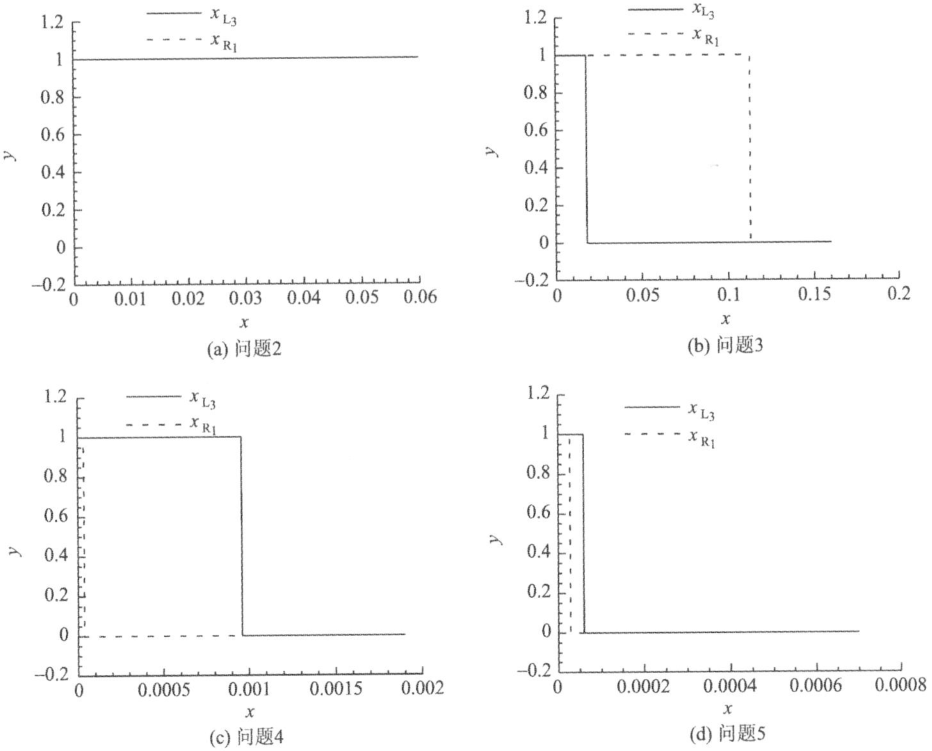

图 16.10　激波限制器的开关状态

16.4　数值算例及分析

以下通过气气界面和气水界面测试前面构造的激波限制器的使用情况。

算例 1　Lax 问题：初始条件为

$$(\rho, u, p, \gamma) = \begin{cases} (0.445, 0.698, 0.3528, 1.4), & 0 \leqslant x < 0.5 \\ (0.5, 0, 0.571, 1.4), & 0.5 \leqslant x \leqslant 1 \end{cases}$$

网格数为 200，计算到 $t = 0.16$ 时刻。图 16.11 给出使用激波限制器和不使用限制器的密度图。不使用激波限制器时，Riemann 问题的初始值取 $\boldsymbol{U}_{\mathrm{L}} = \boldsymbol{U}_{i-1}$，$\boldsymbol{U}_{\mathrm{R}} = \boldsymbol{U}_{i+2}$，以下算例相同。使用激波限制器的计算结果与精确值更为符合。

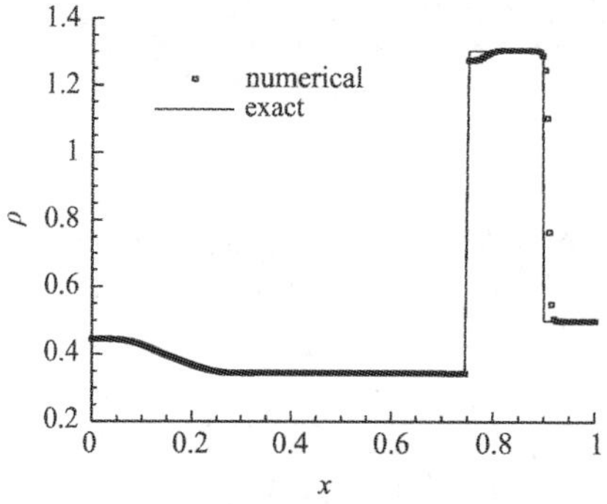

(a) 不使用激波限制器

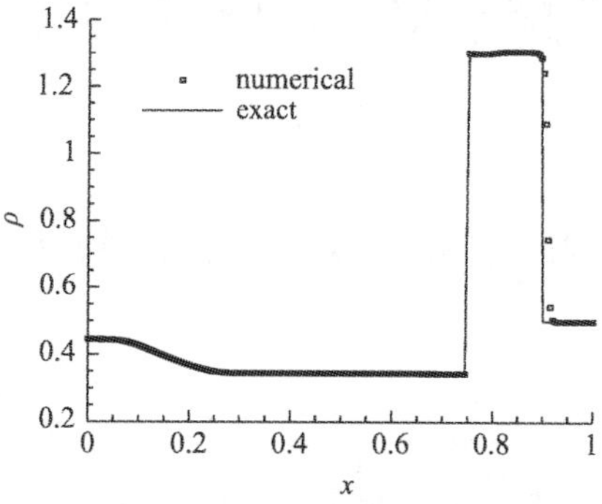

(b) 使用激波限制器

图 16.11　算例 1：不使用激波限制器和使用激波限制器的密度比较

算例 2 (文献 [3])　初始状态为

$$(\rho, u, p, \gamma, B) = \begin{cases} (1, 0, 500, 1.4, 0), & 0 \leqslant x < 0.8 \\ (10, 0, 0.2, 1.667, 0), & 0.8 \leqslant x \leqslant 1 \end{cases}$$

计算到 $t = 0.02$ 时刻，图 16.12 为不使用激波限制器和使用激波限制器的密度和速度图。不使用激波限制器时，密度在界面的右侧数值耗散严重，速度在界面的左侧产生振荡。使用激波限制器后，密度的数值耗散以及速度在界面的左侧所产生的振荡明显消除。

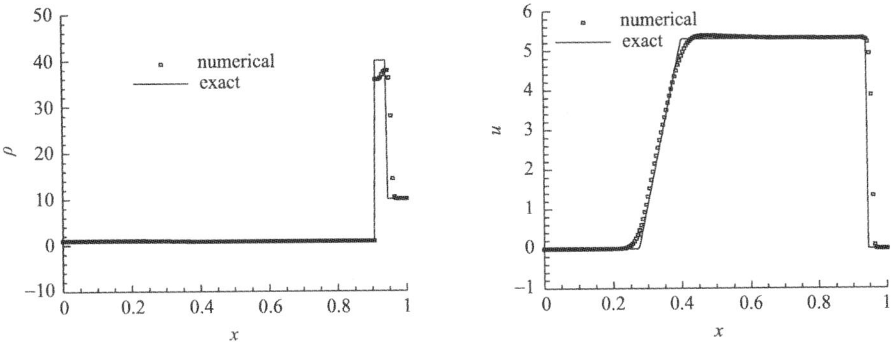

(a) 不使用激波限制器

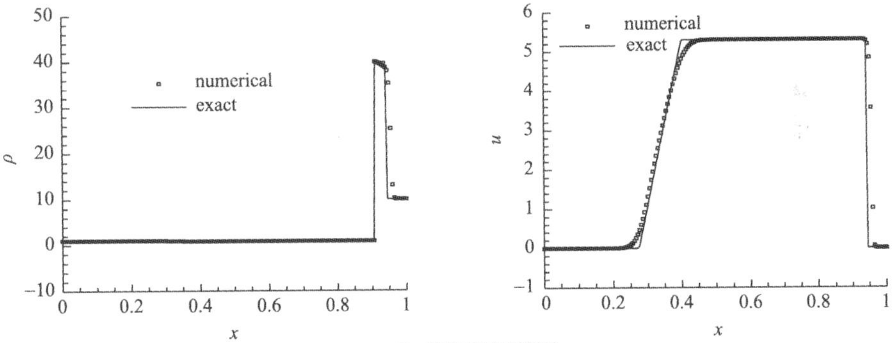

(b) 使用激波限制器

图 16.12　算例 2：不使用激波限制器和使用激波限制器的密度和速度比较

算例 3 (文献 [3])　将算例 2 的密度比和 γ 比增大，初始状态为

$$(\rho,u,p,\gamma,B)=\begin{cases}(1,0,500,1.4,0), & 0\leqslant x<0.75\\(30,0,0.2,2,0), & 0.75\leqslant x\leqslant 1\end{cases}$$

计算到 $t=0.02$ 时刻，图 16.13 是不使用激波限制器和使用激波限制器的密度和速度图。与算例 2 一样，使用激波限制器后，界面附近数值耗散以及振荡得到有效控制。

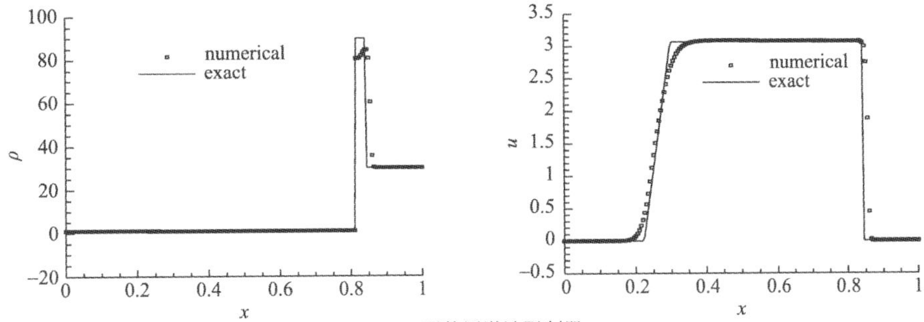

(a) 不使用激波限制器

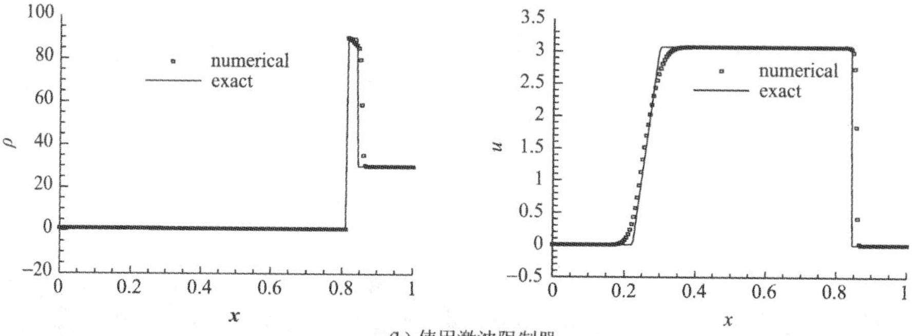

(b) 使用激波限制器

图 16.13　算例 3：不使用激波限制器和使用激波限制器的密度和速度比较

算例 4　激波位于界面左边流体中，激波的位置与界面均为 $x_{\mathrm{I}} = 0.2$。取界面左右两边流体的初始状态为$\gamma_{\mathrm{L}} = 1.667$，$\gamma_{\mathrm{R}} = 1.2$；$p_{\mathrm{L}} = p_{\mathrm{R}} = 1$；$u_{\mathrm{L}} = u_{\mathrm{R}} = 0$；$\rho_{\mathrm{R}} = 1$，$\rho_{\mathrm{L}} = \dfrac{(1+\tau_{\mathrm{R}} p_{\mathrm{S}}/p_{\mathrm{L}})(\gamma_{\mathrm{R}}-1)}{(1+\tau_{\mathrm{L}} p_{\mathrm{S}}/p_{\mathrm{L}})(\gamma_{\mathrm{L}}-1)}\rho_{\mathrm{R}}$(其中 $\tau_{\mathrm{L}} = \dfrac{\gamma_{\mathrm{L}}+1}{\gamma_{\mathrm{L}}-1}$，$\tau_{\mathrm{R}} = \dfrac{\gamma_{\mathrm{R}}+1}{\gamma_{\mathrm{R}}-1}$)。激波强度 (shock strength)$p_{\mathrm{S}}/p_{\mathrm{L}}$ 分别取 10、10^3、10^4、10^7。

表 16.1 给出激波强度 $p_{\mathrm{S}}/p_{\mathrm{L}}$=10 时，未使用和使用激波限制器时界面处密度的损耗和 L_1 误差的变化情况。从表 16.1 看出，当参数在 0.1 ∼ 1.0 选择时，界面处密度的损耗和 L_1 误差的值基本相同，当参数大于 1.0 时，界面处密度的损耗和L_1误差增大，但其值仍然比不使用激波限制器时的值小。将激波强度增加，表16.2 ∼表 16.4 给出激波强度分别为 10^3、10^4、10^7 时，使用和未使用激波限制器时界面处密度的损耗和 L_1 误差的变化情况。随着激波强度的增加，初始界面左右两侧的压强比增大，界面处密度的损耗和 L_1 误差越来越大。使用激波限制器后，界面处密度的损耗和 L_1 误差明显降低，且当参数在 0.1 ∼ 1.0 选择时结果较好。

图 16.14 ∼图 16.17 是激波强度分别为 10、10^3、10^4、10^7 时，使用和未使用激波限制器时的密度图和密度的局部放大图，计算时间分别为 $t=0.16$、$t=0.02$、$t = 0.006$、$t = 0.0002$。从这些图可以看出，使用激波限制器以后，界面右侧的过热 (overheating) 现象得到了有效控制，界面左侧的 “凹陷” 消失。图16.18 给出 $p_{\mathrm{S}}/p_{\mathrm{L}} = 10^7$ 时，不使用激波限制器 (no-limiter) 和使用激波限制器 (limiter)(参数取 0.3) 的压强和速度图。由图 16.18(a) 可见，激波与界面相互作用后，在界面的左侧产生非物理反射波。而使用激波限制器后，非物理反射波明显消除，如图 16.18(b) 所示。

表 16.1　$p_S/p_L=10$：密度的损耗和 L_1 误差的变化情况

条件	参数 a	界面处密度的损耗	L_1 误差
未使用激波限制器		6.6585676×10^{-2}	6.4649884×10^{-2}
使用激波限制器	0.1	1.16641885×10^{-2}	5.3827499×10^{-2}
	0.3	1.26401602×10^{-2}	5.3827275×10^{-2}
	0.5	1.16640087×10^{-2}	5.38271638×10^{-2}
	1.0	1.21491639×10^{-2}	5.37822168×10^{-2}
	1.5	1.56050916×10^{-2}	5.44673716×10^{-2}
	2.0	3.7586373×10^{-2}	6.04316074×10^{-2}

表 16.2　$p_S/p_L=10^3$：密度的损耗和 L_1 误差的变化情况

条件	参数 a	界面处密度的损耗	L_1 误差
未使用激波限制器		4.9084522×10^{-1}	1.7981057×10^{-1}
使用激波限制器	0.1	5.2613794×10^{-2}	1.2655359×10^{-1}
	0.3	5.2613794×10^{-2}	1.2655353×10^{-1}
	0.5	5.2651379×10^{-2}	1.2655357×10^{-1}
	1.0	5.2594312×10^{-2}	1.2655352×10^{-1}
	1.5	6.0525302×10^{-2}	1.2788924×10^{-1}
	16.0	6.4054398×10^{-2}	1.2869951×10^{-1}

表 16.3　$p_S/p_L=10^4$：密度的损耗和 L_1 误差的变化情况

条件	参数 a	界面处密度的损耗	L_1 误差
未使用激波限制器		5.3596133×10^{-1}	1.8245643×10^{-1}
使用激波限制器	0.1	5.2322059×10^{-2}	1.7557537×10^{-1}
	0.3	5.2322059×10^{-2}	1.7557537×10^{-1}
	0.5	5.2322121×10^{-2}	1.7557625×10^{-1}
	1.0	5.2296107×10^{-2}	1.7558661×10^{-1}
	1.5	6.0541328×10^{-2}	1.7689027×10^{-1}
	2.0	6.4565527×10^{-2}	1.7769965×10^{-1}

表 16.4　$p_S/p_L=10^7$：密度的损耗和 L_1 误差的变化情况

条件	参数 a	界面处密度的损耗	L_1 误差
未使用激波限制器		5.4869937×10^{-1}	1.83416459×10^{-1}
使用激波限制器	0.1	5.2968933×10^{-2}	1.28516435×10^{-1}
	0.3	5.2968933×10^{-2}	1.28516435×10^{-1}
	0.5	5.2968933×10^{-2}	1.28516435×10^{-1}
	1.0	5.2967601×10^{-2}	1.2854095×10^{-1}
	1.5	6.1249949×10^{-2}	1.2991458×10^{-1}
	2.0	6.5062991×10^{-2}	1.3073588×10^{-1}

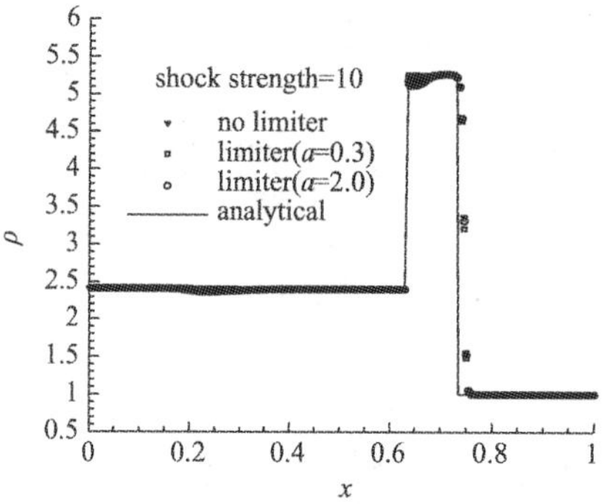

(a) 密度

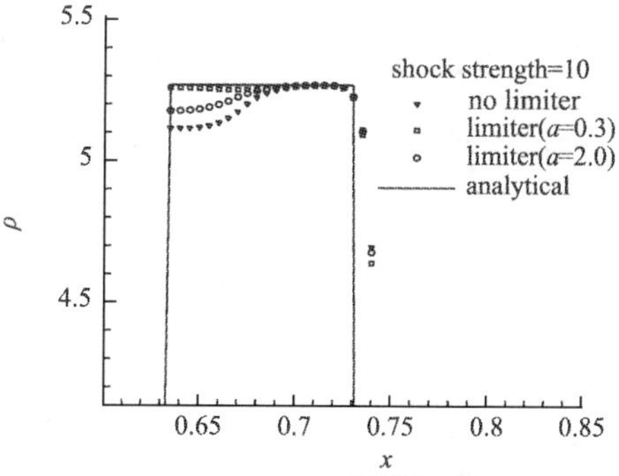

(b) 局部放大图

图 16.14　$p_{\mathrm{S}}/p_{\mathrm{L}} = 10$ 下的密度图

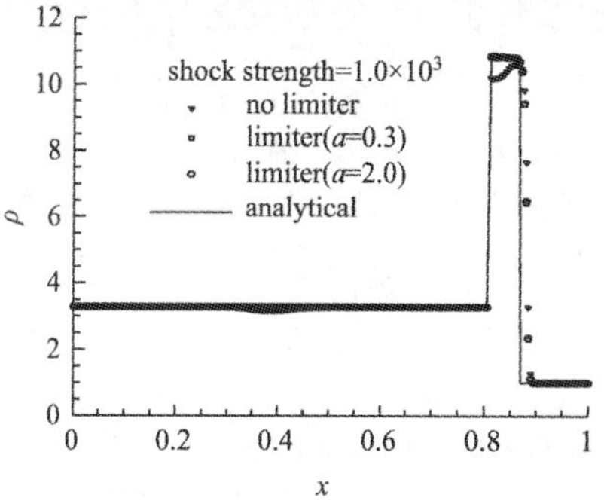

(a) 密度

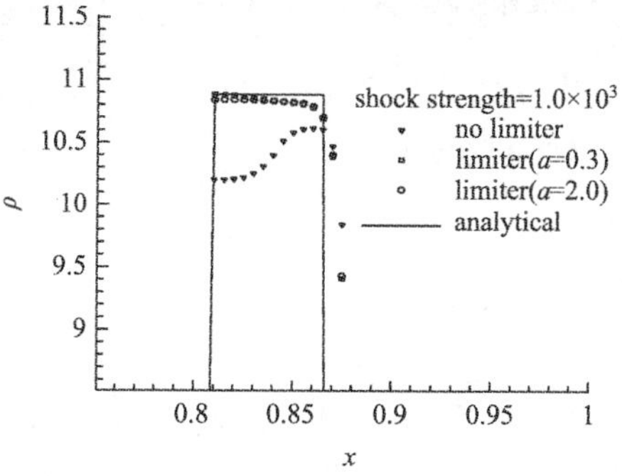

(b) 局部放大图

图 16.15　$p_{\mathrm{S}}/p_{\mathrm{L}} = 10^3$ 下的密度图

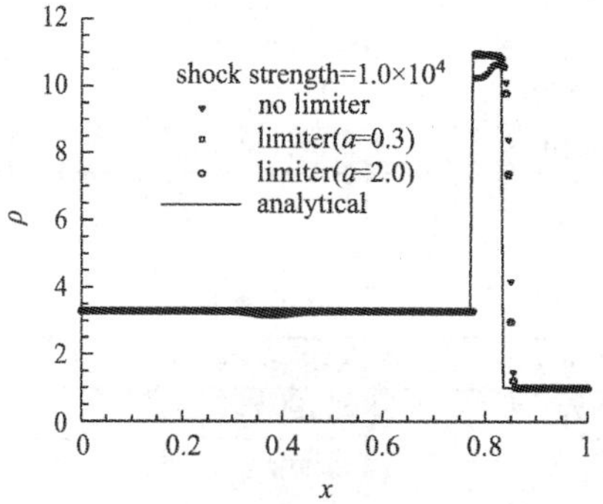

(a) 密度

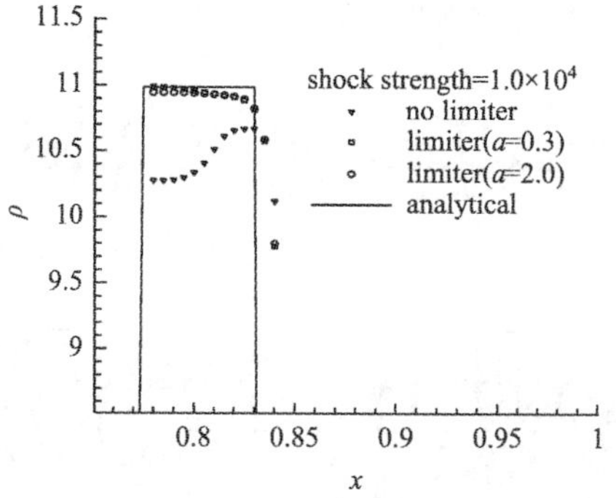

(b) 局部放大图

图 16.16　$p_{\mathrm{S}}/p_{\mathrm{L}} = 10^4$ 下的密度图

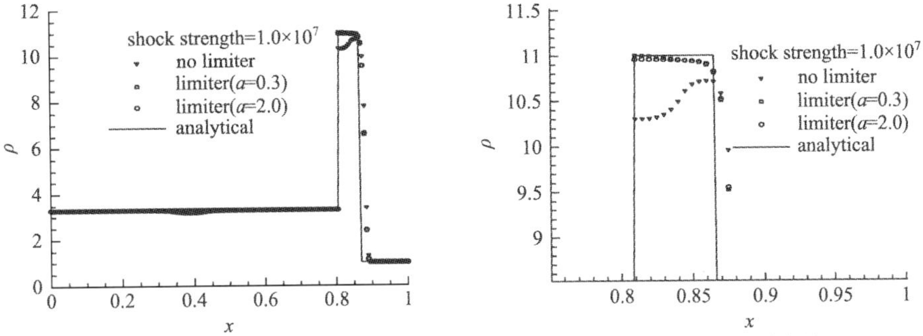

(a) 密度　　(b) 局部放大图

图 16.17　$p_{\mathrm{S}}/p_{\mathrm{L}} = 10^7$ 下的密度图

算例 5　马赫数 Ma=16 的激波从轻流体打向重流体，流体的初始状态为 $p_{\mathrm{L}} = 0.1$，$p_{\mathrm{R}} = 0.1$；$\rho_{\mathrm{L}} = 0.04$，$\rho_{\mathrm{R}} = 0.125$；$u_{\mathrm{L}} = u_{\mathrm{R}} = 0$；$\gamma_{\mathrm{L}} = \gamma_{\mathrm{R}} = 1.4$；$B_{\mathrm{L}} = B_{\mathrm{R}} = 0$。激波的位置与界面均为 $x = 0.5$。

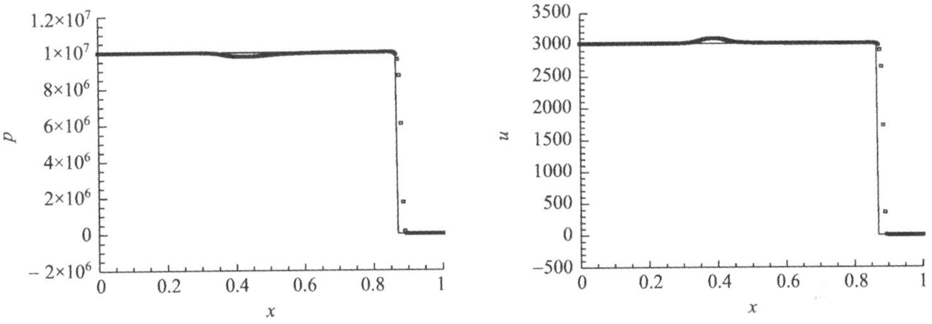

(a) 不使用激波限制器

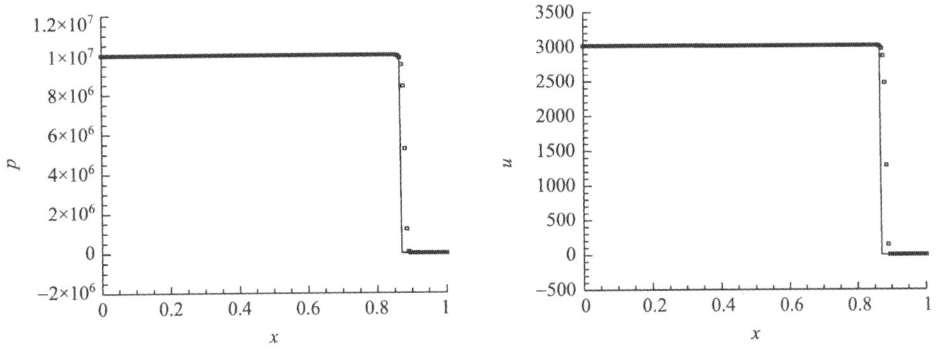

(b) 使用激波限制器

图 16.18　$p_{\mathrm{S}}/p_{\mathrm{L}} = 10^7$：不使用激波限制器和使用激波限制器的压强和速度比较

马赫数 Ma=16.0 时，激波与界面作用后，激波的波后状态为

$$(\rho, u, p) = (0.1067, 4.8605, 0.4500)$$

表 16.5 给出时间 $t = 0.09$，$Ma = 2.0$ 时使用和未使用激波限制器时界面处密度的损耗和 L_1 误差的变化情况。将马赫数增加到 3.0 和 4.0 时，激波与界面作用后，激波的波后状态分别为

$$(\rho, u, p) = (0.1542, 9.1863, 1.0333)$$

$$(\rho, u, p) = (0.1828, 15.0541, 1.850)$$

表 16.6 和表 16.7 给出 Ma=3.0 和 Ma=4.0 时的情况。随着马赫数增加，激波与界面作用后，初始界面左侧流体的密度、速度以及压强越来越大，导致界面处密度的损耗和 L_1 误差越来越大。当参数 a 在 0.1 ～ 1.0 选择时，界面处密度的损耗和 L_1 误差的值基本相同；当参数 a 大于 1.0 时，界面处密度的损耗和 L_1 误差增大，但其值仍然比不使用激波限制器时的值要小。图 16.19 是 Ma=16.0 的密度和内能图，时间为 $t = 0.09$；图 16.20 是 Ma=3.0 的密度和内能图，时间为 $t = 0.05$；图 16.21 是 Ma=4.0 的密度和内能图，时间为 $t = 0.02$。从这些图可以看出，使用激波限制器以后，界面处的过热现象得到了有效控制，且当参数在 0.1 ～ 1.0 选择时结果较好。

表 16.5　Ma=2.0：密度的损耗和 L_1 误差的变化情况

条件	参数 a	界面处密度的损耗	L_1 误差
未使用激波限制器		7.2952574×10^{-3}	6.0487014×10^{-3}
使用激波限制器	0.1	1.7931767×10^{-3}	5.3685469×10^{-3}
	0.3	1.7931576×10^{-3}	5.3684299×10^{-3}
	0.5	1.7787965×10^{-3}	5.3689361×10^{-3}
	1.0	2.1155395×10^{-3}	5.4148907×10^{-3}
	1.5	2.3343262×10^{-3}	5.2734931×10^{-3}
	2.0	5.6724275×10^{-3}	5.8148893×10^{-3}

表 16.6　Ma=3.0：密度的损耗和 L_1 误差的变化情况

条件	参数 a	界面处密度的损耗	L_1 误差
未使用激波限制器		1.2124533×10^{-2}	1.0381181×10^{-2}
使用激波限制器	0.1	2.7568131×10^{-3}	9.5304459×10^{-3}
	0.3	2.7831048×10^{-3}	9.5370384×10^{-3}
	0.5	2.7259451×10^{-3}	9.5279531×10^{-3}
	1.0	3.2421116×10^{-3}	9.6063208×10^{-3}
	1.5	3.7570804×10^{-3}	9.6011886×10^{-3}
	16.0	9.1038427×10^{-3}	9.7868199×10^{-3}

表 16.7　Ma=4.0 时：密度的损耗和 L_1 误差的变化情况

条件	参数 a	界面处密度的损耗	L_1 误差
未使用激波限制器		3.0974144×10^{-2}	6.4649884×10^{-2}
使用激波限制器	0.1	1.4087845×10^{-2}	1.0353914×10^{-2}
	0.3	1.4195726×10^{-2}	1.0365812×10^{-2}
	0.5	1.4268792×10^{-2}	1.0373588×10^{-2}
	1.0	1.5500752×10^{-2}	1.0476273×10^{-2}
	1.5	1.8736705×10^{-2}	1.0108129×10^{-2}
	2.0	2.6210861×10^{-2}	1.0486327×10^{-2}

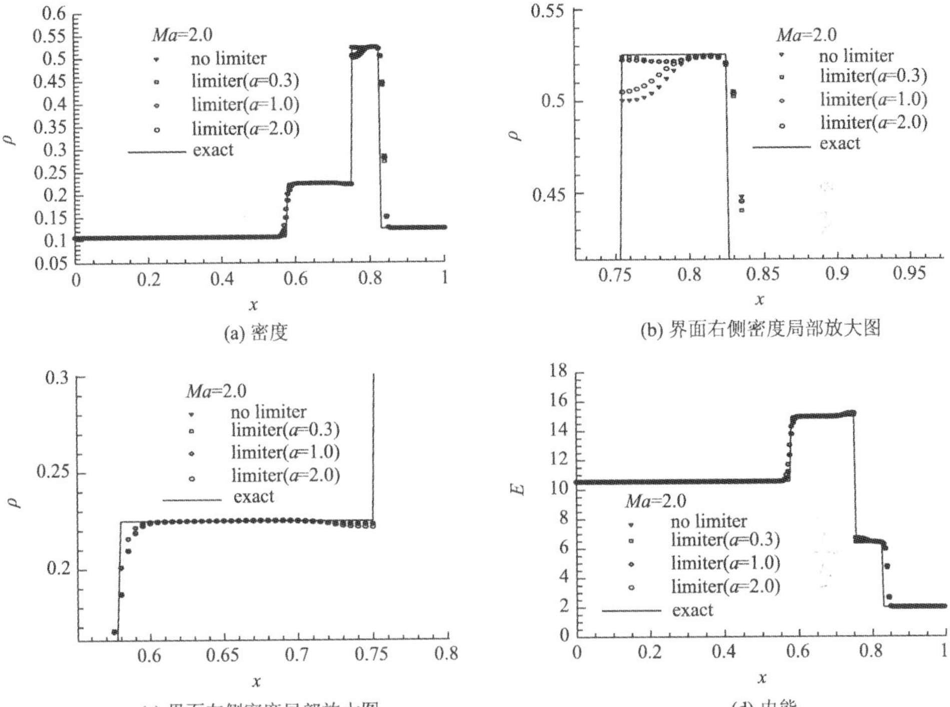

(a) 密度　(b) 界面右侧密度局部放大图

(c) 界面左侧密度局部放大图　(d) 内能

图 16.19　Ma = 2.0 时的密度和内能图

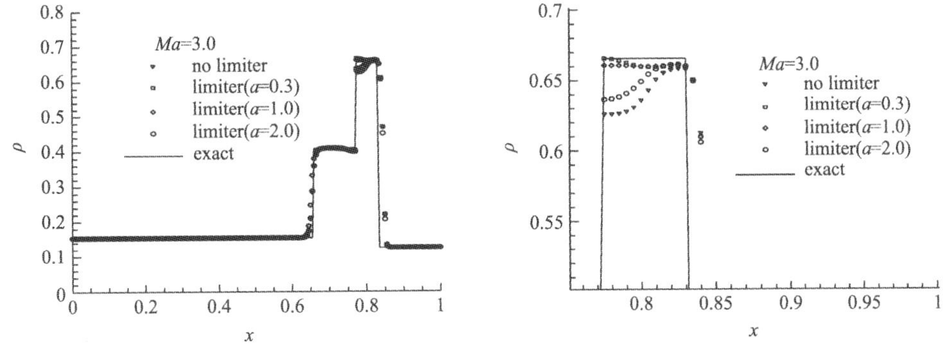

(a) 密度　(b) 界面右侧密度局部放大图

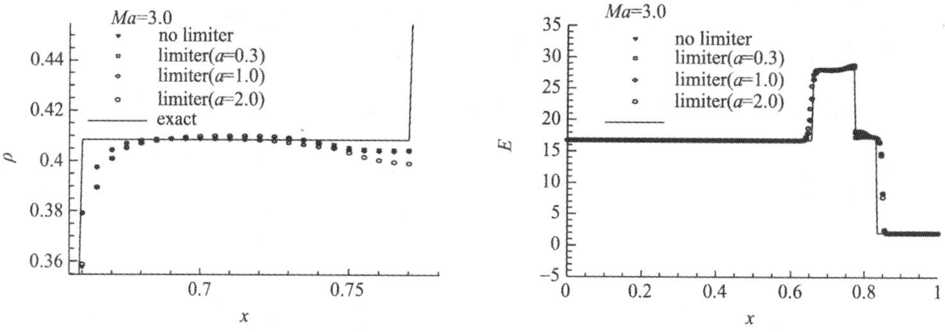

(c) 界面左侧密度局部放大图　　(d) 内能

图 16.20　Ma=3.0 时的密度和内能图

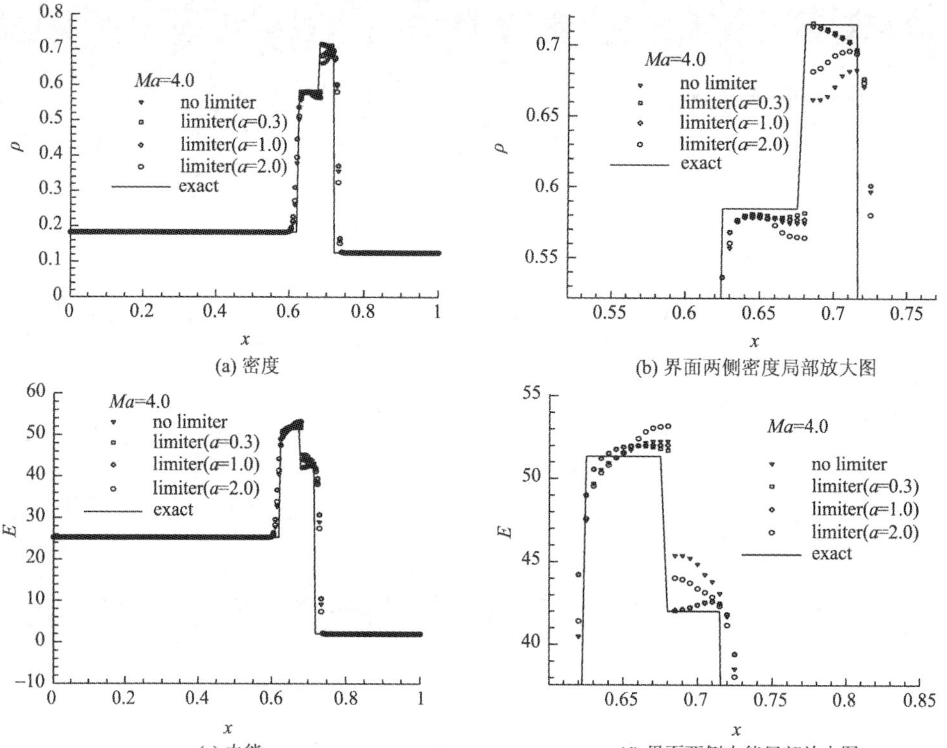

(a) 密度　　(b) 界面两侧密度局部放大图

(c) 内能　　(d) 界面两侧内能局部放大图

图 16.21　Ma=4.0 时的密度和内能图

算例 6　界面左右状态为 $\rho_{\mathrm{L}}=0.001$，$\rho_{\mathrm{R}}=1$；$p_{\mathrm{L}}=1$，$p_{\mathrm{R}}=1$；$u_{\mathrm{L}}=u_{\mathrm{R}}=0$；$\gamma_{\mathrm{L}}=1.4$，$\gamma_{\mathrm{R}}=7.15$。初始状态下激波的位置与界面的初始位置重合，并且界面位于 $x_{\mathrm{I}}=0.5$ 处。激波强度 $p_{\mathrm{S}}/p_{\mathrm{L}}$ 分别取 10^3、10^4、10^5 计算，计算时间分别为 t=0.0007、t=0.0003、t=0.0001。表 16.8 给出了没有使用和使用激波限制器的 L_1

误差。当参数 a 大于 1 时，对于激波强度 p_S/p_L 分别为 10^3 和 10^4 的情形，L_1 误差比没有使用激波限制时的要大，这说明对于气液问题，参数大于 1 不可取；当参数小于 1 时，不同的参数值均可以使密度的 L_1 误差降低，且在 0.3 时达到最小。这与 16.5 节的图 16.8 和图 16.9 的结论是一致的。图 16.22 ～图 16.24 分别给出三种不同激波强度下的密度图，使用激波限制器后，数值解和精确解吻合得更好。

表 16.8　L_1 误差的变化情况

条件		L_1 误差		
		$p_S/p_L=10^3$	$p_S/p_L=10^4$	$p_S/p_L=10^5$
未使用激波限制器		3.7288942×10^{-4}	3.2185692×10^{-3}	9.2202941×10^{-3}
使用激波限制器	$a=0.1$	3.6813934×10^{-4}	2.6302673×10^{-3}	5.5549348×10^{-3}
	$a=0.3$	3.6534572×10^{-4}	2.5701431×10^{-3}	5.5535682×10^{-3}
	$a=0.5$	3.6548964×10^{-4}	2.6377744×10^{-3}	5.6921143×10^{-3}
	$a=1.0$	4.0912386×10^{-4}	3.5051276×10^{-3}	5.8037104×10^{-3}
	$a=1.5$	4.3893103×10^{-4}	4.0360693×10^{-3}	5.8443658×10^{-3}
	$a=2.0$	4.3126519×10^{-4}	4.0843452×10^{-3}	5.8554046×10^{-3}

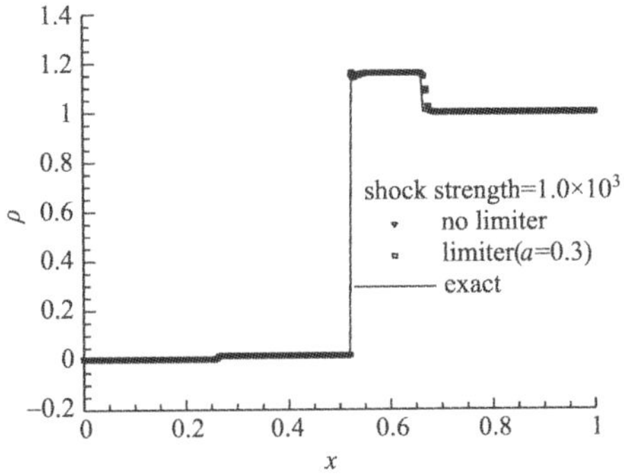

(a) 密度

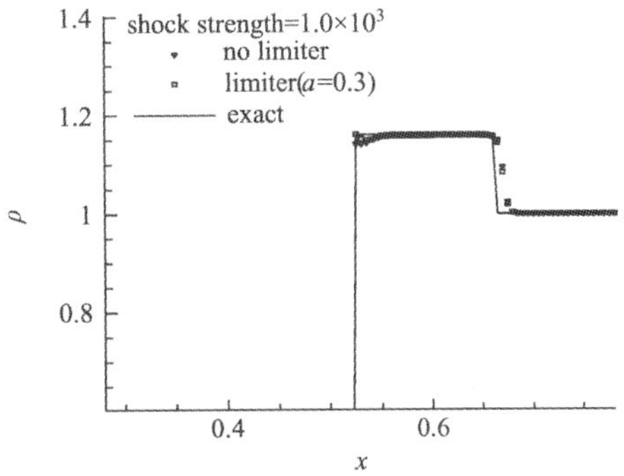

(b) 密度局部放大图

图 16.22　$p_S/p_L=10^3$ 下的密度图

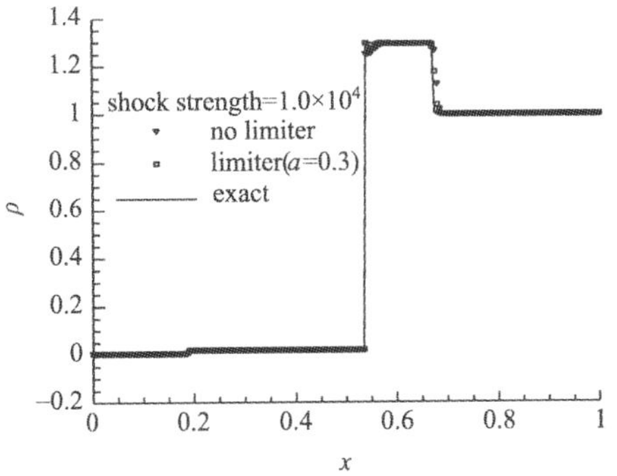

(a) 密度

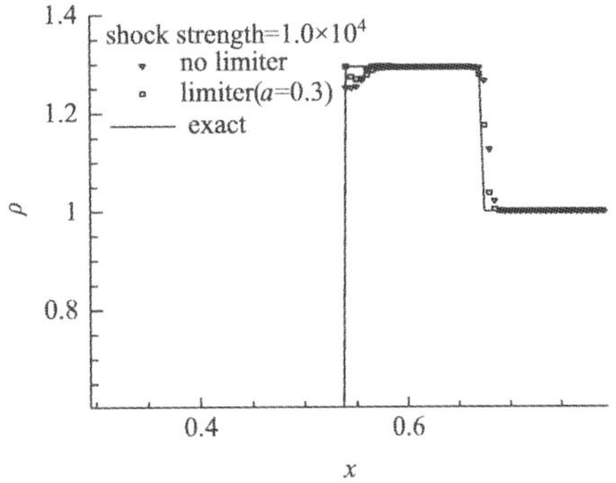

(b) 密度局部放大图

图 16.23　$p_S/p_L=10^4$ 下的密度图

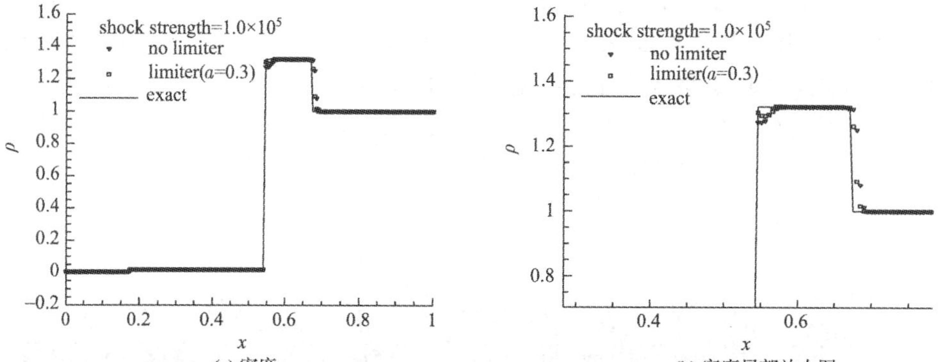

图 16.24　$p_{\rm S}/p_{\rm L} = 10^5$ 下的密度图

算例 7　界面左右两边的流体初始状态为 $p_{\rm L} = p_{\rm R} = 1.0$; $\rho_{\rm L} = \rho_{\rm R} = 1.0$; $u_{\rm L} = u_{\rm R} = 0.0$; $\gamma_{\rm L} = 7.15$，$\gamma_{\rm R} = 1.4$; $B_{\rm L} = 3309.0$，$B_{\rm R} = 0.0$。激波的位置与界面相同为 $x_0 = 0.5$。激波强度 $p_{\rm S}/p_{\rm L}$ 分别取 10^4、10^5、10^6 计算，计算时间分别为 $t = 0.002$、$t = 0.0005$，$t = 0.0004$。表 16.9 给出了未使用和使用激波限制器的 L_1 误差，可见不同的参数均可以使密度的 L_1 误差降低，当参数 a 小于 1 时，L_1 误差变化不大，且取 $a = 0.3$ 时最好。图 16.25 ～图 16.27 分别给出三种不同激波强度下的密度和压强图。未使用激波限制器时，密度在界面的右侧数值耗散严重，压强在界面的左侧产生振荡。使用激波限制器后，界面处密度的数值耗散得到有效控制，界面左侧压强的振荡明显消除。

表 16.9　L_1 误差的变化情况

条件		L_1 误差		
		$p_{\rm S}/p_{\rm L} = 10^4$	$p_{\rm S}/p_{\rm L} = 10^5$	$p_{\rm S}/p_{\rm L} = 10^6$
没有使用激波限制器		7.1223453×10^{-2}	8.5275652×10^{-2}	7.3751949×10^{-2}
使用激波限制器	$a = 0.1$	5.7531426×10^{-2}	6.9537254×10^{-2}	6.1187692×10^{-2}
	$a = 0.3$	5.7530214×10^{-2}	6.9528192×10^{-2}	6.1167195×10^{-2}
	$a = 0.5$	5.7531257×10^{-2}	6.9532631×10^{-2}	6.1181098×10^{-2}
	$a = 1.0$	5.7548324×10^{-2}	7.0367628×10^{-2}	6.2125951×10^{-2}
	$a = 1.5$	5.8335461×10^{-2}	7.0516271×10^{-2}	6.1985489×10^{-2}
	$a = 2.0$	5.9432153×10^{-2}	7.4539994×10^{-2}	6.5669931×10^{-2}

由以上各种情况的计算可见，对于气气界面问题，使用激波限制器后，不管参数 a 为何值 (这里为 0.1 ～ 2.0)，L_1 误差均比未使用激波限制器时要小，且当激波限制器参数 a 为 0.1 ～ 1 时，L_1 误差的变化平缓，从密度图来看，当参数 a 取 0.3 时，界面处的数值耗散控制得最好；对于气水问题，当参数 a 取 0.3 时，L_1 误差达到最小。

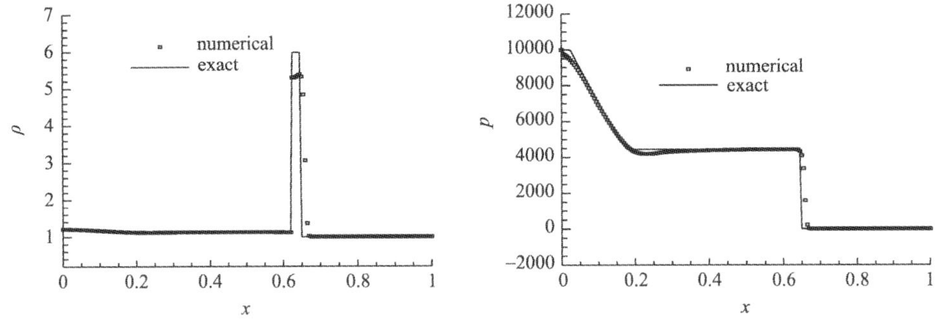

(a) 未使用激波限制器

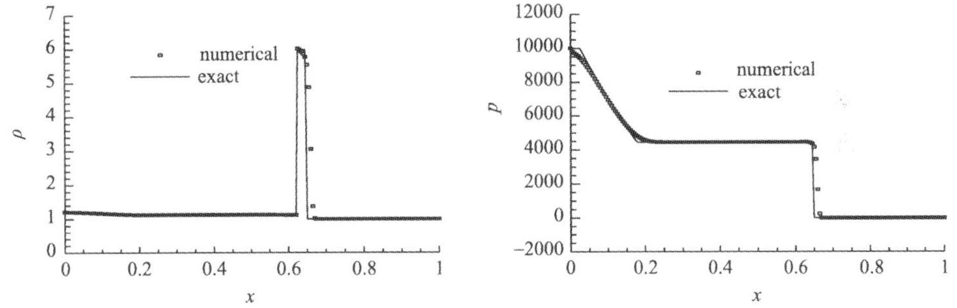

(b) 使用激波限制器

图 16.25　激波强度 $p_{\mathrm{S}}/p_{\mathrm{L}} = 10^4$：未使用激波限制器和使用激波限制器的密度和压强比较

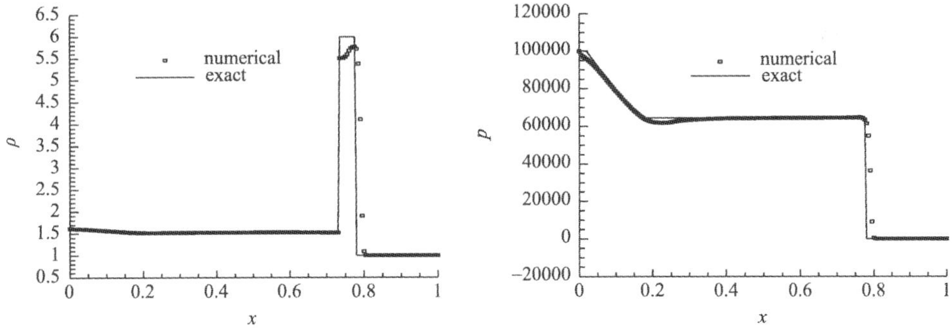

(a) 未使用激波限制器

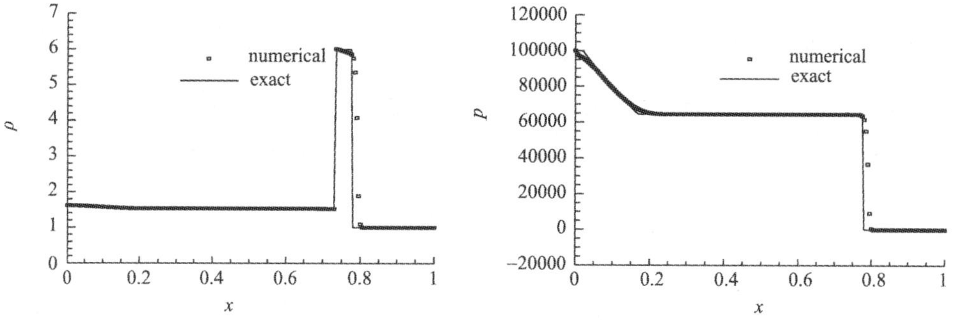

(b) 使用激波限制器

图 16.26　$p_S/p_L = 10^5$：未使用激波限制器和使用激波限制器的密度和压强比较

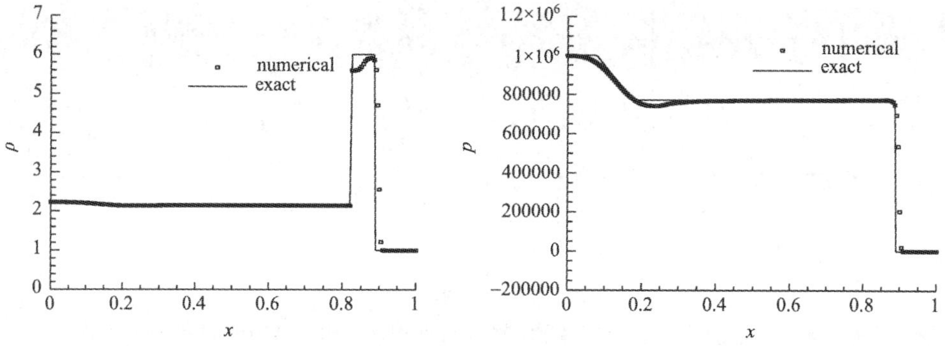

(a) 未使用激波限制器

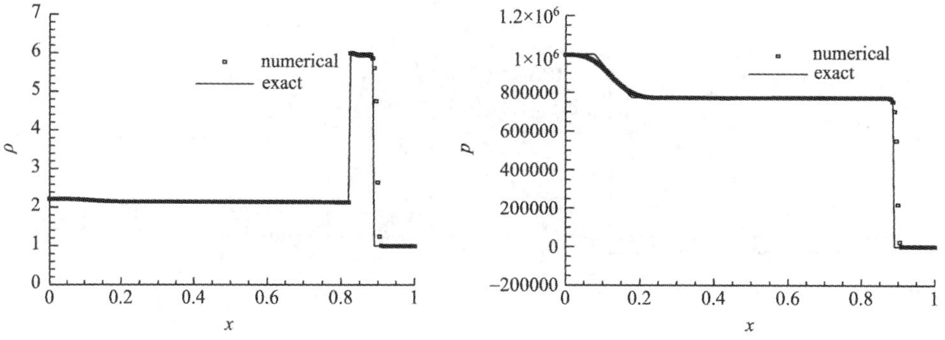

(b) 使用激波限制器

图 16.27　$p_S/p_L = 10^6$：未使用激波限制器和使用激波限制器的密度和压强比较

16.5　小　　结

本章通过在界面处构造 Riemann 问题，采用预估校正法完成流场的数值计算。在校正过程中，引入激波限制器，选择参数使其应用效果达到最好。通过比较平

均守恒误差和 L_1 误差随参数 a 的变化情况，给出参数 a 的取值范围，即可以在 $a=0.3$ 附近选取。通过数值算例发现，界面追踪方法中数值解的凸起及凹陷现象，不但与守恒误差的大小有关，而且与界面处 Riemann 问题初始状态的选取密切相关，即有激波接近界面时，应选择波后状态。在初始有限时间步内守恒误差较大时，激波限制器的状态为开，而一旦开始线性插值，激波限制器的状态便始终为关闭状态。最后通过算例测试了激波限制器的使用情况，当参数值 a 取 0.1 ～ 1 时，不同的参数值 a 均可以使 L_1 误差降低，且在 $a=0.3$ 时最好。另外，激波强度和激波马赫数的变化不会影响激波限制器参数 a 的选取。

参 考 文 献

[1] Glimm J. Tracking of interfaces for fluid flow: accurate methods for piecewise smooth problems. Transonic, Shock, and Multidimensional Flows: Advances in Scientific Computing. 1982, 1: 259–287.

[2] Cocchi J P, Saurel R. A Riemann problem based method for the resolution of compressible multimaterial flows. Journal of Computational Physics, 1997, 137(2): 265–298.

[3] Liu T G, Khoo B C, Yeo K S. Ghost fluid method for strong shock impacting on material interface. Journal of Computational Physics, 2003, 20(16): 651–681.

[4] Liu T G, Khoo B C, Wang C W. The ghost fluid method for compressible gas-water simulation. Journal of Computational Physics, 2005, 204(1): 193–221.

[5] Wang C W, Liu T G, Khoo B C. A real-ghost fluid method for the simulation of multi-medium compressible flow. SIAM Journal on Scientific Computing, 2006, 28(1): 278–302.

[6] 赵宁，余彦，唐维军. R-M 不稳定性的数值模拟方法. 计算数学，2001，23(4)：259–264.

[7] Shyue K M. A fluid-mixture type algorithm for compressible multicomponent flow with Van der Waals equation of state. Journal of Computational Physics, 1999, 156(1): 43–88.

[8] Shyue K M. A fluid-mixture type algorithm for compressible multi-component flow with Mie-Grüneisen equation of state. Journal of Computational Physics, 2001, 171(2): 678–707.

[9] 吴子牛. 计算流体力学基本原理. 北京：科学出版社，2001.

[10] 阎超. 计算流体力学方法及应用. 北京：北京航空航天大学出版社，2006.

[11] Fedkiw R. Coupling an Eulerian fluid calculation to a Lagrangian solid calculation with the ghost fluid method. Journal of Computational Physics, 2002, 175(1): 200–224.

第 17 章　可压缩多介质流动的界面追踪方法

对于界面追踪方法[1−3]，界面是显式追踪的而界面位置在计算过程中能够始终保持非常清晰。该方法在界面附近构造 Riemann 问题并在界面的法向和切向通过虚拟节点传递 Riemann 问题的解。Cocchi等[4]的方法采用类似的思想：应用界面 Riemann 问题的解修正在预测步中可能导致数值振荡的结果。而由 Tryggvason 等[5]提出的方法实际上是界面捕捉和界面追踪的混合方法，流场中的网格保持静止而界面由低维的格点进行离散。

虚拟流体方法[6−8]鲁棒性好且易于处理不同性质的流体界面问题，但是当压力或者速度在界面附近存在较大的梯度时，虚拟流体方法表现效果不佳。事实上，虚拟流体状态的定义需要恰当地考虑界面附近波的相互作用以及不同介质的性质，这导致了新的虚拟流体方法的产生，例如修正虚拟流体方法 [9,10] 和真实虚拟流体方法 [11]。在修正虚拟流体方法中，在界面构造 Riemann 问题并且利用 Riemann 问题的解定义虚拟流体状态，而真实虚拟流体方法更进一步地在界面真实流体一侧利用 Riemann 问题的解更新真实流体状态。因为界面的波系可以向上游和下游同时传播，所以真实虚拟流体方法定义的界面边界条件具有较小的守恒误差，对于激波匹配等问题表现尤为突出。

本章介绍界面追踪和真实虚拟流体相结合的方法来模拟多介质流动问题，真实虚拟流体方法用于定义界面边界条件。与 Unverdi 等 [12] 采用插值追踪界面的方法不同，本章基于 Riemann 问题的解得到界面的运动。除此之外，在应用真实虚拟流体方法时真实流体一侧状态的更新也由 Riemann 问题的解直接完成。

17.1　数 值 方 法

17.1.1　求解可压缩 Euler 方程

界面的运动和控制方程的求解是独立进行的。在求解二维 Euler 控制方程时，空间上采用五阶WENO格式[13] 离散。时间上采用三阶 TVD Runge-Kutta 方法 [14] 进行离散。时间步长满足 CFL 条件

$$\Delta t = \min_{(i,j)} \left\{ \frac{\mathrm{CFL}}{[(|u| + a)/\Delta x + (|v| + a)/\Delta y]} \right\} \tag{17.1}$$

其中，Δx 和 Δy 是网格步长，a 是声速，$(i,\ j)$ 表示流场中所有网格点。

17.1.2　界面追踪

如图 17.1 所示，在 t^n 时刻介质 1 与介质 2 被流体界面分开。标志点是界面和网格线的交点。$\boldsymbol{N}$ 是法向矢量，$\boldsymbol{T}$ 是切向矢量。点 A 和点 B 在标志点 P 的法线方向上，它们与标志点 P 相距

$$\Delta n = \left[\left(\frac{N_x}{\Delta x}\right)^2 + \left(\frac{N_y}{\Delta y}\right)^2\right]^{-\frac{1}{2}} \tag{17.2}$$

其中，N_x 和 N_y 是标志点 P 处的法向分量。点 A 和点 B 处的状态可由周围网格点逆距离插值得到。逆距离插值方法对于插值点个数没有固定要求，在此处是非常适合的。不失一般性，考虑介质 1 中的点 B，其周围的网格点为 C，D，E，F。由于点 F 在介质 2，点 B 的状态仅由点 C，D，E 插值即可。以点 A 和点 B 的状态为初始条件构造 Riemann 问题，采用双激波近似 Riemann 求解器 [15] 进行求解。至于切向速度，采用类似于迎风的方法进行定义：

$$v_{\rm T}^{\rm I} = \begin{cases} v_{\rm T}^B, u_{\rm N}^{\rm I} \geqslant 0 \\ v_{\rm T}^A, u_{\rm N}^{\rm I} < 0 \end{cases} \tag{17.3}$$

其中，$u_{\rm N}^{\rm I}$ 和 $v_{\rm T}^{\rm I}$ 是标志点 P 处的法向速度和切向速度，$v_{\rm T}^A$ 和 $v_{\rm T}^B$ 是点 A 和点 B 处的切向速度。

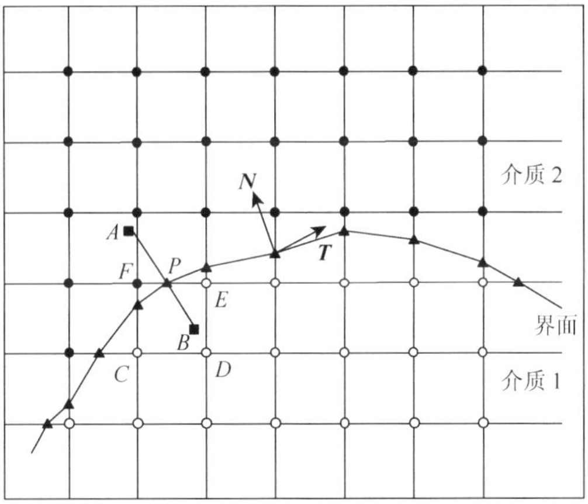

图 17.1　标志点处 Riemann 问题的构造

当所有标志点的速度求解完成后，标志点新的位置由三阶 TVD Runge-Kutta 方法得到

$$\boldsymbol{x}_f^{(1)} = \boldsymbol{x}_f^n + \Delta t \cdot \boldsymbol{v}_f(\boldsymbol{x}_f^n)$$

$$
\begin{aligned}
\boldsymbol{x}_f^{(2)} &= \frac{3}{4}\boldsymbol{x}_f^n + \frac{1}{4}\boldsymbol{x}_f^{(1)} + \frac{1}{4}\Delta t \cdot \boldsymbol{v}_f(\boldsymbol{x}_f^{(1)}) \\
\boldsymbol{x}_f^{n+1} &= \frac{1}{3}\boldsymbol{x}_f^n + \frac{2}{3}\boldsymbol{x}_f^{(2)} + \frac{2}{3}\Delta t \cdot \boldsymbol{v}_f(\boldsymbol{x}_f^{(2)})
\end{aligned} \tag{17.4}
$$

其中，$\boldsymbol{x}_f^n$ 和 $\boldsymbol{x}_f^{n+1}$ 是在 t^n 和 t^{n+1} 时刻的界面位置。$\boldsymbol{v}_f$ 是界面速度，Δt 是时间步长 (式 (17.1))。

界面的重构方法 [2] 如下：如图 17.2 所示，点 P_1，P_2，P_3 是 3 个标志点且根据式 (17.4) 推进到点 M_1，M_2，M_3。用线段连接点 M_1，M_2，M_3 得到与网格线的交点 Q_1，Q_2，Q_3。点 Q_1，Q_2，Q_3 即为下一时刻新的标志点。

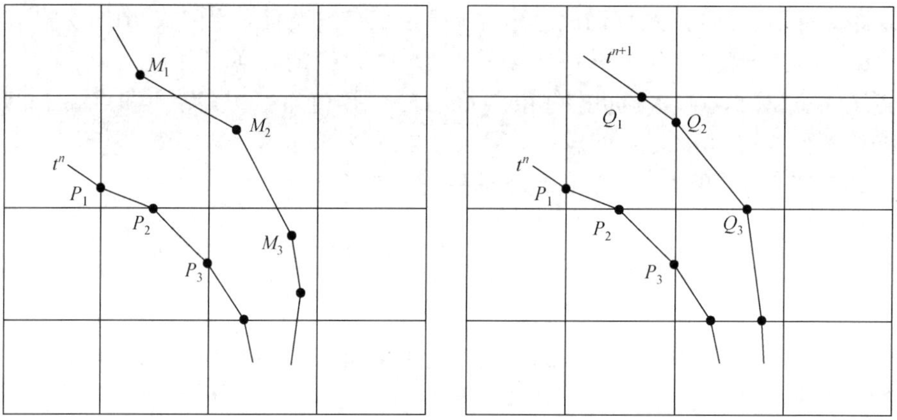

图 17.2　界面重构

17.1.3　虚拟流体区域的判定

由于每种介质单独进行求解，虚拟流体区域需要预先确定。在流场中采用分布指标函数 [5,12] 进而流体种类确定。指标函数定义为

$$
I(\boldsymbol{x}) = 1 - 2H(\boldsymbol{x}) \tag{17.5}
$$

其中，$H(\boldsymbol{x})$ 是 Heaviside(赫维赛德) 函数。可以看出，在一种介质中，函数值为 1，另一种为 -1。计算梯度得到

$$
\nabla I(\boldsymbol{x}) = -2\nabla H(\boldsymbol{x}) = -2\int \Delta H(\boldsymbol{x})\boldsymbol{n}\delta(\boldsymbol{x}-\boldsymbol{x}_f)\mathrm{d}s \tag{17.6}
$$

这里，$\Delta H(\boldsymbol{x})$ 取为 1.0。对上式求散度并对δ函数进行光滑近似，可以得到如下离散形式的 Poisson 方程：

$$
(\nabla^2 I(\boldsymbol{x}))_{i,j} = -2\nabla\cdot(\nabla H(\boldsymbol{x})_{i,j}) = -2\nabla\cdot(\sum_l \omega_{i,j}^l \boldsymbol{n}_l \Delta s_l) \tag{17.7}
$$

其中，i 和 j 表示网格点，l 表示界面元素，$\boldsymbol{n}_l$ 是界面元素 l 的单位法向量，Δs_l 是界面元素 l 的长度，$\omega_{i,j}^l$ 是网格点 $(i,\ j)$ 关于界面元素 l 的权重且应当满足

$$\sum_{i,j}\omega_{i,j}^l = 1 \tag{17.8}$$

如果界面元素 l 的中心定义为 $\boldsymbol{x}_p = (x_p, y_p)$，则界面元素 l 对于网格点 $(i,\ j)$ 的权重系数为

$$\omega_{i,j}(\boldsymbol{x}_p) = d(x_p - ih)d(y_p - jh) \tag{17.9}$$

其中，h 是网格步长，$d(r)$ 取为 [17]

$$d(r) = \begin{cases} (1/2\xi h)[1+\cos(\pi r/\xi h)], & |r| < \xi h \\ 0, & |r| > \xi h \end{cases} \tag{17.10}$$

该 Poisson 方程在界面附近通过迭代进行求解，当从界面的一侧跨越到另一侧其数值解显示出从 -1 到 1 的连续变化。参数 ξ 取为 4，这一相对大的取值增加了界面的光滑度 [16]。当 Heaviside 函数求解完成后，网格上的单位法向矢量可以计算为

$$\boldsymbol{N}_g = \nabla I / |\nabla I| \tag{17.11}$$

17.1.4　真实虚拟流体方法

在真实虚拟流体方法中，界面附近通过构造 Riemann 问题更新真实流体状态并定义虚拟流体状态。由于在界面追踪部分已经构造标志点处 Riemann 问题，其 Riemann 问题的解可以直接用于定义虚拟流体状态。如图 17.3 所示，点 P，Q，R 是三个标志点，网格 A 处的状态可以由与其法向夹角最小的标志点上 Riemann 问题的解进行更新。如果标志点 P 是与格点 A 法向夹角最小的标志点且其上的 Riemann 问题的解表示为 $[\rho_{\mathrm{IL}}, \rho_{\mathrm{IR}}, u_{\mathrm{IN}}, p_{\mathrm{I}}]^{\mathrm{T}}$，那么网格 A 的密度、法向速度和压力更新为 $\rho_{\mathrm{IL}}, u_{\mathrm{IN}}, p_{\mathrm{I}}$，切向速度保持不变。其他界面附近真实流体状态更新方法类似。

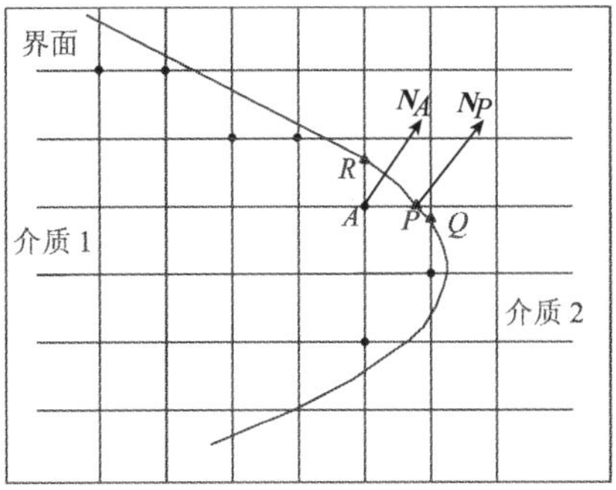

图 17.3　由 Riemann 问题的解更新界面附近网格的状态

虚拟流体状态通过求解如下对流方程得到

$$\frac{\partial \varphi}{\partial t} \pm \boldsymbol{N}_g \nabla \varphi = 0 \tag{17.12}$$

其中，φ 可以取为密度、法向速度、切向速度和压力。如图 17.3 所示，在求解介质 1 的边界条件时采用 “+” 号，反之采用 “−” 号。采用迭代方法求解该方程，迭代时间步长略小于控制方程的时间步长。空间上采用一阶迎风格式离散，时间上采用三阶 TVD Ruage-Kutta 方法进行离散。为了节约计算，本章仅采取 5 ～ 7 个网格作为虚拟流体区域。当对流方程求解完成后，界面边界条件也随之确定。

17.1.5　方法步骤总结

步骤 1：确定虚拟流体区域并且计算固定网格上的单位法向矢量；
步骤 2：构造 Riemann 问题求解标志点的密度、法向速度和压力；
步骤 3：定义虚拟流体状态；
步骤 4：求解流场；
步骤 5：通过标志点的速度推进界面，根据界面的新位置得到流场的最终解；
步骤 6：返回步骤 1。

17.2　数 值 算 例

17.2.1　激波管

本算例用于研究高压空气在水中的膨胀问题。初始时刻，直径为 1 的圆形气泡放置在计算域 $[0,4]\times[0,4]$ 的中心。气泡内外的初始条件为

$$(\rho,u,v,p,\gamma,B)=\begin{cases}(1.27,0,0,8000,1.4,0), & \text{气泡内部}\\(1,0,0,1,7.15,3309), & \text{气泡外部}\end{cases}$$

CFL 数取为 0.24，所有外边界采用无反射边界条件。

此处采用了三种网格用于数值模拟：100×100，200×200，300×300。图 17.4(a) 给出在 t=0.0045 时刻沿着 y=2 的密度分布情况，同时也给出文献 [23] 中基于自适应虚拟流体有限体积法得到的结果。可以看出，基于 100×100 的网格，密度在计算域的中心处有明显的偏离。基于其他的两种网格得到了较好的分布结果。图 17.4(b) 给出整个流场的相对质量误差 M。可以看出，对于 200×200，300×300 的两种网格，相对误差更小且以更快的速度趋于零。图 17.4(c) 展示了在 t=0，0.0045，0.00935，0.0137 时刻的界面形状。这些界面是一系列的同心圆且界面的形状基本保持不变。图 17.4(d) 中给出在 t=0.0045 时刻的密度云图，其中可以清楚地看到界面、激波和膨胀波。膨胀波向着计算域中心移动而激波在向计算域的边界移动。

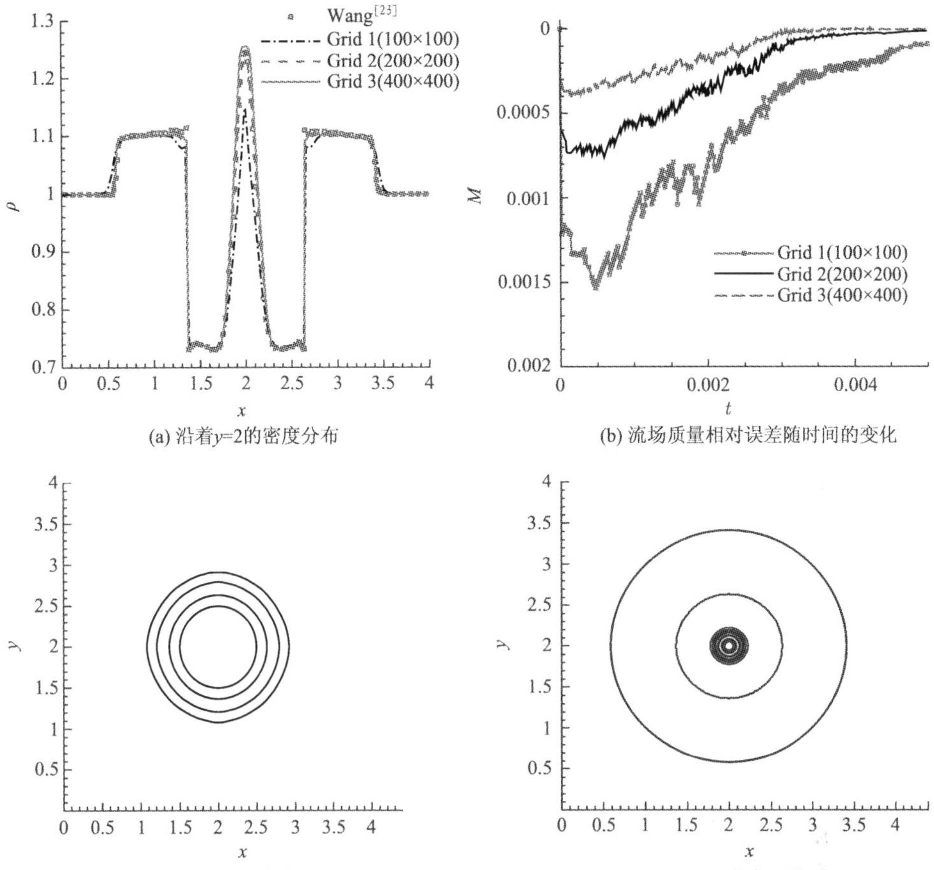

(a) 沿着y=2的密度分布　(b) 流场质量相对误差随时间的变化

(c) 界面演变　(d) 密度云图

图 17.4　数值结果

17.2.2　激波气泡相互作用

Hass 等 [18] 在试验上已经研究过激波气泡的相互作用问题。在数值模拟上的研究，可以参阅文献 [19] 和文献 [21]。图 17.5 给出本算例的计算域，其中 a=50mm，b=25mm，c=100mm，d=325mm，e=44.5mm。网格数为 650×89，CFL 数取为 0.2。由于流场关于中心轴线对称，此处仅研究下面半个流场的流动问题。在中轴线上取对称边界条件，左右边界均取为无反射边界条件。下边界为壁面边界条件。波前空气中的声速和气泡直径用于无量纲化。初始条件：

激波前空气状态 $\rho=1,\ u=0,\ v=0,\ p=1/1.4,\ \gamma=1.4,\ B=0$

激波后空气状态 $\rho=1.3764, u=-0.3336, v=0, p=1.5698/1.4, \gamma=1.4, B=0$

氦气泡 $\rho=0.1819,\ u=0,\ v=0,\ p=1/1.4,\ \gamma=1.648,\ B=0$

图 17.6 展示了三个特征点的轨迹图，同时也给出与文献 [21] 中的计算结果作对比。可以看出这些轨迹图和其他研究结果基本一致。图 17.7 给出流场中密度的变化情况。可以看出，包括激波的位置在内，整个计算结果与文献 [21] 中的研究结果基本一致。在初始时刻，当界面被激波打击后，部分界面发生移动，然而仍有部分保持静止。在氦气泡的压缩过程中，界面的长度变小并且一些标志点逐渐消失。氦气泡以逆时针方向卷起来，导致气泡后面形成较大的压强从而推动气泡向左移动。激波在打击氦气泡之后分成两部分，其中氦气泡中的激波具有更高的强度而且运动速度也比入射激波更快，在图中可以观察出氦气泡相对于空气发生了相对滑移。这一点显示了在多介质界面问题中切向速度的重要性，同时也说明本书中采用的切向速度近似是可以接受的。

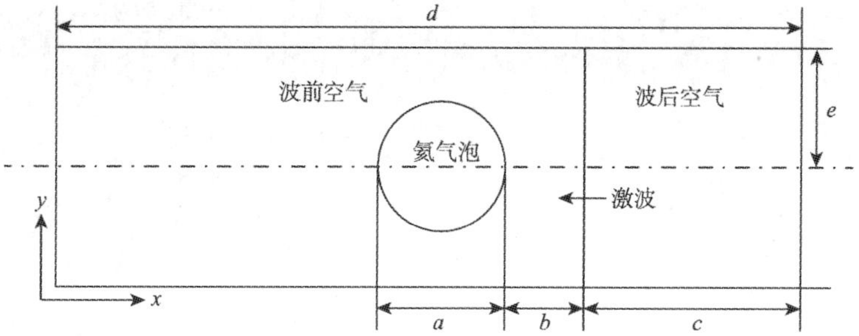

图 17.5 计算区域

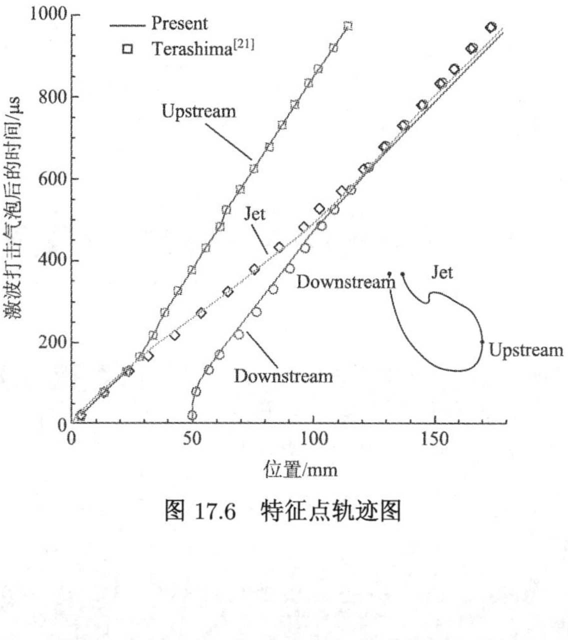

图 17.6 特征点轨迹图

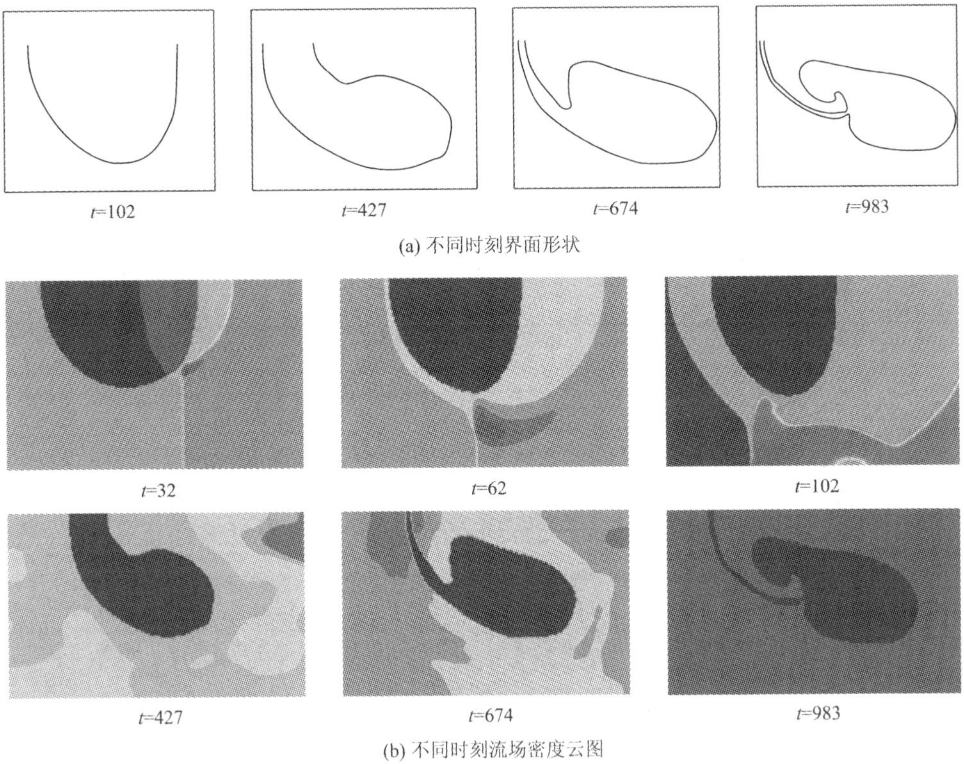

图 17.7　激波打击气泡算例

17.2.3　Richtmyer-Meshkov 不稳定算例

下面模拟两种Richtmyer-Meshkov 不稳定性问题 [22]：气气和气水界面。相关的研究可以参考文献 [19] ～ [21]。首先对于气气界面，如图 17.8 所示，计算域为 [0，4]×[0，0.5]，界面两侧为空气和 SF_6 两种介质。左右边界均采用无反射边界条件，上下边界为对称边界条件。CFL 数取为 0.4，网格数为 1000×125。初始时刻界面为 $x = 2.9 - 0.1\sin(2\pi(y + 0.25)),\quad 0 < y < 0.5$。初始条件为

SF6 气体 $\rho = 5.04,\ u = 0,\ v = 0,\ p = 1,\ \gamma = 1.093,\ B = 0$

激波前空气 $\rho = 1,\ u = 0,\ v = 0, p = 1, \gamma = 1.4,\ B = 0$

激波后空气 $\rho = 1.411,\ u = -0.39,\ v = 0,\ p = 1.628,\ \gamma = 1.4,\ B = 0$

在 x=3.2 处，马赫数 $Ma = 1.22$ 的激波从空气的一侧打击界面，导致界面向 SF6 发生推进。图 17.9 展示了密度场的变化情况。由于界面的初始扰动，导致密度梯度和压强梯度的不共线，进而在扰动区域形成涡 (图 17.9(c) 和 (d))。为了验证结果的精确性，图 17.10 给出特征点的运动轨迹，同时也给出 Nourgaliev 等 [19] 的结果进行对比。可以看出，这些点的运动轨迹基本一致。

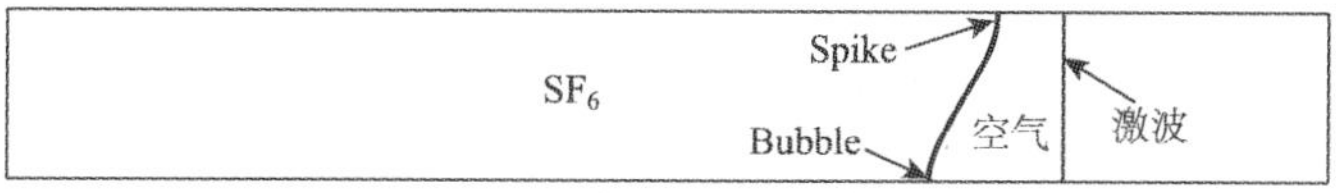

图 17.8　初始时刻流场

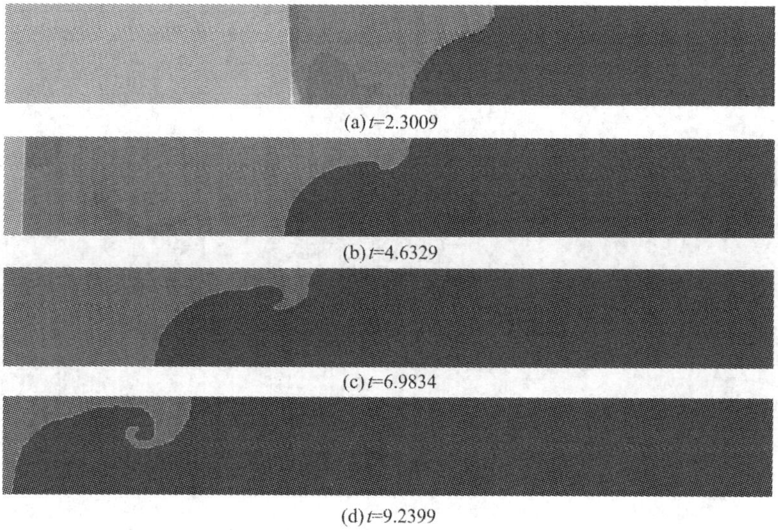

图 17.9　流场密度演变

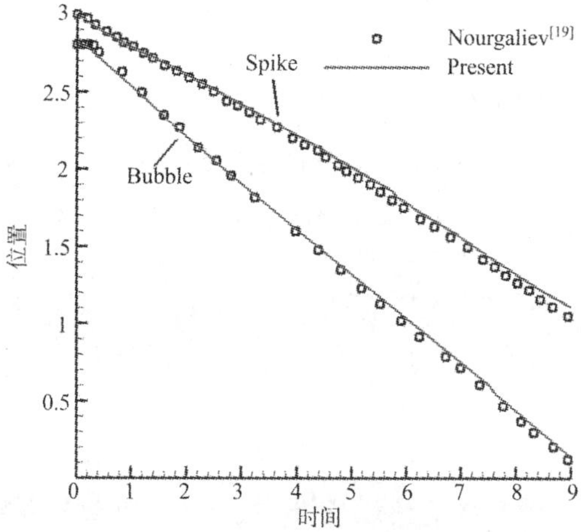

图 17.10　特征点轨迹

在第二个气水界面问题中，x=3.025 处马赫数为 1.95 的激波与界面发生相互作用。界面位置、计算域和网格数与气气界面问题一致。初始条件为

空气 $\rho = 1,\ u = 0,\ v = 0,\ p = 1,\ \gamma = 1.4,\ B = 0$

激波前液体 $\rho=5,\ u=0,\ v=0, p=1,\ \gamma=4,\ B=1$

激波后液体 $\rho=7.093,\ u=-0.7288,\ v=0,\ p=10,\ \gamma=4,\ B=1$

图 17.11 给出不同时刻流场的密度变化情况。为了验证结果的正确性，图 17.12 给出沿着 y=0.5 的密度和压强的分布情况，同时也展示了基于 γ 模型 [20] 的计算结果作为对比。可以发现，计算结果基本一致。

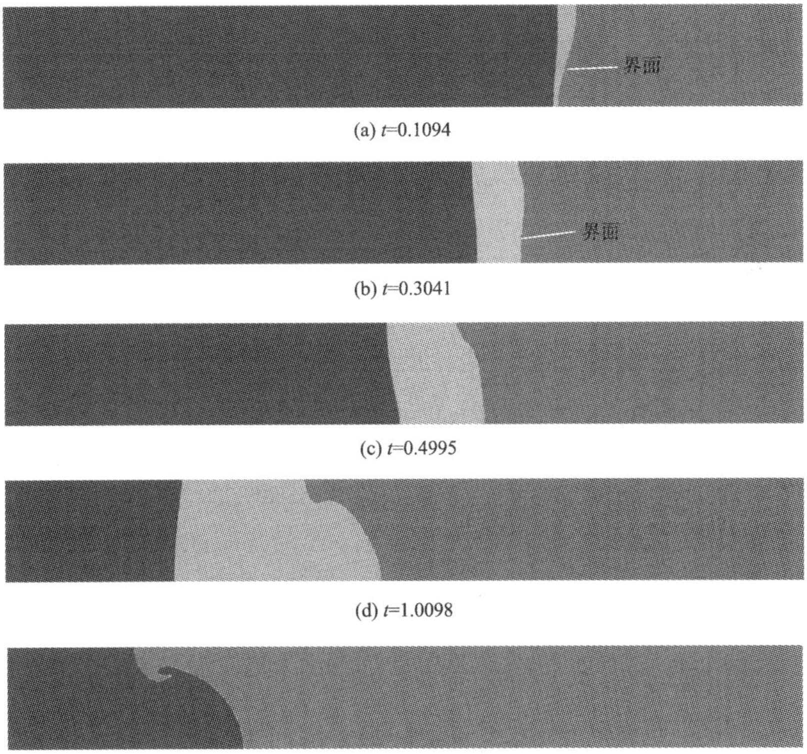

(a) t=0.1094

(b) t=0.3041

(c) t=0.4995

(d) t=1.0098

(e) t=1.6349

图 17.11　不同时刻流场密度

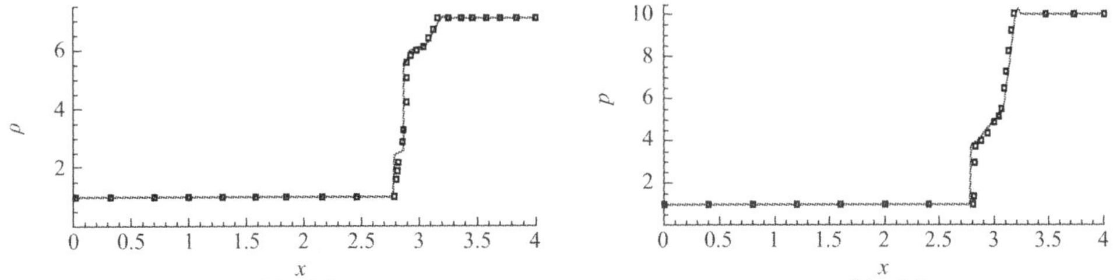

(a) t=0.1　　(b) t=0.1

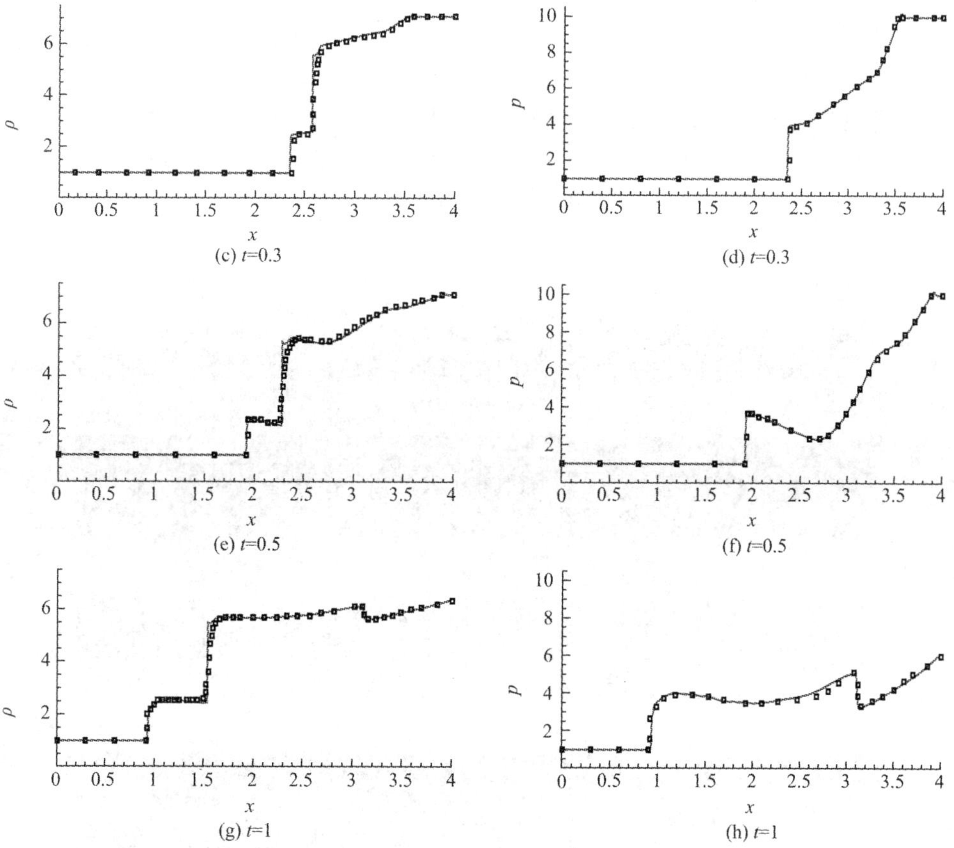

图 17.12　沿着 y=0.5，不同时刻的密度和压强分布

17.2.4　气水界面

此算例是研究空气中激波打击圆形水滴的问题 [23]，同时也是为了测试本章的方法在界面两侧存在大密度比情况下的适应性。本算例中，初始位于 x=6、马赫数为 1.47 的右行激波打击半径为 3.2、圆心位于 (10，6) 的静止水滴。考虑到流场上下对称性，本书仅对下面半个计算域进行数值模拟。计算域为 [0，20]×[0，6]，初始条件为：

水滴 $\rho=1,\ u=0,\ v=0,\ p=1,\ \gamma=2.8,\ B=3036$

激波前空气 $\rho=0.001,\ u=0,\ v=0,\ p=1,\ \gamma=1.4,\ B=0$

激波后空气 $\rho=0.001811,\ u=24.624,\ v=0,\ p=2.35,\ \gamma=1.4,\ B=0$

网格数为 200×60；上边界为对称边界条件，其他边界均采用无反射边界条件；CFL 数为 0.24。图 17.13 给出早期的界面和压强云图。当入射激波打击界面之后，发生了激波反射，同时入射激波以更快的速度在水中行进。包括入射激波和反射激波在内，计算结果与文献 [23] 的计算结果基本一致。

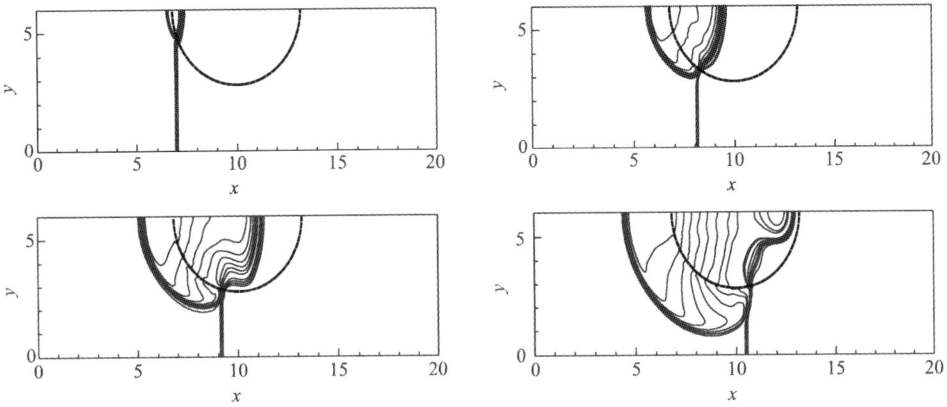

图 17.13　气水界面与压强等值线

17.3　小　　结

本章将界面追踪方法与真实虚拟流体方法进行结合来模拟可压缩多介质流动问题。界面运动通过在界面处求解 Riemann 问题得到，而真实虚拟流体方法用于在界面处定义界面边界条件。为了验证该方法的有效性，模拟了激波管、激波气泡相互作用、Richtmyer-Meshkov 不稳定性以及气水界面问题。通过这些算例的结果显示出本章的方法能够模拟较大范围内不同初始条件的多介质流动问题。

参 考 文 献

[1] Glimm J, Grove J W, Li X L, et al. Three-dimensional front tracking. SIAM J. Sci. Comput., 1998, 19: 703–727.

[2] Glimm J, Grove J W, Li X L, et al. Simple front tracking. Contemp. Math., 1999, 238: 133–149.

[3] Glimm J, Grove J W, Li X L, et al. A critical analysis of Rayleigh-Taylor growth rates. J. Comput. Phys., 2001, 169: 652–677.

[4] Cocchi J P, Saurel R. A Riemann problem based method for the resolution of compressible multimaterial flows. J. Comput. Phys., 1997, 137: 265–298.

[5] Tryggvason G, Bunner B, Esmaeeli A, et al. A front-tracking method for the computations of multiphase flow. J. Comput. Phys., 2001, 169: 708–759.

[6] Caiden R, Fedkiw R P, Anderson C. A numerical method for two-phase flow consisting of separate compressible and incompressible regions. J. Comput. Phys., 2001, 166: 1–27.

[7] Fedkiw R P. Coupling an Eulerian fluid calculation to a Lagrangian solid calculation with the ghost fluid method. J. Comput. Phys., 2002, 175: 200–224.

[8] Fedkiw R P, Aslam T, Merriman B, et al. A non-oscillatory Eulerian approach to interfaces in multimaterial flows(the ghost fluid method). J. Comput. Phys., 1999, 152: 457–492.

[9] Liu T G, Khoo B C, Yeo K S. Ghost fluid method for strong shock impacting on material interface. J. Comput. Phys., 2003, 190: 651-681.

[10] Liu T G, Khoo B C, Wang C W. The ghost fluid method for compressible gas-water simulation. J. Comput. Phys., 2005, 204: 193–221.

[11] Wang C W, Liu T G, Khoo B C. A real ghost fluid method for the simulation of multimedium compressible flow. SIAM J. Sci. Comput., 2006, 28: 278–302.

[12] Unverdi S O, Tryggvason G. A front-tracking method for viscous, incompressible, multi-fluid flows. J. Comput. Phys., 1992, 100: 25-37.

[13] Jiang G S, Shu C W. Efficient implementation of weighted ENO schemes. J. Comput. Phys., 1996, 126: 202–228.

[14] Shu C W, Osher S. Efficient implementation of essentially non-oscillatory shock capturing schemes. J. Comput. Phys., 1988, 77: 439–471.

[15] Liu T G, Khoo B C, Yeo K S. The simulation of compressible multi-medium flow. I. A new methodology with test applications to 1D gas-gas and gas-water cases. Comput. & Fluids, 2001, 30: 291–314.

[16] Hao Y, Prosperetti A. A numerical method for three-dimensional gas-liquid flow computations. J. Comput. Phys., 2004, 196: 126–144.

[17] Peskin C S. Numerical analysis of blood flow in the heart. J. Comput. Phys., 1977, 25: 220–252.

[18] Hass J F, Sturtevant B. Interaction of weak shock waves with cylindrical and spherical gas inhomogeneities. J. Fluid Mech., 1987, 181: 41-76.

[19] Nourgaliev R R, Dinh T N, Theofanous T G. Adaptive characteristics-based matching for compressible multifluid dynamics. J. Comput. Phys., 2006, 213(2): 500-529.

[20] Shyue K M. An efficient shock-capturing algorithm for compressible multicomponent problems. J. Comput. Phys., 1998, 142: 208–242.

[21] Terashima H, Tryggvason G. A front-tracking/ghost-fluid method for fluid interfaces in compressible flows. J. Comput. Phys., 2009, 228: 4012–4037.

[22] Brouillette M. The Richtmyer-Meshkov instability. Annu. Rev. Fluid Mech., 2002, 34: 445–468.

[23] Wang C W, Tang H Z, Liu T G. An adaptive ghost fluid finite volume method for compressible gas-water simulations. J. Comput. Phys., 2008, 227: 6385–6409.

第18章　可压缩多介质流动的 RKDG 界面追踪方法

一般来说，求解可压缩多介质流体的关键主要在于两方面：精确地求解单介质流场和处理移动界面。最近，间断伽辽金 (discontinuity Galerkin，DG) 方法在求解单介质可压缩流体上取得了巨大的成功，目前已经成为研究热点。DG 方法最初是由 Reed 和 Hill 在求解中子迁移线性方程时提出的[1]。后来 Cockburn 等对发展 DG 方法做出了巨大的贡献 [2−6]，他们在时间离散上采用高阶 TVD Runge-Kutta 方法 [7]，在空间上应用 DG 离散时采用精确或近似 Riemann 求解器获得网格界面通量，同时为了防止虚假振荡的产生，在流场中出现强激波时应用 TVB 限制器[8]。以上的这些格式构成了Runge-Kutta 间断伽辽金 (RKDG) 方法。除了 TVB 限制器外，其他类型的限制器也陆续出现在相关研究中。例如，基于 moment 限制器[9]，改进 moment 限制器[10]，WENO 限制器 [11,12]。非线性限制器是 RKDG 方法的一个重要组成部分，对于它的研究极大地促进了 RKDG 方法的发展。

目前为止，基于 DG 方法研究多介质界面的文献仍然不多。在 Nguyen 等 [13] 提出的 DG 界面追踪方法中，计算网格随着界面的移动发生变形。为了防止网格畸变，需要对网格重新划分。Sollie 等 [14] 把时空间断伽辽金 (STDG) 方法和 Level-Set 方法结合起来处理多介质界面问题。Wang 等 [15] 在界面混合网格处通过构造 Riemann 问题获得流体状态，这种方法避免了使用混合网格的信息，而且如果把混合网格的状态计算在内，该方法是一种守恒方法。Qiu 等 [16] 在 DG 方法基础上把 Level-Set 方法和 GFM[19,20] 相结合，得到令人满意的结果。本章把界面追踪方法和 RKDG 方法相结合处理多介质界面问题，同时 RGFM 用于定义界面边界条件。在界面的法向构造 Riemann 问题推进界面并且采用文献 [17] 中的方法进行界面重构。在多介质界面问题中采用 RKDG 方法的优点有：第一，在单介质中更容易获得高阶精度；第二，界面处 Riemann 问题的初始条件可由 DG 方法中多项式形式的解直接得到；第三，由于 RKDG 方法的紧致性较好，相比于高阶有限差分方法，只需要计算更少的虚拟流体状态和几何信息即可。

18.1　数值方法

考虑矩形网格 $I_{i,j} = [x_{i-\frac{1}{2}}, x_{i+\frac{1}{2}}] \times [y_{j-\frac{1}{2}}, y_{j+\frac{1}{2}}]$，其格心坐标记为 (x_i, y_j)，网

格尺寸记为 $\Delta x = x_{i+\frac{1}{2}} - x_{i-\frac{1}{2}}$，$\Delta y = y_{j+\frac{1}{2}} - y_{j-\frac{1}{2}}$。数值解$\boldsymbol{U}^h$ 和基函数空间由 $V_h^k = \{p : p|_{I_{i,j}} \in P^k(I_{i,j})\}$ 给定，其中 $P^k(I_{i,j})$ 是网格 $I_{i,j}$ 上多项式次数小于等于 k 的多项式集合。在本章中，网格 $I_{i,j}$ 上的正交基函数取为

$$\phi_0(x,y) = 1, \qquad \phi_1(x,y) = \frac{x - x_i}{\Delta x/2}$$
$$\phi_2(x,y) = \frac{y - y_j}{\Delta y/2}, \qquad \phi_3(x,y) = \phi_1(x,y)\phi_2(x,y)$$
$$\phi_4(x,y) = \phi_1^2(x,y) - \frac{1}{3}, \qquad \phi_5(x,y) = \phi_2^2(x,y) - \frac{1}{3}, \quad \cdots$$

数值解$\boldsymbol{U}^h(x,y,t)$ 展开为

$$\boldsymbol{U}^h(x,y,t) = \sum_{l=0}^{L} \boldsymbol{U}_{i,j}^{(l)}(t)\phi_l(x,y), \quad (x,y) \in I_{i,j} \tag{18.1}$$

自由度 $\boldsymbol{U}_{i,j}^{(l)}(t)$ 定义为

$$\boldsymbol{U}_{i,j}^{(l)}(t) = \frac{1}{a_l}\int_{I_{i,j}} \boldsymbol{U}^h(x,y,t)\phi_l(x,y)\mathrm{d}x\mathrm{d}y, \quad l = 0,1,\cdots,L \tag{18.2}$$

其中，$a_l = \displaystyle\int_{I_{i,j}} (\phi_l(x,y))^2 \mathrm{d}x\mathrm{d}y$。把方程 (18.1) 代入 Euler 方程组，再乘以正交基函数 $\phi_l(x,y)$，在网格 $I_{i,j}$ 上分部积分，得到

$$\begin{aligned}\frac{\mathrm{d}\boldsymbol{U}_{i,j}^{(l)}(t)}{\mathrm{d}t} =& \frac{1}{a_l}\Bigg[-\sum_{e\in\partial I_{i,j}} \int_e \boldsymbol{F}(\boldsymbol{U}^h(x,y,t)) \cdot n_{e,I_{i,j}}\phi_l(x,y)\mathrm{d}\Gamma \\ &+ \int_{I_{i,j}} \boldsymbol{F}(\boldsymbol{U}^h(x,y,t)) \cdot \mathrm{grad}\phi_l(x,y)\mathrm{d}x\mathrm{d}y\Bigg], l = 0,1,\cdots,L\end{aligned} \tag{18.3}$$

其中，$\boldsymbol{n}_{e,I_{i,j}}$ 是网格 $I_{i,j}$ 上边 e 处的单位法向量。上式中的积分项可由高斯求积公式 [2,6] 得到

$$\int_e \boldsymbol{F}(\boldsymbol{U}^h(x,y,t)) \cdot \boldsymbol{n}_{e,I_{i,j}}\phi_l(x,y)\mathrm{d}\Gamma \approx \sum_{s=1}^{S} \omega_s \boldsymbol{F}(\boldsymbol{U}^h(x_{es},y_{es},t)) \cdot \boldsymbol{n}_{e,I_{i,j}}\phi_l(x_{es},y_{es})\,|e| \tag{18.4}$$

$$\begin{aligned}\int_{I_{i,j}} \boldsymbol{F}(\boldsymbol{U}^h(x,y,t)) \cdot \mathrm{grad}\phi_l(x,y)\mathrm{d}x\mathrm{d}y \approx& \sum_{m=1}^{M} \bar{\omega}_m \boldsymbol{F}(\boldsymbol{U}^h(x_{I_{i,j}m}, y_{I_{i,j}m}, t)) \\ &\cdot \mathrm{grad}\phi_l(x_{I_{i,j}m}, y_{I_{i,j}m})\,|I_{i,j}|\end{aligned} \tag{18.5}$$

本章使用 Lax-Friedrichs 通量定义 $\boldsymbol{F}(\boldsymbol{U}^h(x_{es},y_{es},t)) \cdot \boldsymbol{n}_{e,I_{i,j}}$

$$\boldsymbol{F}(\boldsymbol{U}^h(x_{es},y_{es},t)) \cdot \boldsymbol{n}_{e,I_{i,j}} \approx \frac{1}{2}\left[(\boldsymbol{F}(\boldsymbol{U}^+(x_{es},y_{es},t)) + \boldsymbol{F}(\boldsymbol{U}^-(x_{es},y_{es},t))) \cdot \boldsymbol{n}_{e,I_{i,j}}\right.$$

$$-\alpha(\boldsymbol{U}^{+}(x_{es},y_{es},t)-\boldsymbol{U}^{-}(x_{es},y_{es},t))] \tag{18.6}$$

其中，α 是沿着 $n_{e,I_{i,j}}$ 方向雅可比矩阵特征值的最大值。$\boldsymbol{U}^{\pm}(x_{es},y_{es},t)$ 分别表示相邻网格和当前网格的数值解 $\boldsymbol{U}^h$。

方程 (18.3) 的半离散形式为

$$\boldsymbol{U}_t=L(\boldsymbol{U}) \tag{18.7}$$

用三阶 TVD Runge-Kutta 方法[7]进行时间离散

$$\begin{aligned}
\boldsymbol{U}^{(1)}&=\boldsymbol{U}^n+\Delta tL(\boldsymbol{U}^n)\\
\boldsymbol{U}^{(2)}&=\frac{3}{4}\boldsymbol{U}^n+\frac{1}{4}\boldsymbol{U}^{(1)}+\frac{1}{4}\Delta tL(\boldsymbol{U}^{(1)})\\
\boldsymbol{U}^{n+1}&=\frac{1}{3}\boldsymbol{U}^n+\frac{2}{3}\boldsymbol{U}^{(2)}+\frac{2}{3}\Delta tL(\boldsymbol{U}^{(2)})
\end{aligned} \tag{18.8}$$

本章在流场间断处应用 Slope 限制器克服有可能出现的虚假振荡问题。记

$$\boldsymbol{U}^{-}_{i+\frac{1}{2},j}=\boldsymbol{U}^{(0)}_{i,j}(t)+\overline{\boldsymbol{U}}^{x}_{i,j},\quad \boldsymbol{U}^{+}_{i-\frac{1}{2},j}=\boldsymbol{U}^{(0)}_{i,j}(t)-\overline{\overline{\boldsymbol{U}}}^{x}_{i,j}$$

$$\boldsymbol{U}^{-}_{i,j+\frac{1}{2}}=\boldsymbol{U}^{(0)}_{i,j}(t)+\overline{\boldsymbol{U}}^{y}_{i,j},\quad \boldsymbol{U}^{+}_{i,j-\frac{1}{2}}=\boldsymbol{U}^{(0)}_{i,j}(t)-\overline{\overline{\boldsymbol{U}}}^{y}_{i,j}$$

其中

$$\begin{aligned}
\overline{\boldsymbol{U}}^{x}_{i,j}&=\sum_{l=1}^{L}\boldsymbol{U}^{(l)}_{i,j}(t)\phi_l(x_{i+\frac{1}{2}},y_j),\quad \overline{\overline{\boldsymbol{U}}}^{x}_{i,j}=-\sum_{l=1}^{L}\boldsymbol{U}^{(l)}_{i,j}(t)\phi_l(x_{i-\frac{1}{2}},y_j)\\
\overline{\boldsymbol{U}}^{y}_{i,j}&=\sum_{l=1}^{L}\boldsymbol{U}^{(l)}_{i,j}(t)\phi_l(x_i,y_{j+\frac{1}{2}}),\quad \overline{\overline{\boldsymbol{U}}}^{y}_{i,j}=-\sum_{l=1}^{L}\boldsymbol{U}^{(l)}_{i,j}(t)\phi_l(x_i,y_{j-\frac{1}{2}})
\end{aligned} \tag{18.9}$$

对 $\overline{\boldsymbol{U}}^{x}_{i,j},\overline{\overline{\boldsymbol{U}}}^{x}_{i,j},\overline{\boldsymbol{U}}^{y}_{i,j},\overline{\overline{\boldsymbol{U}}}^{y}_{i,j}$ 进行修正

$$\begin{aligned}
\overline{\boldsymbol{U}}^{x(\bmod)}_{i,j}&=\overline{m}(\overline{\boldsymbol{U}}^{x}_{i,j},\boldsymbol{U}^{(0)}_{i+1,j}(t)-\boldsymbol{U}^{(0)}_{i,j}(t),\quad \boldsymbol{U}^{(0)}_{i,j}(t)-\boldsymbol{U}^{(0)}_{i-1,j}(t))\\
\overline{\overline{\boldsymbol{U}}}^{x(\bmod)}_{i,j}&=\overline{m}(\overline{\overline{\boldsymbol{U}}}^{x}_{i,j},\boldsymbol{U}^{(0)}_{i+1,j}(t)-\boldsymbol{U}^{(0)}_{i,j}(t),\quad \boldsymbol{U}^{(0)}_{i,j}(t)-\boldsymbol{U}^{(0)}_{i-1,j}(t))\\
\overline{\boldsymbol{U}}^{y(\bmod)}_{i,j}&=\overline{m}(\overline{\boldsymbol{U}}^{y}_{i,j},\boldsymbol{U}^{(0)}_{i,j+1}(t)-\boldsymbol{U}^{(0)}_{i,j}(t),\quad \boldsymbol{U}^{(0)}_{i,j}(t)-\boldsymbol{U}^{(0)}_{i,j-1}(t))\\
\overline{\overline{\boldsymbol{U}}}^{y(\bmod)}_{i,j}&=\overline{m}(\overline{\overline{\boldsymbol{U}}}^{y}_{i,j},\boldsymbol{U}^{(0)}_{i,j+1}(t)-\boldsymbol{U}^{(0)}_{i,j}(t),\quad \boldsymbol{U}^{(0)}_{i,j}(t)-\boldsymbol{U}^{(0)}_{i,j-1}(t))
\end{aligned} \tag{18.10}$$

其中，$\overline{m}$ 是修正 minmod 函数

$$\overline{m}(a_1,\cdots,a_m)=\begin{cases}a_1, & |a_1|\leqslant M\Delta x^2\\ s\cdot\min_i|a_i|, & s=\mathrm{sign}(a_1)=\cdots=\mathrm{sign}(a_m)\\ 0, & \text{其他}\end{cases} \tag{18.11}$$

M 是 TVB 限制器常量。对于 $\overline{\boldsymbol{U}}_{i,j}^{y(\mathrm{mod})}$ 和 $\overline{\overline{\boldsymbol{U}}}_{i,j}^{y(\mathrm{mod})}$，在方程 (18.11) 中 Δx 应改为 Δy。

对于方程组的情形，需要在特征空间实施限制器。相关文献请参考文献 [3] 和文献 [6]。

18.2 界面处理

18.2.1 界面追踪方法

如图 18.1 所示，在 t^n 时刻介质 1 和介质 2 被界面分开。标记点 (黑色三角形) 是界面和网格线的交点。$\boldsymbol{N}$ 和 $\boldsymbol{T}$ 分别是标记点的法向量和切向量。$\boldsymbol{N}_P=(N_{Px},N_{Py})$ 是标记点 $P(x_P,y_P)$ 的单位法向量。点 $A(x_A,y_A)$ 和点 $B(x_B,y_B)$ 在不同介质中，与标记点 P 相距 Δn。这里

$$\Delta n=\left[\left(\frac{N_{Px}}{\Delta x}\right)^2+\left(\frac{N_{Py}}{\Delta y}\right)^2\right]^{-\frac{1}{2}} \tag{18.12}$$

$$\begin{aligned}&x_A=x_P+\Delta n\cdot N_{Px},\quad y_A=y_P+\Delta n\cdot N_{Py}\\&x_B=x_P-\Delta n\cdot N_{Px},\quad y_B=y_P-\Delta n\cdot N_{Py}\end{aligned} \tag{18.13}$$

点 A 和点 B 处的状态由方程 (18.1) 直接得到

$$\begin{aligned}\boldsymbol{U}_A&=\sum_{l=0}^{L}\boldsymbol{U}_{K_A}^{(l)}(t)\phi_l(x_A,y_A)\\\boldsymbol{U}_B&=\sum_{l=0}^{L}\boldsymbol{U}_{K_B}^{(l)}(t)\phi_l(x_B,y_B)\end{aligned} \tag{18.14}$$

K_A 和 K_B 是包含点 A 和点 B 的网格。记 $\boldsymbol{W}_A=[\rho_A,\rho_A u_A^{\mathrm{N}},E_A]^{\mathrm{T}}$，$\boldsymbol{W}_B=[\rho_B,\rho_B u_B^{\mathrm{N}},E_B]^{\mathrm{T}}$，其中，$u^{\mathrm{N}}$ 是法向速度，下标 “A” 和 “B” 指点 A 和点 B。Riemann 问题可以构造如下

$$\frac{\partial \boldsymbol{W}}{\partial t'}+\frac{\partial G(\boldsymbol{W})}{\partial x'}=0 \tag{18.15}$$

其中，$\boldsymbol{W}=[\rho,\rho u^{\mathrm{N}},E]^{\mathrm{T}}$，$G(\boldsymbol{W})=[\rho u^{\mathrm{N}},\rho(u^{\mathrm{N}})^2+p,u^{\mathrm{N}}(E+p)]^{\mathrm{T}}$，$x'$ 是标记点 P 的法线方向。初始条件为

$$\boldsymbol{W}(x',0)=\begin{cases}\boldsymbol{W}_B, & x'<0\\\boldsymbol{W}_A, & x'>0\end{cases} \tag{18.16}$$

这里使用双激波近似 Riemann 求解器 (ARPS) 求解 Riemann 问题 [18,19]，相应的 Riemann 问题的解记为 $\boldsymbol{R}_P=[\rho_{\mathrm{I}}^{\mathrm{L}},\rho_{\mathrm{I}}^{\mathrm{R}},u_{\mathrm{I}}^{\mathrm{N}},p_{\mathrm{I}}]^{\mathrm{T}}$，下标 “I” 表示界面，上标 “L” 和

“R” 分别表示界面的左、右状态。切向速度通过下式求得

$$v_{\mathrm{I}}^{\mathrm{T}}=\begin{cases}v_B^{\mathrm{T}}, & u_{\mathrm{I}}^{\mathrm{N}}\geqslant 0\\ v_A^{\mathrm{T}}, & \text{其他}\end{cases}\tag{18.17}$$

v_A^{T} 和 v_B^{T} 分别是点 A 和点 B 处的切向速度。

当所有标记点的速度确定下来后，界面新的位置由下式得到

$$\begin{aligned}\boldsymbol{x}_f^{(1)}&=\boldsymbol{x}_f^n+\Delta t\cdot\boldsymbol{v}_f(\boldsymbol{x}_f^n)\\ \boldsymbol{x}_f^{(2)}&=\frac{3}{4}\boldsymbol{x}_f^n+\frac{1}{4}\boldsymbol{x}_f^{(1)}+\frac{1}{4}\Delta t\cdot\boldsymbol{v}_f(\boldsymbol{x}_f^{(1)})\\ \boldsymbol{x}_f^{n+1}&=\frac{1}{3}\boldsymbol{x}_f^n+\frac{2}{3}\boldsymbol{x}_f^{(2)}+\frac{2}{3}\Delta t\cdot\boldsymbol{v}_f(\boldsymbol{x}_f^{(2)}),\end{aligned}\tag{18.18}$$

其中，$\boldsymbol{x}_f^n$ 和 $\boldsymbol{x}_f^{n+1}$ 是界面在 t^n 和 t^{n+1} 时刻的位置。$\boldsymbol{v}_f$ 是界面速度，Δt 是时间步长。

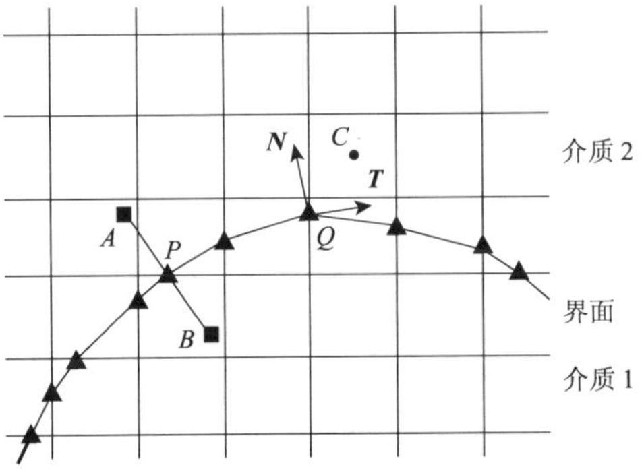

图 18.1　在标记点处构造 Riemann 问题

18.2.2　RGFM

在真实虚拟流体方法中，界面附近通过构造 Riemann 问题更新真实流体状态并定义虚拟流体状态。由于在界面追踪部分已经构造标志点处 Riemann 问题，其 Riemann 问题的解可以直接用于定义虚拟流体状态。如图 18.2 所示，点 P，Q，R 是三个标志点，网格 A 处的状态可以由与其法向夹角最小的标志点上 Riemann 问题的解进行更新。如果标志点 P 是与格点 A 法向夹角最小的标志点，那么把标记点 P 处 Riemann 问题的解投影到特征空间可以更新网格 A 的零阶自由度。由于在界面处物理解的导数一般是间断的，高阶自由度可以直接取为 0。其他界面附近真实流体状态更新方法类似。

虚拟流体状态通过求解如下对流方程得到

$$\frac{\partial\varphi}{\partial t}\pm\boldsymbol{N}\cdot\nabla\varphi=0\tag{18.19}$$

其中，φ 可以取为密度、法向速度、切向速度和压强。如图 18.2 所示，在求解介质 1 的边界条件时采用 “+” 号，反之采用 “−” 号。采用迭代方法求解该方程。空间上采用一阶迎风格式离散，时间上采用三阶 TVD Runge-Kutta 方法进行离散。由于 RKDG 方法紧致性很好，本章仅采用 2 ～ 3 个网格作为虚拟流体区域。当对流方程求解完成后，通过把虚拟流体状态投影到基函数空间，得到零阶自由度并把高阶自由度设置为 0，这样界面边界条件也就确定了。

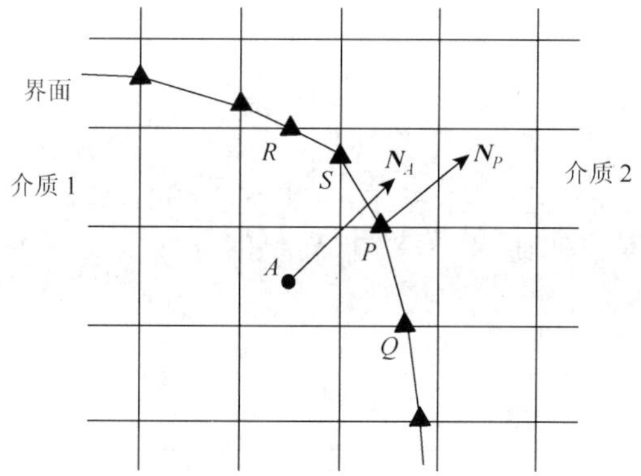

图 18.2　通过 Riemann 解更新界面附近网格状态

18.2.3　方法步骤总结

步骤 1：确定虚拟流体区域并且计算固定网格上的单位法向矢量；

步骤 2：构造 Riemann 问题求解标志点的密度、法向速度和压力；

步骤 3：定义虚拟流体状态；

步骤 4：求解流场；

步骤 5：通过标志点的速度推进界面，根据界面的新位置得到流场的最终解；

步骤 6：返回把步骤 1。

18.3　数 值 算 例

在数值算例中，计算网格为均匀笛卡儿网格。界面追踪方法和 RKDG 方法的结合简记为 RKDG-FT 方法。

算例 1　算例取自文献 [20]。计算域为 $[0,2]\times[0,2]$，圆心位于 (0.25，0.25)、半径为 0.2 的氦气泡在空气中发生对流。TVB 限制器常量 $M=10$，初始条件为

$$(\rho,u,v,p,\gamma,B)=\begin{cases}(1,1,1,1,1.4,0), & \text{空气}\\(0.138,1,1,1,1.67,0), & \text{氦气}\end{cases}$$

所有外边界采用零阶外插。基于 P^1(二阶精度) 和 P^2 (三阶精度)RKDG-FT 方法计算 t=0.5 时刻密度场的 L_1 误差 E_d 和氦气泡的相对质量误差 E_He。误差结果如表 18.1 和表 18.2 所示。可以看出两种方法的收敛性均很好。

表 18.1　基于 P^1RKDG-FT 方法计算的误差

网格尺寸 h	密度		氦气泡的相对质量	
	E_d	阶数	E_He	阶数
1/10	8.85×10^{-2}		3.02×10^{-1}	
1/20	3.04×10^{-2}	1.54	1.12×10^{-1}	1.43
1/40	9.42×10^{-3}	1.69	3.75×10^{-2}	1.58
1/80	3.06×10^{-3}	1.62	1.17×10^{-2}	1.68

表 18.2　基于 P^2RKDG-FT 方法计算的误差

网格尺寸 h	密度		氦气泡的相对质量	
	E_d	阶数	E_He	阶数
1/10	7.21×10^{-2}		1.11×10^{-1}	
1/20	1.33×10^{-2}	2.44	1.96×10^{-2}	2.50
1/40	2.49×10^{-3}	2.42	3.39×10^{-3}	2.53
1/80	3.97×10^{-4}	2.65	5.55×10^{-4}	2.61

算例 2　本算例用于研究高压空气在水中的膨胀问题。初始时刻，直径为 1 的圆形气泡放置在计算域 $[0,4]\times[0,4]$ 的中心。气泡内外的初始条件为

$$(\rho,u,v,p,\gamma,B)=\begin{cases}(1.27,0,0,8000,1.4,0), & \text{气泡内}\\(1,0,0,1,7.15,3309), & \text{气泡外}\end{cases}$$

外边界均采用无反射边界条件。采用 P^2RKDG-FT 方法，M 取 1。网格数为 200×200。图 18.3(a) 给出在 t=0.0045 时刻沿着 y=2 的密度分布，同时也给出文献 [21] 中基于自适应虚拟流体有限体积法得到的结果做对比。图 18.3(b) 展示了在 t=0，0.0045，0.00935，0.0137 时刻的界面形状。这些界面是一系列的同心圆且界面的形状基本保持不变。图 18.3(c) 中给出在 t=0.0045 时刻的密度云图，其中可以清楚地看到界面、激波和膨胀波。膨胀波向着计算域中心移动而激波向计算域的边界移动。为了和具有相同空间离散精度的有限差分方法进行对比，这里把 RKDG 方法替换为 WENO 方法并保持程序的其他部分不变。WENO 方法与界面追踪方法的结合简记为 WENO-FT 方法 (WENO-FT 方法的具体细节请参考文献 [22])。图 18.3(d) 展示了气泡的相对质量误差。可以看出基于 RKDG-FT 方法得到的误差明显较小，这充分展示了 RKDG-FT 方法在界面处理上的优势。

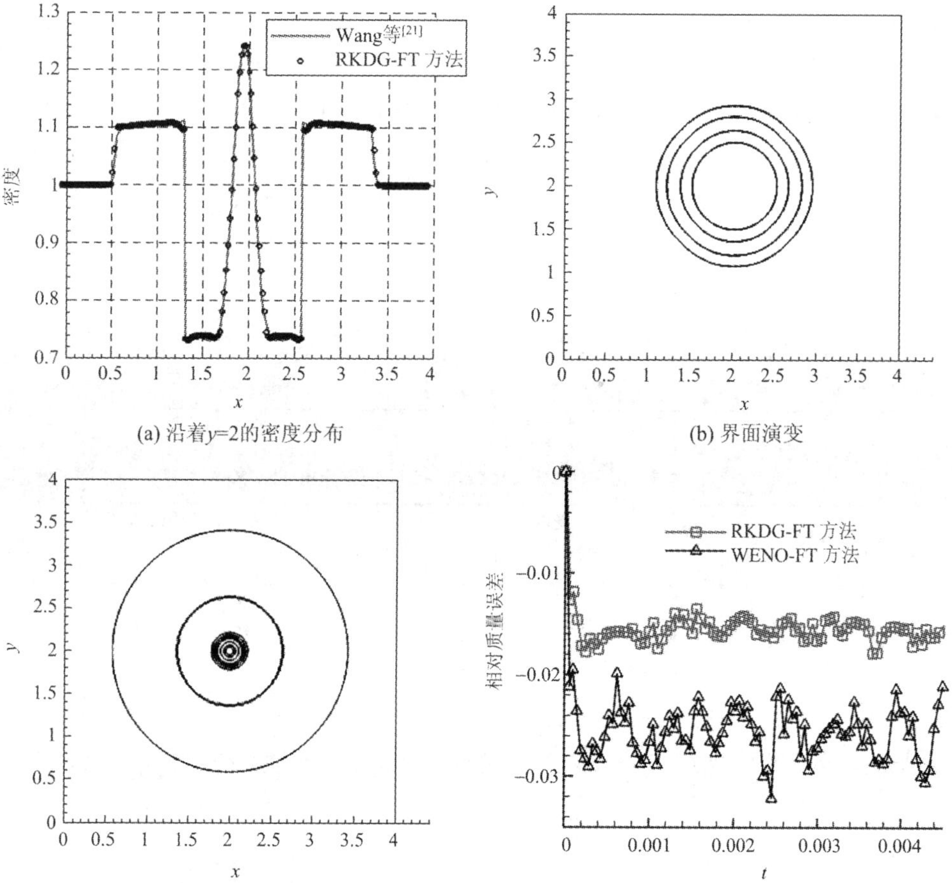

(a) 沿着y=2的密度分布　(b) 界面演变

(c) 密度云图　(d) 相对质量误差

图 18.3　算例 2 的数值结果

算例 3　本算例取自 Hass 和 Sturtevant 的试验 [25]。在数值模拟上的研究，可以参阅文献 [14]、文献 [23−24]。计算域如图 18.4 所示，其中参数 $a=1$, $b=0.5$, $c=2, d=6.5$, $e=0.89$。由于流场关于中心轴线对称，此处仅研究上面半个流场的流动问题。在中轴线上取对称边界条件，左右边界均取为无反射边界条件。下边界为壁面边界条件。初始条件：

激波前空气状态 $\rho=1, u=0, v=0, p=1/1.4, \gamma=1.4, B=0$

激波后空气状态 $\rho=1.3764, u=-0.3336, v=0, p=1.5698/1.4, \gamma=1.4, B=0$

氦气泡 $\rho=0.1819$, $u=0$, $v=0$, $p=1/1.4$, $\gamma=1.648$, $B=0$

网格数为 650×89。采用 P^2 RKDG-FT 方法，M=0.1。图 18.5 和图 18.6 分别给出流场中密度和界面形状的变化情况。由图可以看出，包括激波的位置在内，整个计

算结果与文献 [24] 中的研究结果基本一致。图 18.7 展示了三个特征点的轨迹图，同时也给出文献 [24] 中的计算结果做对比。可以看出这些轨迹图和前人的研究结果基本一致。为了进一步和 WENO-FT 方法做对比，此处分别计算了氦气泡的相对质量误差，如图 18.8 所示。可以看出，在氦气泡破裂之前两种方法的相对质量误差均小于 7%。相对质量误差总体趋势是相似的，但是基于 RKDG-FT 方法的误差明显较小。

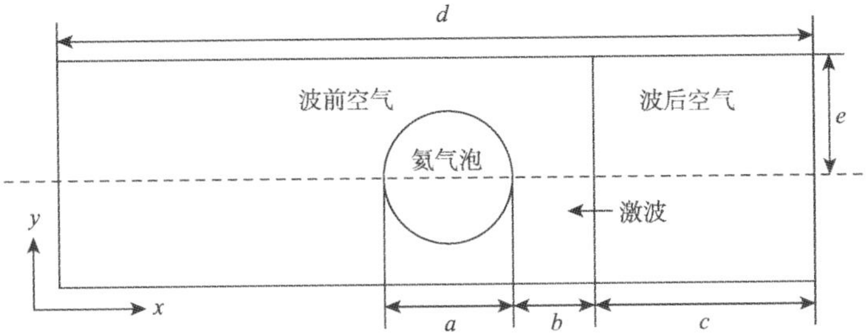

图 18.4　计算域

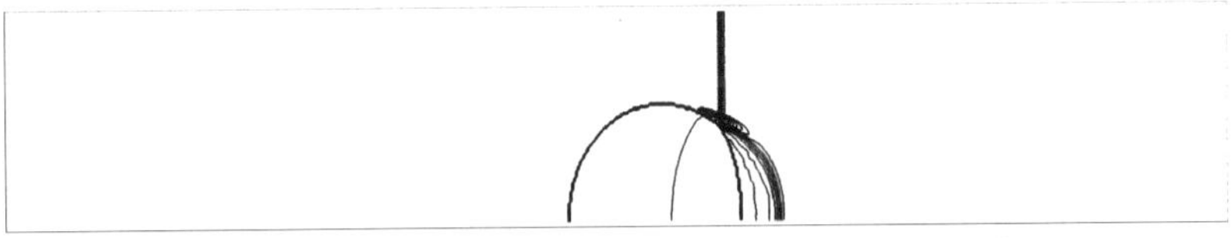

(a) t=32

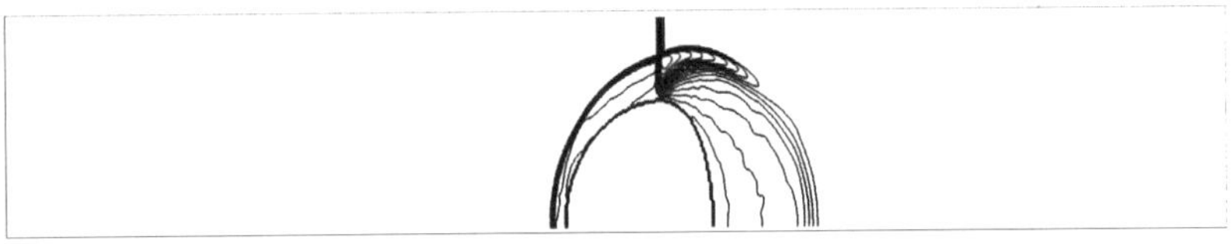

(b) t=62

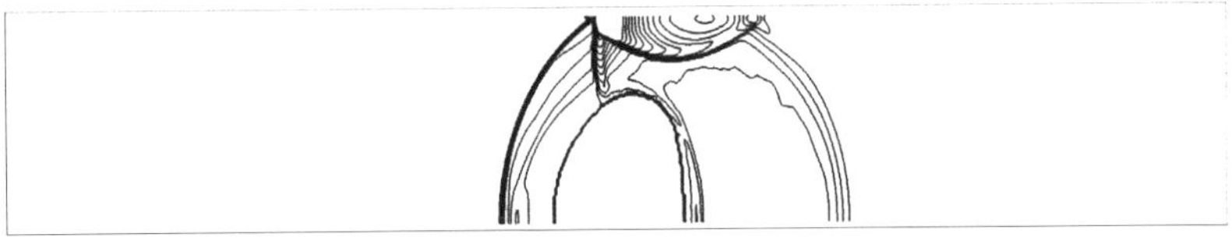

(c) t=102

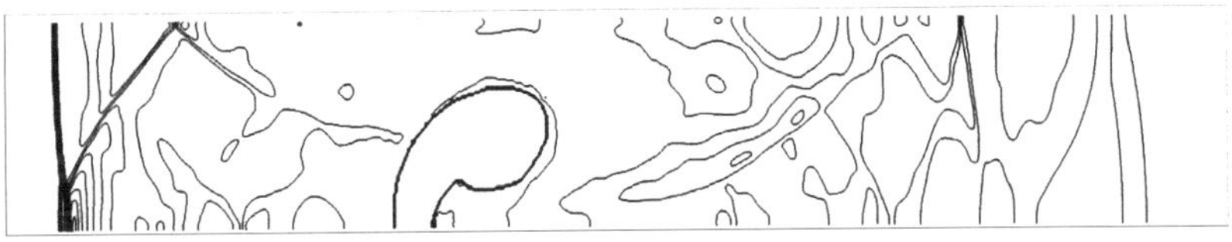

(d) t=427

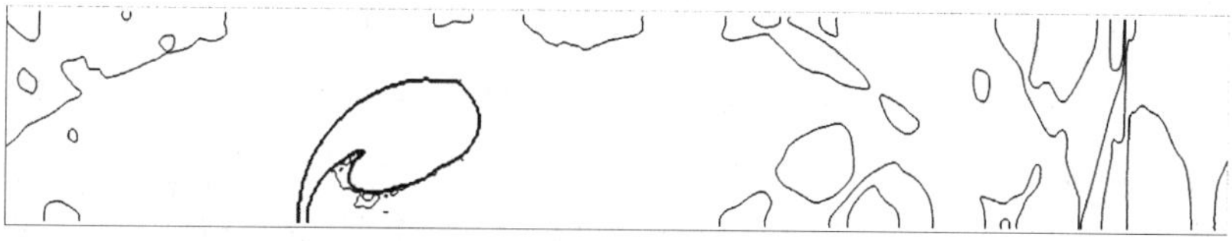

(e) t=674

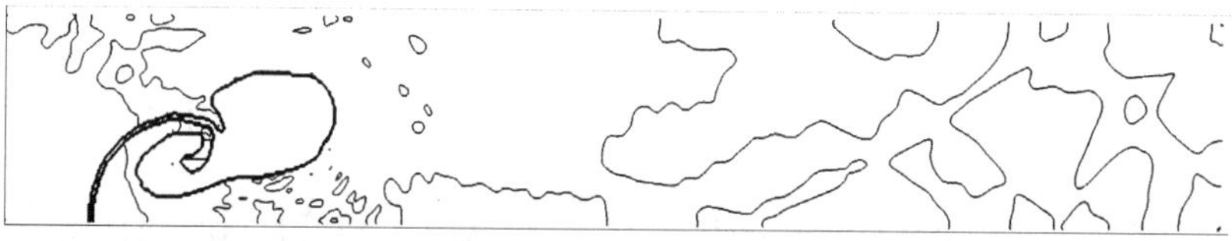

(f) t=983

图 18.5 密度场等值线 (60 条均匀等值线，0.1 ～ 1.6)

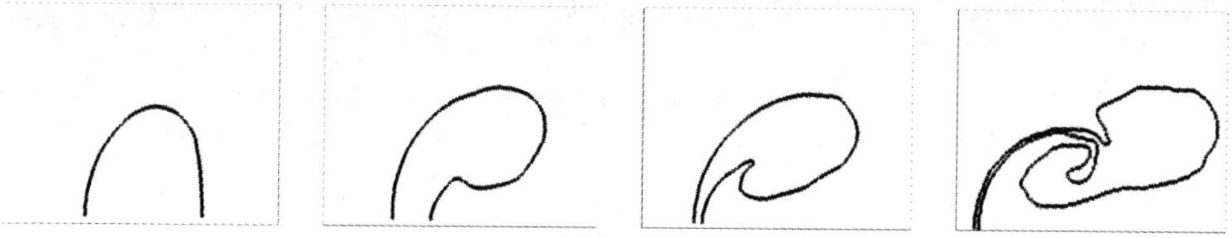

(a) t=102 (b) t=427 (c) t=674 (d) t=983

图 18.6 不同时刻氦气泡的形状

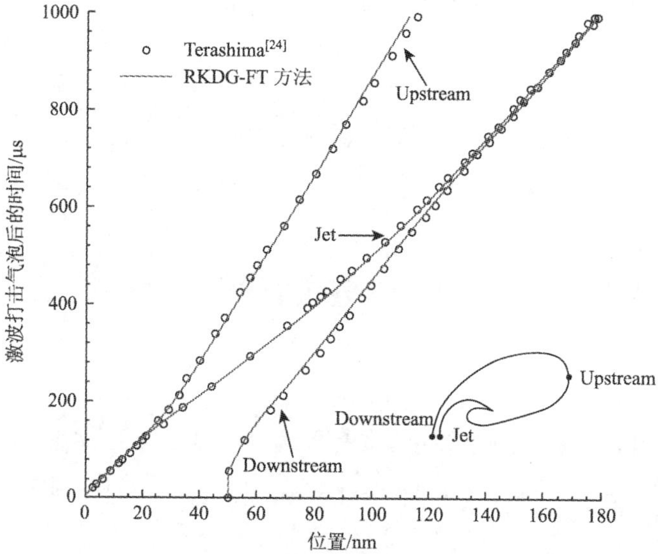

图 18.7 特征点轨迹

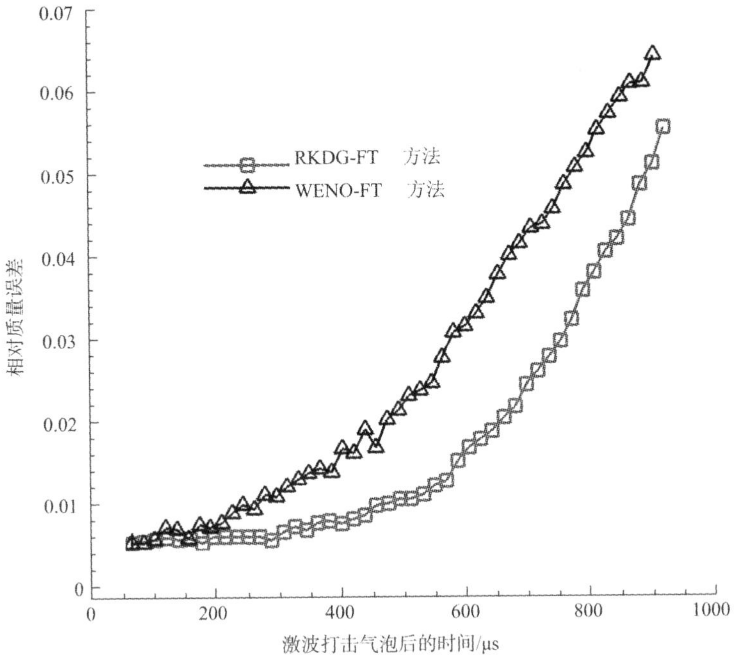

图 18.8　相对质量误差

算例 4　此算例 [23,24] 是研究空气中激波打击圆形水滴的问题，同时也是为了测试本书提出的方法在界面两侧存在大密度比情况下的适应性。本算例中，初始位于 x=6、马赫数为 1.47 的右行激波打击半径为 3.2、圆心位于 (10，6) 的静止水滴。考虑到流场上下对称性，本书仅对下面半个计算域进行数值模拟。计算域为 [0，20]×[0，6]。初始条件为

水滴 $\rho=1,\ u=0,\ v=0,\ p=1,\ \gamma=2.8,\ B=3036$

激波前空气 $\rho=0.001,\ u=0,\ v=0,\ p=1,\ \gamma=1.4,\ B=0$

激波后空气 $\rho=0.001811,\ u=24.624,\ v=0,\ p=2.35,\ \gamma=1.4,\ B=0$

网格数为 400×120。上边界为对称边界条件，其他边界均采用无反射边界条件。采用 P^2 RKDG-FT，M 取 0.1。图 18.9 给出早期的界面和压力云图。当入射激波打击界面之后，发生了激波反射同时入射激波以更快的速度在水中行进。图 18.10 给出非定常阻力系数的计算结果 (阻力系数定义为 $C_{\rm d}=F_{\rm d}/(0.5\rho_{\rm g}u_{\rm g}^2d)$，$F_{\rm d}$ 为阻力，$\rho_{\rm g}$ 和 $u_{\rm g}$ 为空气的密度和速度，d 是水滴的直径)。通过和前人的研究结果 [24,26] 进行对比，可以看出结果基本一致。

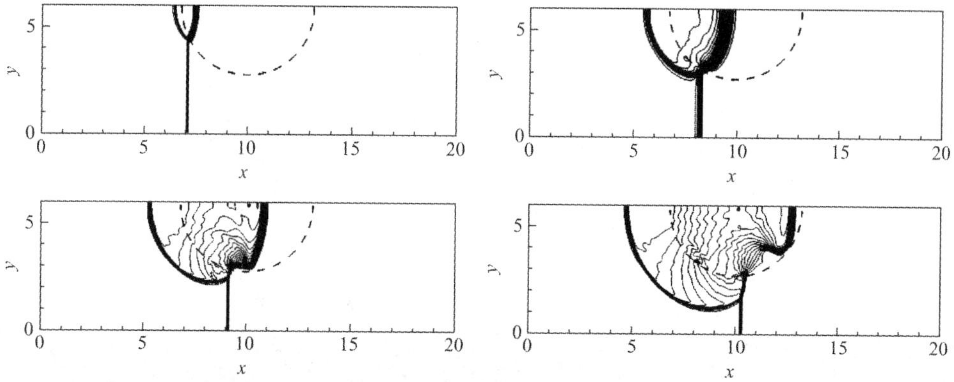

图 18.9　压力等值线 (20 条均匀等值线，1.2 ～ 4，虚线表示界面)

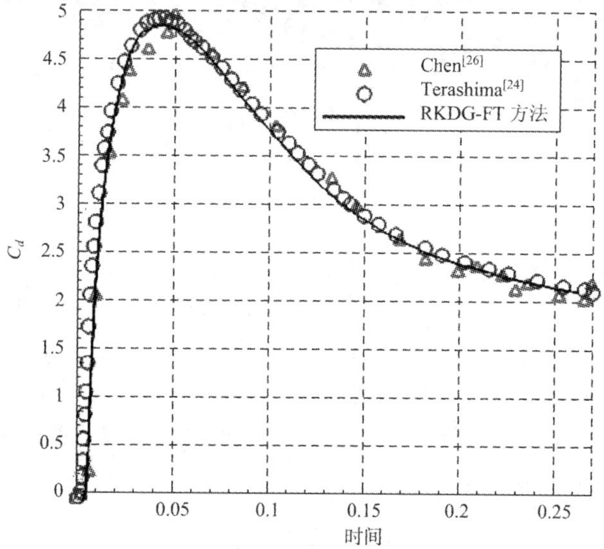

图 18.10　非定常阻力系数

18.4　小　　结

本章把 RKDG 方法与界面追踪方法相结合模拟多介质界面问题。同时 RGFM 用于定义界面边界条件。通过在界面构造 Riemann 问题得到界面的运动。通过和具有相同空间离散精度的 WENO 方法进行对比，发现基于 RKDG-FT 方法得到的质量误差较小。通过这些算例的模拟结果显示出本章的方法能够模拟较大范围内不同初始条件的多介质界面问题。

参 考 文 献

[1] Reed W H, Hill T R. Triangular Mesh Methods for the Neutron Transport Equation. Los Alamos Scientific Laboratory Report LA-UR-73-479, 1973.

[2] Cockburn B, Hou S, Shu C W. The Runge-Kutta local projection discontinuous Galerkin finite element method for conservation laws Ⅳ: the multidimensional case. Math Comput, 1990, 54: 545–581.

[3] Cockburn B, Lin S Y, Shu C W. TVB Runge-Kutta local projection discontinuous Galerkin finite element method for conservation laws Ⅲ: one dimensional systems. J Comput Phys, 1989, 84: 90–113.

[4] Cockburn B, Shu C W. TVB Runge-Kutta local projection discontinuous Galerkin finite element method for conservation laws Ⅱ: general framework. Math Comput, 1989, 52: 411–435.

[5] Cockburn B, Shu C W. The Runge-Kutta local projection P1-discontinuous Galerkin finite element method for scalar conservation laws. Math Model Numer Anal, 1991; 25: 337–361.

[6] Cockburn B, Shu C W. The Runge-Kutta discontinuous Galerkin method for conservation laws V: multidimensional systems. J. Comput. Phys., 1998; 141: 199–224.

[7] Shu C W, Osher S. Efficient implementation of essentially non-oscillatory shock capturing schemes. J Comput Phys, 1988, 77: 439–471.

[8] Shu C W. TVB uniformly high-order schemes for conservation laws. Math Comp., 1987, 49: 105–121.

[9] Biswas R, Devine KD, Flaherty J. Parallel, adaptive finite element methods for conservation laws. Appl. Numer. Math., 1994, 14: 255–283.

[10] Burbeau A, Sagaut P, Bruneau CH. A problem-independent limiter for high-order Runge-Kutta discontinuous Galerkin methods. J. Comput. Phys., 2001, 169: 111–150.

[11] Qiu J, Shu C W. Runge Kutta discontinuous Galerkin method using WENO limiters. SIAM J. Sci. Comput., 2005, 26: 907–929.

[12] Zhu J, Qiu J, Shu C W, et al. Runge-Kutta discontinuous Galerkin method using WENO limiters II: Unstructured meshes. J. Comput. Phys., 2008, 227: 4330–4353.

[13] Nguyen V T, Peraire J, Khoo BC, et al. A discontinuous Galerkin front tracking method for two-phase flows with surface tension. Comput. Fluids, 2010, 39: 1–14.

[14] Sollie WEH, Bokhove O, van der Vegt JJW. Space-time discontinuous Galerkin finite element method for two-fluid flows. J. Comput. Phys., 2011, 230: 789–817.

[15] Wang C W, Shu C W. An interface treating technique for compressible multi-medium flow with Runge-Kutta discontinuous Galerkin method. J. Comput. Phys., 2010,

229: 8823–8843.

[16] Qiu J, Liu T G, Khoo B C. Simulations of compressible two-medium flow by Runge-Kutta discontinuous Galerkin methods with the ghost fluid method. Commun. Comput. Phys., 2008, 3: 479–504.

[17] Glimm J, Grove J W, Li X L, et al. Simple front tracking. Contemp. Math, 1999, 238: 133–149.

[18] Liu T G, Khoo B C, Yeo K S. The simulation of compressible multi-medium flow. I. A new methodology with test applications to 1D gas-gas and gas-water cases. Comput Fluids, 2001, 30: 291–314.

[19] Liu T G, Khoo B C, Yeo K S. Ghost fluid method for strong shock impacting on material interface. J. Comput. Phys., 2003, 190: 651–681.

[20] Fedkiw R P, Aslam T, Merriman B, et al. A non-oscillatory Eulerian approach to interfaces in multimaterial flows(the ghost fluid method). J. Comput. Phys., 1999, 152: 457–492.

[21] Wang C W, Tang H Z, Liu TG. An adaptive ghost fluid finite volume method for compressible gas-water simulations. J. Comput. Phys., 2008, 227: 6385–6409.

[22] Lu H T, Zhao N, Wang D H. A front tracking method for the simulation of compressible multimedium flows. Commun Comput Phys(Accepted).

[23] Nourgaliev R R, Dinh T N, Theofanous T G. Adaptive characteristics-based matching for compressible multifluid dynamics. J. Comput. Phys., 2006, 213: 500–529.

[24] Terashima H, Tryggvason G. A front tracking/ghost fluid method for fluid interfaces in compressible flows. J. Comput. Phys., 2009, 228: 4012–4037.

[25] Hass J F, Sturtevant B. Interaction of weak shock waves with cylindrical and spherical gas in homogeneities. J. luid. Mech., 1987, 181: 41–76.

[26] Chen H. Two dimensional simulation of stripping break up of a water droplet. AIAAJ, 2008; 46: 1135–1143.

第 19 章　一维多介质可压缩流动的守恒界面追踪方法

非线性双曲律守恒方程组使用守恒型格式计算是非常重要的。Leveque[1] 指出采用非守恒格式计算伯格斯 (Burgers) 方程会得到完全错误的计算结果。当解存在间断时，数值计算格式的守恒性对间断附近误差的产生具有非常大的影响，同时守恒性也能保证正确的间断速度。Rider 等 [2] 指出守恒方法在处理大尺度问题与试验结果符合得更好。拉克斯–温德罗夫(Lax-Wendroff)定理 [3] 指出一个相容稳定的数值计算格式如果是守恒的，那么其必定收敛到弱解。因此，构造守恒型计算格式是非常必要的。

在多介质可压缩流动问题中，为消除界面的数值振荡且保证守恒，需要在界面处作特殊的处理。Abgrall[4] 提出了一种准守恒格式，该方法类似于单介质的方法来处理界面，对每种介质采用界面捕捉方程与 Euler 方程组进行耦合求解。Chertock 等[5]和Wang等[6]在界面处构造 Riemann 问题，来修正混合网格边界的流体状态值，取得了较好的数值结果。Hu等[7]针对切割网格，对结构网格上的有限体积格式进行修正使方法守恒。守恒型界面处理方法的研究，目前已发展的方法还有：流通量再装配法[8]、利用界面两侧物理量满足Rankine-Hugoniot跳跃条件的方法[9,10]、基于波分解的追踪方法[11]、基于解的守恒性质的间断跟踪方法 [12] 等。上述守恒方法除了使用有限差分和有限体积格式计算外，还可以使用含有 TVB 限制器和 WENO(HWENO) 限制器的间断有限元方法来构造守恒界面 [13,14]。上述修正方法在一定程度上提供了解决守恒性的途径，但多数只能针对较为简单的几何变形，并且不少只局限于一维守恒 Euler 方程，因此，构造较为简便易行的守恒修正方法依然值得深入研究。

传统的 Front Tracking 方法利用虚拟网格点的值计算界面上的物理状态，但是界面两侧的数值通量不相等，导致这种界面处理方法并不守恒。本章针对一维多介质流动问题，介绍一种易于实现的守恒型界面追踪方法。首先，在固定的网格上采用统一的有限体积格式进行内点和交界面点的计算，界面处的通量通过求解 Riemann 问题获得；然后，根据界面的移动速度，求得下一个时刻界面的位置，并根据界面的新旧位置和守恒量网格平均值，进行守恒插值和守恒变量的重新分配。最后，将该方法应用于一维多介质可压缩流动的数值模拟。

19.1 单介质计算方法

基于均匀网格 (空间步长 Δx)，设 x_i 为第 i 个网格单元的中心，一维标量双曲方程

$$\frac{\partial u}{\partial t}+\frac{\partial f(u)}{\partial x}=0 \tag{19.1}$$

在 $[x_{i-\frac{1}{2}},x_{i+\frac{1}{2}}]\times[t_n,t_{n+1}]$ 上的有限体积离散形式为

$$u_i^{n+1}=u_i^n-\frac{\Delta t}{\Delta x}(\hat{f}_{i+\frac{1}{2}}^n-\hat{f}_{i-\frac{1}{2}}^n) \tag{19.2}$$

其中，$u_i^n=\dfrac{1}{\Delta x}\displaystyle\int_{x_{i-\frac{1}{2}}}^{x_{i+\frac{1}{2}}}u(x,t_n)\mathrm{d}x$，$u_i^{n+1}=\dfrac{1}{\Delta x}\displaystyle\int_{x_{i-\frac{1}{2}}}^{x_{i+\frac{1}{2}}}u(x,t_{n+1})\mathrm{d}x$。$\hat{f}_{i+\frac{1}{2}}^n$ 是数值通量，满足

$$\hat{f}_{i+\frac{1}{2}}^n=\hat{f}(u_{i+\frac{1}{2}}^{n,\mathrm{L}},u_{i+\frac{1}{2}}^{n,\mathrm{R}}),\quad \hat{f}(u,u)=f(u) \tag{19.3}$$

本章 $\hat{f}_{i+\frac{1}{2}}^n$ 采用 Lax-Friedrichs 数值通量

$$\hat{f}(a,b)=\frac{1}{2}[f(a)+f(b)-\max_u\{|f_u|\}(b-a)] \tag{19.4}$$

在式 (19.3) 中 $u_{i+\frac{1}{2}}^{n,\mathrm{L}},u_{i+\frac{1}{2}}^{n,\mathrm{R}}$ 分别表示为

$$u_{i+\frac{1}{2}}^{n,\mathrm{L}}=u_i^n+\frac{1}{2}\Delta x\cdot\tilde{S}_i \tag{19.5}$$

$$u_{i+\frac{1}{2}}^{n,\mathrm{R}}=u_{i+1}^n-\frac{1}{2}\Delta x\cdot\tilde{S}_{i+1} \tag{19.6}$$

式 (19.5) 和式 (19.6) 中，$\tilde{S}_i$ 和 $\tilde{S}_{i+1}$ 分别表示 u_x 在 x_i 和 x_{i+1} 处的近似，其中 $\tilde{S}_{i+1}$ 为

$$\tilde{S}_{i+1}=(\mathrm{sign}(\tilde{S}_{i+1}^+)+\mathrm{sign}(\tilde{S}_{i+1}^-))\frac{\left|\tilde{S}_{i+1}^+\tilde{S}_{i+1}^-\right|}{\left|\tilde{S}_{i+1}^+\right|+\left|\tilde{S}_{i+1}^-\right|} \tag{19.7}$$

$$\tilde{S}_{i+1}^+=\frac{u_{i+2}^n-u_{i+1}^n}{\Delta x} \tag{19.8}$$

$$\tilde{S}_{i+1}^-=\frac{u_{i+1}^n-u_i^n}{\Delta x} \tag{19.9}$$

19.2　多介质守恒方法

对于单介质流动问题，格式 (19.1) 是守恒的。当采用界面追踪方法来计算多介质流动问题时，通常是利用虚网格来计算界面上的物理状态，将多介质流动问题转化为单介质流动问题进行计算。假设 t^n 时刻，界面位于 $[x_j, x_{j+1}]$，则邻近界面的两个网格 j 和 $(j+1)$ 的离散形式为

$$u_j^{n+1} = u_j^n - \frac{\Delta t}{\Delta x}(\hat{f}_{j+\frac{1}{2}}^{n,\mathrm{L}} - \hat{f}_{j-\frac{1}{2}}^n) \tag{19.10}$$

$$u_{j+1}^{n+1} = u_{j+1}^n - \frac{\Delta t}{\Delta x}(\hat{f}_{j+\frac{3}{2}}^n - \hat{f}_{j+\frac{1}{2}}^{n,\mathrm{R}}) \tag{19.11}$$

数值通量 $\hat{f}_{j+\frac{1}{2}}^{n,\mathrm{L}}$ 和 $\hat{f}_{j+\frac{1}{2}}^{n,\mathrm{R}}$ 的计算因用到虚网格点上的状态值，所以计算所得的界面两侧的通量 $\hat{f}_{j+\frac{1}{2}}^{n,\mathrm{L}} \neq \hat{f}_{j+\frac{1}{2}}^{n,\mathrm{R}}$，导致方法不守恒。

为了得到守恒的计算格式，需要重新定义界面左、右两侧的数值通量。下面将针对 Euler 方程组，给出守恒的界面追踪方法，数值计算过程可分为以下两步。

步骤 1：Euler 方程组的计算格式。

假设 t^n 时刻，界面 x_I^n 位于 x_j 和 x_{j+1} 之间，以 $\boldsymbol{U}_\mathrm{L} = \boldsymbol{U}_{j-1}^n$ 及 $\boldsymbol{U}_\mathrm{R} = \boldsymbol{U}_{j+2}^n$ 为 Riemann 问题的初始值，采用双波近似求解 Riemann 问题可以得到界面处流体的压强 p_I、速度 u_I、界面左边流体的密度 ρ_IL 和界面右边流体的密度 ρ_IR。

在 $\Delta t = t^{n+1} - t^n$ 时间段内，先假设界面没有移动，在界面 x_I^n 处的数值通量 $F_\mathrm{I}^{n,\mathrm{L}} = f(U_\mathrm{IL})$，$\boldsymbol{F}_\mathrm{I}^{n,\mathrm{R}} = \boldsymbol{f}(\boldsymbol{U}_\mathrm{IR})$，其中 $\boldsymbol{U}_\mathrm{IL} = (\rho_\mathrm{IL}, \rho_\mathrm{IL}u_\mathrm{I}, E_\mathrm{IL})^\mathrm{T}$，$\boldsymbol{U}_\mathrm{IR} = (\rho_\mathrm{IR}, \rho_\mathrm{IR}u_\mathrm{I}, E_\mathrm{IR})^\mathrm{T}$。

记 $\Delta x_j^n = x_\mathrm{I}^n - x_{j-\frac{1}{2}}$，$\Delta x_{j+1}^n = x_{j+\frac{3}{2}} - x_\mathrm{I}^n$，且 $\boldsymbol{U}_j^n = \dfrac{1}{\Delta x_j^n}\displaystyle\int_{x_{j-\frac{1}{2}}}^{x_\mathrm{I}^n} \boldsymbol{U}(x, t_n)\mathrm{d}x$，$\boldsymbol{U}_{j+1}^n = \dfrac{1}{\Delta x_{j+1}^n}\displaystyle\int_{x_\mathrm{I}^n}^{x_{j+\frac{3}{2}}} \boldsymbol{U}(x, t_n)\mathrm{d}x$，$\tilde{\boldsymbol{U}}_j^{n+1} = \dfrac{1}{\Delta x_j^n}\displaystyle\int_{x_{j-\frac{1}{2}}}^{x_\mathrm{I}^n} \boldsymbol{U}(x, t_{n+1})\mathrm{d}x$，$\tilde{\boldsymbol{U}}_{j+1}^{n+1} = \dfrac{1}{\Delta x_{j+1}^n}\displaystyle\int_{x_\mathrm{I}^n}^{x_{j+\frac{3}{2}}} \boldsymbol{U}(x, t_{n+1})\mathrm{d}x$.

除去 j 和 $(j+1)$ 其他网格单元内

$$\boldsymbol{U}_i^n = \frac{1}{\Delta x}\int_{x_{i-\frac{1}{2}}}^{x_{i+\frac{1}{2}}} \boldsymbol{U}(x, t_n)\mathrm{d}x, \quad \tilde{\boldsymbol{U}}_i^{n+1} = \frac{1}{\Delta x}\int_{x_{i-\frac{1}{2}}}^{x_{i+\frac{1}{2}}} \boldsymbol{U}(x, t_{n+1})\mathrm{d}x$$

在整个流场可以采用如下的计算格式

$$\tilde{\boldsymbol{U}}_i^{n+1} = \boldsymbol{U}_i^n - \frac{\Delta t}{\Delta x_i^n}(\boldsymbol{F}_{i+\frac{1}{2}}^n - \boldsymbol{F}_{i-\frac{1}{2}}^n) \tag{19.12}$$

其中

$$
\boldsymbol{F}^n_{i+\frac{1}{2}} = \begin{cases} \boldsymbol{F}^{n,\mathrm{L}}_{\mathrm{I}}, & i=j \\ \boldsymbol{F}(\boldsymbol{U}^{n,+}_{i+\frac{1}{2}}, \boldsymbol{U}^{n,-}_{i+\frac{1}{2}}), & i\neq j \end{cases}
$$

$$
\boldsymbol{F}^n_{i-\frac{1}{2}} = \begin{cases} \boldsymbol{F}^{n,\mathrm{R}}_{\mathrm{I}}, & i=j+1 \\ \boldsymbol{F}(\boldsymbol{U}^{n,+}_{i-\frac{1}{2}}, \boldsymbol{U}^{n,-}_{i-\frac{1}{2}}), & i\neq j+1 \end{cases} \tag{19.13}
$$

$$
\Delta x^n_i = \begin{cases} \Delta x^n_j, & i=j \\ \Delta x^n_{j+1}, & i=j+1 \\ \Delta x, & \text{其他} \end{cases} \tag{19.14}
$$

其中，$\boldsymbol{F}(a,b)$ 为 Lax-Friedrichs 数值通量，对每个分量的数值通量计算采用 19.2 节介绍的方法。

至此，t^{n+1} 时刻所有网格平均值 $\tilde{\boldsymbol{U}}^{n+1}$ 已求出。

步骤 2：插值。

在 t^{n+1} 时刻，将界面 x^n_{I} 以速度 u_{I} 移到新的界面位置 x^{n+1}_{I}，且 $x^{n+1}_{\mathrm{I}} = x^n_{\mathrm{I}} + u_{\mathrm{I}}\Delta t$，可以将界面的移动分为两种情况：①界面仍然在区间 $[x_j, x_{j+1}]$，如图 19.1 所示；②界面向右移到区间 $[x_{j+1}, x_{j+2}]$ 或向左移到区间 $[x_{j-1}, x_j]$，如图 19.2 所示。

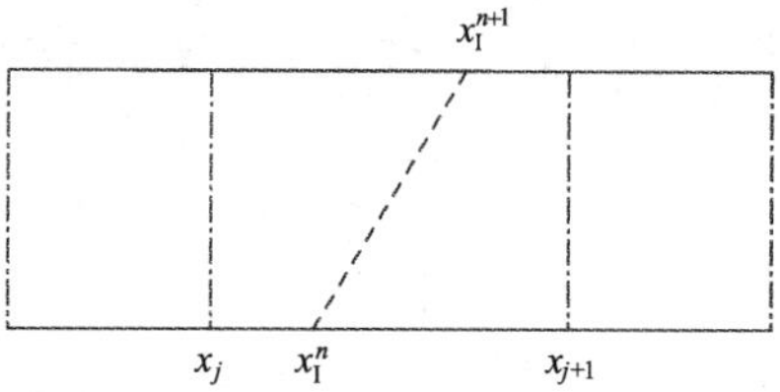

图 19.1　界面没有越过网格点

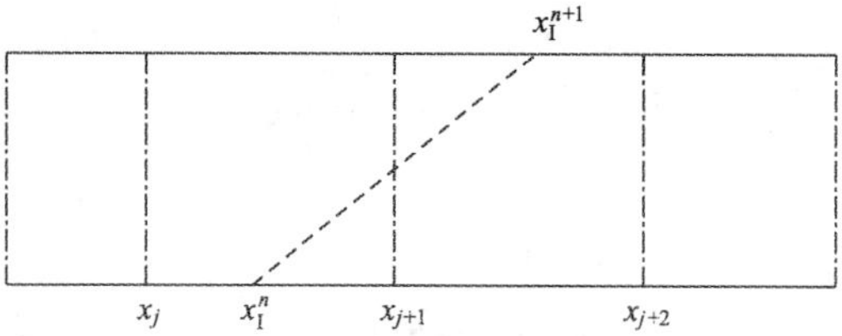

图 19.2　界面越过网格点

根据文献 [15] 的守恒插值，设 $\tilde{x} = x - c(x)$，$c(x)$ 是界面的移动位移。

对于第一种情况 (图 19.1) 有

$$
\int_{x_{j-\frac{1}{2}}}^{x^n_{\mathrm{I}}} \boldsymbol{U}(\tilde{x}, t_{n+1})\mathrm{d}\tilde{x} = \int_{x_{j-\frac{1}{2}}}^{x^{n+1}_{\mathrm{I}}} \boldsymbol{U}(x - c(x), t_{n+1})(1 - c'(x))\mathrm{d}x
$$

$$\approx \int_{x_{j-\frac{1}{2}}}^{x_{\mathrm{I}}^{n+1}} [\boldsymbol{U}(x,t_{n+1})-c(x)\boldsymbol{U}_x(x,t_{n+1})](1-c'(x))\mathrm{d}x \tag{19.15}$$

在式 (19.15) 中略去高阶项得

$$\int_{x_{j-\frac{1}{2}}}^{x_{\mathrm{I}}^{n}} \boldsymbol{U}(\tilde{x},t_{n+1})\mathrm{d}\tilde{x} \approx \int_{x_{j-\frac{1}{2}}}^{x_{\mathrm{I}}^{n+1}} \boldsymbol{U}(x,t_{n+1})\mathrm{d}x - \int_{x_{j-\frac{1}{2}}}^{x_{\mathrm{I}}^{n+1}} [c(x)\boldsymbol{U}(x,t_{n+1)}]'\mathrm{d}x \tag{19.16}$$

在点 x_{I}^{n+1} 处，$c(x_{\mathrm{I}}^{n+1})=x_{\mathrm{I}}^{n+1}-x_{\mathrm{I}}^{n}=u_{\mathrm{I}}\Delta t$。在点 $x_{j-\frac{1}{2}}^{n+1}$，网格不动，此时 $c(x_{j-\frac{1}{2}}^{n+1})=0$，所以式 (19.15) 可以写成

$$\Delta x_j^n \tilde{\boldsymbol{U}}_j^{n+1} = \Delta x_j^{n+1}\boldsymbol{U}_j^{n+1} - \boldsymbol{U}_{\mathrm{IL}}u_{\mathrm{I}}\Delta t \tag{19.17}$$

即

$$\boldsymbol{U}_j^{n+1} = \frac{\Delta x_j^n \tilde{\boldsymbol{U}}_j^{n+1} + \boldsymbol{U}_{\mathrm{IL}}u_{\mathrm{I}}\Delta t}{\Delta x_j^{n+1}} \tag{19.18}$$

同理

$$\boldsymbol{U}_{j+1}^{n+1} = \frac{\Delta x_{j+1}^n \tilde{\boldsymbol{U}}_{j+1}^{n+1} - \boldsymbol{U}_{\mathrm{IR}}u_{\mathrm{I}}\Delta t}{\Delta x_{j+1}^{n+1}} \tag{19.19}$$

其中，$\Delta x_j^{n+1}=x_{\mathrm{I}}^{n+1}-x_{j-\frac{1}{2}}$，$\Delta x_{j+1}^{n+1}=x_{j+\frac{3}{2}}-x_{\mathrm{I}}^{n+1}$，$\boldsymbol{U}_j^{n+1}$ 和 $\boldsymbol{U}_{j+1}^{n+1}$ 分别表示 $\dfrac{1}{\Delta x_j^{n+1}}\displaystyle\int_{x_{j-\frac{1}{2}}}^{x_{\mathrm{I}}^{n+1}} \boldsymbol{U}(x,t_{n+1})\mathrm{d}x$ 和 $\dfrac{1}{\Delta x_{j+1}^{n+1}}\displaystyle\int_{x_{\mathrm{I}}^{n+1}}^{x_{j+\frac{3}{2}}} \boldsymbol{U}(x,t_{n+1})\mathrm{d}x$ 的值。

对于第二种情况 (图 19.2)，用 $\hat{\boldsymbol{U}}_j^{n+1}$ 和 $\boldsymbol{U}_{j+2}^{n+1}$ 分别表示 $\dfrac{1}{\Delta x_j^{n+1}}\displaystyle\int_{x_{j-\frac{1}{2}}}^{x_{\mathrm{I}}^{n+1}} \boldsymbol{U}(x,t_{n+1})\mathrm{d}x$ 和 $\dfrac{1}{\Delta x_{j+2}^{n+1}}\displaystyle\int_{x_{\mathrm{I}}^{n+1}}^{x_{j+\frac{5}{2}}} \boldsymbol{U}(x,t_{n+1})\mathrm{d}x$ 的值，其中 Δx_j^{n+1} 同上，$\Delta x_{j+2}^{n+1}=x_{j+\frac{5}{2}}-x_{\mathrm{I}}^{n+1}$，于是有

$$\hat{\boldsymbol{U}}_j^{n+1} = \frac{\Delta x_j^n \tilde{\boldsymbol{U}}_j^{n+1} + \boldsymbol{U}_{\mathrm{IL}}u_{\mathrm{I}}\Delta t}{\Delta x_j^{n+1}} \tag{19.20}$$

$$\boldsymbol{U}_{j+2}^{n+1} = \frac{\Delta x_{j+1}^n \tilde{\boldsymbol{U}}_{j+1}^{n+1} + \Delta x\tilde{\boldsymbol{U}}_{j+2}^{n+1} - \boldsymbol{U}_{\mathrm{IR}}u_{\mathrm{I}}\Delta t}{\Delta x_{j+2}^{n+1}} \tag{19.21}$$

因为 $\hat{\boldsymbol{U}}_j^{n+1}$ 是守恒变量在区间 $[x_{j-\frac{1}{2}},x_{\mathrm{I}}^{n+1}]$ 的平均值，所以需要将其重新分配到区间 $[x_{j-\frac{1}{2}},x_{j+\frac{1}{2}}]$ 和 $[x_{j+\frac{1}{2}},x_{\mathrm{I}}^{n+1}]$。以下根据 $\hat{\boldsymbol{U}}_j^{n+1}$ 来求 t^{n+1} 时刻在区间 $[x_{j-\frac{1}{2}}, x_{j+\frac{1}{2}}]$ 和 $[x_{j+\frac{1}{2}},x_{\mathrm{I}}^{n+1}]$ 的网格平均 $\boldsymbol{U}_j^{n+1}$ 和 $\boldsymbol{U}_{j+1}^{n+1}$。取 $x_{m\mathrm{L}}=(x_{\mathrm{I}}^{n+1}+x_{j-\frac{1}{2}})/2$，$x'_{m\mathrm{L}}=(x_{\mathrm{I}}^{n+1}-x_{j-\frac{3}{2}})/2$，先构造一线性函数

$$\boldsymbol{L}(x)=\hat{\boldsymbol{U}}_j^{n+1}+s_0\cdot(x-x_{m\mathrm{L}}) \tag{19.22}$$

其中，$\boldsymbol{s}_0 = \min\bmod\left(\dfrac{\boldsymbol{U}_{j-1}^{n+1} - \boldsymbol{U}_{j-2}^{n+1}}{\Delta x}, \dfrac{\hat{\boldsymbol{U}}_j^{n+1} - \boldsymbol{U}_{j-1}^{n+1}}{x'_{m\mathrm{L}}}\right)$。则

$$\boldsymbol{U}_j^{n+1} = \hat{\boldsymbol{U}}_j^{n+1} + \boldsymbol{s}_0 \cdot (x_j - x_{m\mathrm{L}}) \tag{19.23}$$

$$\boldsymbol{U}_{j+1}^{n+1} = \hat{\boldsymbol{U}}_j^{n+1} + \boldsymbol{s}_0 \cdot \left(\frac{x_{j+\frac{1}{2}} + x_I^{n+1}}{2} - x_{m\mathrm{L}}\right) \tag{19.24}$$

界面向左移到 $[x_{j-1}, x_j]$ 内的情况类似。这样 t^{n+1} 时刻的网格平均值 $\boldsymbol{U}^{n+1}$ 已求得，可继续下一个时间步的计算。

19.3 方法的守恒性

对于第一种情况，由式 (19.13)、式 (19.16) 和式 (19.18) 得

$$\Delta x_j^{n+1}\boldsymbol{U}_j^{n+1} = \Delta x_j^n \boldsymbol{U}_j^n - \Delta t(\boldsymbol{F}_\mathrm{I}^{n,\mathrm{L}} - \boldsymbol{U}_{\mathrm{IL}}u_\mathrm{I} - \boldsymbol{F}_{j-\frac{1}{2}}^n) \tag{19.25}$$

$$\Delta x_{j+1}^{n+1}\boldsymbol{U}_{j+1}^{n+1} = \Delta x_{j+1}^n \boldsymbol{U}_{j+1}^n - \Delta t(\boldsymbol{F}_{j+\frac{3}{2}}^n - \boldsymbol{F}_I^{n,\mathrm{R}} + \boldsymbol{U}_{\mathrm{IR}}u_\mathrm{I}) \tag{19.26}$$

对于第二种情况 (只考虑图 19.2 所示的情况，界面左移类似)，由式 (19.13) ～ 式 (19.24) 得

$$\Delta x\boldsymbol{U}_j^{n+1} + \Delta x_j^{n+1}\boldsymbol{U}_{j+1}^{n+1} = \Delta x_j^n \boldsymbol{U}_j^n - \Delta t(\boldsymbol{F}_\mathrm{I}^{n,\mathrm{L}} - \boldsymbol{U}_{\mathrm{IL}}u_\mathrm{I} - \boldsymbol{F}_{j-\frac{1}{2}}^n) \tag{19.27}$$

$$\Delta x_{j+2}^{n+1}\boldsymbol{U}_{j+2}^{n+1} = \Delta x_{j+1}^n \boldsymbol{U}_{j+1}^n + \Delta x\boldsymbol{U}_{j+2}^n - \Delta t(\boldsymbol{F}_{j+\frac{5}{2}}^n - \boldsymbol{F}_\mathrm{I}^{n,\mathrm{R}} + \boldsymbol{U}_{\mathrm{IR}}u_\mathrm{I}) \tag{19.28}$$

由于 $\boldsymbol{F}_\mathrm{I}^{n,\mathrm{L}} - \boldsymbol{U}_{\mathrm{IL}}u_\mathrm{I} = \boldsymbol{F}_\mathrm{I}^{n,\mathrm{R}} - \boldsymbol{U}_{\mathrm{IR}}u_\mathrm{I} = (0, p_\mathrm{I}, p_\mathrm{I}u_\mathrm{I})^\mathrm{T}$，所以无论哪种情况都有

$$\sum_{i=0}^{N} \Delta x_i^{n+1}\boldsymbol{U}_i^{n+1} = \sum_{i=0}^{N} \Delta x_i^n \boldsymbol{U}_i^n + \Delta t(\boldsymbol{F}_{N+\frac{1}{2}}^n - \boldsymbol{F}_{-\frac{1}{2}}^n) \tag{19.29}$$

可知本章发展的方法保持了数值解的守恒性。

19.4 数 值 算 例

以下所有算例均以 $\boldsymbol{U}_\mathrm{L} = \boldsymbol{U}_{j-1}^n$ 及 $\boldsymbol{U}_\mathrm{R} = \boldsymbol{U}_{j+2}^n$ 为 Riemann 问题的初始值。以下所有算例中，如没有做特殊说明，非守恒界面追踪方法均指 RGFM-FT 方法。RGFM-FT 方法表示界面处理采用 RGFM[16] 的界面追踪方法，而 MGFM-FT 方法表示界面处理采用 MGFM[17] 的界面追踪方法。

算例 1　考虑一个理想气体密度剖面以定常速度平移的线性模型[9]，初始条件为 $u=1, p=1, \gamma=1.4$，密度为

$$\rho(x,0)=\begin{cases}-0.8x^3+0.4, & x\leqslant 0\\ -0.8x^3+2.0, & x>0\end{cases}$$

计算区间为 $[-1,1]$，采用周期性边界条件。图 19.3 给出 $t=0.2$ 时刻使用 MUSCL 格式、守恒界面追踪方法的密度比较，结果表明守恒界面追踪方法与精确解符合得很好。表 19.1 ～表 19.3 分别给出守恒 MUSCL 格式、非守恒界面追踪方法和守恒界面追踪方法的误差、精度和收敛性分析。结果显示，界面追踪方法明显使数值解精度提高，随着网格加密，阶数降低，但守恒界面追踪方法的 L_1 精度要优于非守恒界面追踪方法，L_∞ 精度基本一样。

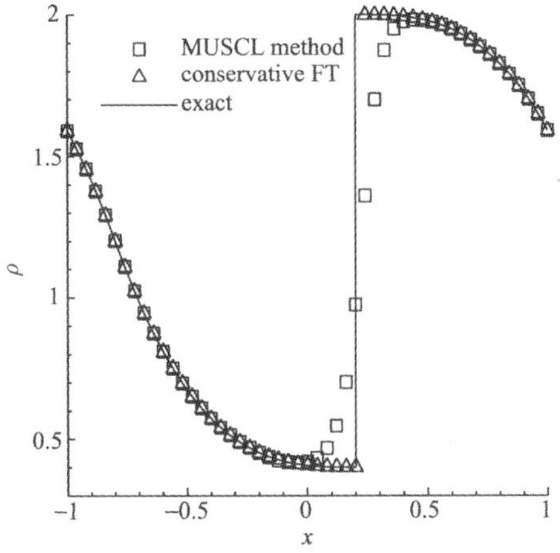

图 19.3　算例 1：密度

表 19.1　密度的误差(守恒 MUSCL 格式)

网格点数	L_1 误差	L_1 精度
50	3.59×10^{-2}	—
100	2.35×10^{-2}	0.62
200	1.50×10^{-2}	0.64
400	8.79×10^{-3}	0.77
800	4.52×10^{-3}	0.96

表 19.2　密度的误差(非守恒界面追踪方法)

网格点数	L_1 误差	L_1 精度	L_∞ 误差	L_∞ 精度
50	5.96×10^{-4}	—	1.93×10^{-3}	—
100	1.13×10^{-4}	2.38	7.85×10^{-4}	1.29
200	4.95×10^{-5}	1.19	3.32×10^{-4}	1.24
400	2.71×10^{-5}	0.86	1.34×10^{-4}	1.31
800	1.319×10^{-5}	1.04	4.94×10^{-5}	1.44

表 19.3　密度的误差(守恒界面追踪方法)

网格点数	L_1 误差	L_1 精度	L_∞ 误差	L_∞ 精度
50	5.35×10^{-4}	—	2.24×10^{-3}	—
100	1.14×10^{-4}	2.23	7.85×10^{-4}	1.51
200	4.99×10^{-5}	1.19	3.32×10^{-4}	1.24
400	2.12×10^{-5}	1.24	1.34×10^{-4}	1.31
800	9.89×10^{-6}	1.10	4.94×10^{-5}	1.44

算例 2　初始状态

$$(\rho,u,p,\gamma)=\begin{cases}(1,0,1,1.4), & 0\leqslant x<2\\(0.125,0,0.1,1.4), & 2\leqslant x<4\\(1,0,1,1.4), & 4\leqslant x<6\end{cases}$$

采用周期边界条件。表 19.4 给出这三种方法 (网格点数 300) 的质量、动量和能量的守恒情况。数值结果验证了本章所构造界面追踪方法是守恒的，而非守恒界面追踪方法存在守恒误差。图 19.4 给出守恒 MUSCL 格式、守恒界面追踪方法 (网格点数 300) 以及非守恒界面追踪方法 (网格点数 3000) 在 $t=0.32$ 和 $t=0.67$ 时刻的密度图。守恒 MUSCL 格式在界面处数值耗散严重。

表 19.4　两种方法的守恒情况

方法	时间	质量	动量	能量
守恒 MUSCL 格式和守恒界面追踪方法	0.32	4.250000	0.000000	10.500000
	0.43	4.250000	0.000000	10.500000
	0.55	4.250000	0.000000	10.500000
	0.67	4.250000	0.000000	10.500000
非守恒界面追踪方法	0.32	4.249953	t0.000089	10.499928
	0.43	4.250024	0.000072	10.499952
	0.55	4.249936	0.000094	10.499895
	0.67	4.249917	0.000102	10.499827

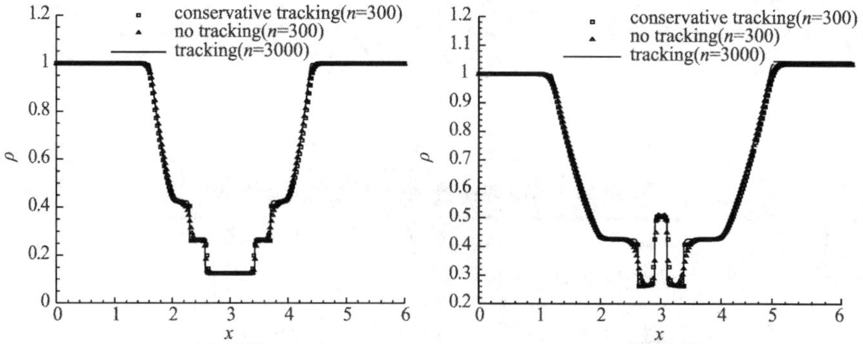

(a) t=0.32　　(b) t=0.67

图 19.4　算例 2: $t=0.32$ 和 $t=0.67$ 的密度

算例 3　界面左右两边的流体初始状态为 $p_{\mathrm{L}}=1$，$p_{\mathrm{R}}=1$；$\rho_{\mathrm{L}}=1$，$\rho_{\mathrm{R}}=0.1$；$u_{\mathrm{L}}=u_{\mathrm{R}}=0$；$\gamma_{\mathrm{L}}=1.667$，$\gamma_{\mathrm{R}}=1.4$；$B_{\mathrm{L}}=B_{\mathrm{R}}=0$。激波强度为 $p_{\mathrm{S}}/p_{\mathrm{L}}=100$。激波的位置与界面相同为 $x_0=0.2$。激波遇界面后反射为稀疏波，计算到 $t=0.03$ 时刻。应用非守恒界面追踪方法 (RGFM-FT) 的计算结果如图 19.5 所示。图 19.6 为使用守恒界面追踪方法的计算结果。上述两种方法均能较好地追踪界面，且界面清晰，界面位置准确，但是守恒界面追踪方法的激波位置更加准确。

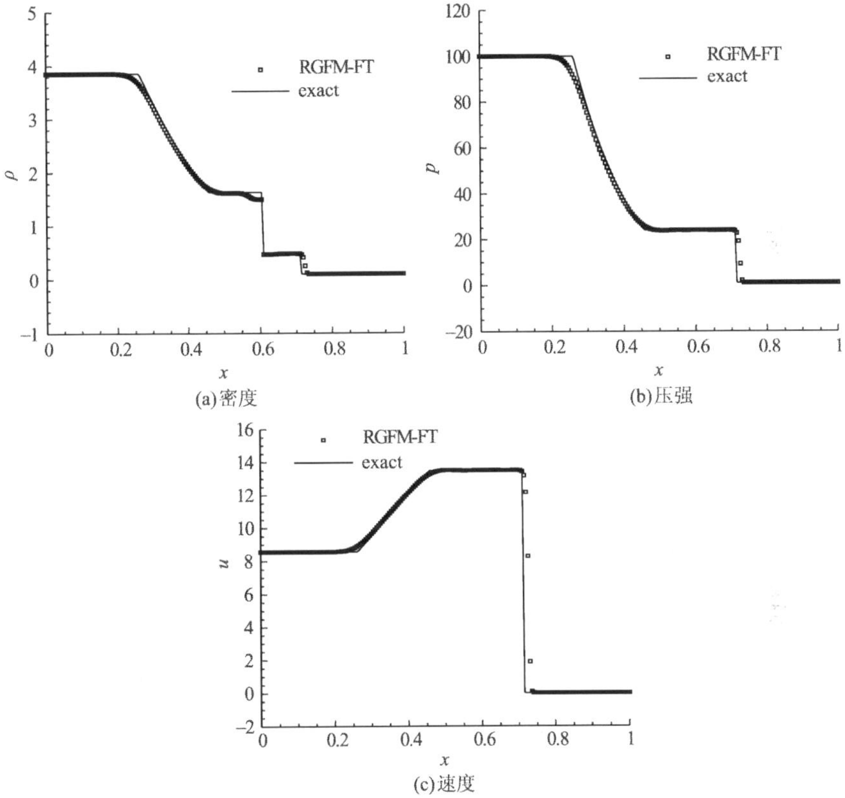

图 19.5　算例 3：非守恒界面追踪方法的计算结果与精确解的比较

算例 4　取界面左右两边流体的初始状态为 $\gamma_{\mathrm{L}}=\gamma_{\mathrm{R}}=1.4$；$\rho_{\mathrm{L}}=100$，$\rho_{\mathrm{R}}=1$；$p_{\mathrm{L}}=p_{\mathrm{R}}=1$；$u_{\mathrm{L}}=u_{\mathrm{R}}=0$。激波位于界面左边流体中，激波强度为 $p_{\mathrm{S}}/p_{\mathrm{L}}=10000$，激波的位置与界面相同为 $x=0.5$。计算区间为 $[0,1]$，网格点数为 200。激波遇界面后反射为稀疏波，计算到 $t=0.009$ 时刻。与算例 3 有所不同的是界面两侧介质的压强比和密度比比较大。图 19.7 和图 19.8 给出非守恒 MGFM-FT 方法和 RGFM-FT 方法的计算结果，由图显示的结果可知，MGFM-FT 方法的激波和界面的位置都不正确，且在稀疏波区产生了严重的非物理振荡；RGFM-FT 方法克服了 MGFM-FT 方法中出现的不足。与 RGFM-FT 方法相比，守恒界面追踪方法对激波位置的捕捉更准确 (图 19.9)。

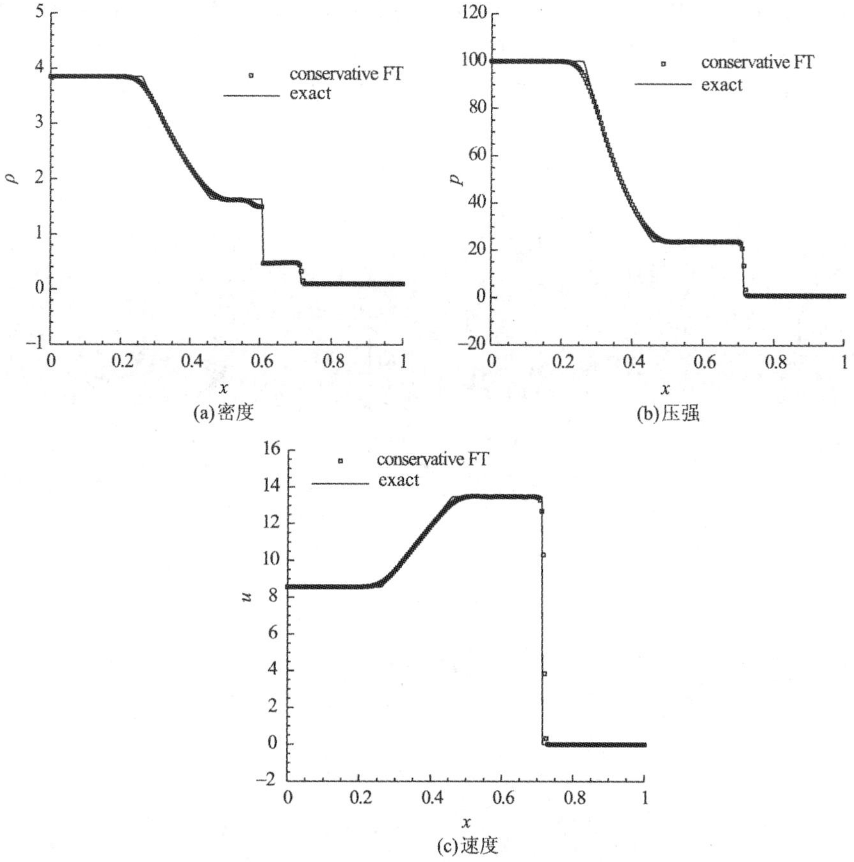

图 19.6　算例 3：守恒界面追踪方法的计算结果与精确解的比较

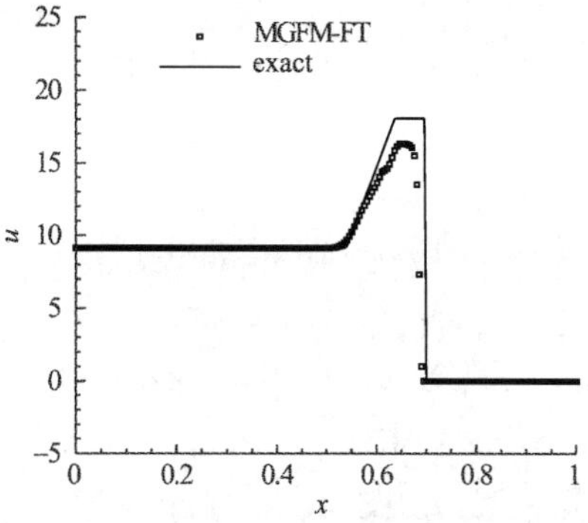

图 19.7　算例 4：MGFM-FT 方法的速度与精确解的比较

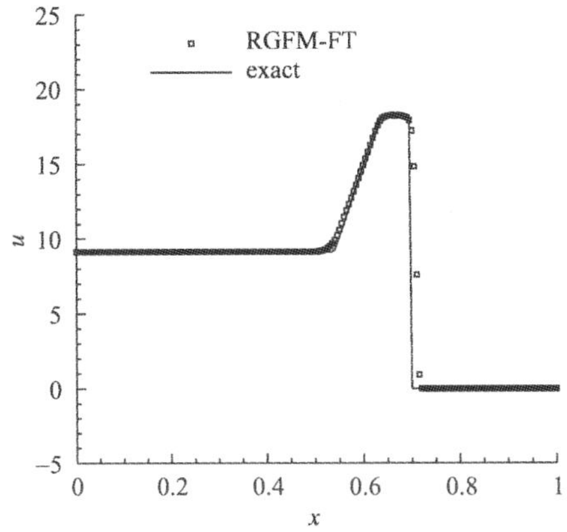

图 19.8　算例 4：RGFM-FT 方法的速度与精确解的比较

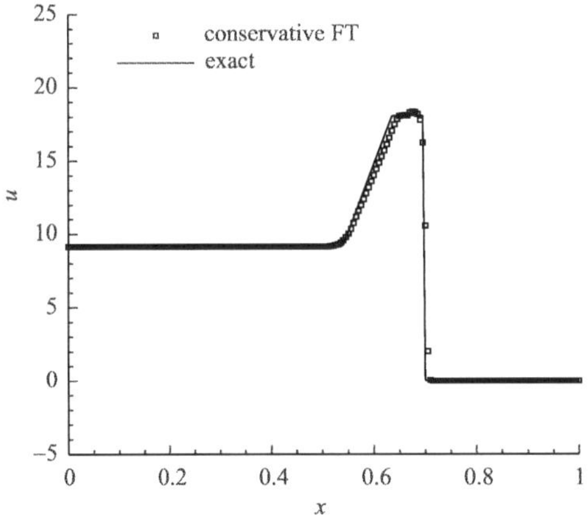

图 19.9　算例 4：守恒界面追踪方法的速度与精确解的比较

算例 5　马赫数为 2 的激波从轻流体打向重流体，流体的初始状态为 $p_{\mathrm{L}}=0.1$，$p_{\mathrm{R}}=0.1$；$\rho_{\mathrm{L}}=0.04$，$\rho_{\mathrm{R}}=0.125$；$u_{\mathrm{L}}=u_{\mathrm{R}}=0$；$\gamma_{\mathrm{L}}=\gamma_{\mathrm{R}}=1.4$；$B_{\mathrm{L}}=B_{\mathrm{R}}=0$，激波的位置与界面相同为 $x=0.5$，计算区间为 $[0,1]$，网格点数为 200。计算到 $t=0.09$ 时刻，激波与界面作用后反射为一道激波。图 19.10 和图 19.11 给出用非守恒界面追踪方法和守恒界面追踪方法的计算结果。从结果可以看出，守恒界面追踪方法比非守恒方法更能准确地捕捉激波的位置，且界面处的数值耗散有所改善。

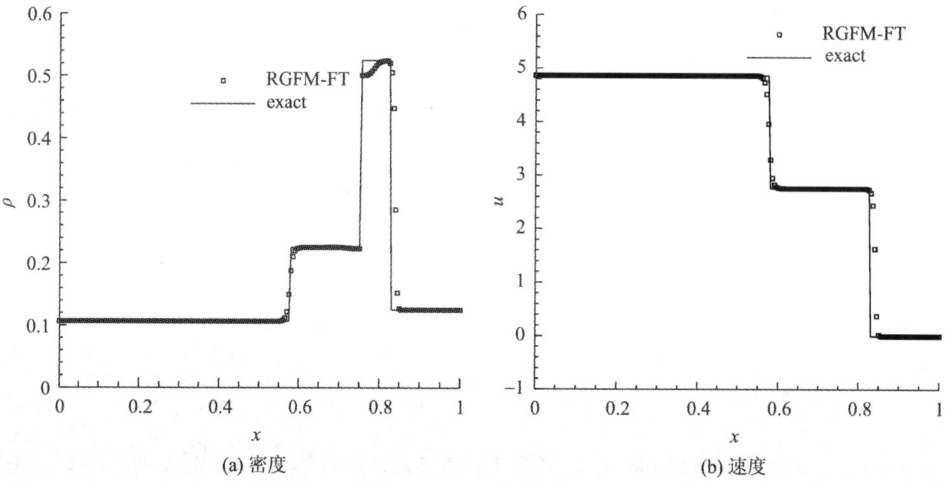

图 19.10　算例 5：非守恒界面追踪方法的计算结果与精确解的比较

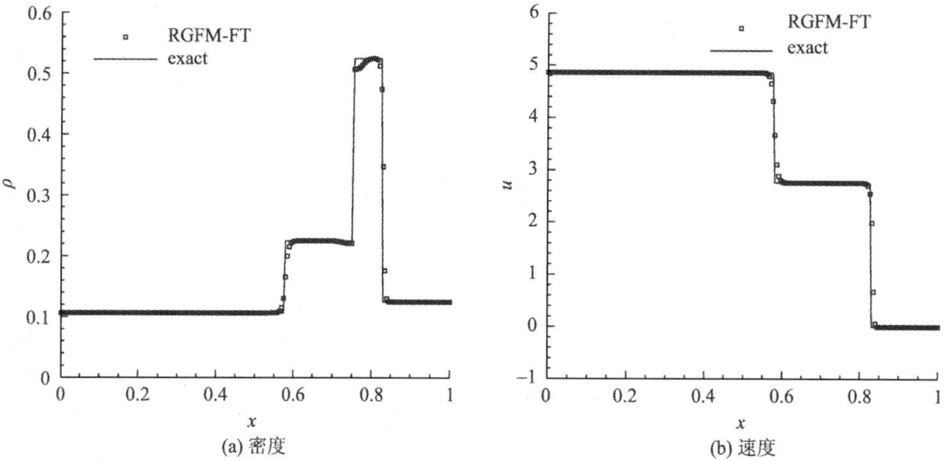

图 19.11　算例 5：守恒界面追踪方法的计算结果与精确解的比较

算例 6　取界面左右两边流体的初始状态为 $\gamma_{\mathrm{L}}=1.667$，$\gamma_{\mathrm{R}}=1.2$；$\rho_{\mathrm{L}}=0.82369077$，$\rho_{\mathrm{R}}=1$；$p_{\mathrm{L}}=p_{\mathrm{R}}=1$；$u_{\mathrm{L}}=u_{\mathrm{R}}=0$。激波位于界面左边流体中，激波强度为 $p_{\mathrm{S}}/p_{\mathrm{L}}=100$，激波的位置与界面相同为 $x=0.2$。计算区间为 $[0,1]$，网格点数为 200。初始激波打在界面上后强度不变，继续向右传播，在传播过程中会出现非物理的凸起或凹陷。图 19.12 和图 19.13 给出用非守恒界面追踪方法 (RGFM-FT) 和本章守恒界面追踪方法在 $t=0.06$ 时刻的计算结果。可以看出，使用守恒界面追踪方法时，界面处的数值耗散明显减弱，同时界面左边出现的非物理现象得到有效控制，激波位置更加准确。

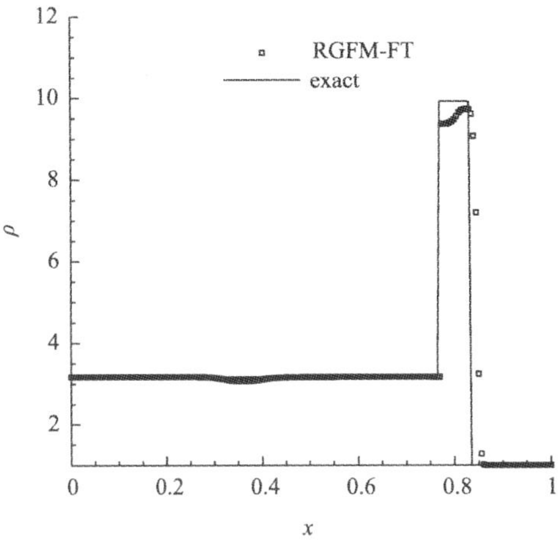

(a) 密度

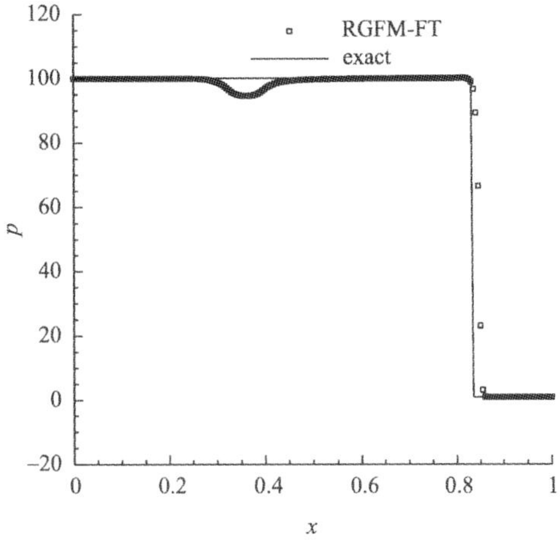

(b) 压强

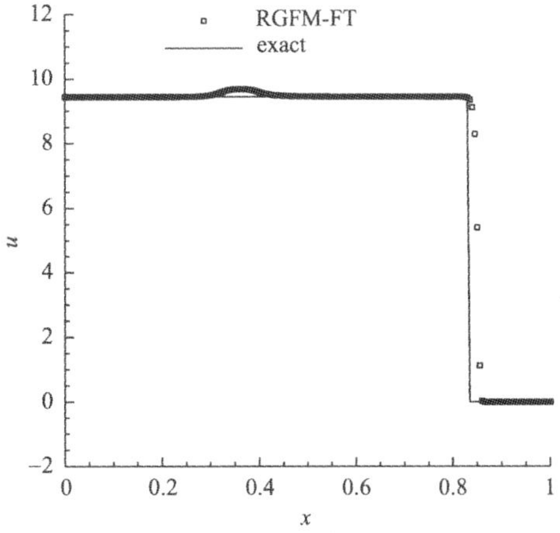

(c) 速度

图 19.12　算例 6：非守恒界面追踪方法的计算结果与精确解的比较

算例 7　强激波打击气水界面问题 [16]。初始时刻，激波的位置与界面的位置重合，界面位于 $x_{\mathrm{I}} = 0.5$ 处。界面左右状态为 $\gamma_{\mathrm{L}} = 1.4$，$\gamma_{\mathrm{R}} = 7.15$；$\rho_{\mathrm{L}} = 0.001$，$\rho_{\mathrm{R}} = 1.0$；$p_{\mathrm{L}} = 1.0$，$p_{\mathrm{R}} = 1.0$；$u_{\mathrm{L}} = u_{\mathrm{R}} = 0.0$，激波强度为 $p_{\mathrm{S}}/p_{\mathrm{L}} = 1000$。计算区间为 $[0,1]$，网格点数为 200，计算到 $t = 0.0007$ 时刻。强激波与界面作用后，会在气体中产生左行反射激波，同时在气中产生穿越激波。采用 RGFM-FT 的计算结果如图 19.14 所示。使用守恒界面追踪方法时，由图 19.15 的结果显示，激波位置与理论解更符合。

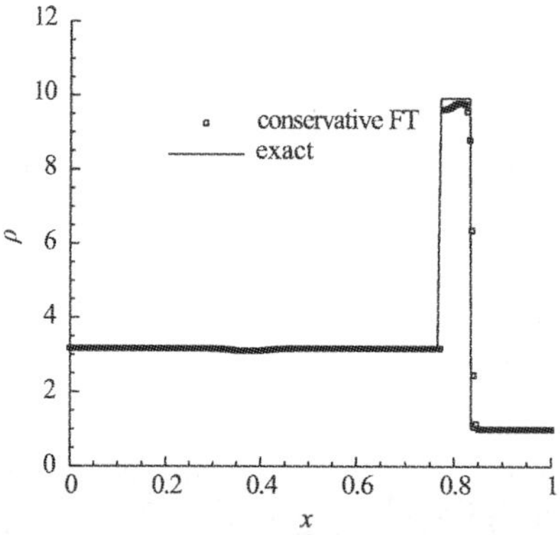

(a) 密度

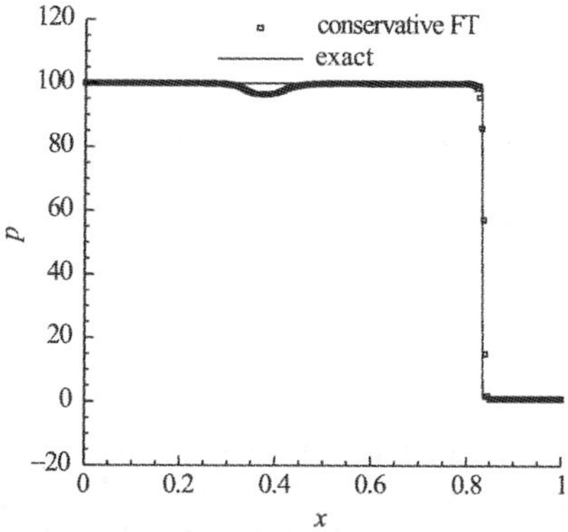

(b) 压强

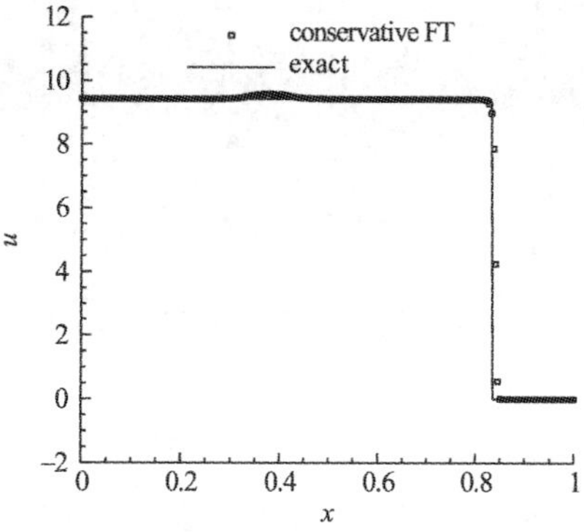

(c) 速度

图 19.13　算例 6：守恒界面追踪方法的计算结果与精确解的比较

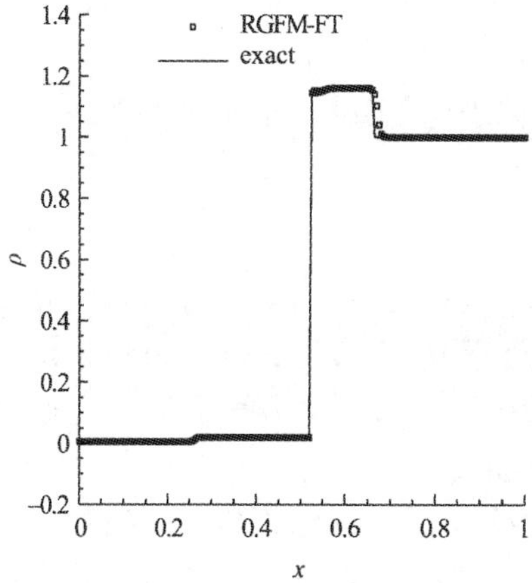

(a) 密度

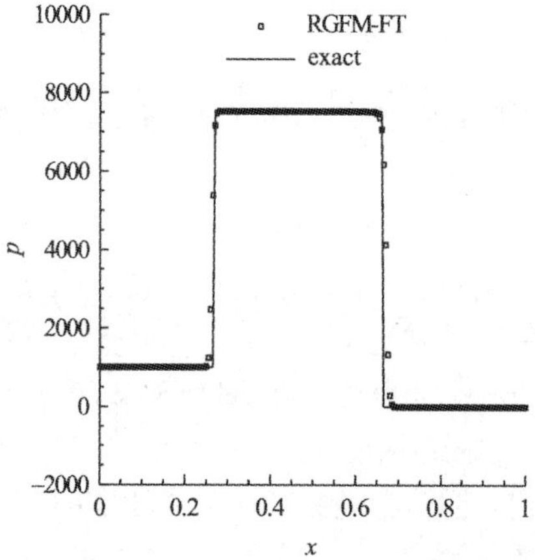

(b) 压强

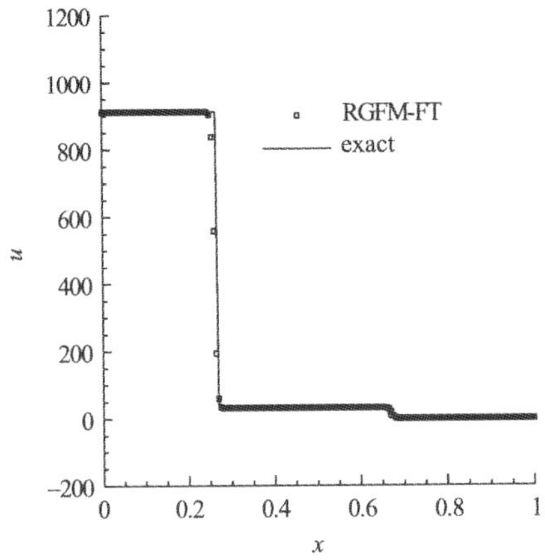

(c) 速度

图 19.14　算例 7：非守恒界面追踪方法的计算结果与精确解的比较

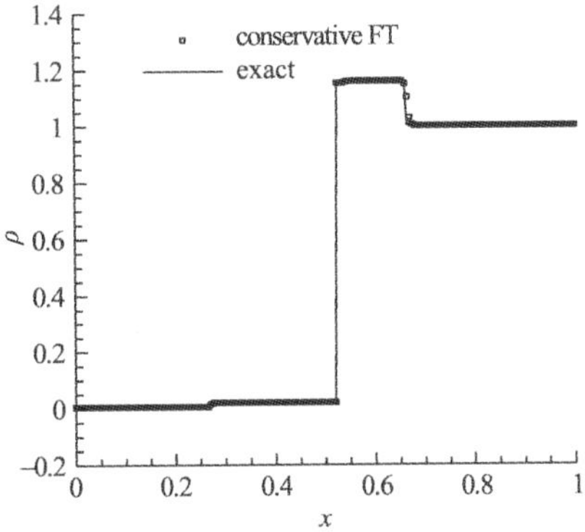

(a) 密度

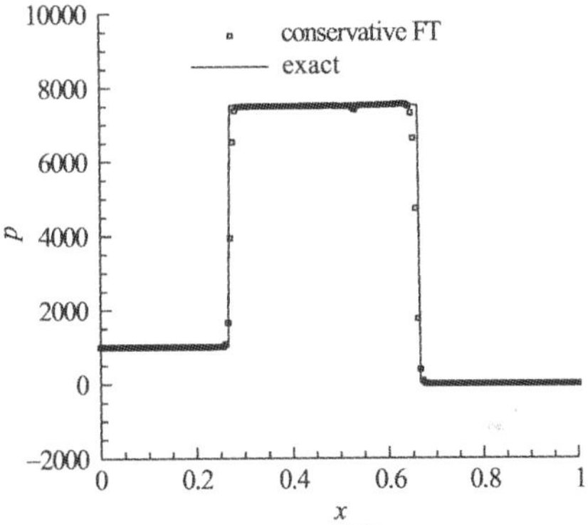

(b) 压强

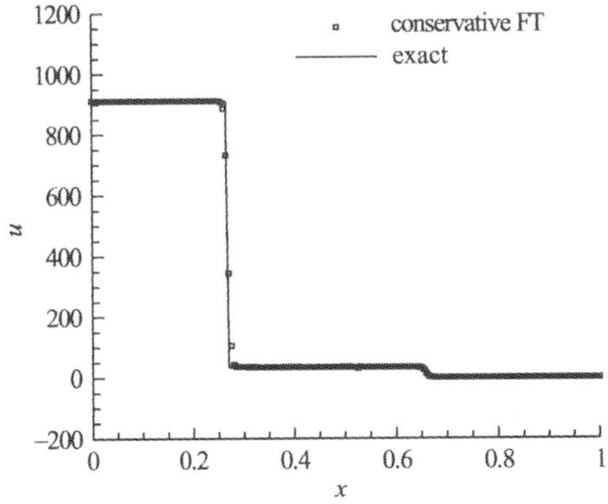

(c) 速度

图 19.15　算例 7：守恒界面追踪方法的计算结果与理精确的比较

19.5 小　结

在流体力学的数值方法中，Euler 方程和 Navier-Stokes 方程都是基于守恒律的，因此对数值方法守恒性的研究是十分有必要的。特别是当流场中出现间断时，非守恒数值方法可能得不到正确的解。

本章介绍了一种一维多介质流动问题守恒界面追踪方法。首先在界面处构造 Riemann 问题，利用双波近似求解 Riemann 问题来确定界面处的数值通量，对内点和邻近界面的两个网格点采用统一的有限体积格式计算；然后移动界面，在同一个时间层进行守恒插值，保证数值解在全场实现一致守恒，计算简单，格式统一。最后，将该方法应用于一维多介质可压缩流动的模拟，获得了满意的结果。通过数值算例，比较守恒 MUSCL 格式、非守恒界面追踪方法和守恒界面追踪方法的误差、精度和收敛情况。结果表明界面追踪方法明显使数值解精度提高，而且守恒界面追踪方法的 L_1 精度要优于非守恒界面追踪方法；与非守恒界面追踪方法相比，守恒界面追踪方法得到更准确的激波位置。在理论和数值上验证了界面追踪方法能保证质量、动量和能量守恒，而非守恒界面追踪方法则存在守恒误差。数值结果也表明该方法能准确地模拟交界面的位置，交界面的计算无数值振荡和数值耗散，且能处理含强激波的多介质流动问题。高维多介质流动问题的守恒界面追踪方法还待进一步研究。

参 考 文 献

[1] Leveque R. Numerical methods for conservation laws. Basel-Boston-Berlin：Birkhauser Verlag，1992.

[2] Rider W J，Kamm J R，et al. The impact of integration methods on the numerical simulation of a Richtmyer-Meshkov instability experiment. LA-UR-01-481，Los Alamos National Laboratory，2001.

[3] Lax P D，Webdroff B. Systems of conservation laws. Communications on Pure and Applied Mathematics，1960，13(2)：217–237.

[4] Abgrall R. How to prevent pressure oscillations in multicomponent flows：A quasi conservative approach. Journal of Computational Physics，1996，125(1)：150–160.

[5] Chertock A，Karni S，Kurganov A. Interface tracking method for compressible multifluids. ESAIM：Mathematical Modelling and Numerical Analysis，2008，42(06)：991–1019.

[6] Wang C W，Shu C W . An interface treating technique for compressible multi-medium flow with Runge-Kutta discontinuous Galerkin method. Journal of Computational Physics，2010，229(23)：8823–8843.

[7] Hu X Y，Khoo B C，Adams N A，et al. A conservative interface method for compressible flows. Journal of Computational Physics，2006，219(2)：553–578.

[8] Chern I L，Colella P. A conservative front tracking method for hyperbolic conservation laws. LLNL Rep. No. UCRL-97200，Lawrence Livermore National Laboratory，1987.

[9] Liu T G，Khoo B C，Yeo K S. The simulation of compressible multi-medium flow.I. A new methodology with test applications to 1D gas-gas and gas-water cases. Computers & Fluids，2001，30(3)：291–314.

[10] 马东军，孙德军，尹协远. 一维多介质可压缩流动数值方法. 计算物理，2003，20(2)：183–187.

[11] LeVeque R J，Shyue K M. One-dimensional front tracking based on high resolution wave propagation methods. SIAM Journal on Scientific Computing，1995，16(2)：348–377.

[12] Mao D K. A shock tracking technique based on conservation in one space dimension. SIAM journal on numerical analysis，1995，32(5)：1677–1703.

[13] Qiu J，Liu T G，Khoo B C. Runge-Kutta discontinuous Galerkin methods for compressible two-medium flow simulations：one-dimensional case. Journal of Computational Physics，2007，222(1)：353–373.

[14] Zhu J，Qiu J X，Liu T G，et al. RKDG methods with WENO type limiters and conservative interfacial procedure for one-dimensional compressible multi-medium flow simulations. Applied Numerical Mathematics，2011，61(4)：554–580.

[15] Tang H Z, Tang T, Adaptive mesh methods for one-and two-dimensional hyperbolic conservation laws. SIAM Journal on Numerical Analysis, 2003, 41(2): 487–515

[16] Wang C W，Liu T G，Khoo B C. A real-ghost fluid method for the simulation of multi-medium compressible flow. SIAM Journal on Scientific Computing，2006，28(1)：278–302.

[17] Liu T G，Khoo B C，Yeo K S. Ghost fluid method for strong shock impacting on material interface. Journal of Computational Physics，2003，190(2)：651–681.

索　引

X

Y

Z

其他